U0269223

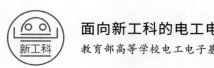

面向新工科的电工电子信息基础课程系列教材

教育部高等学校电工电子基础课程教学指导分委员会推荐教材

EDA技术与
Verilog HDL

（第2版）

王金明　王婧菡　徐程骥　编著

清华大学出版社

北京

内 容 简 介

本书根据电子信息类课程理论教学和实践教学要求,以提高数字设计能力为目标,系统完整地阐述 EDA 技术、FPGA/CPLD 器件、Verilog HDL 语言和相关数字系统设计技术。全书以 Vivado、ModelSim 软件为工具,以"器件—软件—语言—案例"为主线展开,内容紧贴教学和科研实际,以可综合的设计为重点,以 EGO1"口袋板"为目标板,通过诸多精选设计案例,阐述数字系统设计的方法与技术,由浅入深地介绍 Verilog HDL 工程开发的知识与技能。全书案例丰富,富有启发性。

本书的 Verilog HDL 语言规则以 Verilog-2001 和 Verilog-2005 两个语言标准为依据,涵盖常用语法规则,补充 Verilog-2005 中新的语言点,对语言、语法规则进行案例阐释,用综合工具和仿真工具进行验证,语言讲解全面深入,既适合作为必备语法资料查询,也适合有一定设计基础的读者学习提高。

本书可作为高等院校电子、通信、微电子、信息、雷达、计算机应用、工业自动化、电路与系统、通信与信息系统及测控技术与仪器等专业本科生和研究生 EDA 技术或数字系统设计课程的教材和实验指导书,也可供从事电路设计和系统开发的工程技术人员阅读参考。

版权所有,侵权必究。举报:010-62782989,beiqinquan@tup.tsinghua.edu.cn。

图书在版编目(CIP)数据

EDA 技术与 Verilog HDL / 王金明,王婧菡,徐程骥编著. -- 2 版. -- 北京:清华大学出版社,2025.1. --(面向新工科的电工电子信息基础课程系列教材). -- ISBN 978-7-302-68132-8

Ⅰ. TN702.2

中国国家版本馆 CIP 数据核字第 2025FN0746 号

责任编辑:文 怡
封面设计:王昭红
责任校对:郝美丽
责任印制:杨 艳

出版发行:清华大学出版社
　　　网　　　址:https://www.tup.com.cn,https://www.wqxuetang.com
　　　地　　　址:北京清华大学学研大厦 A 座　　　　邮　　编:100084
　　　社 总 机:010-83470000　　　　　　　　　　邮　　购:010-62786544
　　　投稿与读者服务:010-62776969,c-service@tup.tsinghua.edu.cn
　　　质量反馈:010-62772015,zhiliang@tup.tsinghua.edu.cn
　　　课件下载:https://www.tup.com.cn,010-83470236
印 装 者:三河市铭诚印务有限公司
经　　　销:全国新华书店
开　　　本:185mm×260mm　　　　印　　张:25　　　　字　　数:595 千字
版　　　次:2021 年 3 月第 1 版　2025 年 2 月第 2 版　　印　　次:2025 年 2 月第 1 次印刷
印　　　数:1～1500
定　　　价:89.00 元

产品编号:107501-01

本书在前版的基础上进行了认真细致的梳理和修订,尤其是根据语言标准,对 Verilog HDL 语言进行了较大幅度的完善,例程重新编写。本书以 Vivado 工具为主要设计平台,以 Xilinx 的 FPGA 芯片为目标器件,以 Verilog 为设计语言,选取 EGO1"口袋实验板"作为目标板,结合大量精选设计案例,案例均经过下载和验证,也可移植到其他实验板或"口袋板"上,市面上多数实验板及"口袋板"的资源基本都能满足这些案例下载的需要。

本书的定位是 EDA 技术、FPGA 开发、Verilog HDL 数字系统设计方面的教材,在过去的二十多年里,EDA 技术课程已成为高等院校电子信息类专业学生的一门重要的专业基础课程,在教学、科研和大学生电子设计竞赛等活动中起着重要作用。随着教学方法的不断改革及新教育理念的实施,对 EDA 课程教学的要求也不断提高,必须对教学内容不断进行更新和优化,与时俱进,以便与教育教学的快速发展相适应。

当前 EDA 技术、数字系统设计等课程的教学与实践呈现出如下特点:首先,根据"学为中心、教为主导"的教学理念,课程的实施策略不断改进,教学方式和教学手段更加丰富,比如,线上线下混合式教学方式,问题牵引式、案例式、研讨式教学手段更多地进入课堂,怎样以项目为引导、以任务为驱动,精选项目载体,将琐碎的 Verilog HDL 知识点分散到项目和任务中进行学习,值得不断探索和实践。其次,开放式、自主式学习越来越多地进入 EDA 技术课程的教学,EDA 技术课程教学的资源越来越丰富,网络上相关的慕课和教学视频很多,学生的学习不止局限于课堂,慕课、微课等形式也越来越多地应用于 EDA 课程教学。最后,EDA 技术已成为很多相关课程的基础,很多课程的教学或多或少地融入了 EDA 技术,如数字逻辑电路、计算机组成原理、计算机接口技术、数字通信技术、嵌入式系统设计等课程。这些课程的教学和实践,不同程度地使用了 EDA 及 FPGA 设计技术,因此 EDA 技术课程成为上述课程的基础,怎样打牢基础,以及如何与上述课程在教学内容上进行区分和衔接,成为需要思考的问题。EDA 技术课程是一门实践类课程,实践教学所占比重甚至超过理论教学,所以在 EDA 教学中,应重视实践教学的效果和质量,在实践教学中如何实施问题牵引式、案例式、研讨式教学方法,值得思考。

Verilog HDL 作为一种已有 40 多年发展历史的硬件描述语言,已较为成熟,已有的 Verilog 标准包括 Verilog-1995、Verilog-2001 和 Verilog-2005,之后 IEEE 发布的 IEEE Standard 1800—2009 标准已是 SystemVerilog 标准与 Verilog 标准的合并。SystemVerilog 在 UVM 验证领域已被广泛应用,但 Verilog HDL 在设计领域仍占主导地位,发挥着不可替代的作用,Verilog-2001 标准依然是大多数 FPGA 设计者使用的语言,得到绝大多数 EDA 综合工具和仿真工具的支持。

在 IEEE 标准中,将 Verilog HDL 定义为具有机器可读、人可读特点的硬件描述语言,并认为 Verilog 可用于电子系统创建的所有阶段:开发、综合、验证和测试等各环节;同时支持设计数据的交流、维护和修改等。Verilog HDL 面向的用户包括 EDA 工具的设计者和电子系统的设计者。不难看出,Verilog-2001 和 Verilog-2005 两个语言标准仍值得 EDA、ASIC 和 FPGA 学习者、从业者仔细阅读、深入研究和系统学习,也是必须掌握的设计工具。

本书主要面向 Verilog HDL 语言,介绍数字系统设计的方法、器件、软件工具、语言和示例,对 Verilog HDL 语言的介绍主要依据 Verilog-2001 和 Verilog-2005 两个语言标准,系统全面地梳理 Verilog 语法体系、语言规则,并用综合工具和仿真工具对语言点进行验证,力求准确,并加深理解。比如对于有符号数、算术操作符、系统任务和系统函数等问题,均采用仿真工具进行验证并对结果进行分析,只有对这些细节非常清楚,在编写复杂的代码时才不会出错或减少出错。

全书共 11 章。第 1 章对 EDA 技术进行综述;第 2 章介绍了 FPGA/CPLD 器件的结构与配置;第 3 章介绍了 Vivado 集成开发工具的使用方法;第 4 章介绍了 Verilog 文字规则、数据类型和操作符等内容;第 5 章介绍了 Verilog 行为级建模及行为语句;第 6 章介绍了 Verilog 门级结构描述、数据流描述、多层次结构电路的设计;第 7 章介绍了有关有限状态机的内容;第 8 章给出了 Verilog 控制常用 I/O 外设的案例;第 9 章讨论了常用数字逻辑部件的实现方法及设计优化问题;第 10 章阐述了 Test Bench 测试与时序检查;第 11 章给出了 Verilog 在运算和数字信号处理方面的设计实例。

本书由王金明、王婧菡、徐程骥编写,版式设计由王婧菡完成。由于 EDA 技术和 FPGA 芯片的不断发展,同时因作者时间和精力有限,本书虽经改版和修正,但仍不免有疏漏和错误,诚挚地希望读者和同行给予批评指正。

E-mail:tupwenyi@163.com

作 者

2024 年 12 月

目录

目录

目录

目录

目录

目录

目录

第 **1** 章

EDA技术概述

本章介绍 EDA 技术的发展历程，Top-down 设计思路，EDA 技术的实现目标、设计流程和常用的设计工具。

1.1　EDA 技术及其发展历程

信息社会的发展离不开集成电路(Integrated Circuit, IC)，集成电路在过去的 60 多年间获得了巨大的发展进步，实现这种进步的主要原因是生产制造技术和电子设计技术的发展，前者以微细加工技术为代表，目前已进展到纳米阶段，可以在几平方厘米的芯片上集成数亿个晶体管；后者的核心是电子设计自动化(Electronic Design Automation, EDA)技术，目前已经渗透到电子产品设计的各环节。

EDA 是随着集成电路和计算机技术的发展应运而生的一种快速、有效、智能化的电子设计自动化技术。EDA 技术没有一个精确的定义，我们可以这样认识，所谓 EDA 技术就是设计者以计算机为工具，基于 EDA 软件平台，采用原理图或硬件描述语言(Hardware Description Language, HDL)完成设计输入，然后由计算机自动完成逻辑综合、优化、布局布线，直至目标芯片(FPGA/CPLD)的适配和编程下载等工作(甚至是完成 ASIC 专用集成电路掩膜设计)，实现既定的电路功能，上述辅助进行电子设计的软件工具及技术统称为 EDA 技术。EDA 技术的发展以计算机科学、微电子技术为基础，融合了应用电子技术、人工智能(Artificial Intelligence, AI)，以及计算机图形学、拓扑学、计算数学等众多学科的最新成果。EDA 技术成为现代数字系统设计中一种普遍的工具，对于设计者而言，熟练掌握 EDA 技术可极大地提高工作效率，收到事半功倍的效果。

EDA 技术的发展历程与大规模集成电路技术、计算机技术、FPGA/CPLD 器件，以及电子设计技术和工艺技术的发展是同步的。回顾 60 多年来 IC 技术的发展历程，可以将电子设计自动化技术大致分为 3 个发展阶段(如图 1.1 所示)，数字芯片从小规模集成

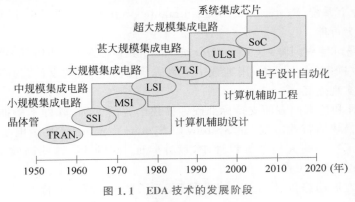

图 1.1　EDA 技术的发展阶段

电路(Small Scale Integration,SSI)、中规模集成电路(Medium Scale Integration,MSI)、大规模集成电路(Large Scale Integration,LSI),发展到甚大规模集成电路(Very Large Scale Integration,VLSI)、超大规模集成电路(Ultra Large Scale Integration,ULSI),直至现在的系统集成芯片(System on Chip,SoC),与其对应的EDA技术也经历了由简单到复杂、由初级到高级的不断发展进步的历程,从计算机辅助设计(Computer Aided Design,CAD)、计算机辅助工程(Computer Aided Engineering,CAE)到电子设计自动化(Electronic Design Automation,EDA),设计的自动化程度越来越高,设计的复杂性也越来越强。

1. CAD 阶段

CAD阶段是EDA技术发展的早期阶段(大致为20世纪70年代至80年代初)。在这个阶段,一方面,计算机的功能还比较有限,个人计算机还没有普及;另一方面,电子设计软件的功能也较弱。人们主要借助计算机对所设计的电路性能进行一些模拟和预测;还使用计算机完成PCB的布局布线和简单版图的绘制等工作。

2. CAE 阶段

集成电路规模的逐渐扩大、电子系统设计的逐步复杂,使CAD工具得到完善和发展,尤其是在设计方法学、设计工具集成化方面取得了长足的进步,EDA技术进入CAE阶段(大致为20世纪80年代初至90年代初)。在这个阶段,各种单点设计工具、设计单元库逐渐完备,并且开始将许多单点工具集成在一起使用,大大提高了工作效率。

3. EDA 阶段

20世纪90年代以来,集成电路工艺有了显著的发展和进步,工艺水平达到深亚微米级,在一个芯片上可以集成数量达上千万乃至上亿的晶体管,芯片的工作速度达到Gb/s级——这就对电子设计的工具提出了更高的要求,也促进了设计工具性能的提高。

进入21世纪后,EDA技术得到了更快的发展,开始步入一个新的时期,突出表现在以下几方面。

(1) 电子设计各领域全方位融入EDA技术,除日益成熟的数字技术外,可编程模拟器件的设计技术也有了很大进步。EDA技术使电子领域各学科的界限更加模糊,相互包容和渗透,如模拟与数字、软件与硬件、系统与器件、ASIC与FPGA、行为与结构等,软硬件协同设计技术也成为EDA技术的一个发展方向。

(2) IP(Intellectual Property)核在电子设计领域得到广泛应用,进一步缩短了设计周期,提高了设计效率。基于IP核的SoC设计技术趋于成熟,电子设计成果的可重用性得到提高。

(3) 嵌入式微处理器硬核和软核的出现、更大规模的FPGA/CPLD器件的不断推出,使可编程片上系统(System on Programmable Chip,SoPC)步入实用化阶段,在芯片中集成系统成为可能。

(4) 用现场可编程门阵列(Field Programmable Gate Array,FPGA)器件实现全硬件数字信号处理(DSP)成为可能,用纯数字逻辑进行DSP模块的设计,为高速数字信号处理算法提供了实现途径。

(5) 在设计和仿真两方面支持标准硬件描述语言的EDA软件不断推出,系统级、行为验证级硬件描述语言的出现(如System C、SystemVerilog)使复杂电子系统的设计和验证更加高效。在一些大型系统设计中,设计验证工作艰巨,这些高效EDA工具的出现,减少了开发人员的工作量。

除了上述发展趋势,现代EDA技术和EDA工具还呈现以下特点。

（1）硬件描述语言（Hardware Description Language，HDL）标准化程度提高。硬件描述语言不断进化，其标准化程度越来越高，便于设计的复用、交流、保存和修改，也便于组织大规模、模块化的设计。标准化程度最高的硬件描述语言是 Verilog HDL 和 VHDL，它们已成为 IEEE 标准，而且不断推出新的版本（如 Verilog HDL 有 Verilog-1995、Verilog-2001 等版本），并且功能不断完善。

（2）EDA 工具的开放性和标准化程度不断提高。现代 EDA 工具普遍采用标准化和开放性的框架结构，可以兼容其他厂商的 EDA 工具一起进行设计工作。这样可实现各种 EDA 工具间的优化组合，并集成在一个易于管理的统一环境中，实现资源共享，有效提高设计者的工作效率，有利于大规模、有组织地进行设计开发。

EDA 工具已能接受功能级或寄存器传输级（Register Transport Level，RTL）的 HDL 描述，进行逻辑综合和优化。为了更好地支持自顶向下的设计方法，EDA 工具需要在更高的层级进行综合和优化，并进一步提高智能化程度，提高设计的优化程度。

（3）EDA 工具的各类库更加完备。EDA 工具要具有更强的设计能力和更高的设计效率，必须配有丰富的库，如元器件符号库、元器件模型库、工艺参数库、标准单元库、可复用的宏功能模块库、IP 核库等。在电路设计的各阶段，EDA 系统需要不同层次、不同种类元器件库的支持。例如，原理图输入时，需要原理图符号库、宏模块库；逻辑仿真时，需要逻辑单元的功能模型库；模拟电路仿真时，需要模拟器件的模型库；版图生成时，需要适应不同工艺的版图库等。模型库的规模和功能是衡量 EDA 工具优劣的一个重要指标。

EDA 技术已成为电子设计的普遍工具，无论是设计芯片还是设计各种电子电路，没有 EDA 工具的支持都是难以完成的。EDA 技术的应用贯穿电子系统开发的各层级，如寄存器传输级（RTL）、门级和版图级；也贯穿电子系统开发的各领域，从低频电路到高频电路、从线性电路到非线性电路、从模拟电路到数字电路、从 PCB 领域到 FPGA 领域等。从过去发展的历程看，EDA 技术一直滞后于制造工艺的发展，它在制造技术的驱动下不断进步；从长远看，EDA 技术会在诸多因素的推动下不断提升。

1.2　Top-down 设计思路

传统的数字系统采用搭积木式的方式实现，由固定功能的器件加上外围电路构成模块，由模块构成各种功能电路，进而构成系统。构成系统的积木块是各种标准芯片，如 74/54 系列（TTL）、4000/4500 系列（CMOS）芯片等，用户只能根据需要从这些标准器件中选择，并按照推荐的电路搭成系统，设计的灵活性低，设计电路所需的芯片种类多且数量大。

PLD 器件和 EDA 技术的出现改变了这种传统的设计思路，使设计者可将原来由电路板完成的工作放到芯片设计中完成，增加了设计的自由度、提高了效率，而且引脚定义的灵活性减少了原理图和印制板设计的工作量，降低了难度，也缩小了系统体积，提高了可靠性。

1.2.1　Top-down 设计

Top-down 设计即自顶向下的设计。这种设计方法首先从系统设计入手，在顶层进行功能的划分；在功能级先用硬件描述语言进行描述，然后用综合工具将设计转化为门级电路网表，其对应的物理实现可以是 PLD 器件或专用集成电路（ASIC）；设计的仿真和调试可以在高层级完成,一方面有利于在早期发现设计上的缺陷,避免设计时间的浪费,另一方面有助于提前规划模拟仿真工作,在设计阶段就考虑仿真,可提高设计的一次成功率。

在 Top-down 设计中,可将设计分成几个不同的层次:系统级、功能级、门级和开关级等,按照自上而下的顺序,在不同的层次上对系统进行设计和仿真。图 1.2 是 Top-down 设计方式示意图,从图中可看出,在 Top-down 的设计过程中,需要 EDA 工具的支持,有些步骤 EDA 工具可以自动完成,如综合等,有些步骤 EDA 工具仅为用户提供辅助。Top-down 设计必须经过"设计-验证-修改设计-再验证"的过程,不断反复,直至得到想要的结果,并且在速度、功耗、可靠性方面达到较为合理的平衡。

图 1.3 是用 Top-down 设计方式设计 CPU 的示意图。首先在顶层划分,将整个 CPU 划分为 ALU、PC、RAM 等模块,再对每个模块分别进行设计,然后通过 EDA 工具将设计综合为网表并实现之。在设计过程中,需要不断迭代,直至完成设计目标。

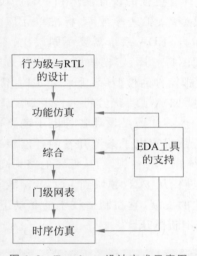

图 1.2　Top-down 设计方式示意图

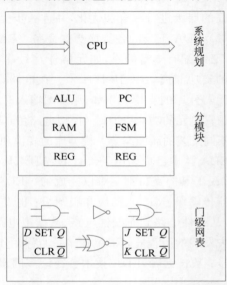

图 1.3　用 Top-down 设计方式设计 CPU 的示意图

1.2.2　Bottom-up 设计

Bottom-up 设计即自底向上的设计,这是传统的设计思路,一般由设计者选择标准芯片,或将门电路、加法器、计数器等做成基本单元库,调用这些单元,逐级向上组合,直至设计出满足需要的系统。这种设计方法如同用一砖一瓦建造金字塔,设计者往往需要更多地关注细节,而对整个系统缺乏规划,当设计出现问题需要修改时,就会陷入麻烦,甚至前功尽弃,不得不从头再来。

Top-down 设计方式符合人们的逻辑思维习惯,便于对复杂的系统进行合理划分与不断优化,因此成为主流的设计思路;不过在设计过程中,有时也需要用到 Bottom-up 设计方式,两者相辅相成。在数字系统设计中,应以 Top-down 设计思路为主,以 Bottom-up 设计思路为辅。

1.3 IP 核复用

1.3.1 IP 核复用技术

电子系统的设计越向高层发展,越显示出基于 IP 复用(IP Reuse)设计技术的优越性。IP(Intellectual Property)原来的含义是知识产权、著作权等,在 IC 设计领域,可将其理解为实现某种功能的设计,IP 核则是指完成某种功能的设计模块。

IP 核分为软核、固核和硬核 3 种类型。

(1) 软核:软核是指寄存器传输级(RTL)模型,表现为 RTL 代码(Verilog HDL 或 VHDL)。软核只经过了功能仿真,其优点是灵活性高、可移植性强。用户对软核的功能加以裁剪即可符合特定的应用,也可重新载入软核的参数。

(2) 固核:固核是指经过综合(布局布线)的带有平面规划信息的网表,通常以 RTL 代码和对应具体工艺网表的混合形式提供。与软核相比,固核的设计灵活性稍差,但在可靠性上有较大提高。

(3) 硬核:硬核是指经过验证的设计版图,其经过前端和后端验证,并针对特定的设计工艺,用户不能对其进行修改。

这里以 FPGA 中的嵌入式处理器为例说明软核和硬核的区别。图 1.4 是 FPGA 器件中软核处理器和硬核处理器示意图,软核处理器基于逻辑块(LBs)实现,绝大多数 FPGA 均可集成;硬核处理器则只存在于部分 FPGA 器件中。一般硬核处理器性能更优,通用性更强,比如可运行通用操作系统(如 Linux)。

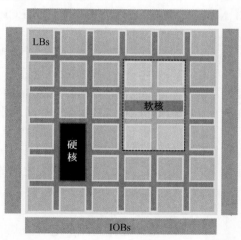

图 1.4 FPGA 器件中软核处理器和硬核处理器示意图

在 Intel 的 FPGA 中,Nios Ⅱ属于软核处理器,绝大多数 Intel 的 FPGA 芯片均可嵌入该软核,大约耗用 3000 个 LC 资源。Nios Ⅱ核除了处理器内核、On-Chip Memory(片上存储器)和 JTAG UART 核等核心模块不可缺少外,其他组件,如 PIO 核、EPCS 核、SDRAM 核等,均可根据需要灵活添加。Intel 的一部分 FPGA(如 Arria 10、Arria V、Cyclone V 器件)中嵌入了 ARM 9 硬核。图 1.5 所示为 Cyclone V 器件结构框图,其嵌入了 ARM Cortex-A9 多核处理器。除此之外,锁相环(PLL)、PCI 核、可变精度的 DSP 核(乘法器)、3Gb/s 或 5Gb/s 收发器等也都属于硬核。

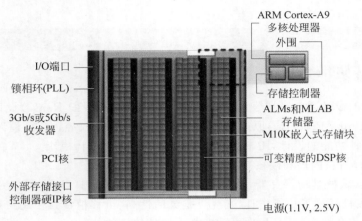

图 1.5　Cyclone V 器件结构框图

Xilinx 的 FPGA 中,MicroBlaze 属于软核处理器,绝大多数 Xilinx 的 FPGA 均能嵌入该软核。一部分 Xilinx 的 FPGA 中嵌入了 ARM 硬核,如 Zynq 器件。早期还有一些 Xilinx 的 FPGA 中嵌入了 IBM PowerPC 硬核,如 Virtex-4 器件。

基于 IP 核的设计节省了开发时间,缩短了开发周期,避免了重复劳动,但也存在一些问题,如 IP 版权的保护、IP 的保密、IP 间的集成等。

1.3.2　片上系统

片上系统(SoC),又称芯片系统、系统芯片,是指将系统集成在一个芯片上,这在便携设备中用得较多。手机芯片是典型的 SoC,手机 SoC 集成了 CPU、GPU(Graphics Processing Unit,图形处理器)、RAM、Modem(调制解调器)、DSP、CODEC(编解码器)等部件,集成度很高,是 SoC 的典型代表。

微电子工艺的进步为 SoC 的实现提供了硬件基础,EDA 软件则为 SoC 的实现提供了工具。EDA 工具正向着高层化发展,如果将电子设计看作设计者根据设计规则用软件搭接已有的不同模块,那么早期的设计是基于晶体管的设计(Transistor Based Design,TBD)。在这一阶段,设计者最关心的是怎样减小芯片的面积,所以又称面积驱动的设计(Area Driving Design,

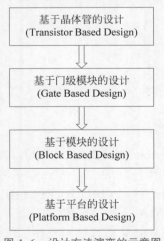

图 1.6　设计方法演变的示意图

ADD)。随着设计方法的改进,出现了基于门级模块的设计(Gate Based Design,GBD)。在这一阶段,设计者在考虑芯片面积的同时,更多地关注门级模块之间的延时,所以这种设计又称延时驱动的设计(Time Driving Design,TDD)。20 世纪 90 年代以来,芯片的集成度进一步提高及 SoC 的出现使以 IP 复用为基础的设计逐渐流行,这种设计称为基于模块的设计(Block Based Design,BBD)。在应用 BBD 方法进行设计的过程中,逐渐产生的一个问题是,在开发出一个产品后,如何尽快开发出其系列产品。这样就产生了新的概念——PBD,PBD(Platform Based Design,PBD)是基于平台的设计方法,它是一种基于 IP 的面向特定应用领域的 SoC 设计环境,可以在更短的时间内设计出满足需要的电路。PBD 的实现依赖如下关键技术的突破:高层次系统级的设计工具、软硬件协同设计技术等。图 1.6 是上述设计方法演变的示意图。

1.4 EDA 设计的流程

　　EDA 设计可基于 FPGA/CPLD 器件实现,也可用专用集成电路(ASIC)实现。FPGA/CPLD 属于半定制器件,器件内已集成各种逻辑资源,只需对器件内的资源编程连接就能实现诸多功能,且可以反复修改,直到满足设计需要,此种实现方式灵活性高,成本低,且风险小。专用集成电路(Application Specific Integrated Circuit,ASIC)用全定制方式(版图级)实现设计,也称掩膜(mask)ASIC,此种实现方式能达到功耗更低、面积更小的目的,它需要设计版图(CIF、GDS Ⅱ 格式)并交厂家流片,实现成本高,设计周期长,适用于性能要求高、批量大的应用场景。一般的设计用 FPGA/CPLD 实现即可,对于成熟的设计,可考虑用 ASIC 替换 FPGA/CPLD,以获得更优的性价比。

　　基于 FPGA/CPLD 器件的 EDA 设计流程如图 1.7 所示,包括设计输入、综合(编译)、布局布线、时序分析、编程与配置等步骤。

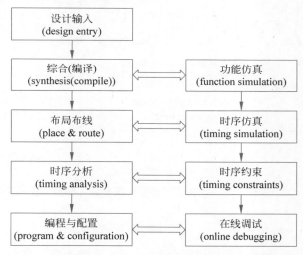

图 1.7　基于 FPGA/CPLD 器件的 EDA 设计流程

1.4.1　设计输入

　　设计输入(design entry)是将电路用开发软件要求的某种形式表达出来,并输入相应软件的过程。设计输入常用的方式是 HDL 文本输入和原理图输入。

　　(1) HDL 文本输入:20 世纪 80 年代,曾一度出现十余种硬件描述语言,20 世纪 80 年代后期,硬件描述语言向着标准化方向发展。最终 VHDL 和 Verilog HDL 适应了这种发展趋势,先后成为 IEEE 标准,在设计领域成为事实上的通用语言。Verilog HDL 和 VHDL 各有优点,可胜任算法级(algorithm level)、RTL、门级等各种层次的逻辑设计,也支持仿真验证、时序分析等任务,并因其标准化而便于移植到不同的 EDA 平台。

　　(2) 原理图输入:原理图(schematic)是图形化的表达方式,使用元件符号和连线描述设计。其特点是适合描述连接关系和接口关系,表达直观,尤其是表现层次结构更为方便,但它要求设计工具提供必要的元件库或宏模块库,设计的可重用性、可移植性不如 HDL 语言。

1.4.2 综合

综合(synthesis)是指将较高级抽象层级的设计描述自动转化为较低层级描述的过程。综合在有些工具中也称编译(compile)。综合有下面几种形式。

(1) 将算法表示、行为描述转换到 RTL,称为 RTL 综合。

(2) 将 RTL 描述转换到逻辑门级(包括触发器),称为门级(或工艺级)综合。

(3) 将逻辑门级转换到版图级,一般需要流片厂商的支持,包括工具和工艺库方面。

综合器(synthesizer)就是自动实现上述转换的软件工具。或者说,综合器是将原理图或 HDL 语言表达、描述的电路,编译成相应层级电路网表的工具。

软件程序编译器和硬件描述语言综合器有着本质的区别,图 1.8 所示为两者的比较示意图。软件程序编译器将 C 语言或汇编语言等编写的程序编译为 0、1 代码流,而硬件描述语言综合器将用硬件描述语言编写的程序代码转化为具体的电路网表结构。

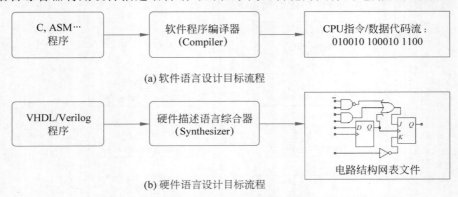

(a) 软件语言设计目标流程

(b) 硬件语言设计目标流程

图 1.8 软件程序编译器和硬件描述语言综合器的比较示意图

1.4.3 布局布线

布局布线(place & route)又称适配(fitting),可理解为将综合生成的电路网表映射到具体的目标器件中予以实现,并产生最终的可下载文件的过程。它将综合后的网表文件针对某一具体的目标器件进行逻辑映射,把设计分为多个适合器件内部逻辑资源实现的逻辑小块,并根据用户的设定在速度和面积之间做出选择或折中。布局是将已分割的逻辑小块放到器件内部逻辑资源的具体位置,并使它们易于连线;布线则是利用器件的布线资源完成各功能块之间和反馈信号之间的连接。

布局布线完成后产生如下重要文件。

(1) 面向其他 EDA 工具的输出文件,如 EDIF 文件等。

(2) 产生延时网表文件,以便进行时序分析和时序仿真。

(3) 器件编程文件,如用于 CPLD 编程的 JEDEC、POF 等格式的文件,用于 FPGA 配置的 SOF、JIC、BIN 等格式的文件。

布局布线与芯片的物理结构直接相关,多选择芯片制造商提供的工具进行此项工作。

1.4.4 时序分析

时序分析(timing analysis)或称静态时序分析(Static Timing Analysis,STA)、时序

检查(timing check),是指对设计中所有的时序路径(timing path)进行分析,计算每条时序路径的延时,检查每条时序路径尤其是关键路径(critical path)是否满足时序要求,并给出时序分析和报告结果。只要该路径的时序裕量(slack)为正,就表示该路径能满足时序要求。

时序分析前一般先要进行时序约束(timing constraint),以提供设计目标和参考数值。

时序分析的主要目的在于保证系统的稳定性、可靠性,并提高系统工作频率和数据处理能力。

1.4.5 功能仿真与时序仿真

仿真(simulation)是对所设计电路功能的验证。用户可以在设计过程中对整个系统和各模块进行仿真,即在计算机上用软件验证功能是否正确、各部分的时序配合是否准确。发现问题可以随时修改,以避免逻辑错误。

仿真包括功能仿真(function simulation)和时序仿真(timing simulation)。不考虑信号时延等因素的仿真称为功能仿真,又称前仿真;时序仿真又称后仿真,它是在选择器件并完成布局布线后进行的包含延时的仿真,其仿真结果能比较准确地模拟芯片的实际性能。由于不同器件的内部延时不一样,不同的布局布线方案也给延时造成很大的影响,因此时序仿真是非常必要的,如果仿真结果达不到设计要求,就需要修改源代码或选择不同速度等级的器件,直至满足设计要求。

注意:时序分析和时序仿真是两个不同的概念。时序分析是静态的,不需编写测试向量,但需编写时序约束、主要分析设计中所有可能的信号路径并确定其是否满足时序要求;时序仿真是动态的,需要编写测试向量(Test Bench 代码)。

1.4.6 编程与配置

将适配后生成的编程文件装入器件的过程称为下载。通常将基于 EEPROM 工艺的非易失结构的 CPLD 器件的下载称为编程(program),而将基于 SRAM 工艺结构的 FPGA 器件的下载称为配置(configuration)。下载完成后,便可进行在线调试(online debugging),若发现问题,则需要重复上面的流程。

1.5 常用的 EDA 工具软件

EDA 工具软件大体可分两类:一类是专业 EDA 软件公司开发的工具,也称第三方 EDA 工具,专业 EDA 公司较著名的有 Synopsys、Cadence、Simens EDA(原 Mentor),这些专业 EDA 公司及其 EDA 工具如表 1.1 所示;另一类是 FPGA/CPLD 厂商为配套其芯片开发而推出的工具,较著名的有 Intel、Xilinx 等。前者独立于器件厂家,在某些方面性能突出;后者功能全面,并针对自家器件的工艺特点进行优化。

表 1.1 专业 EDA 公司及其 EDA 工具

专业 EDA 公司	EDA 工具
Synopsys	Design Compiler(综合器)
	Synplify(综合器)
	VCS/Scirocco(仿真器)

专业 EDA 公司	EDA 工具
Cadence	Prime Time(静态时序分析器) Synergy(ASIC 综合器)
Simens EDA (Mentor)	Precision Synthesis(综合器) ModelSim/QuestaSim(仿真器)

1. 集成的 FPGA/CPLD 开发工具

集成的 FPGA/CPLD 开发工具是由 FPGA/CPLD 厂家提供的,可完成从设计输入、逻辑综合、仿真到适配下载等全部工作。常用的集成 FPGA/CPLD 开发工具如表1.2所示,这些开发工具还可以集成专业的第三方软件,方便用户在设计过程中选用。近年来国产 FPGA/CPLD 厂家快速发展,比较有代表性的有紫光同创、高云半导体等,其开发套件也在快速发展并完善。

表 1.2　常用的集成 FPGA/CPLD 开发工具

软　　件	说　　明
MAX+PLUS® II	MAX+Plus II 是 Intel(Altera)早期的集成开发软件
QUARTUS® II	Quartus II 是 Intel(Altera)继 MAX+Plus II 后的第 2 代开发工具
Quartus Prime Design Software	从 Quartus II 15.1 开始,Quartus II 更名为 Quartus Prime,采用新的 Spectra-Q 综合引擎,支持数百万 LE 单元 FPGA 器件的综合;扩展了对 VHDL-2008 和 System Verilog-2005 的支持
ISE	ISE 是 Xilinx 的集成开发软件
VIVADO	Vivado 设计套件是 Xilinx 于 2012 年发布的集成设计工具,支持多达 1 亿个等效 ASIC 门的设计
XILINX VITIS	VITIS 是 Xilinx 于 2019 年发布的统一软件平台,进一步模糊了软硬件开发的边界,为云端、边缘和混合计算提供了统一的开发环境
Pango Design Suite(PDS)	PDS 软件是紫光同创的 FPGA 开发工具套件,支持 Compact、Logos、logos2、Titan 和 Titan2 等 FPGA/CPLD 器件的开发
云源设计系统	云源设计系统是高云半导体为其 FPGA 器件开发配套的设计工具,支持 VHDL、Verilog HDL 和 System Verilog 语言

2. 设计输入工具

输入工具主要帮助用户完成原理图和 HDL 文本的编辑和输入工作。好的输入工具支持多种输入方式,包括原理图、HDL 文本、波形图、状态机、真值表等。例如,HDL Designer Series 是 Mentor 公司的设计输入工具,包含于 FPGA Advantage 软件中,可接受 HDL 文本、原理图、状态图、表格等输入形式,并将其转化为 HDL 文本表达方式。输入工具可帮助用户提高输入效率,多数人习惯使用集成开发软件或者综合/仿真工具中自带的原理图和文本编辑器。

3. 逻辑综合器

逻辑综合是将设计者在 EDA 平台上编辑输入的 HDL 文本、原理图或状态图描述,依据给定的硬件结构和约束条件进行编译、优化和转换，最终获得门级电路甚至更底层的电路，描述网表文件的过程。逻辑综合工具能够自动完成上述过程，产生优化的电路结构网表，导入FPGA/CPLD厂家的软件进行适配和布局布线。专业的逻辑综合软件通常比FPGA/CPLD厂家的集成开发软件自带的逻辑综合功能更强，比较出名的用于FPGA/CPLD设计的HDL综合软件有Synopsys的Synplify、Synplify Pro和Synplify Premier，Simens EDA(Mentor)的Precision Synthesis和Leonardo Spectrum，其性能如表1.3所示。

表1.3　常用的HDL综合软件性能

软　　件	说　　明
Synplicity®	Synplify、Synplify Pro和Synplify Premier是Synopsys的VHDL/Verilog HDL综合软件；支持Verilog HDL、SystemVerilog、VHDL-2008；支持单机或多机综合
Precision Synthesis	Precision Synthesis是Simens EDA(Mentor)的综合软件，支持VHDL、Verilog-2001及System Verilog等语言
LEONARDO *spectrum*	Leonardo Spectrum也是Simens EDA(Mentor)的综合软件，作为FPGA Advantage软件的一个组成部分，可同时用于FPGA/CPLD和ASIC设计两类目标

4. 仿真器

仿真工具提供了对设计进行仿真和验证的手段，包括布线前的功能仿真(前仿真)和布线后包含延时的时序仿真(后仿真)。在一些复杂的设计中，仿真比设计本身还要艰巨，仿真器的仿真速度、准确性、易用性成为衡量仿真器性能的重要指标。

根据设计语言的处理方式可将仿真器分为两类：编译型仿真器和解释型仿真器。编译型仿真器的仿真速度快，但需要预处理，不能即时修改；解释型仿真器的仿真速度相对慢，但可以随时修改仿真环境和仿真条件。根据处理的HDL语言类型，可将仿真器分为Verilog HDL仿真器、VHDL仿真器和混合仿真器(可同时处理Verilog HDL和VHDL)。常用的HDL仿真软件如表1.4所示。

表1.4　常用的HDL仿真软件

软　　件	说　　明
ModelSim/QuestaSim	ModelSim是Mentor Graphics的VHDL/Verilog HDL混合仿真软件，属于编译型仿真器，速度快。QuestaSim是Modelsim的增强版，增加了System Verilog仿真的功能，两者的指令操作基本相同
Active HDL/Riviera-PRO	Active HDL是Aldec的VHDL/Verilog HDL仿真软件，简单易用，提供超过120种EDA软件接口；Riviera-PRO是Aldec更为高端的VHDL/Verilog HDL仿真软件，支持VHDL、Verilog HDL、EDIF、System Verilog、System C等语言
NC-Verilog/NC-VHDL/NC-Sim	这几个软件都是Cadence公司的VHDL/Verilog HDL仿真工具，其中NC-Verilog的前身是著名的Verilog HDL仿真软件Verilog-XL；NC-VHDL用于VHDL仿真；而NC-Sim支持VHDL/Verilog HDL混合仿真
VCS/Scirocco	VCS是Synopsys的编译型Verilog HDL仿真器；Scirocco是Synopsys的VHDL仿真器

ModelSim能够提供Verilog HDL/VHDL混合仿真，QuestaSim是ModelSim的增强版，两者的指令操作基本相同；NC-Verilog和VCS是基于编译技术的仿真软件，能够胜任行为级、RTL和门级各种层次的仿真。

5. 芯片版图 EDA 工具

提供芯片版图设计工具的著名公司有 Synopsys、Cadence、Siemens EDA(Mentor)。在晶体管级或基本门级提供图形输入工具的有 Cadence 的 Composer、Viewlogic 的 Viewdraw 等。专用于芯片版图的综合工具有 Synopsys 的 Design Compiler(DC)和 Behavial Compiler、Cadence 的 Synergy 等。SPICE 是比较知名的模拟电路仿真工具,在亚微米和深亚微米工艺不断发展的今天依旧是模拟电路仿真的重要工具之一。随着半导体制程工艺的不断发展,芯片版图 EDA 工具也在不断地更新换代,以对芯片设计提供支持。

国产芯片版图 EDA 工具近年来也有了突破性的发展,比较有代表性的如华大九天推出的 Foundry 专用 EDA 工具、芯和半导体的射频 EDA 工具及华为的 EDA 软件等,有力地支撑了 EDA 工具的国产化替代。

6. 其他 EDA 工具

除了上面介绍的 EDA 软件,还有一些常用的开发套件和专用开发工具,如 Quartus Prime 内置的 Platform Designer,它是一种基于 PBD(Platform Based Design)设计理念的专用开发工具,面向 IP 核集成和 SoC 设计。其他类似的专用 EDA 开发工具如表 1.5 所示。

表 1.5 专用 EDA 开发工具

软　件	说　明
SOPC Builder Qsys Platform Designer	从 Quartus Ⅱ 10 开始,SOPC Builder 已被 Qsys 代替,Qsys 是 SOPC Builder 的升级版,用于系统级的 IP 集成,能将不同 IP 模块及 Nios Ⅱ 核整合在一起,以提高 FPGA 设计效率。从 Quartus Prime 17.1 版开始,Qsys 更名为 Platform Designer,内容与名字更为统一
Vivado HLS	Vivado HLS 支持直接使用 C、C++ 及 System C 语言对 Xilinx 的 FPGA 器件进行编程,并转换为 RTL 模型,通过高层次综合生成 HDL 级的 IP 核,从而加速 IP 创建
DSP Builder	Altera 的开发工具,支持在 MATLAB 和 Simulink 中进行 DSP 算法设计,然后自动将算法设计转化为 HDL 文件,实现 DSP 工具(MATLAB)到 EDA 工具(Quartus Ⅱ)的无缝衔接
System Generator	Xilinx 的 DSP 开发工具,实现 ISE 与 MATLAB 的接口软件,能有效完成数字信号处理的仿真和最终 FPGA 的实现

习题 1

1-1　EDA 技术的应用领域有哪些?

1-2　什么是 Top-down 设计方式?

1-3　数字系统的实现方式有哪些? 各有什么优缺点?

1-4　什么是 IP 复用技术? IP 核对 EDA 技术的应用和发展有什么意义?

1-5　以自己熟悉的一款 FPGA 芯片为例,说明其内部集成了哪些硬核逻辑,其支持的软核有哪些?

1-6　基于 FPGA/CPLD 的数字系统设计流程包括哪些步骤?

1-7　什么是综合? 常用的综合工具有哪些?

1-8　FPGA 与 ASIC 在概念上有什么区别?

1-9　功能仿真与时序仿真有何区别?

第 2 章

FPGA/CPLD器件

本章介绍 FPGA/CPLD 器件的结构、工作原理，以及相关的编程工艺和测试技术。

2.1 PLD 器件概述

可编程逻辑器件（Programmable Logic Device，PLD）是 20 世纪 70 年代发展起来的一种新型器件，它的应用给数字系统的设计方式带来了革命性变化。PLD 器件一经问世就得到快速发展，发展的动力来自实际需求的增长和芯片制造商间的竞争。

2.1.1 PLD 器件的发展历程

20 世纪 70 年代中期出现的可编程逻辑阵列（Programmable Logic Array，PLA）被认为是 PLD 器件的雏形。PLA 在结构上由可编程的与阵列和可编程的或阵列构成，阵列规模小，编程烦琐。后来出现了可编程阵列逻辑（Programmable Array Logic，PAL），PAL 由可编程的与阵列和固定的或阵列组成，采用熔丝编程工艺，它的设计较 PLA 灵活、快速，因而成为第一个得到广泛应用的 PLD 器件。

20 世纪 80 年代初，Lattice 发明了通用阵列逻辑（Generic Array Logic，GAL），GAL 器件采用 EEPROM 工艺和输出逻辑宏单元的结构，具有可擦除、可编程、可长期保持数据的优点，所以得到更广泛的应用。

之后，PLD 器件进入一个快速发展时期，20 世纪 80 年代中期，Altera 公司推出一种新型的可擦除、可编程逻辑器件（Erasable Programmable Logic Device，EPLD），EPLD 采用 CMOS 和 UVEPROM 工艺制成，集成度更高、设计更灵活，但其内部连线功能稍弱。

1985 年，Xilinx 公司推出了现场可编程门阵列（Field Programmable Gate Array，FPGA），这是一种采用单元型结构的新型 PLD 器件。它采用 CMOS、SRAM 工艺制作，在结构上和阵列型 PLD 不同，由许多独立的可编程逻辑单元构成，各逻辑单元之间可以灵活地相互连接，具有密度高、速度快、编程灵活、可重新配置等优点，因此 FPGA 成为当前主流的 PLD 器件。

CPLD（Complex Programmable Logic Device）即复杂可编程逻辑器件，是从 EPLD 改进而来的，采用 EEPROM 工艺制作，与 EPLD 相比，CPLD 增强了内部连线，对逻辑宏单元和 I/O 单元也有重大改进，尤其是 Lattice 公司提出在系统可编程（In System Programmable，ISP）技术后，相继出现了一系列具备 ISP 功能的 CPLD 器件，CPLD 是当前另一主流的 PLD 器件。

国产 FPGA 芯片近年来也获得快速发展，典型的厂家包括紫光同创、高云等。紫光同创的 Titan 系列是首款国产自主知识产权千万门级 FPGA 产品。

2.1.2　PLD器件的分类

1. 按集成度分类

集成度是PLD器件的一项重要指标。如果按集成度划分,PLD可分为低密度PLD器件和高密度PLD器件,低密度PLD器件也可称为简单PLD器件。历史上,GAL22V10是简单PLD和高密度PLD的分水岭,一般按照GAL22V10芯片的容量进行区分。GAL22V10的集成度为500～750门,以此区分的话,PROM、PLA、PAL和GAL属于简单PLD,而CPLD、FPGA属于高密度PLD,如表2.1所示。

(1) 简单PLD器件:包括PROM、PLA、PAL和GAL 4种。

PROM采用熔丝编程工艺,只能写一次,不可以擦除或重写。随着技术的发展和应用需求的变化,出现了可擦除和重写的存储器,如EPROM(紫外线擦除可编程只读存储器)和EEPROM(电擦写可编程只读存储器)。PLA现在已经被淘汰。PAL器件至今仍有部分应用。

以上4种简单PLD器件均基于与或阵列结构,其区别主要表现在与阵列、或阵列是否可编程,输出电路是否含有存储元件(如触发器),以及是否可以灵活配置(可组态)方面,具体如表2.2所示。

表2.1　PLD器件按集成度分类

PLD器件	简单PLD	PROM
		PLA
		PAL
		GAL
	高密度PLD	CPLD
		FPGA

表2.2　简单PLD器件的区别

器件	与阵列	或阵列	输出电路
PROM	固定	可编程	固定
PLA	可编程	可编程	固定
PAL	可编程	固定	固定
GAL	可编程	固定	可编程

(2) 高密度PLD器件:包括CPLD和FPGA两类器件,这两类器件也是当前PLD器件的主流。

2. 按编程特点分类

(1) 按编程次数分类:可分为两类,即一次性可编程器件和多次可编程器件。一次性可编程器件只能被编程一次,不能修改;而多次可编程器件允许对器件多次编程,适合在研发中使用。

(2) 按不同的编程元件和编程工艺划分:

① 采用熔丝编程元件的器件,早期的PROM器件采用此类编程结构,编程时根据设计的熔丝图文件烧断对应的熔丝以达到编程的目的。

② 采用反熔丝编程元件的器件,反熔丝是对熔丝技术的改进,在编程处击穿漏层使两点之间获得导通,与熔丝烧断获得开路正好相反。

③ 采用紫外线擦除、电编程方式的器件,如EPROM。

④ EEPROM型,即采用电擦除、电编程方式的器件。目前,多数CPLD采用此类编程方式,它是对EPROM编程方式的改进,用电擦除取代了紫外线擦除,提高了使用的方便性。

⑤ 闪速存储器(Flash)型。

⑥ 采用静态存储器(SRAM)结构的器件,即采用SRAM查找表结构的器件,大多数

FPGA 采用此类结构。

采用 SRAM 编程工艺的器件称为易失类器件,此类器件每次掉电后配置数据会丢失,因而每次上电都需要重新进行配置;而采用其余几种编程工艺结构的器件均为非易失类器件,这类器件编程后配置数据会一直保持在器件内,直至被擦除或重写。

采用熔丝或反熔丝编程工艺的器件只能编程一次,所以属于一次性可编程器件,其他种类的器件都可以反复多次编程。

3. 按结构特点分类

按照结构特点可将 PLD 器件分为如下两类。

(1) 基于乘积项结构的 PLD 器件:其主要结构是与或阵列,低密度的 PLD、EPLD 及很多 CPLD 器件都采用与或阵列结构,基于 EEPROM 或 Flash 工艺制作,配置数据掉电后不会丢失,但器件容量大多小于 1 万逻辑门的规模。

(2) 基于查找表(Look Up Table,LUT)结构的 PLD 器件:查找表的原理类似于 ROM,其物理结构基于 SRAM 和数据选择器(MUX),通过查表方式实现函数功能。函数值存放在 SRAM 中,SRAM 地址线即输入变量,不同的输入通过 MUX 找到对应的函数值并输出。查找表结构速度快,绝大多数的 FPGA 器件都是基于查找表结构实现的,其特点是集成度高(可实现千万逻辑门级规模),可实现复杂的数字逻辑功能,但器件的配置数据易失,需外挂非易失配置器件以存储配置数据,才能构成独立运行的脱机系统。

2.2 PLD 的原理与结构

1. PLD 器件的结构

任何组合逻辑函数均可化为"与或"表达式,用"与门—或门"二级电路实现,而任何时序电路均可由组合电路加上存储元件(触发器)构成。因此,从原理上说,与或阵列加上触发器的结构就可以实现任意的数字逻辑功能。PLD 器件就是采用这种结构,再加上可灵活配置的互连线实现逻辑功能的。

图 2.1 表示的是 PLD 器件的基本结构,它由输入缓冲电路、与阵列、或阵列和输出缓冲电路 4 部分组成。与阵列和或阵列是主体,用于实现各种组合逻辑函数和逻辑功能;输入缓冲电路用于产生输入信号的原变量和反变量,并增强输入信号的驱动能力;输出缓冲电路用于处理将要输出的信号,其中一般有三态门、寄存器等单元,甚至有宏单元,用户可以根据需要灵活配置成各种输出方式,既能输出纯组合逻辑信号,也能输出时序逻辑信号。

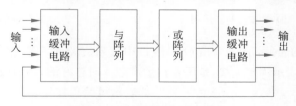

图 2.1 PLD 器件的基本结构

图 2.1 给出的是基于与或阵列的 PLD 器件的基本结构,这种结构的缺点是器件的规模不容易做得很大,随着器件规模的增大,设计人员又开发出另一种可编程逻辑结构,即 LUT 结构,其物理结构是 SRAM,N 个输入项的逻辑函数可以由一个 2^N 位容量的 SRAM 实现,

函数值存放在 SRAM 中,SRAM 的地址线作为输入变量,SRAM 的输出为逻辑函数值,由连线开关实现与其他功能块的连接,绝大多数的 FPGA 器件都采用 LUT 结构实现。

2. PLD 电路的表示方法

首先回顾一下常用的数字逻辑电路符号。表 2.3 是与门、或门、非门、异或门的逻辑电路符号,有两种表示方式:一种是 IEEE-1984 版的国际标准符号,称为矩形符号(Rectangular Outline Symbols);另一种是 IEEE-1991 版的国际标准符号,称为特定外形符号(Distinctive Shape Symbols)。这两种符号都是 IEEE(Institute of Electrical and Electronics Engineers)和 ANSI(American National Standards Institute)规定的国际标准符号。显然在大规模 PLD 器件中,特定外形符号更适于表示其逻辑结构。

表 2.3　与门、或门、非门、异或门的逻辑电路符号

	与　门	或　门	非　门	异　或　门
矩形符号	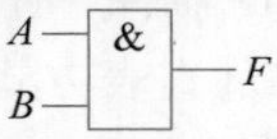 A & B → F	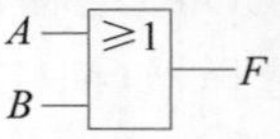 A ≥1 B → F	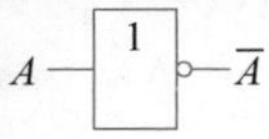 A — 1 — $\overline{A}$	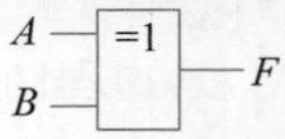 A =1 B → F
特定外形符号	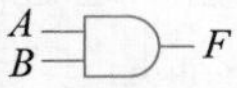 A B → F	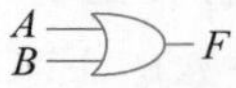 A B → F	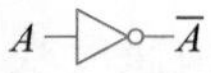 A ▷ $\overline{A}$	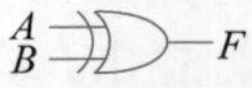 A B → F

PLD 器件内部结构的逻辑图表示一般采用如下方式,这些图会在一些芯片资料中看到。

(1) PLD 缓冲电路的表示:PLD 的输入、输出缓冲电路的表示方法如图 2.2 所示,其中图 2.2(a)为输入缓冲电路,采用互补的结构,输入信号分别产生其原信号和非信号;图 2.2(b)和图 2.2(c)为高电平使能三态非门和低电平使能三态非门的输出缓冲电路。

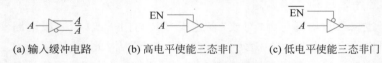

　　(a)输入缓冲电路　　　(b)高电平使能三态非门　　　(c)低电平使能三态非门

图 2.2　PLD 的输入、输出缓冲电路的表示方法

(2) PLD 与门、或门的表示:图 2.3 是 PLD 与阵列的表示符号,图中表示的逻辑关系为 $P = A \cdot B \cdot C$;图 2.4 是 PLD 或阵列的表示符号,图中表示的逻辑关系为 $F = P_1 + P_2 + P_3$。

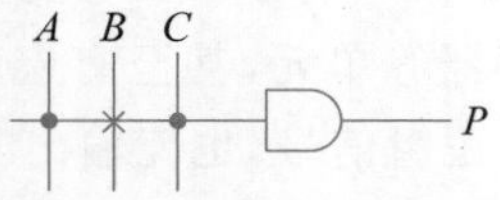

图 2.3　PLD 与阵列的表示符号 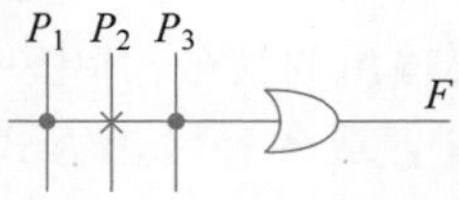　　　　图 2.4　PLD 或阵列的表示符号

(3) PLD 连接的表示:图 2.5 所示为 PLD 中阵列交叉点三种连接关系的表示,其中,图 2.5(a)中的"·"表示固定连接,是厂家在生产芯片时连好的,不可改变;图 2.5(b)中的"×"表示可编程连接,表示该点既可以连接(在熔丝编程工艺中对应熔丝未熔断),也可以断开(对应熔丝熔断);图 2.5(c)中的未连接有两种可能:一是该点在出厂时就是断开的,二是可编程连接的熔丝熔断情况。

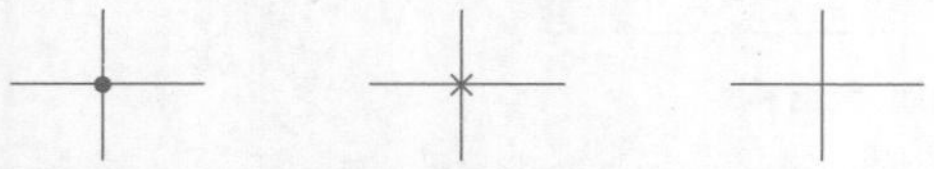

　(a)固定连接　　(b)可编程连接　　(c)未连接

图 2.5　PLD 中阵列交叉点三种
连接关系的表示

2.3 低密度 PLD 的原理与结构

简单 PLD 器件最基本的结构是与或阵列,通过编程改变与阵列和或阵列的内部连接,就可以实现不同的逻辑功能。

1. PROM

PROM 开始是作为只读存储器出现的,最早的 PROM 是用熔丝编程的,从 20 世纪 70 年代就开始使用了。从存储器的角度看,PROM 由地址译码器和存储阵列构成,如图 2.6 所示,地址译码器用于完成 PROM 存储阵列行的选择。从可编程逻辑器件的角度看,地址译码器可看作一个与阵列,其连接是固定的;存储阵列可看作一个或阵列,其连接关系是可编程的。这样可将 PROM 的内部结构用与或阵列的形式表示,如图 2.7 所示,图中所示的 PROM 有 3 个输入端、8 个乘积项、3 个输出端。

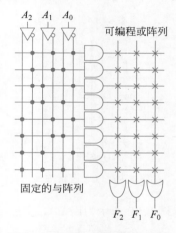

图 2.6　PROM 存储器的结构　　　　　图 2.7　PROM 的与或阵列结构

图 2.8 是用 PROM 实现半加器逻辑功能的示意图,其中图 2.8(a)表示 2 输入的 PROM 阵列结构,图 2.8(b)是用该 PROM 实现半加器的电路连接图,其输出逻辑为
$F_0 = A_0\overline{A}_1 + \overline{A}_0 A_1$,$F_1 = A_0 A_1$。

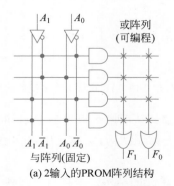

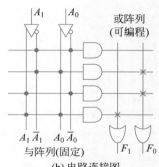

(a) 2输入的PROM阵列结构　　　　　　(b) 电路连接图

图 2.8　用 PROM 实现半加器逻辑功能

2. PLA

PLA在结构上由可编程的与阵列和可编程的或阵列构成,图2.9是PLA逻辑阵列结构,图中的PLA只有2个输入,实际中的PLA规模要大一些,典型的结构是16个输入、32个乘积项、8个输出。PLA的与阵列、或阵列均可编程,这种结构的优点是芯片的利用率高,节省芯片面积;缺点是对开发软件的要求高,优化算法复杂,因此,PLA只能在小规模逻辑芯片中得到应用,目前实际应用中已经被淘汰。

3. PAL

PAL在结构上对PLA进行了改进,PAL的与阵列是可编程的,或阵列是固定的,这样的结构使送到或门的乘积项的数目是固定的,大大简化了设计算法。图2.10表示的是2个输入变量的PAL阵列结构,由于PAL的或阵列是固定的,因此图2.10表示的PAL阵列结构也可用图2.11表示。

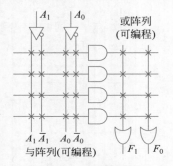

图2.9　PLA逻辑阵列结构

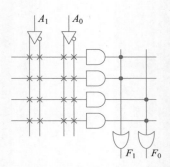

图2.10　2个输入变量的PAL阵列结构

图2.12所示为用PAL实现1位全加器的电路连接图,其输出逻辑为

$$\text{Sum}=\overline{A}\,\overline{B}C_{\text{in}}+\overline{A}B\overline{C}_{\text{in}}+A\overline{B}\,\overline{C}_{\text{in}}+ABC_{\text{in}}, \quad C_{\text{out}}=AC_{\text{in}}+BC_{\text{in}}+AB$$

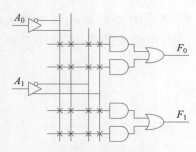

图2.11　PAL阵列结构

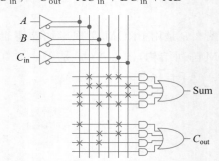

图2.12　用PAL实现1位全加器的电路连接图

图2.13是PAL22V10器件的内部结构(局部),从图中可以看到PAL的输出反馈,还可看出PAL22V10在输出端加入了输出逻辑宏单元结构,宏单元中包含触发器,可实现时序逻辑功能。

图2.14展示了PAL22V10内部一个输出宏单元的结构。来自与或阵列的输出信号连至宏单元内的异或门,异或门的另一输入端可编程设置为0或1,因此该异或门可用于为或门的输出求补;异或门的输出连接到D触发器,2选1多路器允许将触发器旁路;

无论触发器的输出还是三态缓冲器的输出,都可以连接到与阵列。如果三态缓冲器输出为高阻态,那么与之相连的 I/O 引脚可用作输入。

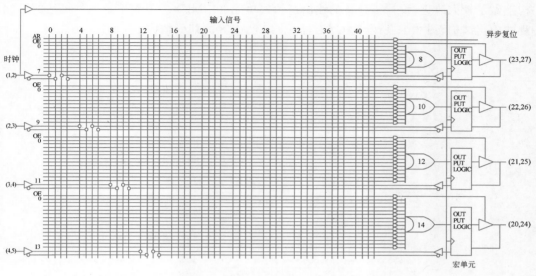

图 2.13　PAL22V10 器件的内部结构

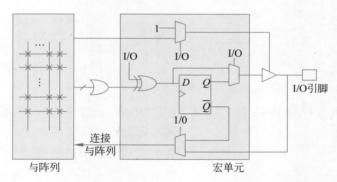

图 2.14　PAL220V10 内部一个输出宏单元的结构

　　PAL 器件触发器的输出可以反馈连接到与阵列,如图 2.15 所示的 PAL 电路,其触发器输出的次态方程可表示为 $Q^{n+1} = D = \overline{A}B\overline{Q}^n + A\overline{B}Q^n$。

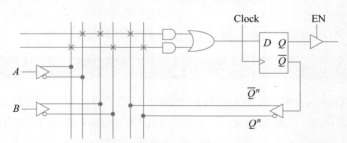

图 2.15　PAL 器件触发器的输出反馈到与阵列

4. GAL

1985 年,Lattice 公司在 PAL 的基础上设计出了 GAL 器件。GAL 首次采用了

EEPROM工艺,使其具有电擦除可重复编程的特点,解决了熔丝工艺不能重复编程的问题。GAL器件在与或阵列上沿用PAL的结构(与阵列可编程,或阵列固定),在输出结构上做了较大改进,设计了独特的输出逻辑宏单元(OLMC)。OLMC是一种灵活的可编程的输出结构,图2.16所示为GAL器件GAL16V8的部分结构。

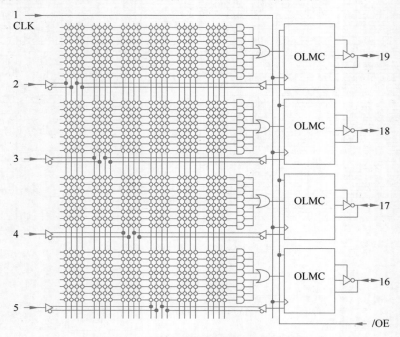

图 2.16　GAL 器件 GAL16V8 的部分结构

图2.17所示为GAL16V8的OLMC结构,OLMC主要由或门、D触发器、2个MUX和三态门构成。其中,4选1 MUX用于选择输出方式和输出的极性,2选1 MUX用于选择反馈信号;这两个MUX的状态由两位可编程的特征码S_1S_0控制,S_1S_0有4种组态,故OLMC有4种输出方式,分别为低电平有效寄存器输出方式、高电平有效寄存器输出方式、低电平有效组合逻辑输出方式、高电平有效组合逻辑输出方式。

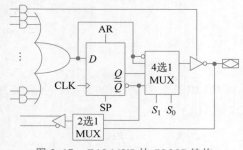

图 2.17　GAL16V8 的 OLMC 结构

2.4　CPLD 的原理与结构

CPLD是在PAL、GAL基础上发展起来的阵列型PLD器件,CPLD芯片中包含多个电路块,称为宏功能块,或称宏单元,每个宏单元由类似PAL的电路块构成。图2.18所示的CPLD器件中包含了6个类似PAL的宏单元,宏单元再通过芯片内部的连线资源互连,并连接到I/O控制块。

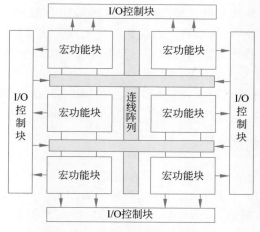

图 2.18　CPLD 器件的内部结构

2.4.1　宏单元结构

图 2.19 所示为宏单元内部结构及宏单元间互连结构示意图。可以看出,每个宏单元是由类似 PAL 结构的电路构成的,包括可编程的与阵列、固定的或阵列。或门的输出连接至异或门的一个输入端,由于异或门的另一个输入可通过编程设置为 0 或 1,所以该

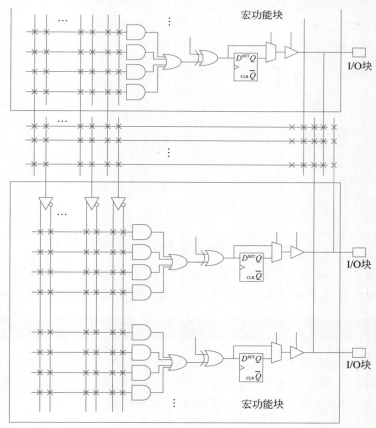

图 2.19　宏单元内部结构及宏单元间互连结构示意图

异或门可用于为或门的输出求补。异或门的输出连接到 D 触发器的输入端,2 选 1 多路选择器可以将触发器旁路,也可以将三态缓冲器使能或者连接到与阵列的乘积项。三态缓冲器的输出还可以反馈到与阵列。如果三态缓冲器输出处于高阻状态,那么与之相连的 I/O 引脚可以用作输入。

很多 CPLD 都采用了与图 2.19 类似的结构,如 Xilinx 的 XC9500 系列(Flash 工艺)、Altera 的 MAX7000 系列(EEPROM 工艺)和 Lattice 公司的部分产品。

2.4.2　典型 CPLD 的结构

XC9500 系列器件是 Xilinx 早期的 CPLD 器件,采用 $0.35\mu m$ Flash 快闪工艺制作,该系列器件内有 $36\sim288$ 个宏单元,宏单元的结构如图 2.20 所示,来自与阵列的 5 个直接乘积项作为原始的数据输入(到 OR 或 XOR 门)以实现组合功能,也可用作时钟、复位/置位和输出使能的控制输入。乘积项分配器的功能与每个宏单元如何利用 5 个直接项的选择有关。每个宏单元包含一个寄存器,可根据需要配置成 D 触发器或 T 触发器,也可将寄存器旁路,使宏单元只作为组合逻辑使用。

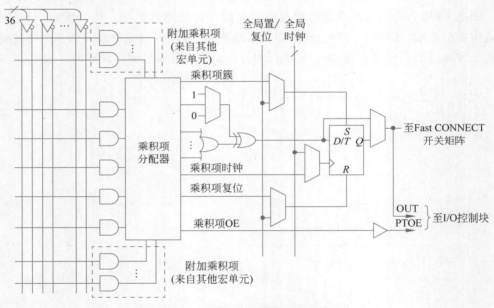

图 2.20　XC9500 系列器件宏单元的结构

由以上几种 CPLD 器件的结构可看出,CPLD 是在 PAL、GAL 的基础上发展起来的阵列型 PLD 器件,CPLD 的主要结构是宏单元,每个宏单元由类似 PAL 的电路块构成。

2.5　FPGA 的原理与结构

CPLD 是在小规模 PLD 器件的基础上发展而来的,在结构上主要以与或阵列为主,后来设计者又从 ROM 工作原理、地址信号与存储数据间的关系,以及 ASIC 的门阵列法中得到启发,构造出另一种可编程逻辑结构,即查找表结构。

2.5.1 查找表结构

查找表的原理类似于 ROM,其物理结构是 SRAM,N 个输入项的逻辑函数可以由一个 2^N 位容量的 SRAM 实现,函数值存放在 SRAM 中,SRAM 的地址线起输入线的作用,地址即输入变量值,SRAM 的输出为逻辑函数值,由连线开关实现与其他功能块的连接。

N 个输入的查找表可以实现 N 个输入变量的组合逻辑函数。从理论上讲,只要能够增加输入信号线和扩大存储器容量,就可用查找表实现任意输入变量的逻辑函数。但在实际中,查找表的规模受技术和成本因素的限制。每增加 1 个输入变量,查找表 SRAM 的容量就要扩大 1 倍,其容量与输入变量数 N 的关系是 2^N。8 个输入变量的查找表需要容量为 256b 的 SRAM,而 16 个输入变量的查找表则需要 64kb 容量的 SRAM,这个规模已经不能忍受了。实际中,FPGA 查找表的输入变量一般不多于 5 个,多于 5 个输入变量的逻辑函数可用多个查找表组合或级联实现。

图 2.21 是用 2 输入查找表实现或门功能的示意图,其真值表如表 2.4 所示。2 输入查找表中有 4 个存储单元,用于存储真值表中的 4 个值,输入变量 A、B 作为查找表中 3 个多路选择器的地址选择端,根据变量 A、B 值的组合从 4 个存储单元中选择一个作为 LUT 的输出,即实现了或门的逻辑功能。

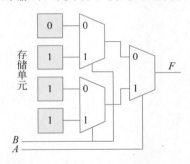

图 2.21 用 2 输入查找表实现或门功能的示意图

表 2.4 2 输入或门真值表

A B	F
0 0	0
0 1	1
1 0	1
1 1	1

用 3 输入的查找表实现一个 3 人表决电路,其真值表如表 2.5 所示,其实现电路如图 2.22 所示。3 输入查找表中有 8 个存储单元,分别用于存储真值表中的 8 个函数值,输入变量 A、B、C 作为查找表中 7 个多路选择器的地址选择端,根据 A、B、C 的值从 8 个存储单元中选择一个作为 LUT 的输出,实现 3 人表决电路功能。

综上所述,一个 N 输入查找表可以实现 N 个输入变量的任何逻辑功能。图 2.23 所示为 4 输入查找表及其内部结构,能够实现任意输入变量为 4 个或少于 4 个的逻辑函数。N 输入查找表对应 N 个输入变量的真值表,需要 2^N 位容量的 SRAM 存储单元。显然,N 不可能很大,否则查找表的利用率很低。实际中,查找表输入变量一般是 4 个或 5 个,最多 6 个,其存储单元的个数一般为 16 个、32 个或 64 个。更多输入变量的逻辑函数可用多个查找表级联实现。

在 FPGA 的逻辑块中,除了查找表,一般还包含触发器,其结构如图 2.24 所示。加入触发器的作用是将查找表输出的值保存起来,以实现时序逻辑功能。当然也可以将触发器旁路,以实现纯组合逻辑功能,在图 2.24 所示的电路中,2 选 1 数据选择器就是用于旁路触发器的。输出端一般还加 1 个三态缓冲器,以使输出更加灵活。

FPGA 器件的规模可以做得非常大,其内部主要由大量纵横排列的逻辑块构成,每个

表 2.5　3 人表决电路的真值表

A　B　C	F
0　0　0	0
0　0　1	0
0　1　0	0
0　1　1	1
1　0　0	0
1　0　1	1
1　1　0	1
1　1　1	1

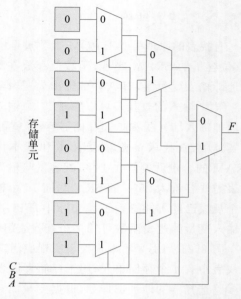

图 2.22　用 3 输入的查找表实现 3 人表决电路

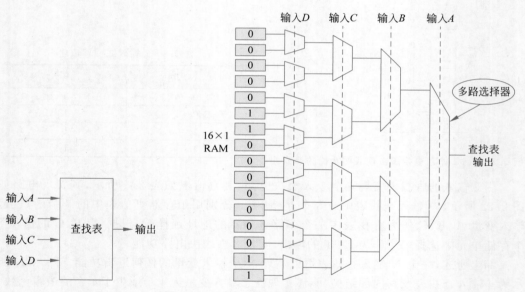

图 2.23　4 输入查找表及其内部结构

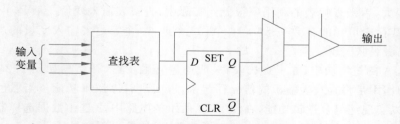

图 2.24　FPGA 的逻辑块结构(查找表加触发器)

逻辑块采用类似图 2.24 所示的结构。大量类似的逻辑块通过内部连线和开关就可以实现复杂的逻辑功能。图 2.25 所示为 FPGA 器件的内部结构,很多 FPGA 器件的结构都可以用该图表示,比如,Altera 的 Cyclone 器件,Xilinx 的 XC4000、Spartan 器件等。

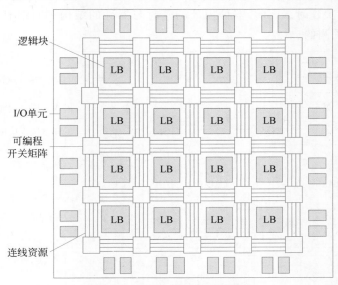

图 2.25　FPGA 器件的内部结构

2.5.2　FPGA 的结构

XC4000 器件属于 Xilinx 早期一款中等规模的 FPGA 器件,芯片的规模从 XC4013 到 XC40250,分别对应 2 万～25 万个等效逻辑门。XC4000 器件的基本逻辑块称为可配置逻辑块(Configurable Logic Block,CLB),还包括输入/输出模块(I/O Block,IOB)和布线通道。大量 CLB 在器件中排列为阵列状,CLB 之间为布线通道,IOB 分布在器件的周围。图 2.26 是 XC4000 器件的 CLB 结构图。

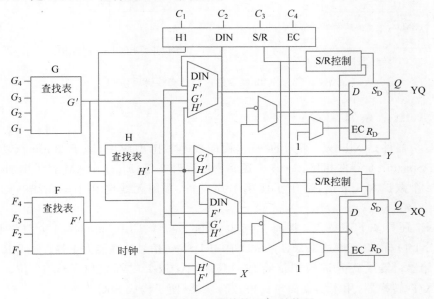

图 2.26　XC4000 器件的 CLB 结构图

CLB的输入与输出可与CLB周围的互连资源相连,图2.27所示为XC4000器件内部的布线通道结构。从图中可看出,布线通道主要由单长线和双长线构成。单长线和双长线提供了CLB之间快速而灵活的互连,但是,传输信号每经过一个可编程开关矩阵(PSM)就增加一次延时。因此,器件内部的延时与器件的结构和布线有关,延时是不确定的,也是不可预测的。

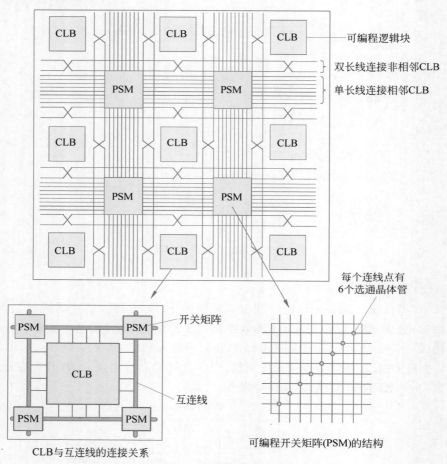

图2.27 XC4000器件内部的布线通道结构

2.5.3 Artix-7 系列 FPGA

Artix-7 器件是 Xilinx 7 系列的一员,面向成本敏感型应用,基于 28nm 低功耗工艺制程。与 Spartan-6 器件相比,Artix-7 逻辑密度提升 2 倍,Block RAM 容量增加 2.5 倍,DSP Slice 个数扩大 5.7 倍,适用于便携医疗设备、军用无线电和小型无线基础设施等场景。

Artix-7 还具备下述特点:拥有 13 000~200 000 个 CLB;6.6Gb/s 全双工收发器;单/双差分 I/O 标准,速度达 1.25Gb/s;DSP48E1 Slice,信号处理能力更强;集成 1066Mb/s DDR3 存储器;集成式先进模拟混合信号技术,Artix-7 内部集成了双 12 位、1MSPS、17 通道 A/D 转换器,用于实现简单的模数转换器,便于构成 SoC。

Artix-7 器件结构如图 2.28 所示,主要由 CLB、块状 RAM、FIFO、DSP 模块、PLL、IOB 以及行列连线等部件构成。

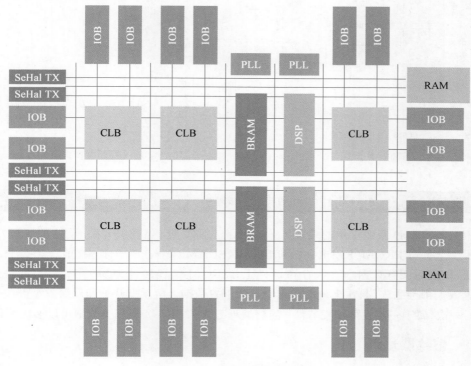

图 2.28　Artix-7 器件结构

可将 CLB 视为基本的逻辑单元,Artix-7 的 CLB 结构如图 2.29 所示,每个 CLB 包含两个 Slices,这两个 Slice 并不直接互连,而是连接至开关矩阵,以与 FPGA 的其他资源连接。Slice 中有进位链,进位链以列为单位,从一个 Slice 连接到其上面和下面的 Slice。

Slice 包含如下 4 种部件。

(1) 查找表:一个 Slice 中包含 4 个 6 输入的查找表。

(2) 触发器/锁存器:一个 Slice 中包含 8 个触发器。每 4 个触发器为一组,可配置成 D 触发器或锁存器。

(3) 数据选择器:其位宽为 1,数量多。

(4) 进位链:它与本列的上、下 Slice 的进位逻辑相连,以实现进位操作。

Slice 有两种,一种称为 SliceL,另一种称为 SliceM。CLB 或者由两个 SliceL 构成,或者由一个 SliceL 和一个 SliceM 构成。SliceM 除了基本功能,还可以配置成分布式 RAM 和移位寄存器(SRL)。

Slice 中包含 4 个 6 输入查找表,每个查找表结构如图 2.30 所示,由两个 5 输入的查找表和一个 2 选 1 MUX 构成,可以实现任意两个 5 输入变量的布尔函数或者一个 6 输入变量的布尔函数。

此外,查找表还有一个特殊应用,即可配置成可变长度的 SRL,5 输入的查找表可变成 32b 的 SRL,6 输入的查找表可变成 64b 的 SRL。

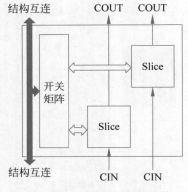

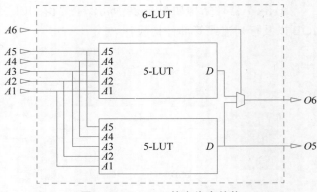

图 2.29　Artix-7 的 CLB 结构　　　　图 2.30　Artix-7 的查找表结构

2.6　FPGA/CPLD 的编程工艺

FPGA/CPLD 器件常用的编程工艺有以下 4 种类型:熔丝型开关、反熔丝型开关、浮栅编程工艺件(EPROM、EEPROM 和 Flash)、SRAM 编程工艺。其中,前 3 类为非易失性工艺,编程后配置数据一直保存在器件上;SRAM 编程元件为易失性工艺,每次掉电后配置数据都会丢失,再次上电时需重新导入配置数据。熔丝型开关和反熔丝型开关器件只能写一次,属于一次性可编程器件;浮栅编程工艺和 SRAM 编程工艺则可以多次编程。

2.6.1　熔丝型开关

熔丝型开关是最早的编程元件,它由可用电流熔断的熔丝构成。使用熔丝编程技术的器件(如 PROM),需在编程节点上设置相应的熔丝开关,编程时根据熔丝图文件,使保持连接的节点保留熔丝,需去除连接的节点烧掉熔丝,其原理如图 2.31 所示。

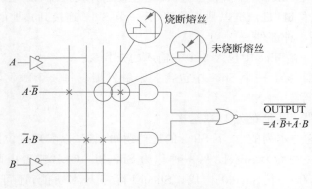

图 2.31　熔丝型开关原理图

熔丝型开关烧断后不能恢复,只可编程一次,熔丝开关也很难测试其可靠性。此外,为保证熔丝熔化时产生的金属物质不影响器件的其他部分,要留出较大的保护空间,因此熔丝占用的芯片面积较大。

2.6.2　反熔丝型开关

熔丝型开关要求的编程电流大,占用的芯片面积大。为克服熔丝型开关的缺点,出现了反熔丝编程技术。反熔丝编程技术主要通过击穿介质达到连通的目的。未编程时反熔丝元件处于开路状态,编程时在其两端加上编程电压,反熔丝就会由高阻抗变为低阻抗,从而实现两个极之间的连通,且在编程电压撤除后保持导通状态。

图 2.32 所示为 QuickLogic 的器件采用的反熔丝编程结构 ViaLink 示意图,未编程时反熔丝是连接两个金属连线的非晶硅孔(Via),其电阻值大于 $1000M\Omega$,几乎处于绝缘状态,在其上施加 $10\sim11V$ 的编程电压后,绝缘的非晶硅转化为导电的多晶硅,从而在两金属层之间形成永久性连接,ViaLink 导通后的电阻为 $50\sim80\Omega$,编程电流约为 $15mA$。

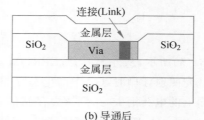

(a) 导通前   (b) 导通后

图 2.32　反熔丝编程结构 ViaLink 示意图

反熔丝在硅片上只占一个通孔的面积,占用的硅片面积小,适合作为集成度很高的 PLD 器件的编程工艺。Actel、Cypress 的部分 PLD 器件采用了反熔丝工艺,但其工艺与上面的 ViaLink 结构有所不同。反熔丝工艺不能重复擦写,但优点也很明显:布线能力强、速度快、功耗低,同时抗辐射能力强、耐高低温、可加密,所以适用于一些有特殊要求的领域,如军事、航空航天领域。

2.6.3　浮栅编程工艺

浮栅编程工艺包括紫外线擦除电编程的 EPROM、电擦除电编程的 EEPROM 及 Flash 闪速存储器,3 种存储器都采用浮栅存储电荷的方法保存编程数据,因此断电时存储的数据不会丢失。

1. EPROM

EPROM 编程工艺的基本结构是浮栅管。浮栅管相当于一个电荷开关,浮栅中没有注入电荷时,浮栅管导通;浮栅中注入电荷后,浮栅管截止。

图 2.33 所示为浮栅管符号及用浮栅管作为互连单元的示意图,其中图 2.33(a)是浮栅管电路符号,浮栅管结构与普通 NMOS 管类似,但有 G_1 和 G_2 两个栅极,G_1 栅无引出线,被包围在 SiO_2 中,称为浮栅;G_2 为控制栅,有引出线。在漏极(D)和源极(S)间加上几十伏的电压脉冲,使沟道中产生足够强的电场,造成雪崩,使电荷跃入浮栅,从而使浮栅 G_1 带上负电荷。由于浮栅周围都是绝缘 SiO_2 层,泄漏电流极小,所以一旦电荷注入 G_1 栅,就能长期保存。当 G_1 栅有电荷积累时,相当于存储了 0;反之,相当于存储了 1。

图 2.33(b)将浮栅管作为互连单元,浮栅管充当了一个开关的作用,如果对浮栅管的控制栅极施加高压,电荷被注入浮栅中,当高压去除时,电荷就会被存储起来,浮栅管会一直处于截止状态(存储电荷的作用是增加浮栅管阈值电压,使其不能接通),用浮栅管存储 1 或 0 以控制两条连线的截止和连通。

浮栅管除用作互连单元外,也用于构成 EPROM 存储器。EPROM 存储器芯片外形

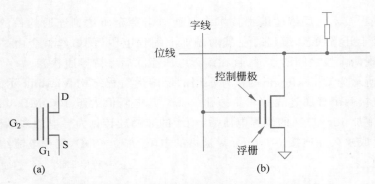

图 2.33　浮栅管符号及用浮栅管作为互连单元的示意图

如图 2.34(a)所示,从外形上看,EPROM 存储器上都有一个石英窗口,当用光子能量较高的紫外光照射浮栅时,G_1 中的电荷获得了足够的能量,穿过氧化层回到衬底中,这样可使浮栅上的电荷消失,达到抹去存储信息的目的,相当于存储器全部存储 1,此过程如图 2.34(b)所示。EPROM 存储器出厂时为全 1 状态,用户可根据需要写 0,写 0 时需在漏极加二十几伏的正脉冲。这种采用光擦除的方法在实践中不够方便,因此,EPROM 早已被电擦除的 EEPROM 编程工艺取代。

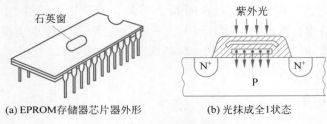

(a) EPROM存储器芯片器外形　　　(b) 光抹成全1状态

图 2.34　EPROM 存储器

2. EEPROM

EEPROM 也可写为 E^2PROM,它是电擦除电编程的编程工艺。EEPROM 在结构上类似于 EPROM,但可以用电的方式去除栅极电荷,以实现连通功能,PAL 器件与阵列的可编程连接点就是采用 EEPROM 元件实现的。图 2.35 是 EEPROM 互连元件示意图,图中采用 EEPROM 浮栅晶体管连接行线和列线,可根据需要将浮栅晶体管写 0 或者写 1,以达到断开或者连通连线的目的。EEPROM 浮栅管一旦被编程(写 0 或写 1),它将一直保持编程后的状态,直至被重新编程。

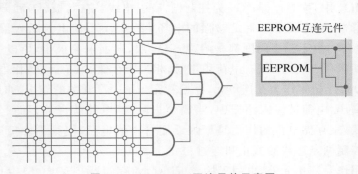

图 2.35　EEPROM 互连元件示意图

EEPROM 工艺也可用于实现存储器,有专门的 EEPROM 存储芯片。

3. 闪速存储器

闪速存储器(闪存,Flash Memory)是一种新型可编程工艺,它将 EPROM 的高密度、低成本与 EEPROM 的电擦除性能结合在一起,又具有快速擦除(因其擦除速度快,因此被称为闪存)功能,性能优越。闪速存储器与 EPROM 和 EEPROM 一样属于浮栅编程器件,其单元也是由带两个栅极的 MOS 管构成,其中一个栅极称为控制栅,另一个栅极称为浮栅(处于绝缘 SiO_2 的包围之中)。

最早采用浮栅技术的存储元件都要求使用两种电压,即 5V 工作电压和 12~21V 的编程电压,现在已趋于采用单电源供电,由器件内部的升压电路提供编程和擦除电压。多数浮栅可编程器件工作电压为 5V 和 3.3V,也有部分芯片为 2.5V。EPROM、EEPROM 和闪速存储器都属于可重复擦除的非易失器件,现有的工艺水平使 EEPROM 和 Flash 编程元件的擦写寿命已达 10 万次以上。

2.6.4　SRAM 编程工艺

SRAM 是指静态存储器,SRAM 编程工艺是 FPGA 的主流工艺,绝大多数 FPGA 基于 SRAM 制成。

典型的 SRAM 基本单元由 6 个 CMOS 晶体管构成,图 2.36 显示了典型 6 管 CMOS 型 SRAM 单元结构,左边的图是门级原理图,右边的图是晶体管级原理图。可以看出,一个 SRAM 单元由 2 个 CMOS 反相器和 2 个用来控制写入的 MOS 导通管(Pass Transistors,PT)构成,其中,CMOS 反相器由两个 MOS 管(1 个 N 型 MOS 管和 1 个 P 型 MOS 管)构成,2 个 CMOS 反相器能够稳定存储 0 和 1 状态,存储的 0 和 1 信息会一直保留在由两个非门构成的反馈回路中,类似于触发器,并通过 PT 进行写入。普通静态存储器可以通过 PT 读取状态,而在 FPGA 中是从触发器中(图中的 Q 端)输出,而不是通过 PT 读取。

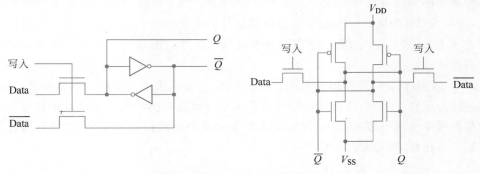

图 2.36　典型 6 管 CMOS 型 SRAM 单元结构

SRAM 单元在 FPGA 中用于构成查找表结构,图 2.37 是用 SRAM 单元构成 2 输入查找表的存储单元示意图,其真值表存储在 SRAM 单元中,用 MUX 查表得到结果。Xilinx 是第一个将 SRAM 作为编程工艺实现 FPGA 芯片的公司,之后由于 SRAM 工艺实现 FPGA 的灵活性和可重复编程特性使 FPGA 广泛流行,已成为目前 FPGA 编程工艺的主流,但各家的实现方案不尽相同。

SRAM 单元也可用于构成 FPGA 中的逻辑块互连,比如,可通过存储在 SRAM 单元中的控制位作为 MUX 的地址选择端,控制 MUX 的输出;也可通过存储在 SRAM 单元中的控制位实现行列连线的可编程互连,图 2.38 中是用 SRAM 单元控制 PT 的栅极,如果 SRAM 单元中为 0,则该 PT 关闭;如果 SRAM 单元中为 1,则该 PT 导通。

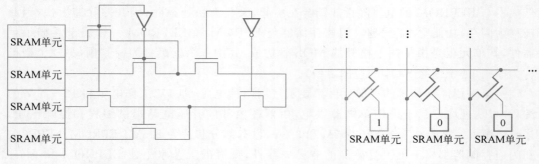

图 2.37 用 SRAM 单元构成 2 输入查找表的存储单元示意图

图 2.38 用 SRAM 单元控制 PT 的栅极

从每个单元占用的硅片面积来看,SRAM 结构并不节省,如果一个 FPGA 有 100 万个可编程点,意味着大约要用 500 万或 600 万个晶体管来实现这种可编程性。但 SRAM 结构的优点也很突出:可重复编程、编程迅速、静态功耗低、抗干扰能力强。在采用 SRAM 编程结构的 FPGA 器件中,大量 SRAM 单元按点阵分布,在配置时写入,一般情况下,控制读/写的 MOS 传输开关处于断开状态,不影响单元的稳定性,而且功耗极低。需要指出的是,由于 SRAM 是易失元件,FPGA 每次上电必须重新加载配置数据。

2.7 边界扫描测试技术

随着芯片越来越复杂,对芯片的测试也越来越困难。ASIC 芯片功能千变万化,很难用一种固定的测试策略和测试方法来验证其功能。为了解决超大规模集成电路的测试问题,1986 年 IC 领域的专家成立了联合测试行动组(Joint Test Action Group,JTAG),并制定了 IEEE 1149.1 边界扫描测试技术规范。边界扫描测试技术提供了有效测试高密度器件的功能。

图 2.39 是 JTAG 边界扫描测试结构示意图,主要提供了一个串行扫描路径,可以捕获器件核心逻辑的内容,还可以在器件正常工作时捕获功能数据。测试数据从左边的一个边界扫描单元串行移入,捕获的数据从右边的一个边界扫描单元串行移出,通过与标准数据进行比较,可得知芯片性能。

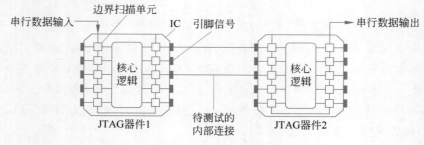

图 2.39 JTAG 边界扫描测试结构示意图

在 JTAG 测试中,用 5 个引脚完成测试,分别是 TCK、TMS、TDI、TDO 和 TRST。其中,TRST 引脚用于初始化或者复位 TAP(Test Access Port)控制器,该信号在 IEEE 1149.1 标准中属于可选,因为通过 TMS 也可以复位 TAP 控制器,其他 4 个引脚(TCK、TMS、TDI、TDO)则是必需的,表 2.6 总结了这 5 个引脚的功能。

表 2.6　JTAG 引脚的功能

引　　脚	名　　称	功　　能
TDI(Test Data Input)	测试数据输入	指令和测试数据的串行输入引脚,数据在 TCK 的上升沿时刻移入
TDO(Test Data Output)	测试数据输出	指令和测试数据的串行输出引脚,数据在 TCK 的下降沿时刻移出;如果没有数据移出器件,此引脚处于高阻态
TMS(Test Mode Selection)	测试模式选择	控制 TAP 在不同状态间的相互转换,TMS 信号在 TCK 的上升沿有效,在正常工作状态下 TMS 是高电平
TCK(Test Clock)	测试时钟输入	时钟引脚,TAP 的所有操作都是通过这个时钟信号驱动的
TRST(Test Reset)	测试电路复位	低电平有效,用于初始化或异步复位边界扫描电路

JTAG 边界扫描测试技术针对高集成度、引脚密集的芯片提供了一种有效的测试方法,目前生产的几乎所有高密度数字器件(FPGA、CPU、DSP、ARM 等)都具备标准的 JTAG 接口。同时,除了在系统测试,JTAG 接口也被赋予了更多功能,如编程下载、在线调试等。JTAG 接口还常用于实现 ISP 在线编程功能,同时还可通过 JTAG 接口对芯片进行在线调试。比如,Quartus 软件中的 Signal Tap Ⅱ 嵌入式逻辑分析仪,可使用 JTAG 接口进行逻辑分析,使开发人员能够在系统实时调试硬件,Nios Ⅱ 嵌入式软核也可通过 JTAG 接口进行调试。

2.8　FPGA/CPLD 的编程与配置

2.8.1　在系统可编程

FPGA/CPLD 器件都支持在系统可编程功能,所谓在系统可编程(ISP),是指可随时对器件、电路板或整个电子系统的逻辑功能进行修改或重构的能力,这种重构或修改可以发生在产品设计、生产过程的任意环节,甚至在交付用户后,有的文献中也称为在线可重配置(ICR)。

在系统可编程技术允许用户先制板后编程,在调试过程中发现问题,可在基本不改动硬件电路的前提下,通过对 FPGA/CPLD 进行重新配置实现逻辑功能的改动,使设计和调试变得方便,只需在 PCB 上预留编程接口,就可实现 ISP 功能。

在系统可编程一般采用 JTAG 接口实现,JTAG 接口原本是进行边界扫描测试用的,同时作为编程接口,减少了对芯片引脚的占用。由此在 IEEE 1149.1 边界扫描测试规范的基础上产生了 IEEE 1532 编程标准,以对 JTAG 编程进行标准化。

下面以 Xilinx 的 Artix-7 器件的配置为例,具体介绍 FPGA/CPLD 的编程配置方式。

2.8.2　Artix-7 器件的配置

Artix-7 器件的配置模式(Configuration Mode)主要有以下几种(7 系列器件,如 Spartan-7、Kintex-7 和 Virtex-7,配置与此类同):主动串行模式;主动 SPI 模式;主动

BPI 模式；主动并行模式；被动并行模式；被动串行模式；JTAG 模式。

所谓主动，即 FPGA 器件主导配置过程，FPGA 器件处于主动地位，配置时钟 CCLK 由 FPGA 提供；所谓被动，即由外部主机控制配置过程，FPGA 器件处于从属地位，配置时钟 CCLK 由外部控制器提供。表 2.7 列出了这 7 种配置模式，模式的切换由 FPGA 的 3 个配置引脚 M2、M1、M0 控制。

表 2.7　Artix-7 的 7 种配置模式

配 置 模 式	M[2:0]	配置线宽	说　　　明
主动串行(Master Serial)	000	x1	FPGA 向外部的非易失性串行数据存储器或者控制器发出 CCLK 时钟信号，配置数据以串行方式载入 FPGA
主动 SPI(Master SPI)	001	x1,x2,x4	主动串行，用串行配置器件进行配置
主动 BPI(Master BPI)	010	x8,x16	多用于对 FPGA 上电配置速度有较高要求的场合
主动并行(Master SelectMAP)	100	x8,x16	主动并行模式
JTAG	101	x1	用下载电缆通过 JTAG 接口完成
被动并行(Slave SelectMAP)	110	x8,x16,x32	被动并行异步，使用并行异步微处理器接口进行配置
被动串行(Slave Serial)	111	x1	由外部的处理器提供 CCLK 时钟和串行数据

多数 FPGA 开发板采用 JTAG＋主动 SPI 的配置方式，这样既具备 JTAG 配置的方便性，又可用 SPI 方式把程序烧到 Flash 配置芯片中，将配置文件固化到开发板上，达到脱机运行的目的。也有的开发板采用 JTAG＋主动 BPI 配置模式，多用于对 FPGA 上电配置速度有较高要求的场合。

下面对几种配置模式做进一步的说明，着重介绍常用的 JTAG 和主动 SPI 配置方式。

1. 被动串行配置模式

其配置电路如图 2.40 所示，在该模式下，由外部处理器提供 CCLK 时钟和串行数据。

2. 被动并行配置模式

其配置电路如图 2.41 所示，在该模式下，由外部处理器提供 CCLK 时钟和并行的配置数据，该模式相对于串行方式来说，配置速度快，但电路稍复杂。

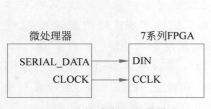

图 2.40　被动串行配置模式

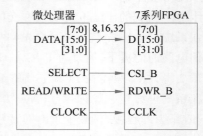

图 2.41　被动并行配置模式

3. JTAG 配置模式

JTAG 配置模式是最基本和最常用的配置方式，它具有比其他配置方式更高的优先级。该模式属于工程调试模式，可在线配置和调试 FPGA，最简单的实现方式是使用 Xilinx 官方提供的专用 JTAG 调试下载器。

4. 主动 SPI 配置模式

主动 SPI 配置模式使用广泛,该模式通过外挂 SPI Flash 存储器实现。通常该模式和 JTAG 模式一起设计,可以用 JTAG 模式在线调试,代码调试无误后,再用 SPI 模式把配置数据烧写至 SPI 芯片中,将其固化到开发板上,FPGA 上电后会自动载入 SPI 存储器中的配置数据,达到脱机运行的目的。JTAG+主动 SPI 配置模式的详细配置电路如图 2.42 所示。图中的 PROGRAM_B 引脚低电平有效,为低时,配置信息被清空,重新进行配置过程。

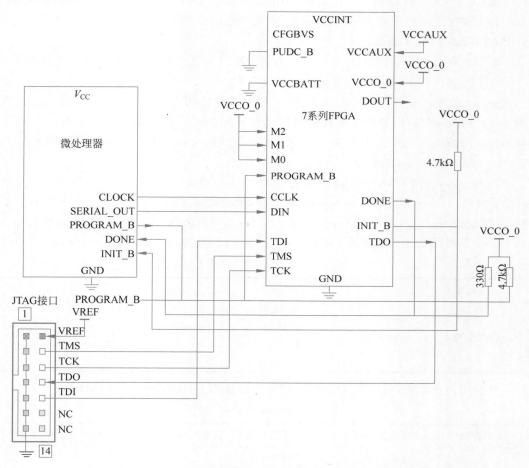

图 2.42　JTAG+主动 SPI 配置模式的详细配置电路

Xilinx 的编程配置文件包括 5 种,如表 2.8 所示,其中 MCS、BIN 和 HEX 文件为固化文件,可直接烧写至 FPGA 的外挂 Flash 存储器中。

表 2.8　Xilinx 的编程配置文件

配置文件	说　　明
.bit	比特流(Bitstream)二进制配置数据,包含头文件信息,通过 JTAG 模式编程电缆下载
.rbt	bit 文件的 ASCII 等效文件,包含字符头文件
.bin	二进制配置文件,不包含头文件信息,适合微处理器配置或第三方编程器

配置文件	说　　明
.mcs	工业标准 PROM 数据文件,包含地址和校验信息
.hex	ASCII PROM 文件格式,仅包含配置数据,适用于微处理器配置

2.9　典型的 FPGA/CPLD 系列

国外 FPGA/CPLD 的生产商主要有 Intel(Altera)、Xilinx 和 Lattice 等;国产 FPGA 芯片的主要生产商包括紫光同创、高云等,紫光同创的 Titan 系列是首款国产自主知识产权千万门级的 FPGA 产品。

本节主要以 Xilinx 的 FPGA/CPLD 为例简略介绍其产品系列、特点及发展历程等,以便对 FPGA/CPLD 的发展脉络有所了解。

Xilinx 公司成立于 1984 年,被认为是 FPGA 器件的发明者,其共同创始人之一的 Ross Freeman 因其专利“由可配置逻辑单元和可配置互联构成的可配置电路”(专利号 4870302)而被视为 FPGA 器件的发明者。2009 年,Freeman 入选美国国家发明家名人堂(National Inventors Hall of Fame)。

Xilinx 当前的 FPGA 按照制造工艺分为 45nm、28nm、20nm 和 16nm 4 种工艺,如表 2.9 所示。45nm 工艺主要是 Spartan-6 器件,面向低成本应用;28nm 工艺主要是 7 系列,包括 Spartan-7、Artix-7、Kintex-7、Virtex-7;20nm 工艺面向 UltraScale 架构,包括 Kintex 和 Virtex 系列;16nm 工艺主要是 UltraScale＋架构,分为 Kintex 和 Virtex 两个系列。

表 2.9　Xilinx 的 FPGA 器件(按工艺划分)

工艺技术	45nm	28nm	20nm	16nm
器件系列	Spartan-6	Spartan-7 Artix-7 Kintex-7 Virtex-7	Kintex UltraScale Virtex UltraScale	Kintex UltraScale＋ Virtex UltraScale＋

从应用的角度看,可以把 Xilinx 的 FPGA 分成如下类别,如表 2.10 所示。

表 2.10　Xilinx 的 FPGA 器件

应用类别	成本优化型产品组合	7 系列	UltraScale 架构	UltraScale＋架构
器件系列	Spartan-6 Spartan-7 Artix-7 Zynq-7000	Spartan-7 Artix-7 Kintex-7 Virtex-7	Kintex UltraScale Virtex UltraScale	Kintex UltraScale＋ Virtex UltraScale＋

(1) 成本优化型产品组合:面向低成本应用,主要包括 Spartan-6、Spartan-7、Artix-7、Zynq-7000 系列。

(2) 7 系列:包括 Spartan-7、Artix-7、Kintex-7 和 Virtex-7。7 系列 FPGA 均采用统一架构,工艺上都是 28nm 工艺制程。

其中,Spartan-7 面向低功耗设计,其内部包含 MicroBlaze 软处理器,运行速率超过 200DMIPS,支持 800Mb/s DDR3,集成 ADC;Artix-7 增加了 PCIe 接口,并增加了吉比特收发器,逻辑密度更大,其内部也包含 MicroBlaze 软处理器,支持 1066Mb/s 的 DDR3; Kintex-7 的 DSP Slices 升级为 DSP48 Slice,GTP 升级为 GTX,速率更快;Virtex-7 增强了 PCIe 功能,并增强了 GTP 功能,侧重于高性能应用,容量大,性能可满足各类高端应用。

7 系列 FPGA 器件的大致性能如表 2.11 所示。

表 2.11　7 系列 FPGA 器件的大致性能

器件系列	Spartan-7	Artix-7	Kintex-7	Virtex-7
最大逻辑单元（Kb）	102	215	478	1955
最大存储器（Mb）	4.2	13	34	68
最大 DSP Slice	160	740	1920	3600
最大收发器速度（Gb/s）	—	6.6	12.5	28.05
最大 I/O 引脚	400	14.500	500	1200

（3）UltraScale 架构：UltraScale 采用先进的 ASIC 架构优化的 All Programmable 架构,该架构能从 20nm 平面 FET 结构扩展至 16nm 鳍式 FET（Fin FET）工艺,同时还能从单芯片扩展到 3D 芯片。UltraScale 架构的突破包括：针对宽总线进行优化的海量数据流,可支持数 Tb 级吞吐量；内置高速存储器,级联后可消除 DSP 和包处理中的瓶颈；增强型 DSP Slice 包含 27×18 乘法器和双加法器,可提高定点和 IEEE 754 标准浮点算法的性能与效率；类似于 ASIC 的多区域时钟,提供具备超低时钟歪斜和高性能扩展能力的时钟网络；海量 I/O 和存储器带宽,用多个 ASIC 级 100Gb/s 以太网和 PCIe IP 核优化,可支持新一代存储器接口并降低时延；电源管理可对各种功能元件进行宽范围的静态与动态电源门控,实现低功耗；支持 DDR4,并支持 2666Mb/s 的大容量存储器接口；UltraRAM 提供大容量片上存储器；通过与 Vivado 工具协同优化消除布线拥塞问题,可实现超过 90% 的器件利用率。

习题 2

2-1　PLA 和 PAL 在结构上有何区别？

2-2　简述基于乘积项的可编程逻辑器件的结构特点。

2-3　简述基于查找表的可编程逻辑结构的原理。

2-4　某与或阵列如图 2.43 所示,写出 F_1、F_0 的函数表达式。

2-5　某与或阵列如图 2.44 所示,写出 F_1、F_2 的函数表达式。

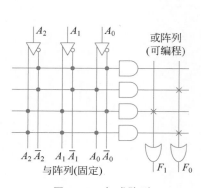

图 2.43　与或阵列

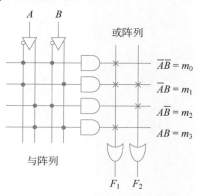

图 2.44　与或阵列

2-6 图 2.45 是一个输出极性可编程的 PLA,试通过编程连接实现函数 $F_1 = AB + \overline{A}\overline{C}$,$F_2 = (A+B)(A+C)$。

2-7 用适当容量的 PROM 实现下列多输出函数,要求画出与或阵列图。

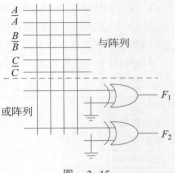

图 2.45

$$\begin{cases} F_1(A,B,C) = AB\overline{C} + \overline{A}C + \overline{B}C \\ F_2 = (A,B,C) = A + B + \overline{C} \\ F_3(A,B,C) = \overline{A}\overline{B} + A\overline{B} + \overline{C} \end{cases}$$

2-8 FPGA 和 CPLD 在结构上有什么明显的区别?各有什么特点?

2-9 了解 FPGA 器件中块状 RAM 和分布式存储器的概念,分别指什么?

2-10 了解 Xilinx 的 FPGA 内集成的延时锁定环与 Intel 的 FPGA 采用的锁相环技术有何区别,各有什么优缺点?

2-11 FPGA 器件的 JTAG 接口有哪些功能?

2-12 FPGA/CPLD 器件编程技术中的主动配置和被动配置方式有何区别?

2-13 边界扫描测试技术有什么优点?

第 3 章

Vivado使用指南

　　Vivado 设计套件是 Xilinx 公司于 2012 年发布的集成设计环境,是一个基于 AMBA AXI4 互联规范、IP-XACT IP 封装元数据、工具命令语言(TCL)、Synopsys 系统约束,符合业界标准的开放式环境,能够支持多达 1 亿个等效 ASIC 门的设计。

　　基于 Vivado 的 FPGA 设计开发流程如图 3.1 所示,主要包括以下步骤。

图 3.1　基于 Vivado 的 FPGA 设计开发流程

　　(1) 创建工程。

　　(2) 创建源设计文件,包括 HDL 文本、IP 核、模块文件、网表输入等方式。

　　(3) 行为仿真(Behavioral Simulation),在别的软件中也称功能仿真、前仿真,即不包含延时信息的仿真; Vivado 自带仿真器,也可以采用第三方仿真工具 ModelSim 等工具进行仿真。

　　(4) 综合:根据设定的编译策略对工程进行综合,生成网表文件。

　　(5) 添加引脚约束文件:通过 I/O Planing 或者直接编辑. XDC 文件添加引脚约束信息。

　　(6) 实现(Implimentation):针对某一具体的目标器件经布局布线(Place & Route),或称适配(Fitting),产生延时信息文件、报告文件(. rpt),以供时序分析、时序仿真使用。

　　(7) 生成 Bitstream 文件,产生. bit 和. bin 等编程文件。

　　(8) 将生成的 Bitstream 文件下载至 FPGA 芯片。

　　设计步骤的次序并非一成不变,可根据个人习惯及实际情况进行调整和修改;同时,在设计过程中如果出现错误(Error),则需改正错误或调整电路后重复相应的步骤;如果出现严重警告信息(Critical Warning),则需要引起注意,不断进行调整和优化,直至达成设计目标。

3.1　Vivado 流水灯设计

　　本节以 Verilog 流水灯设计为例,介绍在 Vivado 环境下运行 Verilog 程序的流程,包括源程序的编写、编译、仿真及下载。本例基于 Vivado 2018.2 版本,其他版本的 Vivado 使用方法与此类似。

3.1.1 流水灯设计输入

1. 创建新工程

首先建立一个工作目录,本例的工作目录为 D:/exam。

(1) 双击启动 Vivado 2018.2,出现图 3.2 所示的 Vivado 启动界面,单击 Quick Start 栏中的 Create Project(或者在菜单栏选择 File→New Project...),启动工程向导,创建一个新工程。

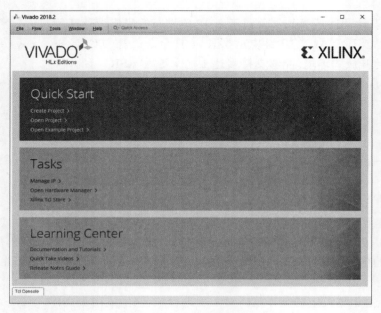

图 3.2　Vivado 启动界面

(2) 在启动工程向导(如图 3.3 所示)界面中单击 Next 按钮。

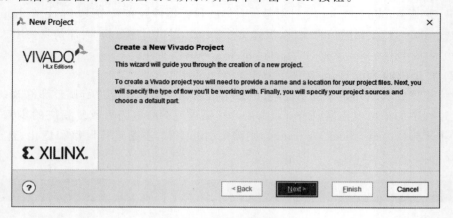

图 3.3　启动工程向导

(3) 在图 3.4 所示的窗口中设置工程名和存储路径,此处将项目命名为 led,存放位置设为 D:/exam,勾选 Create project subdirectory 选项,可为此工程在指定路径下建立独立的文件夹,最终使整个项目存于 D:/exam/led 文件夹中。设置完成后,单击 Next 按钮。

注意：工程名称和存储路径中不能出现中文和空格，建议工程名称由字母、数字、下画线组成。

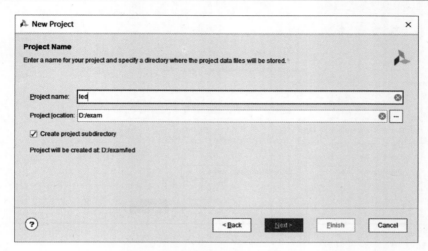

图 3.4　工程名称、路径设定窗口

（4）在选择工程类型（如图 3.5 所示）界面，选择 RTL Project 类型，单击 Next 按钮。

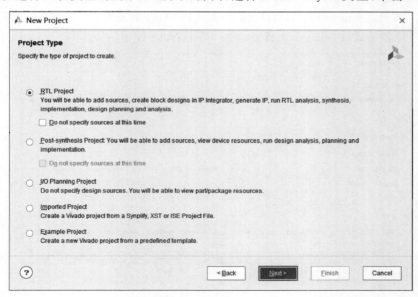

图 3.5　选择工程类型

注意：如果在图 3.5 中勾选 Do not specify sources at this time，则跳过后面的（5）和（6）两步，表示当前工程尚无需要添加的源文件和约束文件。

（5）在图 3.6 所示的 Add Sources 界面中添加源文件并选择设计语言，其中，Target language 和 Simulator language 均选择 Verilog，单击 Next 按钮。

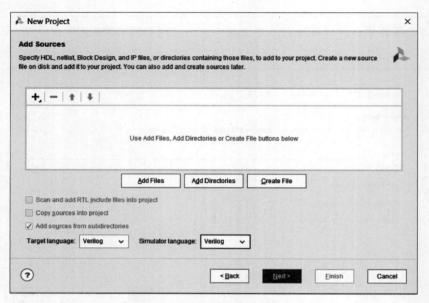

图 3.6　添加源文件并选择设计语言

（6）不添加约束文件，所以在 Add Constraints 页面直接单击 Next 按钮。

（7）在图 3.7 所示的器件选择窗口中，根据使用的 FPGA 开发板，选择相应的 FPGA 目标器件。本例以 Xilinx EGO1 为目标板，故 FPGA 选择 xc7a35tcsg324-1，即 Family 选择 Artix-7，封装形式（Package）选择 csg324，单击 Next 按钮。

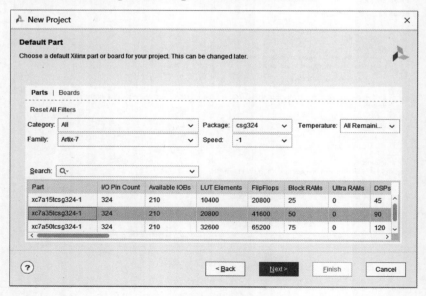

图 3.7　器件选择窗口

（8）最终出现图 3.8 所示的界面，对工程信息进行汇总，确认相关信息正确与否，包括工程类别、源文件、所用的 FPGA 器件等。如果没有问题，则单击 Finish 按钮，完成工程的创建；如果有问题，则返回前面界面进行修改。

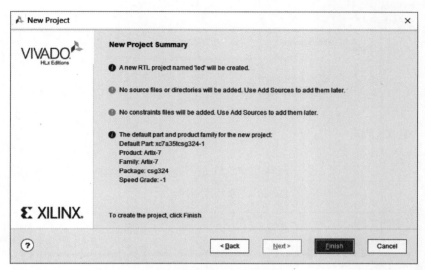

图 3.8　工程信息汇总

2. 输入源设计文件

（1）如图 3.9 所示，单击 Flow Navigator 下 PROJECT MANAGER 中的 Add Sources，打开设计文件导入窗口。

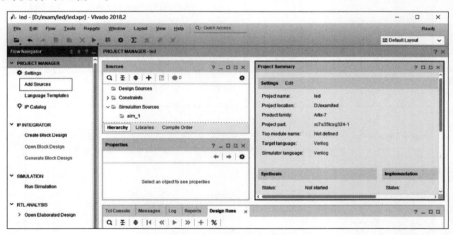

图 3.9　工程管理窗口

（2）在 Add Sources 窗口（如图 3.10 所示）中选中 Add or create design sources，表示添加或新建 Verilog（或 VHDL）源文件，单击 Next 按钮。

（3）在图 3.11 中单击 Create File，在弹出的 Create Source File 对话框 File name 中输入 flow_led，单击 OK 按钮。

注意：文件名中不可出现中文和空格；如果有现成的 .v 或 VHD 文件，可单击 Add Files 或者 Add Directories 添加。

（4）单击图 3.12 中的 Finish 按钮，完成源文件的创建。

（5）在弹出的 Module Define 窗口中填写模块名称，此处模块命名为 flow_led，如

图 3.10　添加或创建源文件

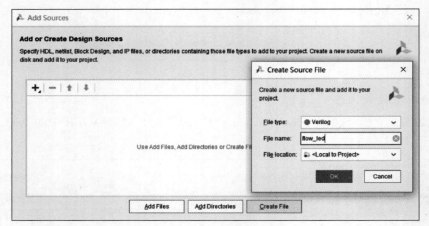

图 3.11　创建源文件

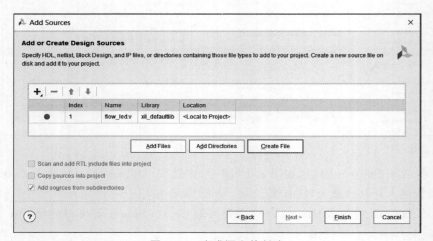

图 3.12　完成源文件创建

图 3.13 所示。还可以在 I/O Port Definitions 栏中填写模块的端口并设置端口方向,如果端口为总线型,勾选 Bus 选项,并通过 MSB 和 LSB 确定总线宽度。完成后单击 OK 按钮。

　　(6) Vivado 代码编辑窗口如图 3.14 所示,在中间 Sources 窗口的 Design Sources 中出现新建的设计文件 flow_led.v,双击打开该文件,利用 Vivado 自带的文本编辑器输入设计代码，本例 LED 流水灯的代码如例 3.1 所示。

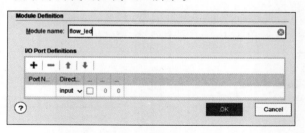

图 3.13　Module Define 窗口

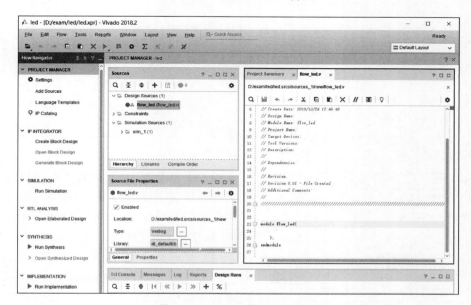

图 3.14　Vivado 代码编辑窗口

例 3.1　8 位流水灯源代码。

```
module flow_led(clk,clr,led);
    input  clk,clr;
    output reg [7:0] led;
    reg [28:0] counter;
always @(posedge clk)  begin
    if(!clr)  begin   counter <= 0;led <= 8'h01; end
    else
    if(counter < 50000000) counter <= counter + 1;            //2Hz
    else  begin   counter <= 0; led <= {led[6:0],led[7]};   end
end
endmodule
```

3.1.2　行为仿真

至此已完成源文件输入，可对源文件进行行为（功能）仿真，以测试其功能。

（1）创建激励测试文件，在 Sources 中右击选择 Add Sources，在出现的 Add Sources 界面中（图 3.10）选择第三项 Add or create simulation sources，单击 Next 按钮。

（2）在如图 3.15 所示的窗口中单击 Create File，创建一个仿真激励文件，在弹出的 Create Source File 对话框中输入激励文件名称为 tb_led，选择文件类型为 Verilog，单击 OK 按钮，确认添加完成后单击 Finish 按钮。

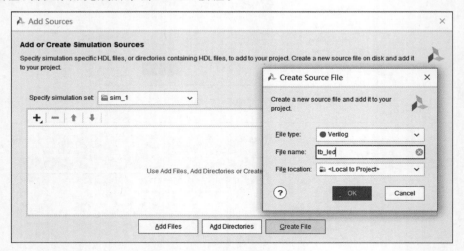

图 3.15　创建仿真激励文件

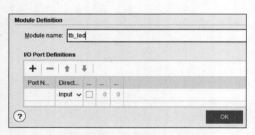

图 3.16　仿真模块定义界面

（3）在如图 3.16 所示的仿真模块定义界面中输入仿真模块的名字为 tb_led，因为是激励文件不需要对外端口，所以 I/O Port 部分无须填写，单击 OK 按钮。

（4）Vivado 工程管理界面如图 3.17 所示，在 Sources 窗格的 Simulation Sources 中出现新建的仿真文件 tb_led.v，双击打开该文件，利用 Vivado 的文本编辑器输入激励代码。

本例 LED 流水灯的 Test Bench 激励代码如例 3.2 所示。

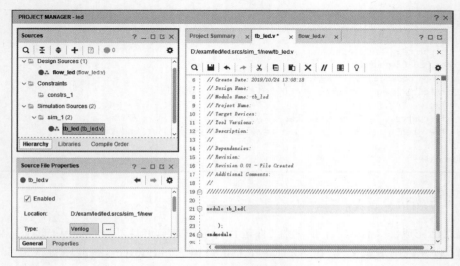

图 3.17　Vivado 工程管理界面

例 3.2 LED 流水灯的 Test Bench 激励代码。

```verilog
`timescale 1ns/1ns
module tb_led( );
parameter DELY = 20;
reg clk;
reg clr;
wire [7:0] led;
flow_led i1(
    .clk (clk),
    .clr (clr),
    .led (led));
initial  begin
    clk = 1'b0;   clr = 1'b0;
    #(DELY * 2)   clr = 1'b1;   end
always  begin
    #(DELY/2)   clk = ~clk;   end
endmodule
```

（5）在 Flow Navigator 中单击 Simulation 下的 Run Simulation 选项，并选择 Run Behavioral Simulation，启动仿真界面。

端口信号自动出现在波形图中，此外，可通过左侧 Scope 一栏中的目录结构定位到要查看的 module 内部寄存器，在 Objects 对应的信号名称上右击选择 Add To Wave Window，如图 3.18 所示，将信号加入波形图查看。

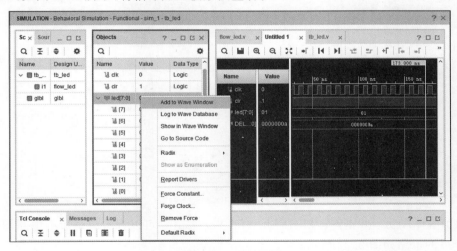

图 3.18　仿真界面

（6）可通过仿真工具条对仿真进行设置和操作。仿真工具条如图 3.19 所示，包括复位波形（清空现有波形）、运行仿真、运行特定时长的仿真、仿真时长设置、仿真时长单位、单步运行、暂停等操作。本例中仿真时长设置为 500ms。

图 3.19　仿真工具条

（7）最终得到的行为仿真波形如图 3.20 所示，检查此波形是否与预想的功能一致，以验证源设计文件的正确性。

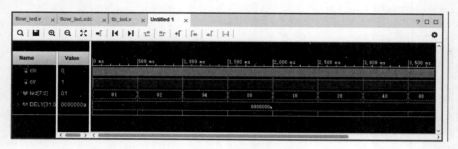

图 3.20　行为仿真波形图

3.1.3　综合与引脚的约束

1. 综合编译

（1）如图 3.21 所示，单击 Flow Navigator 中 SYNTHESIS 下的 Run Synthesis，对当前工程进行综合，弹出 Launch Runs 对话框，在 Launch runs on local host：Number of jobs 中选择最大值，以缩短编译时间，此处选择 8。

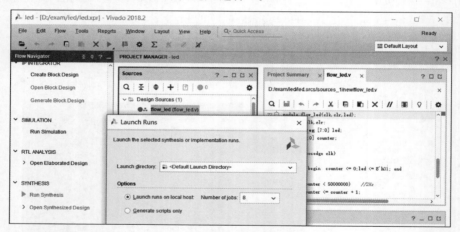

图 3.21　Synthesis 综合编译

（2）编译成功后双击 SYNTHESIS 中的 Schematic，可以查看综合后的电路图，本例中综合后的电路如图 3.22 所示。

2. 添加引脚约束文件

有两种方法可以添加引脚约束文件：一是利用 Vivado 中的 IO Planning 功能（需先对工程进行综合，综合后选择打开 Open Synthesis Design，然后在右下方的选项卡中切换到 I/O Ports 栏，在对应的信号后输入对应的 FPGA 引脚号）；二是直接新建 XDC 约束文件。本例采用方法二。XDC 是 Vivado 采用的约束文件格式，它是在业界广泛采用的 SDC 文件格式的基础上，加入 Xilinx 的一些物理约束来实现的。

（1）单击 Flow Navigator 中 Project Manager 下的 Add Sources（或右击约束子目录下文件夹，选择 Add Sourses...），打开如图 3.23 所示的 Add Sources 窗口，选择第一项

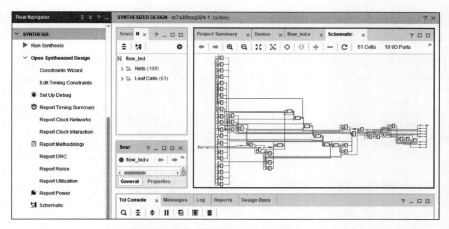

图 3.22 综合后的电路图

Add or create constraints，单击 Next 按钮。

图 3.23 创建约束文件

（2）在图 3.24 所示的窗口中，单击 Create File，在弹出的 Create Constraints File 对话框中输入 XDC 文件名，本例中填写 flow_led，单击 OK 按钮，再单击 Finish 按钮。

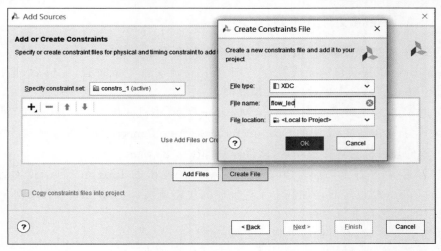

图 3.24 输入约束文件名

（3）如图 3.25 所示，在 Sources 栏下双击 flow_led.xdc 文件名，打开该文件，编辑引脚约束文件的内容，本例引脚约束文件的内容如例 3.3 所示。

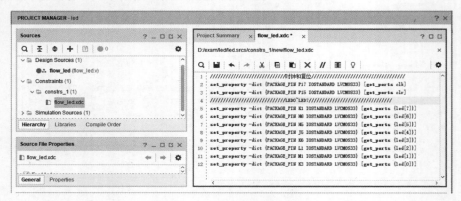

图 3.25　编辑引脚约束文件

FPGA 约束引脚号和 IO 电平标准可参考目标板卡的用户手册或原理图。

LED 流水灯的.XDC 引脚约束文件如下。

例 3.3　LED 流水灯的.XDC 引脚约束文件。

```
# ///////////////////////////时钟和复位///////////////////////////////////
set_property - dict {PACKAGE_PIN P17 IOSTANDARD LVCMOS33} [get_ports clk]
set_property - dict {PACKAGE_PIN P15 IOSTANDARD LVCMOS33} [get_ports clr]
# ///////////////////////////LED0～LED7////////////////////////////////////
set_property - dict {PACKAGE_PIN K1 IOSTANDARD LVCMOS33} [get_ports {led[7]}]
set_property - dict {PACKAGE_PIN H6 IOSTANDARD LVCMOS33} [get_ports {led[6]}]
set_property - dict {PACKAGE_PIN H5 IOSTANDARD LVCMOS33} [get_ports {led[5]}]
set_property - dict {PACKAGE_PIN J5 IOSTANDARD LVCMOS33} [get_ports {led[4]}]
set_property - dict {PACKAGE_PIN K6 IOSTANDARD LVCMOS33} [get_ports {led[3]}]
set_property - dict {PACKAGE_PIN L1 IOSTANDARD LVCMOS33} [get_ports {led[2]}]
set_property - dict {PACKAGE_PIN M1 IOSTANDARD LVCMOS33} [get_ports {led[1]}]
set_property - dict {PACKAGE_PIN K3 IOSTANDARD LVCMOS33} [get_ports {led[0]}]
```

3.1.4　生成比特流文件并下载

（1）如图 3.26 所示，在 Flow Navigator 中单击 Program and Debug 下的 Generate Bitstream 选项，工程会自动完成综合、实现及比特流文件生成过程，完成后，选择 Open Hardware Manager，进入硬件编程管理界面。

（2）进入图 3.27 所示的 Hardware Manager 界面，将目标板通过 USB 连接至计算机，打开电源开关，单击图 3.27 中的 Open target，选择 Auto Connect，使软件连接到目标板。

（3）软件与目标板连接成功后，软件界面如图 3.28 所示。

在目标芯片上右击，选择 Program Device，在弹出的 Program Device 对话框中，Bitstream File 一栏已经自动加载本工程生成的比特流文件 flow_led.bit，单击 Program 按钮，对 FPGA 芯片进行编程。

（4）下载完成后，在目标板上观察实际运行效果。

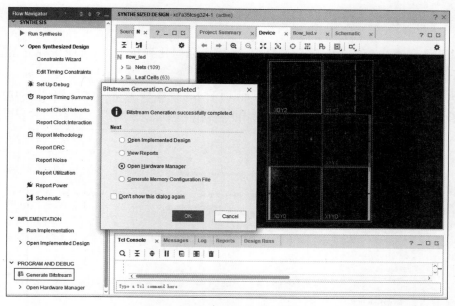

图 3.26　生成比特流文件

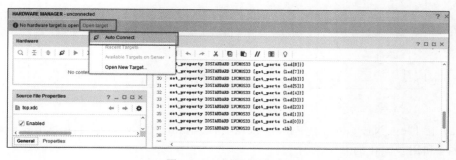

图 3.27　连接到目标板

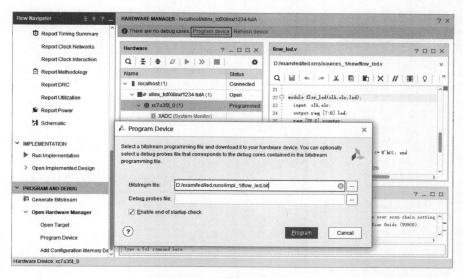

图 3.28　芯片编程下载

3.1.5 将配置数据烧写至 Flash 中

如果将程序烧写至 Flash(ROM)中,则程序会固化到板卡中,可脱机独立运行且掉电不丢失。

(1)首先需要生成烧录至 Flash 中的 BIN 文件,选择菜单 Tools 中的 Settings,在 Settings 对话框(如图 3.29 所示)中选择 Bitstream,在右面勾选 bin_file,单击 OK 按钮。

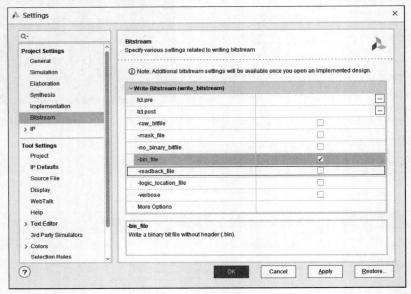

图 3.29　勾选 bin_file

(2)在 Flow Navigator 中单击 Generate Bitstream(图 3.26),启动编译并自动生成 .bit 文件和用于固化的 .bin 文件。

(3)将目标板连接至计算机,打开电源,进入 Hardware Manager 界面,如图 3.30 所示,选中芯片 xc7a35t,右击选择 Add Configuration Memory Device...。

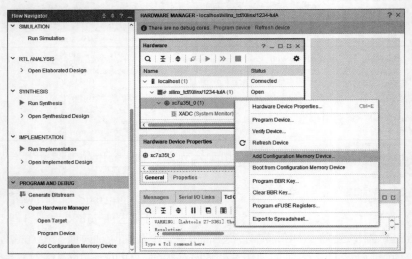

图 3.30　添加 Flash 芯片

（4）在 Add Configuration Memory Device 窗口（如图 3.31 所示）搜索框中输入 n25q64，选择 n25q64-3.3v（根据所用的目标板选择相应的 Flash 芯片型号），单击 OK 按钮。

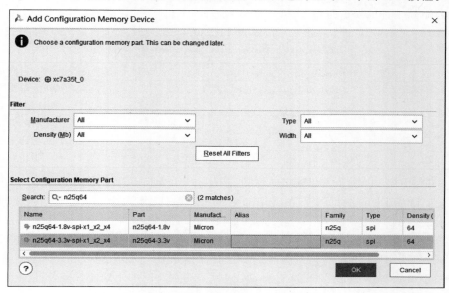

图 3.31　选择 Flash 芯片型号

（5）在 Hardware Manager 界面中（如图 3.32 所示），选中 Flash 芯片 n25q64-3.3v，右击选择 Program Configuration Memory Device...，进入 Flash 编程界面，如图 3.33 所示，确认配置文件为 flow_led.bin，单击 OK 按钮，完成对 Flash 芯片的编程。

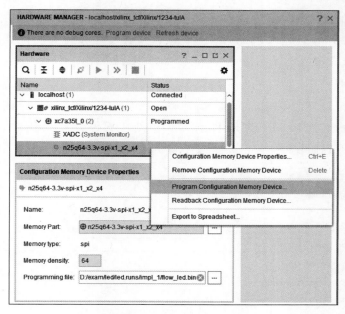

图 3.32　选中 Flash 芯片

（6）编程完成后，将开发板断电后重新上电，开发板会从 Flash 中启动，观察开发板的实际运行效果。

图 3.33　对 Flash 芯片编程

3.2　IP 核的创建和封装

　　基于 IP 核的设计在提高设计的复用性方面具有优越性,Vivado 本身自带了丰富的 IP 核,还允许设计者自定义和封装 IP 核。本节以设计和封装功能类似 74LS161 和 74LS00 的 IP 核为例,介绍基于 Vivado 的 IP 核封装流程。

　　1. 创建工程

　　启动 Vivado 2018.2,单击 Quick Start 栏中的 Create Project,启动工程向导,创建一个新工程,将其命名为 ip_161,存于 D:/exam/ip_161 文件夹中,如图 3.34 和图 3.35 所示。工程创建的过程可参考 3.1 节,此处不再赘述。

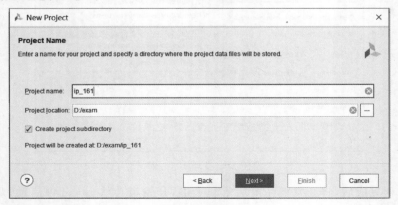

图 3.34　工程名称、路径设定

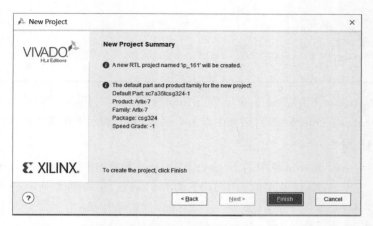

图 3.35 工程信息汇总

2. 输入源设计文件

右击 Flow Navigator 下 Project Manager 中的 Add Sources,选择 Add or Create Design Sources,创建一个名为 ls161.v 的源文件,其代码如例 3.4 所示,输入源文件后的 Vivado 界面如图 3.36 所示。

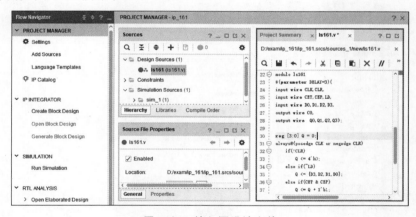

图 3.36 输入源设计文件

例 3.4 ls161 源代码。

```
module ls161
#(parameter DELAY = 3)(
    input wire CLK,CLR,
    input wire CET,CEP,LD,
    input wire D0,D1,D2,D3,
    output wire CO,
    output wire  Q0,Q1,Q2,Q3);
reg [3:0] Q = 0;
always@(posedge CLK or negedge CLR)
    if(!CLR)   Q <= 4'h0;
    else if(~LD)   Q <= {D3,D2,D1,D0};
    else if(CET & CEP)   Q <= Q + 1'b1;
    else Q <= Q;
assign #DELAY Q0 = Q[0];
```

```
assign # DELAY Q1 = Q[1];
assign # DELAY Q2 = Q[2];
assign # DELAY Q3 = Q[3];
assign CO = ((Q == 4'b1111)&&(CET == 1'b1))? 1 : 0;
endmodule
```

在 Flow Navigator 栏的 Synthesis 下单击 Run Synthesis,对当前工程进行综合,综合完成后在弹出的 Synthesis Completed 对话框中单击 Cancel 按钮,表示不再继续进行后续操作。

3. 创建 IP 核

(1) 在 Flow Navigator 栏中的 Project Manager 下单击 Settings,弹出 Settings 对话框,如图 3.37 所示,在窗口的左侧选中 IP 下的 Packager,在右侧的 Packager 标签页中定制 IP 核的库名和目录。

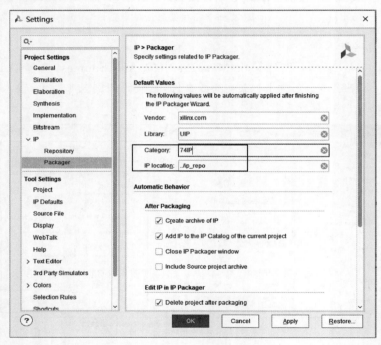

图 3.37　定制 IP 核属性

图 3.38　创建和封装新的 IP

在 Library(库名)处填写 UIP,Category 处填写 74IP,勾选 After Packaging 下的 Create archive of IP、Add IP to the IP Catalog of the current project,其他按默认设置。

设置完成后单击 Apply 按钮,再单击 OK 按钮。

(2) 在 Vivado 主界面中,选择菜单 Tools 中的 Create and Package New IP,如图 3.38 所示,启动创建和封装新 IP 的过程,此过程的启动界面如图 3.39 所示。

(3) 单击 Next 按钮,弹出如图 3.40 所示的封装选项界面,选择 Packaging Options 下的 Package your current project,表示将当前工程封装为 IP 核,单击 Next 按钮。

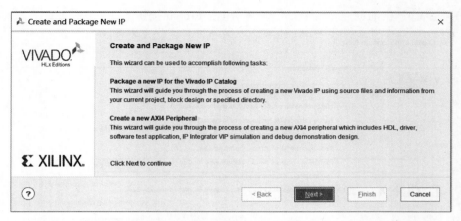

图 3.39 创建和封装新 IP 的启动界面

图 3.40 封装选项界面

（4）如图 3.41 所示，此界面的 IP location 指示 IP 核的路径，以便设计者到此路径下将 IP 导入别的工程，也可通过单击右侧带省略号的按钮为 IP 指定新的位置，单击 Next 按钮。

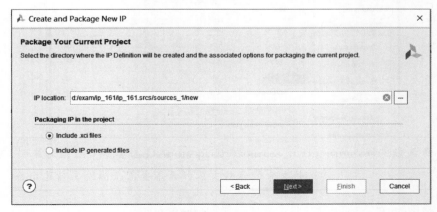

图 3.41 IP 核的路径

（5）完成 IP 核的创建，如图 3.42 所示，单击 Finish 按钮。

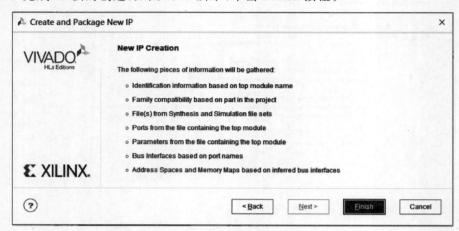

图 3.42　IP 核创建完成

4. 封装 IP 核

（1）完成 IP 核的创建后，在 Vivado 主界面中，选择 Sources 窗口下的 Hierarchy 标签页，此时在 Design Sources 下方出现一个名为 IP-XACT 的图标，其下有一个 component. xml 文件，其中保存了封装 IP 核的信息，如图 3.43 所示。

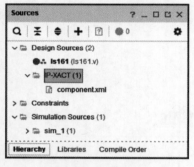

图 3.43　IP 核封装信息文件

（2）在 Vivado 主界面右侧窗格中的 Package IP 标签页下，单击 Identification，可查看并修改 IP 核的相关信息，如图 3.44 所示。

（3）Compatibility 页面显示 IP 核支持的 FPGA 系列，可以继续添加 IP 核支持的 FPGA 器件，单击右侧的加号，选择第一项 Add Family Explicitly…，如图 3.45 所示。

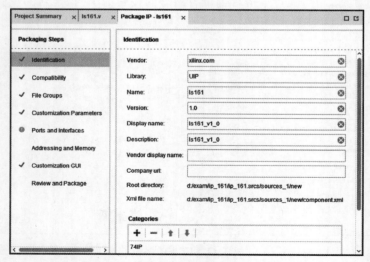

图 3.44　封装 IP 核的 Identification 页面

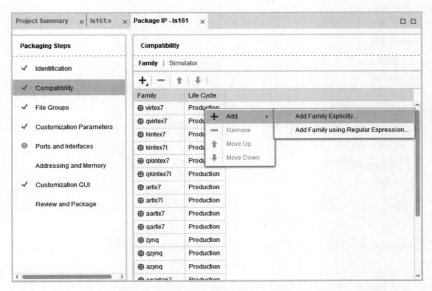

图 3.45　IP 核的 Compatibility 页面

（4）在弹出的 Add Family 窗口中可添加除已支持的 artix7（Artix-7）以外的其他器件系列，如图 3.46 所示，勾选完毕后单击 OK 按钮。

（5）单击 Customization GUI，在右侧可以预览 IP 核的信号接口，同时可以在 Component Name 处修改 IP 核的名称，如图 3.47 所示。

（6）单击 Review and Package，可查看 IP 核的最终信息，其中，Root directory 表示 IP 核的存储目录，信息确认无误后单击下方的 Package IP 按钮，完成 ls161 核的封装，如图 3.48 所示。

（7）回到 Vivado 主界面，单击 Project Manager 中的 IP Catalog，出现 IP Catalog 窗格，在其中的 User Repository 下可查看刚创建的 ls161_v1_0，说明该 IP 核已创建和封装成功，可以调用了，如图 3.49 所示。

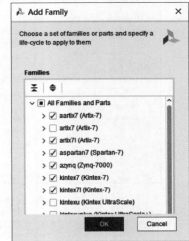

图 3.46　添加 IP 核支持的其他器件系列

5. 创建和封装另一 IP 核 74ls00

采用与上面 74ls161 核相同的步骤，创建和封装功能类似 74ls00（2 输入与非门）的 IP 核，以供调用。ls00 的源代码如例 3.5 所示。

例 3.5　ls00（2 输入与非门）的源代码。

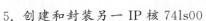

```
module ls00
#(parameter DELAY = 3)
    (input a,b,
    output y);
nand #DELAY (y,a,b);
endmodule
```

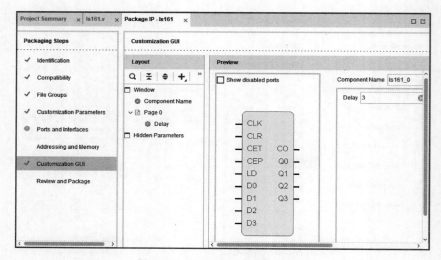

图 3.47　Customization GUI 界面

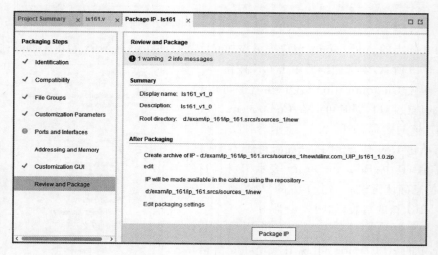

图 3.48　Review and Package 界面

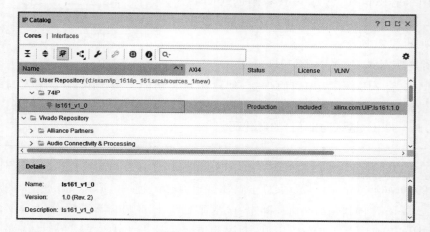

图 3.49　查看 IP 核

ls00 核创建后,对其进行封装,其中 Identification 界面信息如图 3.50 所示。

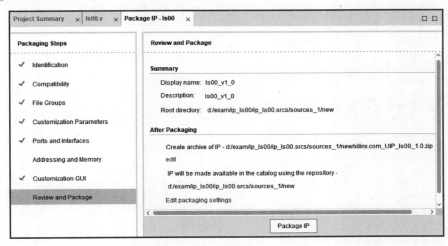

图 3.50　ls00 核的 Identification 界面

单击 Review and Package,可查看 ls00 核的最终信息,信息确认无误后单击下方的 Package IP 按钮,完成 ls00 核的封装,如图 3.51 所示。

图 3.51　ls00 核的 Review and Package 界面

3.3　基于 IP 集成的计数器设计

本节利用 3.2 节创建和封装的 ls161 和 ls00 两个 IP 核,采用原理图设计的方式实现一个模 9 计数器,以说明基于 IP 集成的 Vivado 设计流程。

1．创建工程

启动 Vivado 2018.2,单击 Quick Start 栏中的 Create Project,启动工程向导,创建一个新工程,将其命名为 count_bd,存于 D:/exam/count_bd 文件夹中。此过程不再详述。

2．添加 IP 核

(1) 将 3.2 节生成的 IP 封装目录中的压缩包"xilinx.com_UIP_ls161_1.0.zip"和

"xilinx.com_UIP_ls00_1.0.zip"复制到当前工程目录,并解压到新建的 UIP 目录下,解压后的文件目录如图 3.52 所示。

图 3.52　将 IP 文件夹放至 UIP 目录下

（2）在 Flow Navigator 栏的 Project Manager 下单击 Settings,在弹出的 Settings 窗口左侧选中 IP,单击 Repository,出现 Repository 标签页,单击加号,进入当前工程目录,选中 UIP 文件夹(其中放置 ls161、ls00 两个 IP 封装文件),单击 Select 按钮,在弹出的窗口中单击 OK 按钮,上述过程如图 3.53 所示。

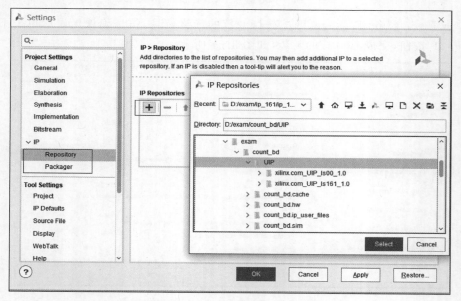

图 3.53　将 IP 封装文件加入 IP 库

（3）如图 3.54 所示,D:/exam/count_bd/UIP 文件夹已出现在 IP Repositories 窗格中,单击 Apply 按钮,再单击 OK 按钮。

（4）在 Project Manager 下选中 IP Catalog,在右侧 IP Catalog 标签页中展开 User Repository,可以看到用户自定义的 ls161_v1_0 和 ls00_v1_0 已经出现在 IP 库中,可以调用了,如图 3.55 所示。

3. 基于 IP 集成的原理图设计

（1）进入 Vivado 主界面,在左侧 Flow Navigator 栏的 IP Integrator 下单击 Create Block Design,在弹出的 Create Block Design 对话框 Design name 栏中输入设计名 count_bd,表示新建一个名为 count_bd 的原理图文件,如图 3.56 所示。

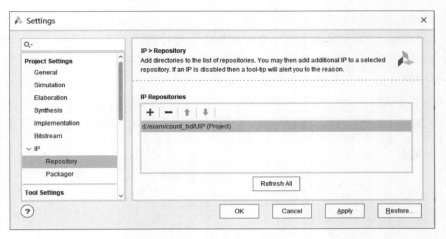

图 3.54 指定 IP 库

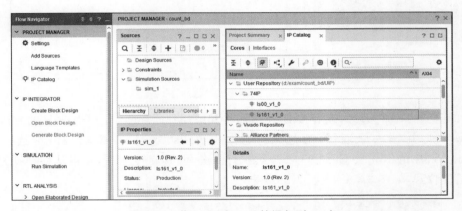

图 3.55 将 ls161 和 ls00 核添加到 IP 库

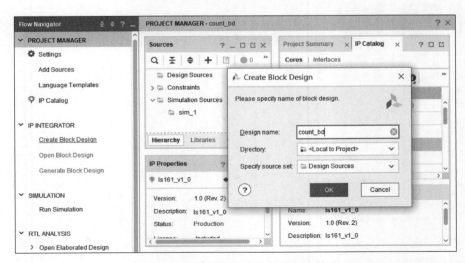

图 3.56 新建原理图文件并输入文件名

（2）单击 OK 按钮，进入 Block Design 设计界面。在原理图中添加 IP 核，可采用如下方式。

① 单击原理图中间区域的加号按钮。

② 在 Diagram 图形界面上侧工具栏中单击加号按钮。

③ 在原理图空白区域右击,从菜单中选择 Add IP 命令。

在弹出窗口的 Search 搜索栏中输入 ls,在列表中选择 ls161_v1_0,如图 3.57 所示。

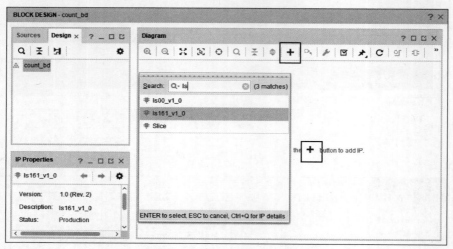

图 3.57　在原理图中添加 IP 核

（3）双击 ls161_v1_0,或者按 Enter 键,将其添加到原理图中。采用同样的方法将 IP 核 ls00_v1_0 调入原理图,通过鼠标左键选中 ls00_v1_0 模块,右击,选择菜单 Orientation 中的 Rotate Clockwise,连续执行两次,使其旋转 180°,并将其移动到原理图上合适的位置,如图 3.58 所示。

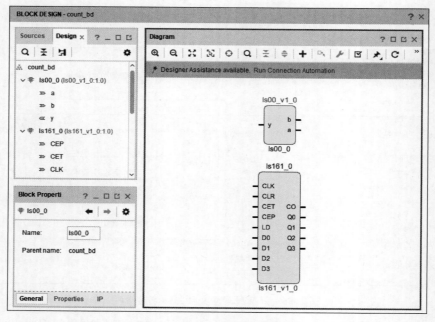

图 3.58　添加 IP 核并合理布局

（4）连线：将光标移至 ls161 模块的 Q0 接口处，待其变为铅笔形状后，按下鼠标左键并拖曳到 ls00 模块的 a 接口处，释放鼠标左键后可看到两个接口信号已被连接。采用同样的方式进行其他连线。

（5）创建端口有以下两种方式。

① 在原理图空白处右击，从弹出的菜单中选择 Create Port…，在弹出的 Create Port 窗口中设置端口的名称、方向和类型，图 3.59 创建了一个名为 PT 的输入端口；图 3.60 创建了一个名为 Q0 的输出端口。

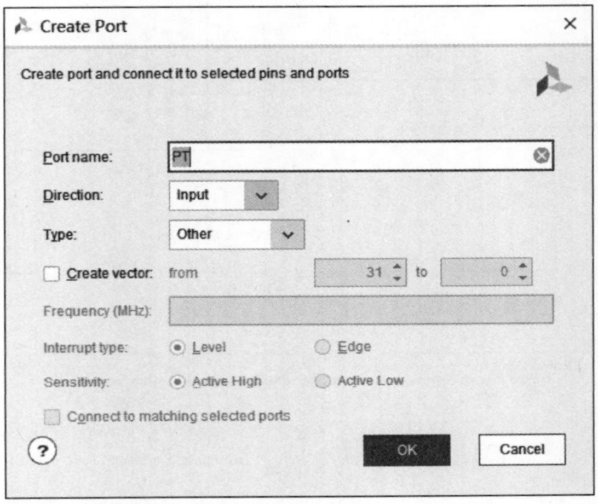

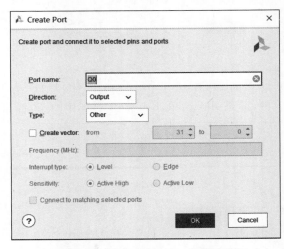

图 3.59　创建一个名为 PT 的输入端口

图 3.60　创建一个名为 Q0 的输出端口

② 单击选中模块的某一引脚，再右击选择 Make External，可自动创建与引脚同名、同方向的端口。

（6）连线完成后的原理图如图 3.61 所示，单击原理图工具栏中的 Regenerate Layout，自动对模块和连线进行优化布局，执行 Regenerate Layout 后的原理图如图 3.62 所示。完成后存储原理图。

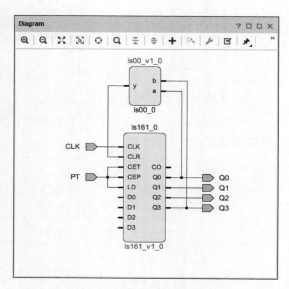

图 3.61　连线完成后的原理图

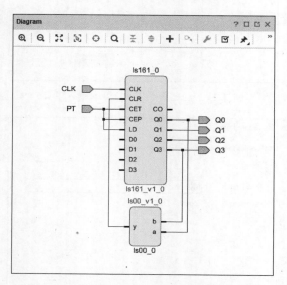

图 3.62　执行 Regenerate Layout 后的原理图

(7) 完成原理图后,生成顶层文件。

① 在 Sources 窗口的 Hierarchy 标签页中,在 Design Sources 下的 count_bd. bd 图标上右击,从菜单中选择 Generate Output Products,如图 3.63 所示。

② 弹出 Generate Output Products 窗口,如图 3.64 所示。Synthesis Options 中有如下选项。

- Global:表示全局综合,选择此选项,在每次工程综合时,IP 核生成的文件会和整个工程一起综合,综合的时间会比较长。

- Out of context per IP: Out of context(OOC)是"脱离上下文"的意思,此选项是 Vivado 的默认选项。选择此选项,Vivado 会把 IP 核当作一个单独的模块来综合,生成.dcp 文件;当工程需要再用到该 IP 核时,只需从.dcp 文件中解析出 IP 对应的网表文件插入工程中即可,而不需对 IP 核重新综合,以加快综合的速度。

- Out of context per Block Design:选择此选项,Vivado 会把当前原理图设计当作一个单独的模块来综合,在工程重新综合时也可以加快综合的速度。

本例选择 Out for context per IP,然后单击 Generate 按钮,完成后单击 OK 按钮。

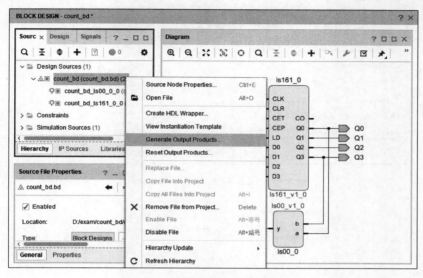

图 3.63 原理图生成输出文件

图 3.64 Generate Output Products 窗口

③ 输出文件生成后,再次在 Sources 窗口的 count_bd. bd 图标上右击,从菜单中选择 Create HDL Wrapper...,如图 3.65 所示。

④ 在弹出的 Create HDL Wrapper 对话框中选择 Let Vivado manage wrapper and auto-update,单击 OK 按钮,如图 3.66 所示。

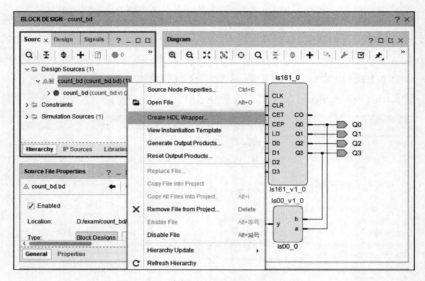

图 3.65　选择 Create HDL Wrapper...

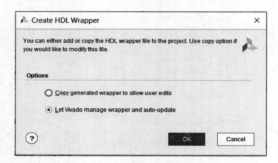

图 3.66　Create HDL Wrapper 对话框

至此已完成原理图设计。从图 3.67 中可看到原理图源文件层次结构图,在 Design
Sources 的 count_bd. bd 图标之上已生成 count_bd_wrapper. v 顶层文件。

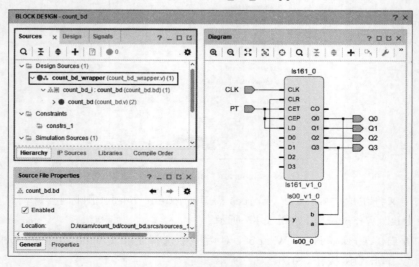

图 3.67　原理图源文件层次结构图

4. 添加引脚约束文件

添加引脚约束文件有两种方法：一是利用 Vivado 中的 IO Planning 功能，二是直接新建 XDC 约束文件。3.1.3 节中采用了方法二，本例采用方法一完成此任务。

（1）在 Vivado 主界面中选择 Flow Navigator→Synthesis→Run Synthesis，再单击 OK 按钮，综合完成后在弹出的对话框中选择 Open Synthesized Design，并单击 OK 按钮，如图 3.68 所示。

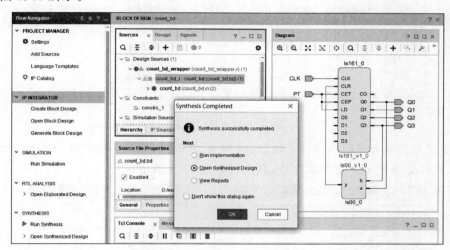

图 3.68　选择 Open Synthesized Design

（2）如图 3.69 所示，选择菜单 Window 中的 I/O Ports，使 I/O Ports 标签页出现在主窗口下方。

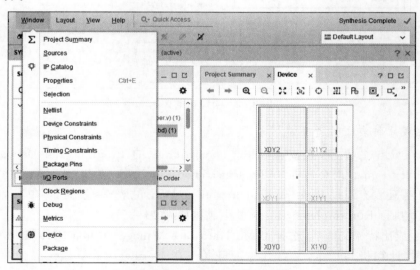

图 3.69　使能 I/O Ports 标签页

（3）在 I/O Ports 标签页中对输入输出端口添加引脚约束，首先在 Package Pin 栏中输入各端口对应的 FPGA 芯片的引脚号（对应关系可查看目标板说明文档或原理图），本例的 Q0～Q3 锁至 EGO1 开发板的 4 个 LED 灯，CLK 锁至按键 S1，PT 锁至拨码开关

SW0；然后在 I/O Std 栏中通过下拉菜单选择 LVCMOS33，将所有信号的电平标准设置为 3.3V，如图 3.70 所示。

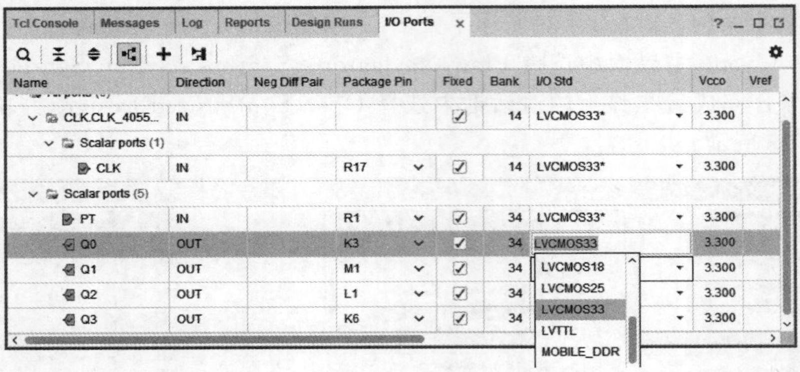

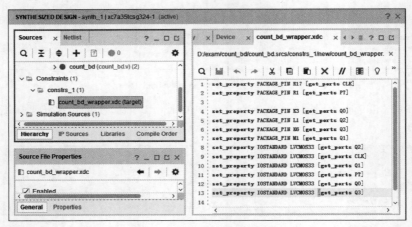

图 3.70   对输入输出端口添加引脚约束

（4）引脚约束完成后单击保存按钮，可看到 Sources 标签页中已出现引脚约束文件 count_bd_wrapper.xdc，双击该文件，其内容如图 3.71 所示。

图 3.71   引脚约束文件

5. 生成比特流文件并下载

（1）Vivado 主界面，在左侧 Flow Navigator 栏的 Program and Debug 下单击 Generate Bitstream，此时会弹出 No Implementation Results Available 提示框，如图 3.72 所示，提示工程还没有经过 Run Implementation 等过程，单击 Yes 按钮，再单击 OK 按钮，软件会自动执行 Run Implementation 并生成比特流文件。

（2）生成比特流文件后，选择 Open Hardware Manager 并单击 OK 按钮，用 Micro USB 线连接计算机与板卡，并打开电源开关。在 Hardware Manager 界面单击 Open Target，选择 Auto Connect。连接成功后，在目标芯片上右击，选择 Program Device，再在弹出的 Program Device 对话框中单击 Program 按钮，对 FPGA 芯片进行编程，上述过程如图 3.73 所示。

（3）下载完成后，观察开发板实际运行效果。

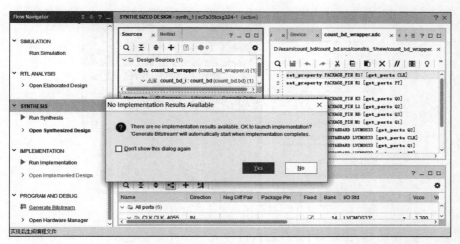

图 3.72　生成比特流文件

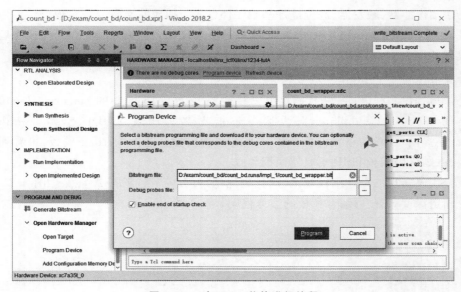

图 3.73　对 FPGA 芯片进行编程

3.4　Vivado 的综合策略与优化设置

1. 设计的调试和可视化

在 Vivado 设计流程中,一般可查看三个阶段的网络表(如图 3.74 所示),实现设计的可视化。

（1）详细设计。

（2）综合后的设计。

（3）实现后的设计。

所谓网络表,是对设计的一种描述,用部件、端口和连线等来表达设计。

（1）选择 Open Elaborated Design(打开详细设计),该网表是在综合之前表述设计,

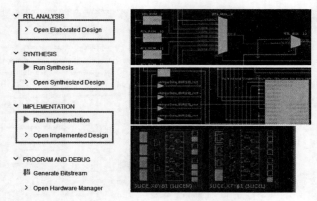

图 3.74　查看不同设计阶段的网络表

一般用复用器、加法器、比较器、寄存器组等较大的部件来表述设计,也称为 RTL 设计。

(2) 选择 Open Synthesized Design(打开综合设计),该网表是在综合之后表达设计,用由 LUT、缓冲器、触发器、进位链等基础元件(BEL)构成的网络表来实现设计。

(3) 选择 Open Implemented Design(打开实现设计),该网表是在布局布线之后具体实现设计的网表。

2. Language Template 语言模板

Vivado 提供多种语言模板代码供用户参考,选择菜单 Tools 中的 Language Templates,便会出现 Language Templates 对话框,Vivado 提供 Verilog、VHDL、SystemVerilog 语言模板,还提供 XDC 约束文件模板和 Debug 调试模板。选择 Verilog 模板,可看到可综合模板、激励代码模板和 IP 集成器模板等。

模板代码实现的设计不仅规范,而且更优化,可有效节省 FPGA 资源。图 3.75 所示是一个固定深度 SRL 可综合模板的参考代码。

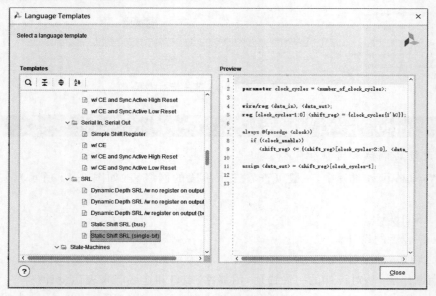

图 3.75　固定深度 SRL 可综合模板的参考代码

建议设计时尽可能参考 Language Template 语言模板。

3. 综合设置选项

在 Vivado 主界面选择 Flow Navigator→Settings→Synthesis,如图 3.76 所示。以下介绍 Synthesis 标签页中的各项设置。

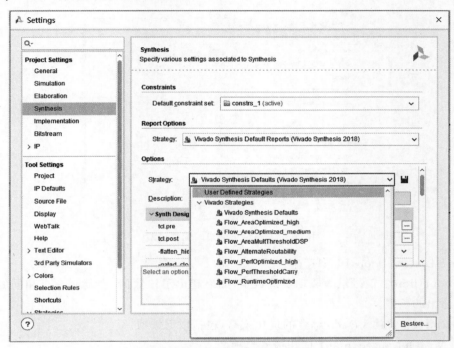

图 3.76　Synthesis 设置界面

（1）Constraints 栏：选择用于综合的约束集,约束集是一组 XDC 约束文件,默认选择 active 约束集。约束集包括如下约束。

- 时序约束（Timing Constraints）：定义设计的时序需求。如果没有时序约束,Vivado 会根据布线长度和布局拥挤度优化设计。
- 物理约束（Physical Constraints）：包括引脚约束,物理单元（如块 RAM、查找表、触发器）布局的位置等。

（2）Options 栏：用于选择综合运行时使用的策略。Vivado 提供了几种预定义的策略,也可以自定义策略,这需要单独设置策略中每个选项,如图 3.77 所示。以下给出各选项的含义。

-flatten_hierarchy：定义综合工具如何控制层次结构,选择是将所有层次融为一体进行综合,还是独立综合后再连接到一起。具体选项如下。

- none：不展开层次结构。
- full：全部展开层次结构。
- rebuilt：让综合工具展开层次结构,综合之后再重建层次结构。

-gated_clock_conversion：门控时钟转换使能。设计中应避免使用门控时钟;时钟信号应尽可能由混合模式时钟管理器（Mixed-Mode Clock Manager,MMCM）或者锁相

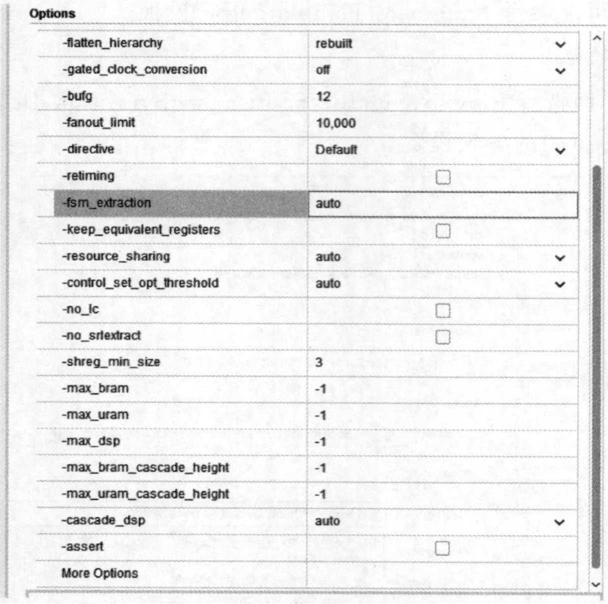

图 3.77　综合策略中的选项设置

环(Phase-Locked Loop,PLL)产生。

-fanout_limit：信号最大驱动负载数量,如果超出了该数值,会复制一个相同的信号来驱动超出的负载。

-directive：设置 Vivado 综合的优化策略,包括以下选项。

- AreaOptimized_high：面积最省选项。
- AreaOptimized_medium：面积优化中等,在面积和速度间平衡处理。
- AreaMultThresholdDSP：更多地使用 DSP 模块资源实现设计。
- AlternateRoutability：提高布线能力,减少 MUXF 和 CARRY 的使用。
- PerfOptimized_high：性能最优,即速度最快,但耗用的资源会高一些。
- RuntimeOptimized：综合运行时间最短,会忽略一些优化以缩短综合运行时间。

-retiming：启用该功能,可通过在逻辑门和 LUT 之间移动寄存器,降低最大路径时延,提高电路时序性能。

-fsm_extraction：设定状态机的编码方式,默认值为 auto。

- one-hot：独热码编码方式。
- gray：格雷编码。
- johnson：约翰逊编码。
- sequential：顺序编码。
- auto：此时 Vivado 会自动推断最佳编码方式。

-keep_equivalent_registers：保留或合并等效寄存器。勾选时,等效寄存器保留。

-resource_sharing：资源共享。

-no_lc：勾选该选项,表示不允许 LUT 整合。当两个或多个逻辑函数的输入变量总数不超过 6 时,这些函数均可放置在一个 LUT 中实现,称为 LUT 整合。LUT 整合可以降低 LUT 的资源消耗,但也可能导致布线拥塞。因此,Xilinx 建议,当整合的 LUT 超过 LUT 总量的 15% 时,应考虑勾选-no_lc,关掉 LUT 整合。

-no_srlextract:勾选该选项时,SRL 会用 FPGA 内的触发器实现,而不用 LUT 资源实现(Xilinx 的 LUT 可用于实现 SRL)。

-shreg_min_size:当移位寄存器深度小于或等于-shreg_min_size 时,其实现方式采用触发器级联;当其深度大于-shreg_min_size 时,实现方式则为"触发器+LUT+触发器"。上面的-no_srlextract 选项,如果勾选,则阻止移位寄存器用 LUT 实现,其优先级高于-shreg_min_size。

-max_bram:块 RAM 的最大使用数量。默认值为-1,表示允许使用 FPGA 中所有的块 RAM。

-max_uram:设置 UltraRAM 最大使用数量(对于 UltraScale 架构 FPGA 而言)。默认值为-1,表示允许使用所有的 UltraRAM。

-max_dsp:设置 DSP 模块的最大使用数量。默认值为-1,表示允许使用该 FPGA 中所有的 DSP 模块。

-max_bram_cascade_height:设置可以将块 RAM 级联在一起的最大数量。

-max_uram_cascade_height:设置可以将 UltraRAM 级联在一起的最大数量。

-assert:将 VHDL 中的 assert 状态纳入评估。

(3)自定义综合策略:除了 Vivado 提供的配置好的综合策略,还可以自定义综合策略。在 Settings 对话框中设置好各选项后,单击 Options 栏右侧的存盘按钮,弹出 Save Strategy As 窗口,在其中填写名称和描述,即可保存为用户自定义的综合策略。单击 Apply 按钮,综合策略列表中就会出现自定义的策略,可在后面的综合中使用该策略。

在 Settings 窗口,选择 Tool Settings 栏中 Strategies 下的 Run Strategies,在右侧的页面中也可以自定义综合策略,单击加号按钮可新建策略,如图 3.78 所示。如果想在已

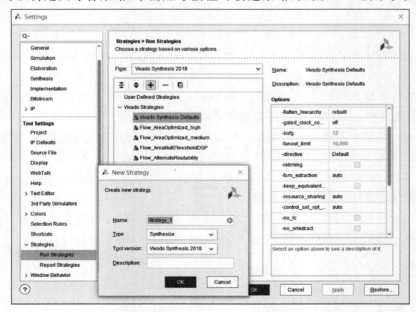

图 3.78　自定义综合策略

有策略的基础上修改,可选中一个策略,单击上方的 Copy Strategy 按钮,User Defined Strategies 中就会出现该策略的备份以供修改(Vivado 提供的策略是不能修改的)。

4.控制文件编译次序

Vivado 可以自动识别和设置顶层模块,同时自动更新编译次序。

如图 3.79 所示,在 Vivado 主界面选择 Sources→Design Sources 并右击,选择 Hierarchy Update→Automatic Update and Compile Order,则设定当源文件发生改动时,Vivado 会自动管理层次结构和编译次序,Hierarchy 标签页中会自动调整各模块的层级,Compile Order 标签页中将显示编译次序。

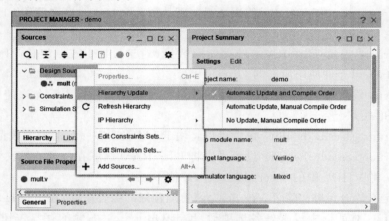

图 3.79 设置自动更新编译次序

如果选择 Automatic Update 中的 Manual Compile Order 选项,则表示 Vivado 自动调整各模块层级,但允许人工设定编译次序,在 Compile Order 标签页中拖动文件即可完成设定。

习题 3

3-1 用 Verilog 语言编写一个功能类似 74ls90 的程序,并用 Vivado 软件进行综合和仿真。

3-2 在 3-1 题的基础上,将 74ls90 的 Verilog 程序封装为一个 IP 核,并采用 IP 集成的方式设计实现模 12 计数器,进行引脚锁定和下载。

3-3 在 3-2 题的基础上,调用两个 74ls90 的 IP 核,采用 IP 集成的方式实现模 60 计数器,个位和十位均采用 8421BCD 码的编码方式,进行引脚锁定和下载。

3-4 基于 Vivado 软件,设计功能类似 74ls63 的 IP 核,并采用 IP 集成的方式设计实现模 24 计数器,进行引脚约束和下载。

3-5 用数字锁相环实现分频,输入时钟频率为 100MHz,用数字锁相环得到 6MHz 的时钟信号,用 Vivado 中自带的 IP 核(Clocking Wizard 核)实现该设计。

第 4 章

Verilog设计初步

本章从 Verilog 示例入手,介绍 Verilog 模块结构和基本语法,力图使初学者能从总体上把握 Verilog 程序的特点,达到快速入门的目的;同时介绍 Verilog 的文字规则、数据类型、向量、数组、参数和操作符等语言要素。

4.1 Verilog HDL 简史

Verilog HDL 作为一种硬件描述语言,具有机器可读、人可读的特点,可用于电子系统创建的所有阶段,支持硬件的开发、综合、验证和测试,同时支持设计数据的交流、维护和修改。Verilog HDL(本书以下有时也简称 Verilog 或 Verilog 语言)的主要用户包括 EDA 工具的实现者和电子系统的设计者。

(1) 1983 年,Verilog HDL 由 GDA 公司的 Phil Moorby 首创,后来 Moorby 设计了 Verilog-XL 仿真器并获成功,从而使 Verilog 语言得到推广使用。

(2) 1989 年,Cadence 收购 GDA,并在 1990 年公开发布 Verilog HDL,成立 OVI (Open Verilog International)组织负责 Verilog 语言的推广,Verilog 语言的发展开始进入快车道。1993 年,绝大多数的 ASIC 厂商都开始支持 Verilog。

(3) 1995 年,Verilog HDL 成为 IEEE 标准,称为 IEEE Standard 1364-1995(Verilog-1995)。

(4) 2001 年,IEEE 1364-2001 标准(Verilog-2001)发布,Verilog-2001 对 Verilog-1995 标准做了扩充和增强,提高了行为级和 RTL 建模的能力。目前,多数综合器、仿真器支持的仍然是 Verilog-2001 标准。

(5) 2005 年,IEEE 1364-2005 标准(Verilog-2005)发布,该版本是对 Verilog-2001 版本的修正。

Verilog-2001 标准目前依然是主流的 Verilog HDL 标准,众多的 EDA 综合工具和仿真工具均支持该标准。

Verilog HDL 是在 C 语言的基础上发展起来的,它继承、借鉴了 C 语言的很多语法结构,两者有相似之处,不过作为硬件描述语言,Verilog HDL 与 C 语言有着本质的区别。Verilog 语言的特点表现在如下方面。

(1) 支持多层级的设计建模,从开关级、门级、寄存器传输级到行为级,都可以胜任,可在不同设计层次上对数字系统建模,也支持混合建模。

(2) 支持三种硬件描述方式:行为级描述——使用过程化结构建模;数据流描述——使用连续赋值语句建模;结构描述——使用门元件和模块例化语句建模。

(3) 可指定设计延时、路径延时,生成激励和指定测试的约束条件,支持动态时序仿真和静态时序检查。

（4）内置各种门元件，可进行门级结构建模；内置开关级元件，可进行开关级的建模。用户自定义原语（User Defined Primitive，UDP）创建灵活，既可以创建组合逻辑，也可以创建时序逻辑；可通过编程语言接口（Programming Language Interface，PLI）机制进一步扩展 Verilog 语言的功能，PLI 允许外部函数访问 Verilog 模块内部信息，为仿真提供更加丰富的测试方法。

从功能上看，Verilog 语言可满足各层次设计者的需求，成为使用最广泛的硬件描述语言之一；在 ASIC 设计领域，Verilog HDL 则一直是事实上的标准。

4.2　Verilog 模块初识

图 4.1　"与-或-非"门电路

Verilog 程序的基本单元是模块，一个模块由几个部分组成，下面通过示例对 Verilog 模块的基本结构进行解析。图 4.1 是一个"与-或-非"门电路。该电路表示的逻辑函数为 $F = \overline{ab + cd}$，用 Verilog 语言对该电路描述如例 4.1 所示。

例 4.1　"与-或-非"门电路。

module aoi(a,b,c,d,f);	/* 模块名为 aoi,端口列表为 a,b,c,d,f */
input a,b,c,d;	//模块的输入端口为 a,b,c,d
output f;	//模块的输出端口为 f
wire a,b,c,d,f;	//定义信号的数据类型
assign f = ~((a&b)|(~(c&d)));	//逻辑功能描述
endmodule	

通过上例我们对 Verilog 程序有了一个初步的认识，从书写形式上看，Verilog 程序具有以下特点。

（1）Verilog 程序由模块构成，每个模块的内容都嵌在 module 和 endmodule 两个关键字之间。

（2）每个模块先进行端口定义，分为输入端口 input 和输出端口 output 等，然后对模块的功能进行定义。

（3）Verilog 程序书写格式自由，一行可以写多条语句，一条语句也可以分多行写。

（4）除 endmodule 等少数语句外，每条语句的最后必须有分号。

（5）可以用 /* …… */ 和 //…… 对 Verilog 程序进行注释，以增强其可读性和可维护性。

Verilog 模块的基本结构可用图 4.2 表示。模块定义包含在关键字 module 和 endmodule 之间，关键字 module 后面是模块名字；然后是参数列表，输入、输出端口列表，端口、信号的数据类型声明；之后是模块逻辑功能的定义、子模块的例化等内容。

图 4.2　Verilog 模块的基本结构

注意：关键字 macromodule 可以与关键字 module 互换使用。

1. 模块声明

模块声明包括模块名字，模块输入、输出端口列表，其定义格式如下。

```
module 模块名(端口 1,端口 2,端口 3,……);
```

2. 端口定义

对模块的输入、输出端口要进行明确说明，其格式如下。

```
input 端口名 1, 端口名 2,…… 端口名 n;          //输入端口
output 端口名 1, 端口名 2,…… 端口名 n;         //输出端口
inout 端口名 1, 端口名 2,…… 端口名 n;          //双向端口
```

端口是模块与外界连接和通信的信号线，图 4.3 为模块端口示意图，包括 3 种端口类型，分别是输入端口(input)、输出端口(output)和双向端口(inout)。

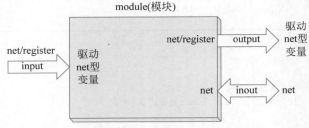

图 4.3　模块端口示意图

定义端口时还要声明其数据类型。

3. 数据类型声明

模块中用到的所有信号(包括端口、信号等)都必须进行数据类型的定义。
以下是数据类型声明的示例：

```
reg cout;                    //定义信号 cout 的数据类型为 reg 型
reg[3:0] out;                //定义信号 out 的数据类型为 4 位 reg 型
wire a,b,c,d,f;              //定义信号 a,b,c,d,f 为 wire 型
```

如果没有声明信号的数据类型，则综合器默认其为 wire 型。

Verilog-2001 标准改进了模块端口的声明格式，使其更接近 ANSI C 语言的风格，允许将端口声明和数据类型声明放在同一语句中，可用于 module、task 和 function 中。

例 4.1 的模块声明采用 Verilog-2001 格式可写为如下形式。

例 4.2　将端口类型和信号类型的声明放在模块列表中。

```
module aoi_2001              //模块声明采用 Verilog-2001 格式
  (input wire a,b,c,d,
   output wire f);
assign f = ~((a&b)|(~(c&d)));
endmodule
```

4. 逻辑功能定义

模块中最核心的部分是逻辑功能定义,常用的描述逻辑功能的方式有如下两种。

(1) 用 assign 连续赋值语句定义。例如:

```
assign f = ～((a&b)|(～(c&d)));
```

(2) 用 always 过程语句定义。例 4.1 用 always 过程语句定义,可写为下面的形式。

例 4.3 用 always 过程语句定义例 4.1。

```
module aoi_b                    //模块声明采用 Verilog - 2001 格式
  (input a,b,c,d,
   output reg f);
always @( * )                   //通配符,等价于 a or b or c or d
   begin f = ～((a&b)|(～(c&d))); end
endmodule
```

上例如果用综合器进行综合,其结果与例 4.1 完全一致。

综上所述,可给出 Verilog 模块的模板如下。

```
module <顶层模块名>
    ♯ (参数列表 parameter...)
    (<输入输出端口列表>);
        端口、信号数据类型声明;
/ * 任务、函数声明,用关键字 task,function 定义 * /
//逻辑功能定义
assign <结果信号名> = <表达式>;              //使用 assign 语句定义逻辑功能
always @(<敏感信号表达式>)                   //用 always 块描述逻辑功能
    begin
    //过程赋值
    //if - else,case 语句;for 循环语句
    //task,function 调用
    end
//门元件例化
    门元件名 <例化名> (<端口列表>);
//子模块例化
    <子模块名> <例化名> ♯ (参数传递) (<端口列表>);
endmodule
```

4.3 Verilog 设计示例

本节用组合逻辑电路和时序逻辑电路的设计示例,对 Verilog 电路设计进行初步的介绍。

4.3.1 Verilog 组合电路设计

1. 用 Verilog 设计表决电路

图 4.4 所示是一个三人表决电路,该电路表示的逻辑函数为 $f = ab + bc + ac$。用 Verilog 描述该电路如下。

例 4.4　三人表决电路的 Verilog 描述。

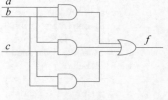

```
module vote(                    //模块名与端口列表
    input a,b,c,                //模块的输入端口
    output f);                  //模块的输出端口
wire a,b,c,f;                   //定义信号的数据类型
assign f = (a&b)|(a&c)|(b&c);   //逻辑功能描述,f = ab + ac + bc
endmodule
```

图 4.4　三人表决电路

例 4.4 与例 4.1 类似,需强调以下两点。

(1) 位操作符:符号"&"和"|"属于位操作符,分别表示按位与、按位或。

(2) 文件取名与存盘:存盘文件名应与 Verilog 模块名一致,如本例存为 vote.v。

2. 用 Verilog 设计 BCD 码加法器

加法器是常用的组合逻辑部件,例 4.5 描述了 BCD 码加法器,采用逢十进一的加法规则。

例 4.5　BCD 码加法器。

```
module add4_bcd(
    input cin, input[3:0] ina,inb,
    output wire[3:0] sum,
    output cout);
wire[4:0] temp = ina + inb + cin;
assign {cout,sum} = (temp > 9) ? (temp + 6) : temp;
endmodule
```

例 4.5 中,需要注意的 Verilog 语法如下:条件操作符(?:):上例中用条件操作符将结果由二进制数变为 8421BCD 码,如果 temp>9 为真,则将执行 temp+6。

图 4.5 为 BCD 码加法器的 RTL 综合视图,采用加法器、比较器、2 选 1 数据选择器等部件来实现设计,例 4.6 是例 4.5 的 Test Bench 测试代码,以验证其功能。

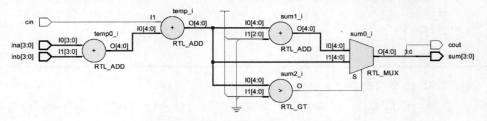

图 4.5　BCD 码加法器的 RTL 综合视图

例 4.6　BCD 码加法器的 Test Bench 代码。

```
`timescale 1ns/1ns
module add4_tb( );
reg[3:0] a,b; reg cin;          //测试输入信号定义为 reg 型
wire[3:0] sum; wire cout;       //测试输出信号定义为 wire 型
integer i,j;
add4_bcd i1(.cin(cin),          //调用测试对象
    .ina(a),
    .inb(b),
    .sum(sum),
```

```
      .cout(cout));
   always ♯100 cin = ~cin;                      //设定 cin 的取值
   initial begin a = 0;b = 0;cin = 0;
      for(i = 1;i < 10;i = i + 1)
      ♯20 a < = { $ random} % 16; end            //每次产生一个 0~15 的随机数
   initial begin
      for(j = 1;j < 10;j = j + 1)
      ♯30 b < = { $ random} % 16; end            //每次产生一个 0~15 的随机数
   initial begin                                //定义结果显示格式
      $ display( $ time,,,"%d + %d + %b = {%b,%d}",a,b,cin,cout,sum);
      ♯200 $ stop; end
   endmodule
```

将上面的代码用 ModelSim 软件进行编译和仿真,RTL 仿真输出的波形如图 4.6 所示。

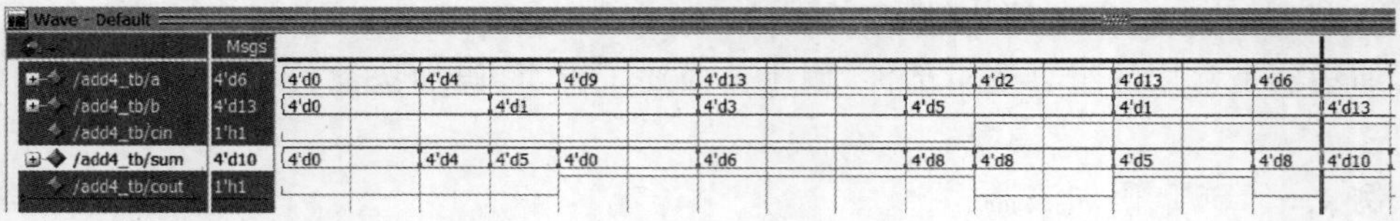

Wave - Default	Msgs										
/add4_tb/a	4'd6	4'd0	4'd4	4'd9		4'd13		4'd2	4'd13	4'd6	
/add4_tb/b	4'd13	4'd0		4'd1		4'd3	4'd5		4'd1		4'd13
/add4_tb/cin	1'h1										
/add4_tb/sum	4'd10	4'd0	4'd4	4'd5	4'd0	4'd6		4'd8	4'd8	4'd5	4'd8	4'd10
/add4_tb/cout	1'h1										

图 4.6 4 位加法器 RTL 仿真输出的波形

4.3.2 Verilog 时序电路设计

1. 用 Verilog 设计触发器

触发器是时序电路的基本部件,例 4.7 描述了带异步复位/置位端的 D 触发器。

例 4.7 异步清零/异步置 1(低电平有效)的 D 触发器。

```
module dff_asyn(
   input d,clk,set,reset,
   output reg q,qn);
always @(posedge clk, negedge set, negedge reset) begin
   if(~reset) begin q < = 1'b0;qn < = 1'b1; end       //异步清零,低电平有效
   else if(~set) begin q < = 1'b1;qn < = 1'b0; end     //异步置 1,低电平有效
   else begin q < = d;qn < = ~d; end
   end
endmodule
```

例 4.7 中,需要引起注意的 Verilog 语法如下。

(1) 时钟边沿的表示:时序电路中常需要用到时钟边沿的概念。在上例中,用关键字 posedge 表示上升沿,综合器会自动将其翻译为上升沿电路结构。

(2) 敏感信号列表:在 always 过程的敏感信号列表中加入 set 和 reset 信号,因此 set 或 reset 信号值的变化会激发 always 过程进入执行状态,立即完成复位和置位操作。此外,由于 if 条件语句的判断是具有优先级的,因此上例中异步复位的优先级更高。

2. 用 Verilog 设计计数器

计数器是典型的时序逻辑电路,例 4.8 描述了带同步复位的 4 位模 10 BCD 码计数器。

例 4.8 带同步复位的 4 位模 10 BCD 码计数器。

```
module count10(
```

```
    input reset,clk,
    output reg[3:0] qout,
    output cout);
always @(posedge clk) begin
    if(~reset) qout <= 0;                    //同步复位
    else if(qout < 9) qout <= qout + 1;
    else qout <= 0; end                      //大于9,计数值清零
assign cout = (qout == 9)?1:0;               //产生进位输出信号
endmodule
```

例4.8中,需要注意的Verilog语法如下。

(1) 多重选择的if语句:上例中使用了多重选择的if语句(if… else if… else…)描述计数器的功能。

(2) 条件操作符(?:):上例中用条件操作符产生进位输出信号(cout=(qout==9)?1:0;),当条件(qout==9)成立时,cout取值为1;反之为0。

图4.7是例4.8的RTL综合原理图,采用比较器、加法器、2选1 MUX、D触发器等模块来实现该计数器。

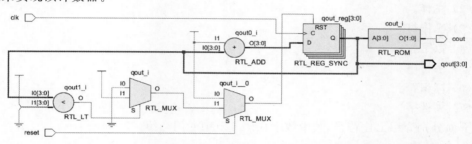

图4.7 4位模10 BCD码计数器的RTL综合原理图

例4.9是模10计数器的Test Bench激励脚本。

例4.9 模10计数器的Test Bench激励脚本。

```
`timescale 1ns/1ns
module count10_tb();
reg clk,reset;
wire [3:0] out;
wire cout;
count10 i1(
    .clk(clk),
    .reset(reset),
    .qout(out),
    .cout(cout));
parameter PERIOD = 40;                        //定义时钟周期为40ns
initial  begin
    reset = 0;clk = 0;
    #(PERIOD * 2)  reset = 1;
    #(PERIOD * 50) $ stop;
end
always begin
    #(PERIOD/2) clk = ~clk; end
endmodule
```

在ModelSim软件上运行上述代码,其输出的仿真波形如图4.8所示,验证了计数器

的功能。

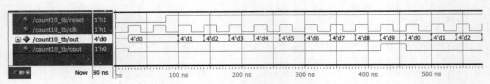

图 4.8   4 位计数器的仿真波形

4.4   Verilog 文字规则

Verilog HDL 的文字规则包括数字、字符串、标识符和关键字等。

4.4.1   词法

Verilog 源代码由各种符号流构成,主要包括以下符号。

(1) 空白符。

(2) 注释。

(3) 操作符。

(4) 数字。

(5) 字符串。

(6) 标识符。

(7) 关键字。

下面分别介绍上述符号,其中数字在 4.5 节中专门介绍。

1. 空白符

在 Verilog 代码中,空白符包括空格、制表符、换行和换页。空白符使程序中的代码错落有致,阅读起来更方便。在综合时空白符均被忽略。

Verilog 程序可以不分行,也可以加入空白符,采用多行书写。例如:

```
initial begin ina = 3'b001;inb = 3'b011; end
```

这段程序等同于下面的书写格式。

```
initial
begin                         //加入空格、换行等,使代码错落有致,提高可读性
    ina = 3'b001;
    inb = 3'b011;
end
```

2. 注释

在 Verilog 程序中有以下两种形式的注释。

(1) 行注释:以"//"开始,到本行结束,不允许续行。

(2) 块注释:以"/ * "开始,到" * /"结束,块注释不得嵌套。

3. 操作符

操作符用于表达式中,单目操作符应在其操作数的左边,双目操作符应处于两个操

作数之间,条件操作符则带有三个操作数。

4. 关键字

Verilog 语言内部已经使用的词称为关键字或保留字,用户不能随便使用这些保留字。附录中列出了 Verilog HDL 中的所有保留字。注意,所有关键字都应小写,例如,ALWAYS(标识符)不是关键字,它与 always(关键字)是不同的。

4.4.2 字符串

字符串是由双引号标识的字符序列,字符串只能写在一行内,不能分成多行书写。

1. 字符串变量声明

字符串变量应定义为 reg 类型,其大小等于字符串的字符数乘以 8。例如:

```
reg[8 * 12:1] stringvar;
initial
    begin
    stringvar = "Hello world!";
    end
```

在上例中,存储 12 个字符的字符串"Hello world!"需要定义一个尺寸为 8×12(96 位)的 reg 型变量。

字符和字符串可用于仿真激励代码中,是一种使仿真结果更直观的辅助手段,比如用在显示系统任务 $display 中。

2. 字符串用于表达式

当字符串用作 Verilog 表达式或赋值语句中的操作数时,EDA 工具会将其视作无符号整数,一个字符对应一个 8 位的 ASCII 码,字符串对应 ASCII 码序列。

由于字符串的本质是无符号整数,因此 Verilog 的各种操作符对字符串也适用,比如用==和!=进行字符串的比较、用{ }完成字符串的拼接。在操作过程中,如果声明的 reg 型变量位数大于字符串实际长度,则字符串变量的左端(高位)补 0,这一点与非字符串操作数并无区别;如果声明的 reg 型变量位数小于字符串实际长度,那么字符串的左端被截断。

下面是一个字符串操作的例子,例中声明了一个可存储 14 个字符的字符串变量,对其赋值,并用拼接操作符实现字符串的拼接。

例 4.10 字符串操作数示例。

```
module string_test;
reg[8 * 14 : 1] stringvar;                          //声明可存储 14 个字符的字符串变量
initial begin
stringvar = "Hello world";
 $ display("% s is stored as % h", stringvar, stringvar);
stringvar = {stringvar,"!!!"};                      //用拼接操作符实现字符串的拼接
 $ display("% s is stored as % h", stringvar, stringvar);
end
endmodule
```

上例的仿真输出结果如下。

```
Hello world      is stored as 00000048656c6c6f20776f726c64
Hello world!!! is stored as 48656c6c6f20776f726c64212121
```

3. 字符串中的特殊字符

对于\n、\t、\\和\"等常用的转义字符,Verilog HDL 也同样支持,这些特殊的转义字符以符号"\"开头,其对应的按键和符号如表 4.1 所示。

表 4.1　转义字符及其说明

转 义 字 符	说　　明	转 义 字 符	说　　明
\n	换行符	\"	符号"
\t	制表符(Tab)	\ddd	八进制数 ddd 对应的 ASCII 字符
\\	反斜杠符号\	%%	符号%

下面是一个对常用转义字符进行测试的示例。

例 4.11　转义字符测试代码。

```
module string_tb( );
reg[7:0] a;
reg[8 * 4 − 1:0] b,str;                    //声明两个可存储4个字符的字符串变量
initial begin
a = "\123";
b = "AaCc";
str = {"\\","\0","\"","\n"};               //用拼接操作符实现字符的拼接
 $ display(" % s is stored as % h", a, a);
 $ display(" % s is stored as % h", b, b);
 $ display(" % s is stored as % h", str, str);
end
endmodule
```

上例的仿真输出结果如下。

```
S is stored as 53
AaCc is stored as 41614363
 \ "
 is stored as 5c00220a
```

输出的第一行表示:\123,八进制数 123 对应的 ASCII 字符是大写字母 S,其 ASCII 码为 53(十六进制数);第二行表示字符串"AaCc"以 41614363(十六进制无符号数)的形式存在寄存器中,是一串 ASCII 码的组合;第三、四行显示了 4 个转义字符:"\"、空字符(NUL)、"""、换行符,其对应的 ASCII 码是 5c00220a(十六进制无符号数)。

4.4.3　标识符

标识符是用户在编程时为 Verilog 对象起的名字,模块、端口和实例的名字都是标识符。标识符可以是任意一组字母、数字及符号"$"和"_"(下画线)的组合,但标识符的第一个字符不能是数字或$,只能是字母(a～z、A～Z)或下画线"_";标识符是区分大小写

的。标识符最长可以包含 1024 个字符。

以下是标识符的例子。

```
shiftreg_a
merge_ab
_bus3                    //以下画线开头
n$657
```

下面两个例子是非法的标识符。

```
30count                  //非法:标识符不允许以数字开头
out *                    //非法:标识符中不允许包含字符 *
```

还有一类标识符称为转义标识符。转义标识符以符号"\"开头,以空白符(空格、Tab、换行符)结尾,可以包含任意字符。

反斜线和结束空白符并不是转义标识符的一部分,因此,视标识符"\cpu3"与非转义标识符 cpu3 相同,所以如果转义标识符中没有用到其他特殊字符,则其本质上与一般标识符并无区别。

以下是定义转义标识符的例子。

```
\-clock
\***error-condition***
\{a,b}
\30count
\always                  //直接使用 Verilog 关键字,此时符号"\"不能省略
```

转义标识符还可以直接使用 Verilog HDL 关键字,如上面的\always,不过此时符号"\"不能省略。

下例描述了模 16 计数器,其中的端口多采用转义标识符命名,图 4.9 是其 RTL 综合原理图,可见,转义标识符拓展了 Verilog 标识符的命名范围,绝大多数的字符均可用作标识符。

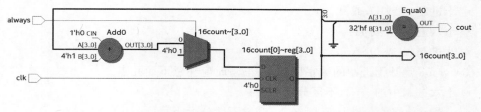

图 4.9　端口用转义标识符命名的模 16 计数器的 RTL 综合原理图

例 4.12　端口用转义标识符命名的计数器。

```
module escaped_id_count(
    input clk,
    input \always,
    output reg[3:0] \16count,
    output \cout );
assign \cout = (\16count == 15) ? 1 : 0;              //产生进位输出信号
```

```
always @(posedge clk)
begin
    if(\always ) \16count < = 0;                    //同步复位
    else            \16count < = \16count + 1;       //计数
end
endmodule
```

注意：上例中转义标识符结尾应加空格(或 Tab、换行符)，否则编译会报错。上例中 \cout 的符号"\"可省略，其他转义标识符的符号"\"不能省略。

4.5　数字

数字分为整数(integer)和实数(real)。

4.5.1　整数

整数有两种书写方式。

方式1：简单的十进制数格式，可以带负号，例如：

```
659                                   //十进制数 659
- 59                                  //十进制数 - 59
```

方式2：按基数格式书写，其格式为

```
< + / - >< size >'< s > base value
< + / - ><位宽>'< s > 基数 数字
```

(1) size 为对应的二进制数的宽度，可省。

(2) base 为基数，或者称进制，可在前面加 s(或 S)，以表示有符号数，进制可指定为如下 4 种。

- 二进制(b 或 B)。
- 十进制(d 或 D，或默认)。
- 十六进制(h 或 H)。
- 八进制(o 或 O)。

(3) value 是基于进制的数字序列，在书写时应注意下面几点。

- 十六进制中的 a～f，不区分大小写。
- x 表示未定值，z 表示高阻态；x 和 z 不区分大小写。
- 1 个 x(或 z)在二进制中代表 1 位 x 或 z，在八进制中代表 3 位 x(或 z)，在十六进制中代表 4 位 x(或 z)，其代表的宽度取决于所用的进制。
- "?"是高阻态 z 的另一种表示符号，字符"?"和 Z(或 z)完全等价，可互相替代，只用于增强代码的可读性。

以下是未定义位宽的例子。

```
'h837FF                    //十六进制数
```

```
'o7460                      //八进制数
4af                         //非法(十六进制格式需要'h)
```

定义了位宽的例子:

```
4'b1001                     //4 位二进制数
5'D3                        //5 位十进制数,也可写为 5'd3
3'b01x                      //3 位二进制数,最低位为 x
16'hz                       //16 位高阻抗数
```

(4) 负数是以补码形式表示的。

以下是带符号整数的例子。

```
8'd - 6                     //非法:数值不能为负,有负号应放最左边
 - 8'd6                     //8 位补码,等同于 - (8'd6)
4'shf                       //4 位带符号数 1111,被解释为补码,其原值为' - 1'( - 4'h1)
 - 4'sd15                   //相当于 - ( - 4'd1)或者'0001'
16'sd?                      //等同于 16'sbz
```

(5) 关于位宽还需要注意下面几点。

- 未定义位宽的整数,默认位宽为 32 位。
- 如果无符号数小于定义的位宽,应在其左边填 0 补位,如果其最左边一位为 x 或 z,则应用 x 或 z 在左边补位。
- 如果无符号数大于定义的位宽,那么其左边的位被截掉。

例如:

```
reg[11:0] a, b, c, d;
initial begin
a = 'hx;                    //等同于 xxx
b = 'h3x;                   //等同于十六进制数 03x
c = 'hz3;                   //c = 'hzz3
d = 'h0z3;                  //d 的值为 0z3
end
reg[84:0] e, f, g;
e = 'h5;                    //等同于{82{1'b0},3'b101}
f = 'hx;                    //等同于{85{1'hx}}
g = 'hz;                    //等同于{85{1'hz}}
```

(6) 较长的整数中可用下画线"_"将其分开,用于提高可读性;但数字的第一个字符不能是下画线,下画线也不可用于位宽和进制处,以下是下画线书写的例子。

```
27_195_000
16'b0011_0101_0001_1111
32'h12ab_f001
```

(7) 位宽和"'"之间以及进制和数值之间允许出现空格,但"'"和进制之间以及数值之间不允许出现空格。例如:

```
8□'h□2A                     //合法
```

```
3'□b001                    //非法:'和基数 b 之间不允许出现空格
```

4.5.2 实数

实数有两种表示方法。

(1) 十进制表示法,如 14.72。

(2) 科学记数法,如 39e8(等同于 39×10^{8})。

以下是合法的实数表示的例子。

```
24.263
1.2E12                     //指数符号可以是 e 或 E
1.30e-2                    //其值为 0.0130
0.1e-0                     //0.1
29E-2                      //0.29
236.123_763_e-12          //带下画线
```

小数点两边至少要有 1 位数字,所以以下是不合法的实数表示。

```
.12                        //非法:小数点两侧必须有数字
9.                         //非法:小数点两侧必须有数字
4.E3                       //非法:小数点两侧必须有数字
.2e-7                      //非法:小数点两侧必须有数字
```

4.5.3 数的转换

可在 Verilog 代码中使用小数或科学记数法,当赋值给 wire 型或 reg 型变量时,会发生隐式转换,通过四舍五入转换为最接近的整数。例如:

```
wire[7:0] a = 9.1;         //转换后,a = 8'b00001001
wire[7:0] b = 1e3;         //转换后,b = 8'b00001000
reg[7:0] c = 11.5;         //转换后,c = 8'd12
reg[7:0] d = -11.5;        //转换后,b = -8'd12
```

4.5.4 整数用于表达式

整数可作为操作数用于表达式中,表达式中的整数通常有如下书写形式。

(1) 无位宽、无基数形式(如 12,EDA 工具会默认其位宽为 32 位)。

(2) 无位宽,有基数形式(如'd12、'sd12)。

(3) 有位宽、有基数形式(如 16'd12、16'sd12)。

对于负整数,有基数和无基数的明显不同。无基数的整数(如-12)被视为有符号数(2 的补码形式);带基数但不加 s 符号的负整数(如-'d12),虽然 EDA 综合器和仿真器会将其用二进制补码表示,但仍被视为无符号数。

例如,下面的示例显示了表达式"-12 除以 3"的 4 种表达形式及其结果。

```
integer intA;
intA = -12 / 3;            //结果为-4,-12 为 32 位有符号负数,3 为 32 位有符号正数
```

```
intA = - 'd12 / 3;        //结果为 1431655761, - 'd12 为 32 位无符号数,3 为 32 位有符号正数
intA = - 'sd12 / 3;       //结果为 -4, - 'sd12 为 32 位有符号负数,3 为 32 位有符号正数
intA = - 4'sd12 / 3;      //结果为 1,4'sd12 为 1100,即 -4, -(-4) = 4
```

注意:−12 和 −'d12 虽然都是以相同的二进制补码形式表示,但对于 Verilog 综合器和仿真器,−'d12 被解释为无符号数(1111_1111_1111_1111_1111_1111_1111_0100 = 4294967284),而 −12 被认为是有符号数。

4.6 数据类型

Verilog HDL 的数据类型主要用于表示数字电路中的物理连线、数据存储和传输线等物理量。Verilog 共有 19 种数据类型,这些数据类型可分为两大类:物理数据类型(包括 wire 型、reg 型等)和抽象数据类型(包括 time、integer、real 型等)。

4.6.1 值集合

Verilog HDL 的数据类型在下面的值集合中取值(四值逻辑)。

(1) 0:低电平、逻辑 0 或逻辑"假"。

(2) 1:高电平、逻辑 1 或逻辑"真"。

(3) x 或 X:不确定或未知的逻辑状态。

(4) z 或 Z:高阻态。

Verilog HDL 的所有数据类型都在上述 4 种逻辑状态中取值,其中 0、1、z 可综合;x 表示不定值,通常只用于仿真。

注意:x 和 z 是不区分大小写的,也就是说,值 0x1z 与值 0X1Z 是等同的。

此外,在可综合的设计中,只有输入输出端口可赋值为 z,因为三态逻辑仅在 FPGA 器件的 I/O 引脚中是物理存在的,可物理实现高阻态,故三态逻辑一般只在顶层模块中定义。

4.6.2 net 数据类型

Verilog HDL 主要有以下两种数据类型。

(1) net 数据类型。

(2) variable 数据类型。

注意:在 Verilog-1995 标准中,variable 数据类型称为 register 型;在 Verilog-2001 标准中将 register 改为了 variable,避免将 register 和寄存器的概念混淆。

net 数据多表示硬件电路中的物理连接,其值取决于驱动器的值。net 型变量有两种驱动方式,一是用连续赋值语句 assign 对其进行赋值,二是将其连接至门元件。如果 net 型变量没有连接到驱动源,则其值为高阻态 z(trireg 除外,在此情况下,它应该保持以前的值)。

net 数据类型共有 12 种,如表 4.2 所示,表中符号"√"表示可综合。

表 4.2　net 数据类型

类　　型	功　　能	可　综　合
wire,tri	连线类型	√
wor,trior	具有线或特性的多重驱动连线	—
wand,triand	具有线与特性的多重驱动连线	—
tri1,tri0	分别为上拉电阻和下拉电阻	—
supply1,supply0	分别为电源(逻辑 1)和地(逻辑 0)	√
trireg	具有电荷保持作用的线网,可用于电容的建模	—
uwire	用于建模只允许单一驱动源的线网	—

1. wire 型与 tri 型

wire 型是最常用的 net 数据类型,Verilog HDL 模块中的输入/输出信号在没有明确指定数据类型时均默认为 wire 型。wire 型变量的驱动方式包括连续赋值和门元件驱动。

tri 型和 wire 型数据在功能及使用方法上是完全一样的,对于 Verilog HDL 综合器来说,对 tri 型数据和 wire 型数据的处理方式是完全相同的。将数据定义为 tri 型,能够更清楚地表示该数据建模的目的,tri 型可用于描述由多个信号源驱动的线网。

相同强度的多个信号源驱动的逻辑冲突会导致 wire 型(或 tri 型)变量输出 x(未知)值。如果 wire 型(或 tri 型)变量由多个信号源驱动,则其输出由表 4.3 决定。

表 4.3　wire 型(或 tri 型)变量由多个信号源驱动时的真值表

wire/tri	0	1	x	z
0	0	x	x	0
1	x	1	x	1
x	x	x	x	x
z	0	1	x	z

以下是 wire 型和 tri 型变量定义的示例。

```
wire w1, w2;           //声明两个 wire 型变量 w1,w2
wire[7:0] databus;     //databus 的宽度是 8 位
tri [15:0] busa;       //三态 16 位总线 busa
```

2. wand 型和 triand 型

wand 型和 triand 型是具有线与特性的数据类型,如果其驱动源中某个信号为 0,则其输出为 0。

3. wor 型和 trior 型

wor 型和 trior 型是具有线或特性的数据类型,如果其驱动源中有某个信号为 1,则其输出为 1。

4. tri0 型和 tri1 型

tri0 型和 tri1 型数据的特点是在没有驱动源驱动该线网时,tri0 型的值为 0(tri1 型的值为 1)。

5. trireg 型

trireg 型线网可存储数值,用于建模电荷存储节点。当 trireg 型线网的所有驱动源都处于高阻态 z 时,trireg 型线网保持其最后一个驱动值,即高阻态值不会从驱动源传播到 trireg 型变量。

以下是 wand 型和 trireg 型变量定义的示例。

```
wand w;                        //wand 型线网
trireg (small) storeit;        //storeit 为电荷存储节点,强度为 small
```

6. supply0 型和 supply1 型

supply0 型和 supply1 型线网用于为地(逻辑 0)和电源(逻辑 1)建模。

7. uwire 型

uwire 型线网用于建模只允许一个驱动源的线网。不允许将 uwire 型线网的任何位连接到多个驱动源,也不允许将 uwire 型线网连接到双向开关。

4.6.3 variable 数据类型

variable 型变量必须放在过程语句(initial、always)中,通过过程赋值语句赋值;在 always、initial 过程块内赋值的信号也必须定义为 variable 型变量。需要注意的是,variable 型变量(在 Verilog-1995 标准中称为 register 型)并不意味着一定对应硬件中的一个触发器或寄存器等存储元件,在综合器进行综合时,variable 型变量根据其被赋值的具体情况确定是映射为连线还是存储元件(触发器或寄存器)。

variable 数据类型包括 5 种,如表 4.4 所示,表中符号"√"表示可综合。另外,reg、integer、time 型数据的初始值默认为 x(未知或不定态);real 型和 realtime 型数据的初始值默认为 0。

表 4.4 variable 数据类型

类　　型	功　　能	可　综　合
reg	常用的 variable 型变量,无符号	√
integer	整型变量,32 位有符号数	√
time	时间变量,64 位无符号数	√
real	实型变量,浮点数	
realtime	与 real 型相同	

1. reg 型

reg 是最常用的 variable 数据类型,reg 型变量通过过程赋值语句赋值,用于建模寄存器,也用于建模边沿敏感(触发器)和电平敏感(锁存器)的存储单元,还用于表示组合逻辑。

reg 型变量按无符号数处理,可使用关键字 signed 将其变为有符号数,EDA 综合器和仿真器以 2 的补码的形式对其进行解释。

示例如下。

```
reg a,b;                //声明 reg 型变量 a,b
reg[7:0] qout;          //声明 8 位宽的 reg 型变量,无符号
reg signed[8:1] opd1;   //8 位宽有符号 reg 型变量,以 2 的补码形式存在
```

reg 型变量并不意味着一定对应硬件中的寄存器或触发器,在综合时,综合器根据具体情况确定将其映射为寄存器还是连线。

2. integer 型

integer 型变量相当于 32 位有符号的 reg 型变量,且最低有效位为 0。对 integer 型变量执行算术运算,其结果为 2 的补码的形式。

3. time 型

time 型变量多用于在仿真时表示时间,通常与 $time 系统函数一起使用。

time 型变量被 EDA 综合器和仿真器按照 64 位无符号数处理,可执行无符号算术运算。

reg、integer 和 time 型变量均支持位选和段选。

以下是定义 integer 型、time 型数据的示例。

```
integer a = 1;                  //声明 integer 型变量并赋初值
time t1 = 0;                    //声明 time 型变量并赋初值
```

例 4.13 中定义了 integer 型和 time 型的变量,图 4.10 是该代码的 RTL 综合图,通过此图可看出,integer 型变量被综合器当作 32 位的 reg 型变量处理,time 型变量则被当作 64 位的 reg 型变量处理。

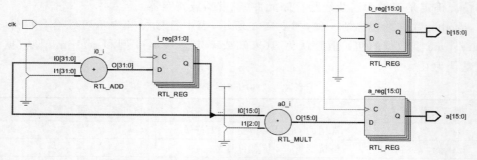

图 4.10　integer 型和 time 型变量示例的 RTL 综合图

例 4.13　定义 integer 型和 time 型的变量。

```
module datatype_ts(
   input clk,
   output reg[15:0] a, b);
integer   i = -200;
time      t = 100;                  //声明 time 型变量
always @(posedge clk) begin
   a <= i * 2;
   b <= t - 1;
   i <= i + 1;
end
endmodule
```

4. real 型与 realtime 型

Verilog 支持实数常量,也支持实数(real 型)变量。

使用 real 型变量时,需要注意以下限制:只有部分操作符适用于 real 型变量;real 型变量不得在声明时指定范围(不能指定位宽);real 型变量初始值默认为 0。

real 型和 realtime 型变量属于浮点数,不支持位选和段选。

以下是定义 real 型、realtime 型变量的示例。

```
real float;                      //声明 real 型变量
realtime rtime;                  //声明一个 realtime 型变量
```

4.7 向量

宽度为 1 位的变量(net 型或 reg 型)称为标量,如果在变量声明中没有指定位宽,则默认为标量(1 位)。

宽度大于 1 位的变量(net 型或 reg 型)称为向量(vector)。向量的宽度用下面的形式定义:

```
[MSB : LSB]
```

方括号内左边的数字表示向量的最高有效位(Most Significant Bit,MSB),右边的数字表示最低有效位(Least Significant Bit,LSB),MSB 和 LSB 都应该是整数(可为正、负或 0)。

例如:

```
wire[3:0] bus;                   //4 位的总线
reg[7:0] ra;                     //8 位寄存器,其中 ra[7]为最高有效位
reg[0:7] rb;                     //rb[0]为最高有效位,rb[7]为最低有效位
reg a;                           //reg 标量
reg[4:0] x, y, z;                //3 个 5 位 reg 向量
reg signed [3:0] signed_reg;     //4 位带符号向量,2 的补码的形式,表示数的范围为 -8～7
reg[ -1:4] b;                    //6 位 reg 向量,reg[ -1]为最高有效位
```

向量可以位选(bit-selects)和段选(part-selects)。

1. 位选

可以单独选择向量中的任意位,并且可对其单独赋值。例如:

```
reg[7:0]  addr;                  //reg 型变量,8 位[7, 6, 5, 4, 3, 2, 1, 0]
addr[0] = 1;                     //最低位赋1
addr[3] = 0;                     //第 3 位赋 0
```

如果位选超出地址范围,或者值为 x 或 z,则返回值为 x。

2. 常数段选

可选择单个比特位,也可选择相邻的多位进行赋值或其他操作,称为段选。

例如:

```
wire[15:0]  busa;                //wire 型向量
assign busa[7:0] = 8'h23;        //常数段选
```

上面的多位选择,用常数作为地址范围,称为常数段选。

以下是位选和常数段选的例子:

```
reg[7:0]   acc = 5;              //acc 为 00000101
wire   a,b;
wire[3:0]   c;
assign a = acc[0];              //位选, a = 1'b1
assign b = acc[7];              //位选, b = 1'b0;
assign c = acc[3:0];            //常数段选, c = 4'b0101
```

3. 索引段选

Verilog-2001 中新增了一种段选方式:索引段选,其形式如下:

```
[base_expr      + :      width_expr]
//起始表达式    正偏移     位宽
[base_expr      - :      width_expr]
//起始表达式    负偏移     位宽
```

其中,位宽(width_expr)必须为常数,而起始表达式(base_expr)可以是变量;偏移方向表示选择区间是起始表达式加上位宽(正偏移),或者起始表达式减去位宽(负偏移)。例如:

```
reg[63:0] word;
reg[3:0] byte_num;                 //取值范围:0~7
wire[7:0] byteN = word [byte_num * 8 + : 8];
```

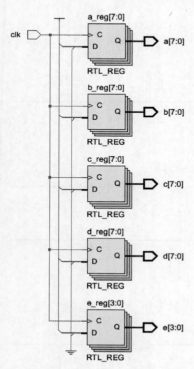

图 4.11 索引段选示例的
　　　　 RTL 综合视图

上例中,如果变量 byte_num 的当前值是 4,则 byteN = word[39:32],起始位为 32(byte_num * 8),终止位 39 由起始位加上正偏移 8 确定。

索引段选的地址是从基地址开始选择一个范围。

例 4.14 是一个索引段选的示例,图 4.11 是该例的 RTL 综合视图,通过图中索引段选的赋值结果,可对索引段选的寻址区间有更清楚的认识。

例 4.14 索引段选示例。

```
module index_sel(
    input clk,
    output   reg[7:0] a,b,c,d,
    output   reg[3:0] e);
wire[31:0] busa = 32'h76543210;
wire[0:31] busb = 32'h89abcdef;
integer sel = 2;
always @ (posedge clk) begin
    a <= busa[0  + : 8];        //a = busa[7:0] = 8'h10
    b <= busa[15 - : 8];        //b = busa[15:8] = 8'h32
    c <= busb[24 + : 8];        //c = busb[24:31] = 8'hef
    d <= busb[23 - : 8];        //d = busb[16:23] = 8'hcd
    e <= busa[8 * sel + : 4];   //e = busa[19:16] = 4'h4
end
endmodule
```

在定义向量时可使用 vectored 和 scalared 关键字。如果使用关键字 vectored,表示该向量不允许进行位选和段选,只能作为一个统一的整体进行操作; 如果使用关键字 scalared,则允许对该向量位选和段选。比如:

```
tri1 scalared [63:0] bus64;        //scalared 向量
tri vectored [31:0] data;          //vectored 向量
```

凡没有注明 vectored 关键字的向量都默认为 scalared 向量,可对其进行位选和段选。

4.8　数组

数组(Arrays)由元素(element)构成,元素可以是标量,也可以是向量。例如:

```
reg x[11:0];                       //x 是数组,其元素为 reg 标量,共 12 个元素
wire [0:7] y[5:0];                 //y 是数组,其元素为 8 位宽 wire 型向量
reg [31:0] v [127:0];              //v 是数组,其元素为 32 位宽 reg 型向量
```

1. 数 组

数组的元素可以是 net 数据类型; 也可以是 variables 数据类型(包括 reg、integer、time、real、realtime)。

数组可以是多维的,每个维度用地址范围表示,地址范围用整数常量(正整数、负整数或者 0)表示,也可以用变量表示。

以下是数组定义的例子:

```
reg arrayb[7:0][0:255];            //二维(8×256)数组,其元素为 1 位 reg 标量
wire w_array[7:0][5:0];            //二维(8×6)数组,其元素为 1 位 wire 标量
integer inta[1:64];                //由 64 个 integer 型变量构成的数组
time chng_hist[1:1000]             //由 1000 个 time 型变量构成的数组
integer t_index;                   //定义 1 个 integer 型变量作为数组元素的索引
```

2. 存 储 器

元素为 reg 类型的一维数组也称存储器。存储器可用于建模只读存储器、随机存取存储器。例如:

```
reg[7:0] mema[0:255];              //256×8 位的存储器,地址索引为 0～255
```

3. 数组的赋值

数组不能整体赋值,每次只能对数组的一个元素进行赋值,每个元素都用一个索引号寻址,对元素进行位选和段选及赋值操作也是允许的。

以下是数组赋值的例子(数组在前面已做了定义):

数组不能整体赋值,每次只能对数组的一个元素进行赋值,每个元素使用一个索引号寻址,对元素进行位选和段选及赋值操作也是允许的。

以下是数组赋值的例子(前面已定义了数组):

```
mema[1] = 0;                          //合法,mema 的第 2 个元素赋值为 0
arrayb[1][0] = 0;                     //合法,元素 arrayb[1][0]赋值为 0
inta[4] = 33559;                      //合法赋值
mema = 0;                             //非法,数组不能整体赋值
arrayb[1] = 0;                        //非法,arrayb[1]包含 256 个元素[1][0]～[1][255]
arrayb[1][12:31] = 0;                 //非法,arrayb[1][12:31]包含 20 个元素[1][12]～[1][31]
```

注意:需要注意定义向量(寄存器)和存储器的区别。例如:

```
reg[1:8] regb;                        //定义了一个 8 位的向量(寄存器)
reg memb[1:8];                        //定义了一个包含 8 个元素,每个元素字长为 1 的存储器
```

在赋值时,两者也有区别:

```
regb[2] = 1'b1;                       //对寄存器 regb 的第 2 位赋值 1,合法
memb[2] = 1'b1;                       //对存储器 memb 的第 2 个元素赋值 1,合法
regb = 8'b01011000;                   //对寄存器 regb 整体赋值,合法
memb = 8'b01011000;                   //非法,不允许对存储器的多个元素一次性赋值
```

4.9 参数

参数属于常量,它只能被声明(赋值)一次。通过使用参数,可以提高 Verilog 代码的可读性、可复用性和可维护性。

4.9.1 parameter 参数

parameter 参数声明的格式如下。

parameter [signed] [range] 参数名 1 = 表达式 1,参数名 2 = 表达式 2,…;

参数可以有符号,可指定范围(位宽),还可指定数据类型。

注意:建议编写代码时参数名用大写字母表示,而标识符、变量等一律用小写字母表示。

parameter 参数的典型用途是指定变量的延时和宽度。参数值在模块运行时不可以修改,但在编译时可以修改,可以用 defparam 语句或模块例化语句修改参数值。

以下是 parameter 参数声明的示例。

```
parameter msb = 7;
parameter e = 25, f = 9;                        //定义两个参数
parameter r = 5.7;                              //r 为实数型参数
parameter byte_size = 8, byte_mask = byte_size - 1;
parameter average_delay = (r + f)/2;
parameter signed[3:0] mux_sel = 0;              //有符号参数
parameter real r1 = 3.5e17;                     //r1 为实数型参数
parameter p1 = 13'h7e;
parameter newconst = 3'h4;                      //隐含的范围为[2:0]
parameter newconst = 4;                         //隐含的范围为[31:0]
```

Verilog-2001 改进了端口的声明语句,采用♯(参数声明语句 1,参数声明语句 2,...) 的形式定义参数,同时允许将端口声明和数据类型声明放在同一条语句中。Verilog-2001 标准的模块声明语句如下。

```
module 模块名
    #(参数名 1, 参数名 2,...)
    (端口声明 端口名 1, 端口名 2,...);
```

例 4.15 采用参数定义加法操作数的位宽,使用 Verilog-2001 的声明格式。

例 4.15 采用参数定义加法器操作数的位宽。

```
module add_w                          //模块声明采用 Verilog - 2001 格式
  #(parameter MSB = 15, LSB = 0)      //参数声明,注意句末没有分号
  (input[MSB:LSB] a, b,
   output[MSB + 1:LSB] sum);
assign sum = a + b;
endmodule
```

例 4.16 中的 8 位 Johnson 计数器也使用了参数,Johnson 计数器又称扭环形计数器,是一种用 n 个触发器产生 $2n$ 个计数状态的计数器,且相邻两个状态间只有 1 位不同;其移位规则是将最高有效位取反后从最低位移入。例 4.3 中的计数器位宽为 8 位,由 8 个触发器构成,故其模是 $2n$,即 16。

例 4.16 采用参数声明的 Johnson 计数器。

```
module johnson_w                      //模块声明采用 Verilog - 2001 格式
  #(parameter WIDTH = 8)              //参数声明
  (input clk, clr,
   output reg[WIDTH - 1 :0] qout);
always @(posedge clk, posedge clr)
begin   if(clr)   qout < = 0;
        else   begin qout < = qout << 1;
               qout[0]< = ～qout[WIDTH - 1];   end
end
endmodule
```

例 4.17 是 4 位格雷码计数器的示例。

例 4.17 4 位格雷码计数器。

```
module graycnt   #(parameter WIDTH = 4)
   (output reg[WIDTH - 1:0]  graycount,     //格雷码输出信号
    input wire   enable, clear, clk);        //使能、清零、时钟信号
reg [WIDTH - 1:0]   bincount;
always @(posedge clk)
    if(clear) begin
    bincount < = {WIDTH{1'b 0}} + 1;
    graycount < = {WIDTH{1'b 0}};
    end
    else if(enable) begin
      bincount < = bincount + 1;
      graycount < = {bincount[WIDTH - 1],
      bincount[WIDTH - 2:0] ^ bincount[WIDTH - 1:1]};
```

```
        end
endmodule
```

例 4.17 的仿真波形如图 4.12 所示,其输出为格雷码形式,相邻码字只有 1 个位变化。

图 4.12 4 位格雷码计数器的仿真波形

4.9.2 localparam 局部参数

Verilog 还有一个关键字 localparam,用于定义局部参数。局部参数与参数的不同包括如下两点。

(1) 用 localparam 定义的参数不能通过 defparam 语句修改参数值。

(2) 用 localparam 定义的参数不能通过模块实例化(参数传递)改变参数值。

可将一个包含 parameter 参数的常量表达式赋值给局部参数,这样就可以用 defparam 语句或模块例化来修改局部参数的赋值了。示例如下。

```
parameter WIDTH = 8;                    //parameter 参数定义
localparam MSB = 2 * WIDTH + 1;         //localparam 参数定义
```

下面的示例定义了 FIFO 模块,也采用包含 parameter 参数的常量表达式来定义 localparam 局部参数,这样用 defparam 语句或模块实例化改变 parameter 的值,局部参数的值也会随之更新。

```
module generic_fifo
   #(parameter MSB = 3, LSB = 0, DEPTH = 4)     //定义 parameter 参数
    (input[MSB:LSB] in,
     input clk, read, write, reset,
     output[MSB:LSB] out,
     output full, empty);
localparam FIFO_MSB = DEPTH * MSB;
localparam FIFO_LSB = LSB;                       //局部参数
reg [FIFO_MSB:FIFO_LSB] fifo;
reg [LOG2(DEPTH):0] depth;
always @(posedge clk or reset) begin
   casex({read,write,reset})
   //fifo 实现(略)
   endcase end
endmodule
```

在例 4.18 中,采用 localparam 语句定义一个局部参数 HSB＝MSB＋1,该代码的功能与例 4.6 中的功能相同。

例 4.18 采用局部参数 localparam 的加法器。

```
module add_local
  # (parameter MSB = 15, LSB = 0)           //parameter 参数定义
    (input[MSB:LSB] a, b,
     output[HSB:LSB] sum);
  localparam HSB = MSB + 1;                  //localparam 参数定义
  assign sum = a + b;
endmodule
```

4.9.3　specparam 参数

关键字 specparam 声明了一种特殊类型的参数,仅用于提供时序和延时值,除了不能赋值给 parameter 参数,它可以出现在一个模块的任何位置。specparam 指定的参数,其声明必须先于其使用。与其他参数不同的是,specparam 指定的参数不能在模块中通过例化或者参数传递进行修改,唯一可以修改参数的方法是通过 SDF 反标注释修改。

specparam 参数可在模块(module)内或 specify 块内进行声明,下面是在 specify 块内声明 specparam 参数的示例。

```
specify
specparam tRise_clk_q = 150, tFall_clk_q = 200;
specparam tRise_control = 40, tFall_control = 50;
endspecify
```

也可在模块内声明 specparam 参数,示例如下。

```
module RAM16GEN
    (output [7:0] DOUT, input [7:0] DIN,
    input [5:0] ADR, input WE, CE);
specparam dhold = 1.0;                        //specparam 参数声明
specparam ddly = 1.0;
parameter width = 1;                          //parameter 参数定义
parameter regsize = dhold + 1.0;
    //非法,不能把 specparam 指定的参数赋给 parameter 参数
endmodule
```

parameter 参数、localparam 参数和 specparam 参数的区别如表 4.5 所示。

表 4.5　parameter 参数、localparam 参数和 specparam 参数的区别

parameter 参数	localparam 参数	specparam 参数
在 specify 块外、module 中声明	在 specify 块外、module 中声明	在 module 中或 specify 块中声明
不能在 specify 块中使用	不能在 specify 块中使用	在 module 中或 specify 块中使用
不能被 specparam 参数赋值	可用 parameter 参数赋值	可通过 specparam 或 parameter 参数赋值
常用于模块间参数传递,在本模块中定义	不可直接进行参数传递,在本模块中定义	常用于时序检查和时序约束,在本模块中定义,用于 specify 块
通过 defparam 或模块例化修改参数值	通过 parameter 修改参数值	通过 SDF 反标方式修改参数值
不能指定参数的取值范围	不能指定参数的取值范围	specparam 参数定义时,可指定参数的取值范围,但指定参数范围后参数值不能修改

4.9.4　参数值修改

1．通过defparam语句修改

通过defparam语句进行修改,但通过该语句仅能修改parameter参数值。

2．通过模块例化修改(参数传递)

通过模块例化修改参数值,或称为参数传递,此种方法仅适用于parameter参数,localparam参数只能通过parameter参数间接地修改。

在多层次结构的设计中,通过高层模块对下层模块的例化,用parameter的参数传递功能可更改下层模块的规模(尺寸)。

参数的传递包括以下3种实现方式。

(1)按列表顺序进行参数传递:参数重载的顺序必须与参数在原定义模块中声明的顺序相同,并且不能跳过任何参数。

(2)用参数名进行参数传递:这种方式允许在线参数值按照任意顺序排列。

(3)模块例化时用defparam语句显式重载。

有关模块例化和参数传递,7.2节有更详细的介绍。

3．通过SDF反标的方式修改

specparam参数只能通过SDF反标的方式修改。

注意,如果模块中参数的值取决于另一个参数,但在顶层通过defparam对该参数进行了修改,那么参数的最终值取决于defparam执行后赋予的值,不受其他参数的影响。

4.10　操作符

Verilog HDL的操作符与C语言的操作符相似,如果按功能划分,包括以下10类。

(1)算术操作符。

(2)逻辑操作符。

(3)关系操作符。

(4)等式操作符。

(5)缩减操作符。

(6)条件操作符。

(7)位操作符。

(8)移位操作符。

(9)指数操作符。

(10)拼接操作符。

如果按操作符所带操作数的个数来划分,可分为以下3类。

(1)单目操作符:操作符只带一个操作数。

(2)双目操作符:操作符可带两个操作数。

(3)三目操作符:操作符可带三个操作数。

4.10.1　算术操作符

算术操作符属于双目操作符(有时也可用作单目操作符),包括:

```
a + b                              //a 加 b
a − b                              //a 减 b
a * b                              //a 乘 b
a / b                              //a 除 b
a % b                              //取模(求余)
a ** b                             //a 的 b 次幂
```

整数的除法运算是将结果的小数部分丢弃,只保留整数部分。例如:

```
integer inta;
inta =  − 12 / 3;                  //结果为 − 4
inta =  − 'd 12 / 3;               //结果为 1431655761
inta =  − 'sd 12 / 3;              //结果为 − 4
inta =  − 4'sd 12 / 3;             //结果为 1,4'sd12 = − 4, − ( − 4) = 4
```

除法和取模操作符,如果第 2 个操作数为 0,则结果为 x;取模操作的结果是采用第 1 个操作数的符号。

算术操作符的操作数中任意位值是 x 或 z,则整个结果为 x。

以下是取模和幂运算的一些例子。

```
10    %  3                         //结果为 1
12    %  3                         //结果为 0
 − 10 %  3                         //结果为 − 1(结果的符号与第 1 个操作数相同)
11 %  − 3                          //结果为 2(结果的符号与第 1 个操作数相同)
 − 4'd12 %  3                      //结果为 1
3 ** 2                             //结果为 9
2 ** 3                             //结果为 8
2 ** 0                             //结果为 1
0 ** 0                             //结果为 1
2.0 ** − 3'sb1                     //结果为 0.5
2 ** − 3 'sb1                      //结果为 0,2 ** − 1 = 1/2,整数除法结果保留整数为 0
0 ** − 1                           //结果为'bx,0 ** − 1 = 1/0,结果为'bx
9 ** 0.5                           //结果为 3.0,实数平方根运算
9.0 ** (1/2)                       //结果为 1.0,1/2 整数除法结果为 0,9.0 ** 0 = 1.0
 − 3.0 ** 2.0                      //结果为 9.0
```

算术操作符对 integer、time、reg、net 等数据类型变量的处理方式如表 4.6 所示,将 reg、net 型变量视为无符号数,如果 reg、net 变量已显式声明为有符号数,则按有符号数处理,并以补码形式表示。

表 4.6　算术操作符对各种数据类型变量的处理方式

数 据 类 型	说　明	数 据 类 型	说　明
net	无符号数	integer	有符号,补码形式
signed net	有符号,补码形式	time	无符号数
reg	无符号数	real,realtime	有符号,浮点数
signed reg	有符号,补码形式		

比如,下面的例子显示了不同数据类型的变量除以 3 的结果。

```
integer intA;
reg [15:0] regA;
```

```
reg signed [15:0] regS;
intA  =  - 4'd12;
regA  =  intA / 3;              //表达式值为 - 4,intA 为 integer 型,regA = 65532
regA  =  - 4'd12;              //regA = 16'b1111_1111_1111_0100 = 65524
intA  =  regA / 3;             //intA = 21841
intA  =  - 4'd12 / 3;          //intA = 1431655761,是一个 32 位的 reg 型数据
regA  =  - 12 / 3;            //表达式值为 - 4,regA = 65532
regS  =  - 12 / 3;            //表达式值为 - 4,regS 是有符号 reg 型
regS  =  - 4'sd12 / 3;        //结果为 1, - 4'sd12 实际为 4,4/3 == 1
```

4.10.2　关系操作符

关系操作符包含如下 4 种。

```
a < b                         //a 小于 b
a > b                         //a 大于 b
a <= b                        //a 小于或等于 b
a >= b                        //a 大于或等于 b
```

其中,"<="操作符还表示一种赋值操作(非阻塞过程赋值)。

使用关系操作符的表达式,若声明的关系为假,则生成逻辑值 0;若声明的关系为真,则生成逻辑值 1;如果关系操作符的任一操作数包含不定值(x)或高阻值(z),则结果为不定值(x)。

当关系表达式的操作数(两个或其中之一)为无符号数时,该表达式应按无符号数进行比较;如果两个操作数位宽不等,则较短的操作数高位应补 0。当两个操作数都有符号时,表达式应按有符号数进行比较;如果操作数的位宽不等,则较短的操作数应用符号位扩展。

关系操作符的优先级低于算术操作符,以下示例说明了此优先级的不同。

```
a <  foo - 1
a < (foo - 1)                 //上面两个表达式的结果相同
foo - (1 < a)                 //先计算关系表达式,然后从 foo 中减去 0 或 1
foo - 1  < a                  //foo 减 1 后与 a 进行比较,与上面表达式不同
```

4.10.3　等式操作符

等式操作符包括相等操作符(==)、不相等操作符(!=)、全等操作符(===)和不全等操作符(!==)共 4 种。在表达式中使用等式操作符的示例如下。

```
a === b                       //全等操作符,a 与 b 全等(需各位相同,包括为 x 和 z 的位)
a !== b                       //a 与 b 不全等
a == b                        //相等操作符,a 等于 b(结果可以是 x)
a != b                        //a 不等于 b(结果可以是 x)
```

这 4 种操作符都属于双目操作符,得到的结果是 1 位的逻辑值:得到 1,表示声明的关系为真;得到 0,表示声明的关系为假。

相等操作符(==)和全等操作符(===)的区别如下。参与比较的两个操作数必须逐位相等,比较的结果才为 1;如果某些位是不定态或高阻值,则比较得到的结果是不定值 x;而全等比较(===)是对这些不定态或高阻值的位也进行比较,两个操作数必

须完全一致,其结果才为 1,否则结果为 0。

相等操作符(＝＝)和全等操作符(＝＝＝)的真值表如表 4.7 所示。

表 4.7　相等操作符(＝＝)和全等操作符(＝＝＝)的真值表

＝＝	0	1	x	z	＝＝＝	0	1	x	z
0	1	0	x	x	0	1	0	0	0
1	0	1	x	x	1	0	1	0	0
x	x	x	x	x	x	0	0	1	0
z	x	x	x	x	z	0	0	0	1

例如,寄存器变量 a＝5'b11x01,b＝5'b11x01,则"a＝＝b"得到的结果为不定值 x,而"a＝＝＝b"得到的结果为逻辑 1。

4.10.4　逻辑操作符

逻辑操作符包括:

(1) && 　　 逻辑与

(2) || 　　 逻辑或

(3) ! 　　 逻辑非

逻辑操作符的操作结果是 1 位的:逻辑 1、逻辑 0 或不定值 x。

逻辑操作符的操作数可以是 1 位的,也可以不止 1 位,若操作数不止 1 位,则应将其作为一个整体对待,如为全 0,则相当于逻辑 0,不为全 0,则应视为逻辑 1。

假如 reg 型变量 alpha 的值为 237,beta 的值为零,则

```
regA = alpha && beta;          //regA 的值为 0
regB = alpha || beta;          //regB 的值为 1
```

逻辑操作符的优先级为!最高,&& 次之,||最低,其优先级低于关系和等式操作符,比如,下面两个表达式的结果是一样的,但推荐使用带括号的形式。

```
a < size - 1 && b != c && index != lastone
(a < size - 1) && (b != c) && (index != lastone)
```

下面两个表达式是等效的,但推荐使用第一种表达形式。

```
if (!inword)
if (inword == 0)
```

4.10.5　位操作符

位操作符包括:

(1) ～ 　　 按位取反

(2) & 　　 按位与

(3) | 　　 按位或

(4) ^ 　　 按位异或

(5) ^～ ,～^ 按位同或(符号^～与～^是等价的)

按位与、按位或、按位异或的真值表如表 4.8 所示。

表 4.8 按位与、按位或、按位异或的真值表

&	0	1	x(z)	|	0	1	x(z)	^	0	1	x(z)
0	0	0	0	0	0	1	x	0	0	1	x
1	0	1	x	1	1	1	1	1	1	0	x
x(z)	0	x	x	x(z)	x	1	x	x(z)	x	x	x

例如,A=5'b11001,B=5'b10101,则有

```
~A = 5'b00110; A&B = 5'b10001; A|B = 5'b11101; A^B = 5'b01100;
```

注意,两个不同长度的数据进行位运算时,会自动将两个操作数按右端对齐,位数少的操作数高位会用 0 补齐。

4.10.6 缩减操作符

缩减操作符是单目操作符,包括:

(1)   &   与

(2) ~ &   与非

(3) | 或

(4) ~| 或非

(5) ^   异或

(6) ^~ , ~^   同或

缩减操作符与位操作符的逻辑运算法则一样,但缩减运算是对单个操作数进行与、或、非递推运算,它放在操作数的前面。缩减操作符可将一个矢量缩减为一个标量。例如:

```
reg[3:0] a;
b = &a;        //等效于 b = ((a[0]&a[1])&a[2])&a[3];
```

表 4.9 是缩减操作符运算的例子,用 4 个操作数的缩减运算结果说明缩减操作符的用法。

表 4.9 缩减操作符运算举例

操作数	&	~&	|	~|	^	~^	说　明
4'b0000	0	1	0	1	0	1	操作数为全 0
4'b1111	1	0	1	0	0	1	操作数为全 1
4'b0110	0	1	1	0	0	1	操作数中有偶数个 1
4'b1000	0	1	1	0	1	0	操作数中有奇数个 1

4.10.7 移位操作符

移位操作符包括:

(1) >>   逻辑右移

(2) <<   逻辑左移

(3) >>>   算术右移

(4) <<<   算术左移

移位操作符包括逻辑移位操作符(＞＞和＜＜)和算术移位操作符(＜＜＜和＞＞＞)。其用法如下：

```
A >> n   或   A << n
```

表示把操作数 A(左侧的操作数)右移或左移 n 位,其中 n 只能为无符号数,如果 n 的值为 x 或 z,则移位操作的结果只能是 x。

对于逻辑移位(＞＞和＜＜),均用 0 填充移出的位。

对于算术移位,算术左移(＜＜＜)也是用 0 填充移出的位;算术右移(＞＞＞),如果左侧的操作数(A)为无符号数,则用 0 填充移出的位,如果左侧的操作数为有符号数,则移出的空位全部用符号位填充。

下例中,变量 result 最终变为 0100,即将 0001 左移 2 位,空位补 0。

```
module shift;
reg [3:0] start, result;
initial begin
   start = 1;
   result = (start << 2);              //result = 0100
end
endmodule
```

下例中,变量 result 最终变为 1110,即将 1000 右移 2 位,移出的空位填充符号位 1。

```
module ashift;
reg signed [3:0] start, result;       //start, result 为有符号数
initial begin
   start = 4'b1000;
   result = (start >>> 2);            //result = 1110
end
endmodule
```

假如变量 a = 8'b10100011,那么执行逻辑右移和算术右移后的结果如下。

```
a >> 3;                               //逻辑右移后,a 变为 8'b00010100
a >>> 3;                              //算术右移后,a 变为 8'b11110100
```

移位操作可用于实现某些指数操作。例如,若 A = 8'b0000_0100,则 $A * 2^3$ 可用移位操作实现：

```
A << 3                               //执行后,A 的值变为 8'b0010_0000
```

下例对有符号数的逻辑移位和算术移位进行了仿真。

例 4.19　有符号数的逻辑移位和算术移位示例。

```
module shift_tb / ** /;
reg signed[7:0]a,b;
initial  begin
   a = 8'b1000_0010;
   b = 8'b1000_0010;
```

```
    $ display("a              = 1000_0010 = % d",a);
    $ display("b              = 1000_0010 = % d",b);
 #10
    a = a >> 3;
    b = b >>> 3;
    $ display("a = a >> 3     = % b = % d",a,a);
    $ display("b = b >>> 3    = % b = % d",b,b);
 #10
    a = a << 3;
    b = b <<< 3;
    $ display("a = a << 3     = % b = % d",a,a);
    $ display("b = b <<< 3    = % b = % d",b,b);   end
endmodule
```

上例用 ModelSim 运行,TCL 打印窗口输出如下,对照上面的代码,可对有符号数的逻辑移位和算术移位认识更为清晰。

```
 #   a           = 1000_0010 =  - 126
 #   b           = 1000_0010 =  - 126
 #   a = a >> 3  = 00010000  =   16
 #   b = b >>> 3 = 11110000  =  - 16
 #   a = a << 3  = 10000000  =  - 128
 #   b = b <<< 3 = 10000000  =  - 128
```

4.10.8　指数操作符

指数操作符为 ** 。执行指数运算,一般使用较多的是底数为 2 的指数运算,如 2^n。例如:

```
parameter WIDTH = 16;
parameter DEPTH = 8;
reg[ WIDTH - 1:0] mem [0:(2 ** DEPTH) - 1];
//存储器的深度用指数运算定义,该存储器位宽为 16,容量(深度)为 $2^8$(256)个单元
```

4.10.9　条件操作符

条件操作符为? :。这是一个三目操作符,对 3 个操作数进行判断和处理,其用法如下。

```
信号 = 条件?表达式 1 :表达式 2;
```

当条件成立(为 1)时,信号取表达式 1 的值;当条件不成立(为 0)时,取表达式 2 的值。以下用三态输出总线的例子说明条件操作符的用法。

```
wire [7:0] busa = drive ? data : 8'bz;
   //当 drive 为 1 时,data 数据被驱动到总线 busa 上;当 drive 为 0 时,busa 为高阻态(z)
```

4.10.10　拼接操作符

拼接操作符为{ }。该操作符将两个或多个信号的某些位拼接起来。例如:

```
{a, b[3:0], w, 3'b101}
{4{w}}                          //等同于{w, w, w, w}
{b, {3{a, b}}}                  //等同于{b, a, b, a, b, a, b}
res = {b, b[2:0], 2'b01, b[3], 2{a}};
```

再如：

```
parameter P = 32;
assign b[31:0] = { {32 - P{1'b1}}, a[P-1:0] };
```

可用拼接进行移位操作，例如，假定 a 的宽度是 8 位，则

```
f = a*4 + a/8;
f = {a[5:0],2b'00} + {3b'000,a[7:3]};        //用拼接操作符通过移位操作实现上面的运算
```

4.10.11 操作符的优先级

操作符的优先级如表 4.10 所示。不同的综合开发工具在执行这些优先级时可能有微小的差别，因此在书写程序时建议用括号控制运算的优先级，这样能有效避免错误，同时增强程序的可读性。

表 4.10 操作符的优先级

类　别	运　算　符	优　先　级
单目操作符（包括正负号、非逻辑操作符、缩减操作符）	＋　－　！　～　＆　～＆　｜　～｜　＾　～＾　＾～	高优先级
指数操作符	**	
算术操作符	*　/　%	
	＋　－	
移位操作符	＜＜　＞＞　＜＜＜　＞＞＞	
关系操作符	＜　＜＝　＞　＞＝	
等式操作符	＝＝　！＝　＝＝＝　！＝＝	
位操作符	＆	
	＾　＾～　～＾	
	｜	
逻辑操作符	＆＆	
	｜｜	
条件操作符	?:	
拼接操作符	{}　{{}}	低优先级

习题 4

4-1　用 Verilog 设计一个 8 位二进制加法计数器，带异步复位端口，进行综合和仿真。

4-2　用 Verilog 描述带同步置 0/同步置 1（低电平有效）端口的 D 触发器，进行综合和仿真。

4-3　用 Verilog 设计模 60 的 8421 码计数器,进行综合和仿真。

4-4　下列标识符哪些是合法的? 哪些是错误的?

Cout,8sum,\a * b,_data,\wait,initial,$ latch

4-5　下列数字的表示是否正确?

6'd18,'Bx0,5'b0x110,'da30,10'd2,'hzF

4-6　Verilog HDL 的数据类型有哪些? 其物理意义是什么?

4-7　reg 型变量的初始值一般是什么?

4-8　能否对 reg 型变量用 assign 语句进行连续赋值操作?

4-9　用 Verilog 定义如下变量和常量:

(1) 定义一个名为 count 的整数;

(2) 定义一个名为 ABUS 的 8 位 wire 总线;

(3) 定义一个名为 address 的 16 位 reg 型变量,并将该变量赋值为十进制数 128;

(4) 定义一个名为 sign_reg8 的 8 位带符号 reg 型向量;

(5) 定义参数 DELAY,参数值为 8;

(6) 定义一个名为 delay_time 的时间变量;

(7) 定义一个容量为 128 位、字长为 32 位的存储器 MYMEM;

(8) 定义一个二维(8×16)数组,其元素为 8 位 wire 型向量。

4-10　能否对存储器进行位选择和域选择?

4-11　参数在设计中有什么用处? 参数传递的方式有哪些?

4-12　在 Verilog 的操作符中,哪些操作符的结果是 1 位的?

4-13　等式操作符包括相等操作符和全等操作符,假如 a=4'b11xz,b=4'b11xz,c=4'b1110,d=4'b1101,则表达式 a==b 的结果是逻辑值(　　),表达式 a===b 的结果是逻辑值(　　),a==c 的结果是逻辑值(　　),c==d 的结果是逻辑值(　　),c!==d 的结果是逻辑值(　　)。

4-14　以下是一个索引段选的例子。

```
reg[31:0] big_vect;
big_vect[0 + :8]
```

将 big_vect[0 + :8]表示为常数段选的形式,应该如何表示?

4-15　实现 4 位二进制数和 8 位二进制数的乘法操作,其结果位宽至少需要多少位?

4-16　设计一个逻辑运算电路,该电路能对输入的两个 4 位二进制数进行与非、或非、异或、同或 4 种逻辑运算,并用一个 2 位的控制信号来选择功能。

4-17　使用关系操作符描述一个比较器电路,该比较器可对输入的两个 8 位二进制无符号数 a 和 b 进行大小比较,设置 3 个输出端口,当 a 大于 b 时,la 端口为 1,其余端口为 0;当 a 小于 b 时,lb 端口为 1,其余端口为 0;当 a 等于 b 时,equ 端口为 1,其余端口为 0。

第 **5** 章

Verilog行为描述

Verilog 提供了行为描述能力,具有丰富的行为语句,适合描述复杂的时序关系,实现复杂逻辑功能的设计。

5.1 行为级建模

所谓行为级建模,或称行为描述,是对设计实体的数学模型的描述,其抽象程度高于结构描述。行为描述类似于高级编程语言,当描述一个设计实体的行为时,无须知道其内部电路构成,只需描述清楚输入与输出信号的行为。

Verilog HDL 行为级建模是基于过程实现的,过程包含以下 4 种。

(1) initial

(2) always

(3) task

(4) function

用 initial 过程和 always 过程实现行为级建模,每个 initial 过程块和 always 过程块都执行一个行为流,initial 过程块中的语句只执行一次,always 过程则不断重复执行。例如:

```
module behave;
reg [1:0] a, b;
initial   begin   a = 'b1;   b = 'b0; end
always    begin   #50  a = ~a;   end
always    begin   #100 b = ~b;   end
endmodule
```

上例中,initial 语句为变量 a 和变量 b 分别赋初始值 1 和 0,之后 initial 语句不再执行;always 语句则重复执行 begin-end 块(也称顺序块),因此,每隔 50 个时间单位,变量 a 取反,每隔 100 个时间单位,变量 b 取反。

一个模块中可以包含多个 initial 语句和 always 语句,但两种语句不能嵌套使用。

5.1.1 always 过程语句

always 过程使用模板如下。

```
always @(<敏感信号列表 sensitivity list>)
begin
    //过程赋值
    //if – else,case 选择语句
    //while,repeat,for 循环语句
    //task,function 调用
end
```

always 过程语句通常带有触发条件,触发条件写在敏感信号表达式中,仅当触发条件满足时,其后的 begin-end 块语句才被执行。

在例 5.1 中,posedge clk 表示将时钟信号 clk 的上升沿作为触发条件,而 negedge clr 表示将 clr 信号的下降沿作为触发条件。

例 5.1 同步置数、异步清零的计数器。

```
module count(
    input load,clk,clr,
    input[7:0] data,
    output reg[7:0] out);
always @(posedge clk or negedge clr)          //clk 上升沿或 clr 下降沿触发
begin
    if(!clr)out <= 8'h00;                      //异步清零,低电平有效
    else if(load)   out <= data;               //同步预置
    else out <= out + 1;                        //计数
end
endmodule
```

注意:在例 5.1 中,clr 信号下降沿到来时清零,故低电平清零有效。如果需要高电平清零有效,则应将 clr 信号上升沿作为敏感信号:

```
always @(posedge clk or posedge clr)
                //clr 信号上升沿到来时清零,故高电平清零有效
```

过程体内的描述应与敏感信号列表在逻辑上一致,比如下面的描述是错误的:

```
always @(posedge clk or negedge clr)    begin
    if(clr) out <= 0;     //与敏感信号列表中 clr 下降沿触发矛盾,应改为 if(!clr)
    else out <= out + 1;    end
```

例 5.2 给出的是一个指令译码电路的示例,该例通过指令判断对输入数据执行相应的操作,包括加、减、求与、求或、求反,这是一个组合逻辑电路,如果采用 assign 语句描述,则表达比较烦琐。本例采用 always 过程和 case 语句表达,可使设计思路得到直观体现。

例 5.2 指令译码电路示例。

```
`define add      3'd0
`define minus    3'd1
`define band     3'd2
`define bor      3'd3
`define bnot     3'd4
module alu(
    input[2:0] opcode,                    //操作码
    input[7:0] a, b,                      //操作数
    output reg[7:0] out);
always@ *                                 //或写为 always@( * )
begin   case(opcode)
    `add:      out = a + b;               //加操作
    `minus:    out = a - b;               //减操作
    `band:     out = a&b;                 //按位与
    `bor:      out = a|b;                 //按位或
    `bnot:     out = ~a;                  //按位取反
```

```
       default:  out = 8'hx;                        //未收到指令时,输出不定态
       endcase  end
endmodule
```

5.1.2　initial 过程

initial 过程的使用格式如下。

```
initial
   begin
     语句 1;
     语句 2;
     …
   end
```

initial 语句不带触发条件,过程中的块语句沿时间轴只执行一次。

注意：initial 语句是可以综合的,只不过不能添加时序控制语句,因此作用有限,一般只用于变量的初始化。

下面的测试模块用 initial 语句完成对测试变量 a、b、c 的赋值。

```
`timescale 1ns/1ns
module test1;
reg a,b,c;
initial  begin  a = 0;b = 1;c = 0;
    #50   a = 1;b = 0;
    #50   a = 0;c = 1;
    #50   b = 1;
    #50   b = 0;c = 0;
    #50   $ finish;  end
endmodule
```

下面的代码用 initial 语句对 memory 存储器进行初始化,将所有存储单元的初始值都置为 0,存储器不能整体赋值,只能每个单元(元素)分别赋值。

```
initial  begin
    for(addr = 0;addr < size;addr = addr + 1)
    memory[addr] = 0;              //对 memory 存储器进行初始化
end
```

5.2　过程时序控制

Verilog HDL 提供了两种时序控制方法,用于激活过程语句的执行：延时控制(用♯表示)和事件控制(用@表示)。

5.2.1　延时控制

延时的表示方式如下。

```
# 10   rega = regb;                        //一般延时
rega =  # 10 regb;                        //内嵌延时
#d rega = regb;                           //用参数表示延时
# ((d + e)/2) rega = regb;                //用参数表示延时
```

例 5.3 中,使用了多种方式表示延时。

例 5.3 延时控制示例。

```
`timescale 1ns/1ns
module test;
reg a;
parameter DELY  = 10;                     //定义参数
initial   begin a = 0;                    //0ns,a = 0
    #5         a = 1;                      //5ns,a = 1,一般延时表示
    # DELY     a = 0;                      //15ns,a = 0,用参数表示延时
    # (DELY/2) a = 1;                      //20ns,a = 1
    a =  # 10   0;                         //30ns,a = 0,内嵌延时表示
    a =  # 5    1;                         //35ns,a = 1
    #10   $ finish;  end
endmodule
```

用 ModelSim 运行例 5.3,输出波形图如图 5.1 所示。

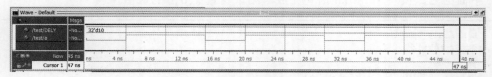

图 5.1 延时控制示例输出波形图

5.2.2 事件控制

在 Verilog HDL 中,事件是指某个 reg 型或 wire 型变量的值发生了变化。
事件控制可用如下格式表示。

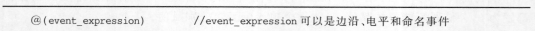

```
@ (event_expression)              //event_expression 可以是边沿、电平和命名事件
```

1. 一般事件控制

对于时序电路,事件通常是由时钟边沿触发的。为表达边沿这个概念,Verilog HDL 提供了 posedge 和 negedge 两个关键字。

关键字 posedge 是指从 0 到 X、Z、1,以及从 X、Z 到 1 的正跳变(上升沿); negedge 是指从 1 到 X、Z、0,以及从 X、Z 到 0 的负跳变(下降沿),如表 5.1 所示。

表 5.1 关键字 posedge 和 negedge 说明

posedge(正跳变)	negedge(负跳变)	posedge(正跳变)	negedge(负跳变)
0→X	1→X	X→1	X→0
0→Z	1→Z	Z→1	Z→0
0→1	1→0		

以下是边沿触发的示例。

@(posedge clock)	//当 clock 的上升沿到来时
@(negedge clock)	//当 clock 的下降沿到来时
@(posedge clk or negedge reset)	//当 clk 的上升沿或 reset 信号的下降沿到来时

对于组合电路,事件通常是输入变量的值发生了变化,可表示如下。

@(a)	//当信号 a 的值发生改变
@(a or b)	//当信号 a 或信号 b 的值发生改变

2. 命名事件

用户可以声明 event 类型的变量,并触发该变量,识别该事件是否发生。命名事件用关键字 event 声明,触发信号用"->"表示,见例 5.4。

例 5.4　命名事件触发。

```
`timescale 1ns/1ns
module tb_evt;
    event a_event;                    //声明 event 类型的变量
    event b_event;                    //声明 event 类型的变量
initial begin
    #20 -> a_event;
    #30 -> a_event;
    #50 -> a_event;
    #10 -> b_event;
end
always @(a_event) $ display ("T = % 0t [always] a_event is triggered", $ time);
initial begin
    #25 @(a_event) $ display ("T = % 0t [initial] a_event is triggered", $ time);
    #10 @(b_event) $ display ("T = % 0t [initial] b_event is triggered", $ time);
end
endmodule
```

用 ModelSim 运行例 5.4,输出如下。

```
# T = 20 [always] a_event is triggered
# T = 50 [always] a_event is triggered
# T = 50 [initial] a_event is triggered
# T = 100 [always] a_event is triggered
# T = 110 [initial] b_event is triggered
```

3. 敏感信号列表

当多个信号或事件中任一个发生变化都能触发语句的执行时,Verilog HDL 用关键字 or 连接多个事件或信号,这些事件或信号组成的列表称为"敏感列表",也可以用逗号","代替 or。示例如下。

always @(a, b, c, d, e)	//用逗号分隔敏感信号
always @(posedge clk, negedge rstn)	//用逗号分隔敏感信号
always @(a or b, c, d or e)	//or 和逗号混用,分隔敏感信号

在 RTL 的设计中,经常需要在敏感信号列表中列出所有的输入信号,Verilog-2001中,采用隐式事件表达式解决此问题,采用隐式事件表达式后,综合器会自动从过程块中读取所有的 net 和 variable 型输入变量并添加到事件表达式中,这也解决了容易漏写输入变量的问题。

隐式事件表达式可采用下面两种形式之一。

```
always @ *                        //形式 1
always @( * )                     //形式 2
```

比如:

```
always @( * )                     //等同于 @(a or b or c or d or f)
    y = (a & b) | (c & d) | myfunction(f);
always @ *                        //等同于 @(a or b or c or d or tmp1 or tmp2)
begin  tmp1 = a & b;
       tmp2 = c & d;
       y = tmp1 | tmp2;
end
```

4. 电平敏感事件控制

Verilog 还支持将电平作为敏感信号来控制时序,即后面语句的执行需要等待某个条件为真,并使用关键字 wait 表示这种电平敏感情况。示例如下。

```
begin
wait (!enable)  #10 a = b;
                #10 c = d;
end
```

如果 enable 的值为 1,则 wait 语句将延迟语句(#10 a = b;)的计算,直到 enable 的值变为 0。如果进入 begin-end 块时 enable 已经为 0,会立刻执行(#10 a = b;)语句。

5.3 过程赋值

过程赋值必须置于 always、initial、task 和 function 过程内,属于"激活"类型的赋值,用于为 reg、integer、time、real、realtime 和存储器等数据类型的对象赋值。

5.3.1 variable 型变量声明时赋值

在声明 variable 型变量时可以为其赋初值,可将其看作过程赋值的一种特殊情况,variable 型变量会保持该值,直到遇到对该变量的下一条赋值语句。数组不支持在声明时赋值。示例如下。

```
reg[3:0] a = 4'h4;
```

上面的语句等同于:

```
reg[3:0] a;
```

```
initial a = 4'h4;
```

以下是声明变量时赋值的一些示例。

```
integer i = 0, j;
real r1 = 2.5, n300k = 3E6;
time t1 = 25;
realtime rt1 = 2.5;
```

5.3.2　阻塞过程赋值

Verilog HDL 包含以下两种类型的过程赋值语句。

（1）阻塞过程赋值语句。

（2）非阻塞过程赋值语句。

阻塞过程赋值语句和非阻塞过程赋值语句在顺序块中指定不同的过程流。

阻塞过程赋值符号为"="（与连续赋值符号相同），示例如下。

```
b = a;
```

阻塞过程赋值在该语句结束时立即完成赋值操作，即 b 的值在该条语句结束后立刻改变。如果一个 begin-end 块中有多条阻塞过程赋值语句，那么在前面的赋值语句完成之前，后面的语句不能执行，仿佛被阻塞了一样，因此称为阻塞过程赋值。

阻塞过程赋值的示例如下。

```
rega = 0;
rega[3] = 1;                    //位选
rega[3:5] = 7;                  //段选
mema[address] = 8'hff;          //为存储器单元赋值
{carry, acc} = rega + regb;     //位拼接赋值
```

5.3.3　非阻塞过程赋值

非阻塞过程赋值的符号为"<="（与关系操作符中的小于或等于号相同）。

```
b <= a;
```

非阻塞过程赋值可以在同一时间为多个变量赋值，而无须考虑语句顺序或相互依赖性，非阻塞过程赋值语句是并发执行的（相互间无依赖关系），故其书写顺序对执行结果无影响。

例 5.5 是非阻塞过程赋值的示例。

例 5.5　非阻塞过程赋值的示例。

```
`timescale 1ns/1ns
module evaluate;
reg a, b, c;
initial begin   a = 0;b = 1;c = 0;   end
```

```
always c = #5  ~c;
always @(posedge c)  begin
   a <= b;
   b <= a;
#100 $finish;  end
endmodule
```

上例的执行结果如图 5.2 所示。

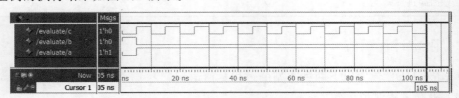

图 5.2 非阻塞过程赋值的执行结果

5.3.4 阻塞过程赋值与非阻塞过程赋值的区别

由例 5.6 可以看出阻塞过程赋值和非阻塞过程赋值的区别。

例 5.6 阻塞过程赋值和非阻塞过程赋值的区别。

```
`timescale 1ns/1ns
module non_block;
reg a, b, c, d, e, f;
initial begin                        //阻塞过程赋值
   a = #10 1;                         //在时刻 10,a 赋值为 1
   b = #6 0;                          //在时刻 16,b 赋值为 0
   c = #8 1;                          //在时刻 24,c 赋值为 1
end
initial begin                        //非阻塞过程赋值
   d <= #10 1;                        //在时刻 10,d 赋值为 1
   e <= #6 0;                         //在时刻 6, e 赋值为 0
   f <= #8 1;                         //在时刻 8, f 赋值为 1
#30 $finish;
end
endmodule
```

例 5.6 的执行结果如图 5.3 所示,可看出非阻塞过程赋值语句的执行均是从时刻 0 开始的,各语句的延时也是从时刻 0 开始计算的;而阻塞过程赋值各语句是按顺序执行的,各条语句的延时是从上条语句执行完开始计算的。

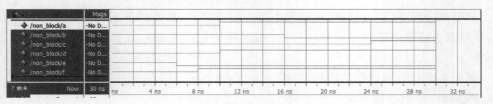

图 5.3 例 5.6 的执行结果

在如下代码中,一个 begin-end 块中同时存在阻塞过程赋值和非阻塞过程赋值。

```
module non_block1;
```

```
reg a, b;
initial begin
    a = 0;
    b = 1;
    a <= b;
    b <= a; end
initial begin   $ monitor ( $ time , ,"a = % b b = % b", a, b);
    #100 $ finish; end
endmodule
```

上面代码的执行结果如下。

```
a = 1
b = 0
```

根据阻塞过程赋值和非阻塞过程赋值的特点,得到这样的结果也不难理解。

例 5.7 显示了如何将 i[0] 的值赋给 r1,以及如何在每次延时后进行赋值操作。

例 5.7 非阻塞过程赋值。

```
module multiple;
reg r1;
reg [2:0] i;
initial   begin
    for ( i = 0; i <= 6; i = i + 1)
    r1 <=  # ( i * 10) i[0];                      //赋值给 r1,而不取消以前的赋值
end
endmodule
```

运行例 5.7 后,r1 的波形图如图 5.4 所示。

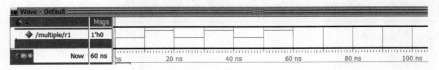

图 5.4   r1 的波形图

例 5.8 也说明了非阻塞过程赋值与阻塞过程赋值的区别。

例 5.8 非阻塞过程赋值与阻塞过程赋值的区别。

```
//非阻塞过程赋值模块
module non_block2(
    input clk,a,
    output reg c,b);
always @ (posedge clk)
    begin
    b <= a;
    c <= b;
    end
endmodule
```

```
//阻塞过程赋值模块
module block2(
    input clk,a,
    output reg c,b);
always @ (posedge clk)
    begin
    b = a;
    c = b;
    end
endmodule
```

将上面两段代码综合,结果分别如图 5.5 和图 5.6 所示。

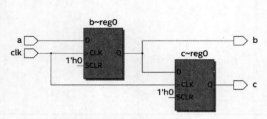

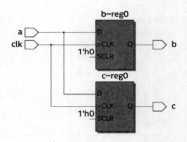

图 5.5 非阻塞过程赋值综合结果   图 5.6 阻塞过程赋值综合结果

5.4 过程连续赋值

过程连续赋值是在过程中对 net 和 variable 数据类型进行连续赋值。过程连续赋值语句比普通的过程赋值语句优先级更高,可以改写所有其他语句的赋值。过程连续赋值能连续驱动赋值对象,即过程连续赋值发生作用时,其右端表达式中任意操作数的变化都会引起过程连续赋值语句的重新执行和响应。

过程连续赋值主要有两种:assign 和 deassign;force 和 release。

5.4.1 assign 和 deassign

assign(过程连续赋值操作)与 deassign(取消过程连续赋值操作)的赋值对象只能是variable 型变量,不能是 net 型变量。

赋值过程中对 variable 型变量进行连续赋值,该值将保持到被重新赋值。

带异步复位和置位端的 D 触发器可以用 assign 与 deassign 描述,见例 5.9。

例 5.9 用 assign 与 deassign 描述带异步复位和置位端的 D 触发器。

```
module dff_assign(
    input d, clock,
    input clear, preset,
    output reg q);
always @(clear or preset)
    if(!clear)   assign q = 0;                 //assign 语句赋值 0
    else if(!preset)   assign q = 1;           //assign 语句赋值 1
    else   deassign q;                         //q 被 deassign 语句取消赋值
always @(posedge clock)
    q = d;
endmodule
```

上例中,当 clear 端或 preset 端为 0 时,通过 assign 语句分别对 q 端置 0、置 1,此时时钟边沿对 q 端输出不再产生影响;这一状态一直持续到 clear 端和 preset 端均不为 0 时,此时执行一条 deassign 释放语句,结束对 q 端的强行控制,正常的过程赋值语句又重新起作用。

注意:多数综合器不支持 assign 与 deassign,它们多用于仿真。

5.4.2 force 和 release

force(强制赋值)与 release(取消强制赋值)也是过程连续赋值语句,其使用方法和效果与 assign、deassign 类似,但赋值对象可以是 variable 型变量,也可以是 net 型变量。

因为是无条件强制赋值,多用于交互式调试过程,避免在设计模块中使用。

当 force 作用于 variable 型变量时,该变量当前值被覆盖;release 作用时该变量继续保持强制赋值的值,之后其值可被原有的过程赋值语句改变。

当 force 作用于 net 型变量时,该变量也会被强制赋值;一旦 release 作用于该变量,其值马上变为原值,具体见例 5.10。

例 5.10 用 force 与 release 赋值。

```
`timescale 1ns/1ns
module test_force;
reg a, b, c, d;
wire e;
and g1(e, a, b, c);
initial begin
$ monitor(" % d d = % b,e = % b", $ stime, d, e);
assign d = a & b & c;
      a = 1; b = 0; c = 1;
   #10; force d = (a | b | c);              //用 force 强制赋值
        force e = (a | b | c);
   #10; release d;                          //用 release 取消强制赋值
        release e;
   #10   $ finish;
end
endmodule
```

例 5.10 的运行结果如下。

```
0    d = 0,e = 0
10   d = 1,e = 1
20   d = 0,e = 0
```

5.5 块语句

块语句是由块标识符 begin-end 或 fork-join 界定的一组语句,当块语句只包含一条语句时,块标识符可省略。

5.5.1 begin-end 串行块

begin-end 串行块中的语句按串行方式顺序执行。例如:

```
begin
   regb = rega;
   regc = regb;
end
```

上面的语句最后将 regb、regc 的值都更新为 rega 的值。

仿真时,begin-end 串行块中每条语句前面的延时都是从前一条语句执行结束时计算的。例如,例 5.11 用 begin-end 串行块产生一段周期为 10 个时间单位的信号波形。

例 5.11 用 begin-end 串行块产生信号波形。

```
`timescale 10ns/1ns
module wave1;
parameter CYCLE = 10;
reg wave;
initial
begin            wave = 0;
    #(CYCLE/2)    wave = 1;
    #(CYCLE/2)    wave = 0;
    #(CYCLE/2)    wave = 1;
    #(CYCLE/2)    wave = 0;
    #(CYCLE/2)    wave = 1;
    #(CYCLE/2)    $ stop;
end
initial $ monitor( $ time,,,"wave = % b",wave);
endmodule
```

上例用 ModelSim 仿真后,波形如图 5.7 所示,信号周期为 10 个时间单位(100ns)。

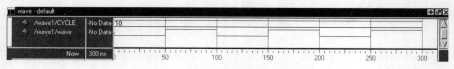

图 5.7 例 5.11 输出的波形

5.5.2 fork-join 并行块

fork-join 并行块中的所有语句都是并发执行的。示例如下。

```
fork
    regb = rega;
    regc = regb;
join
```

上面的块语句执行完后,regb 更新为 rega 的值,而 regc 的值更新为改变之前的 regb 的值,故执行后,regb 与 regc 的值是不同的。

仿真时,fork-join 并行块中每条语句前面的延时都是相对于该并行块的起始执行时间的,即起始时间对于块内所有的语句是相同的。要用 fork-join 并行块产生一段与例 5.11 相同的信号波形,应该像例 5.12 中一样标注延时。

例 5.12 用 fork-join 并行块产生信号波形。

```
`timescale 10ns/1ns
module wave2;
parameter CYCLE = 5;
reg wave;
initial
  fork            wave = 0;
    #(CYCLE)      wave = 1;
    #(2 * CYCLE)  wave = 0;
    #(3 * CYCLE)  wave = 1;
    #(4 * CYCLE)  wave = 0;
    #(5 * CYCLE)  wave = 1;
    #(6 * CYCLE)  $ stop;
```

```
join
initial $ monitor( $ time,,,"wave = % b",wave);
endmodule
```

上面的代码用 ModelSim 仿真后,可得到与图 5.7 相同的波形。

5.5.3 块命名

可以给块语句命名,只需将名字加在 begin、fork 关键字后面即可。

块命名的作用有如下几点。

(1)可在块内定义局部变量,该变量只在块内有效。

(2)可用 disable 语句终止该命名块的执行,并执行其后的语句。

(3)可通过层次路径名对命名块内的任一变量进行访问。

例如:

```
begin : break
for (i = 0; i < n; i = i + 1) begin : continue
@ clk
   if(a == 0) disable continue;          //终止 continue 循环
statements
@clk
   if(a == b) disable break;             //终止 break 循环
statements
end   end
```

再如:

```
module   tb;
initial
begin : block1          //名字为 block1 的顺序命名块
   integer n;           //n 是本地变量,可通过层次路径名 tb.block1.n 被其他模块访问
   ...   end
initial
fork : block2           //名字为 block2 的并行命名块
   reg n;               //n 是本地变量,可通过层次路径名 tb.block2.n 被其他模块访问
   ...
join
```

disable 语句提供了一种终止命名块执行的方法。例 5.13 是用 disable 语句终止命名块的示例,从寄存器的最低有效位开始寻找第一个值为 1 的位,找到该位后,用 disable 语句终止命名块的执行,并输出该比特位的位置。

例 5.13 用 disable 语句终止命名块的示例。

```
`timescale 1ns/1ns
module nameblock_tb;
reg [15:0] flag;
integer i;                 //用于计数的整数
initial  begin
  flag = 16'b 0001_0100_0000_0000;
  i = 0;
  begin: detect_1          //块命名为 detect_1
```

```
    while(i < 16)
      begin
      if(flag[i])                          //从 flag 寄存器的最低有效位开始寻找第一个值为 1 的位
      begin
        $ display("Detect a bit 1 at element number % d", i);
      disable detect_1;          //在寄存器中找到值为 1 的位,则终止 detect_1 命名块的执行
      end
      i = i + 1;
      end  end  end
endmodule
```

用 ModelSim 运行上例后,输出如下,表示在第 10 位处发现第一个值为 1 的位。

```
Detect a bit 1 at element number        10
```

5.6 条件语句

Verilog HDL 行为级建模有赖于行为语句,这些行为语句如表 5.2 所示。表中的过程语句、块语句、赋值语句前面已介绍,本节着重介绍条件语句。

表 5.2 Verilog HDL 的行为语句

类　　别	语　　　　句	可综合性
过程语句	initial	√
	always	√
	task, function	—
块语句	begin-end 串行块	√
	fork-join 并行块	—
赋值语句	连续赋值 assign	√
	过程赋值＝、<＝	√
	过程连续赋值: assign, deassign; force, release	—
条件语句	if-else	√
	case	√
循环语句	for	√
	repeat	—
	while	—
	forever	—

条件语句有 if-else 和 case 语句两种,都属于顺序语句,应放在过程语句内使用。

5.6.1 if-else 语句

if 语句的格式与 C 语言中 if-else 语句的格式类似,其使用方法有以下几种。

```
(1)if(表达式)        语句 1;                    //非完整性 if 语句
(2)if(表达式)        语句 1;                    //二重选择的 if 语句
    else            语句 2;
(3)if(表达式 1)      语句 1;                    //多重选择的 if 语句
    else if(表达式 2) 语句 2;
    else if(表达式 3) 语句 3;
```

```
...
    else if(表达式 n)   语句 n;
    else                 语句 n+1;
```

在上述方式中,表达式一般为逻辑表达式或关系表达式,也可能是 1 位的变量。系统对表达式的值进行判断,若为 0、x、z,则按"假"处理;若为 1,则按"真"处理,执行指定语句。语句可以是单句,也可以是多句,多句时用 begin-end 串行块语句括起来。if 语句也可以多重嵌套,对于 if 语句的嵌套,若不清楚 if 和 else 的匹配,最好用 begin-end 串行块语句括起来。

1. 二重选择的 if 语句

首先判断条件是否成立,如果 if 语句中的条件成立,那么程序会执行语句 1,否则执行语句 2。例如,例 5.14 展示了用二重选择 if 语句描述的三态非门。

例 5.14 用二重选择 if 语句描述的三态非门。

```
module tri_not(
    input x,oe,
    output reg y);
always @(x,oe)   begin
    if(!oe) y<=~x;
    else   y<=1'bZ;
    end
endmodule
```

2. 多重选择的 if 语句

例 5.15 是用多重选择 if 语句描述的 1 位二进制数比较器。

例 5.15 用多重选择 if 语句描述的 1 位二进制数比较器。

```
module compare(
    input a,b,
    output reg less,equ,big);
always @(a,b)    begin
    if(a>b) begin big<=1'b1;equ<=1'b0;less<=1'b0;end
    else if(a==b) begin equ<=1'b1;big<=1'b0;less<=1'b0;end
    else begin less<=1'b1;big<=1'b0;equ<=1'b0;end
end
endmodule
```

例 5.16 是用多重选择 if 语句实现的模 60 的 8421BCD 码加法计数器。

例 5.16 模 60 的 8421BCD 码加法计数器。

```
module count60bcd(
    input load,clk,reset,
    input[7:0] data,
    output reg[7:0] qout,
    output cout);
always @(posedge clk)   begin
    if(!reset)   qout<=0;                         //同步复位
    else if(load==1'b0) qout<=data;               //同步置数
    else if((qout[7:4] == 5)&&(qout[3:0] == 9))   qout<=0;
                                                  //计数达到 59 时,输出清零
```

```
    else if(qout[3:0] == 4'b1001)          //低位达到9时,低位清零,高位加1
      begin
      qout[3:0] <= 0;
      qout[7:4] <= qout[7:4] + 1; end
    else  begin                            //否则高位不变,低位加1
      qout[7:4] <= qout[7:4];
      qout[3:0] <= qout[3:0] + 1'b1; end
  end
assign cout = (qout == 8'h59)?1:0;          //产生进位输出信号
endmodule
```

例 5.17 是模 60 的加法计数器的 Test Bench 测试代码。

例 5.17 模 60 的 8421BCD 码加法计数器的 Test Bench 测试代码。

```
`timescale 1ns/1ns
module count60bcd_tb;
parameter PERIOD = 20;                    //定义时钟周期为20ns
reg clk, rst, load;
reg[7:0] data = 8'b01010100;              //置数端为54
wire[7:0] qout;
wire cout;
initial begin clk = 0;
    forever begin #(PERIOD/2) clk = ~clk; end
end
initial begin
    rst <= 0; load <= 1;                  //复位信号
    repeat(2) @(posedge clk);
    rst <= 1;
    repeat(5) @(negedge clk);
    load <= 0;                            //置数信号
    @(negedge clk);
    load <= 1;
    #(PERIOD * 100) $ stop;   end
count60bcd i1(.reset(rst), .clk(clk), .load(load),
            .data(data), .qout(qout), .cout(cout));
endmodule
```

在 ModelSim 中运行例 5.17,得到图 5.8 所示的仿真波形,表明功能正确。

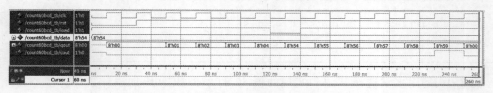

图 5.8 模 60 的 8421BCD 码加法计数器的仿真波形

3. 多重嵌套的 if 语句

if 语句可以嵌套,多用于描述具有复杂控制功能的逻辑电路。

多重嵌套的 if 语句的格式如下。

```
if(条件1)  语句1;
if(条件2)  语句2;
    …
```

5.6.2 case 语句

相对 if 语句只有两个分支而言,case 语句是一种多分支语句,故多用于多条件译码电路,如描述译码器、数据选择器、状态机及微处理器的指令译码等。

case 语句的使用格式如下。

```
case (敏感表达式)
    值 1:语句 1;                    //case 分支项
    值 2:语句 2;
        ⋮
    值 n:语句 n;
    default:语句 n + 1;
endcase
```

当敏感表达式的值为 1 时,执行语句 1;值为 2 时,执行语句 2;以此类推;若敏感表达式的值与上面列出的值都不相符,则执行 default 后面的语句 $n+1$。若前面已列出了敏感表达式所有可能的取值,则 default 语句可省略。

下例是用 case 语句描述的三人表决电路。

例 5.18 用 case 语句描述的三人表决电路。

```
module vote3(
    input a,b,c,
    output reg pass);
always @(a,b,c)  begin
    case({a,b,c})                                   //用 case 语句进行译码
    3'b000,3'b001,3'b010,3'b100: pass = 1'b0;       //表决未通过
    3'b011,3'b101,3'b110,3'b111: pass = 1'b1;       //表决通过
                                                    //注意多个选项间用逗号","连接

    default: pass = 1'b0;
    endcase
    end
endmodule
```

例 5.19 是用 case 语句编写的 BCD 码-7 段数码管译码电路,实现 4 位 8421 码到 7 段数码管显示译码的功能。7 段数码管由 7 个长条形的发光二极管组成的(一般用 a、b、c、d、e、f、g 分别表示 7 个发光二极管),用于显示字母、数字。图 5.9 是 7 段数码管的结构与共阴极、共阳极两种连接方式的示意图。假定采用共阴极连接方式,用 7 段数码管显示 0~9 十个数字,则相应译码电路的 Verilog 描述如例 5.19 所示。

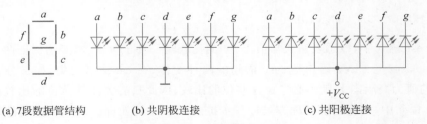

(a) 7段数据管结构   (b) 共阴极连接   (c) 共阳极连接

图 5.9 7 段数码管

例5.19 BCD 码-7 段数码管译码电路。

```
module decode4_7(
    input D3,D2,D1,D0,                        //输入的 4 位 BCD 码
    output reg a,b,c,d,e,f,g);
always @ *   begin                           //使用通配符
    case({D3,D2,D1,D0})                       //译码,共阴极连接
    4'd0:{a,b,c,d,e,f,g} = 7'b1111110;        //显示 0
    4'd1:{a,b,c,d,e,f,g} = 7'b0110000;        //显示 1
    4'd2:{a,b,c,d,e,f,g} = 7'b1101101;        //显示 2
    4'd3:{a,b,c,d,e,f,g} = 7'b1111001;        //显示 3
    4'd4:{a,b,c,d,e,f,g} = 7'b0110011;        //显示 4
    4'd5:{a,b,c,d,e,f,g} = 7'b1011011;        //显示 5
    4'd6:{a,b,c,d,e,f,g} = 7'b1011111;        //显示 6
    4'd7:{a,b,c,d,e,f,g} = 7'b1110000;        //显示 7
    4'd8:{a,b,c,d,e,f,g} = 7'b1111111;        //显示 8
    4'd9:{a,b,c,d,e,f,g} = 7'b1111011;        //显示 9
    default:{a,b,c,d,e,f,g} = 7'b1111110;     //其他均显示 0
    endcase
  end
endmodule
```

下例是用 case 语句描述的下降沿触发的 JK 触发器。

例5.20 带异步清零/异步置1(低电平有效)下降沿触发的 JK 触发器(74112)。

```
module jk_ff
    (input clk,j,k,pr,clr,
    output reg q,qn);
always @(negedge clk, negedge clr, negedge pr)   begin
    if(!pr) begin q <= 1'b1;qn <= 1'b0; end       //异步置 1
    else if(!clr)   begin q <= 1'b0;qn <= 1'b1; end //异步清零
    else case({j,k})
    2'b00: begin q <=  q; qn <= qn; end            //保持
    2'b01: begin q <= 1'b0;qn <= 1'b1; end         //置 0
    2'b10: begin q <= 1'b1;qn <= 1'b0; end         //置 1
    2'b11: begin q <= ~q; qn <= ~qn; end           //翻转
    default:begin q <= 1'bx;qn <= 1'bx; end
    endcase
end
endmodule
```

由例5.20可以看出,用 case 语句描述实际上是将模块的真值表描述出来,如果已知模块的真值表,不妨用 case 语句对其进行描述。

5.6.3   casez 与 casex 语句

在 case 语句中,敏感表达式与值 $1 \sim n$ 的比较是一种全等比较,必须保证两者的对应位全等。casez 与 casex 语句是 case 语句的两种变体,在 casez 语句中,如果分支表达式某些位的值为高阻态 z,就不必考虑这些位的比较,因此只需关注其他位的比较结果。而在 casex 语句中,则将这种处理方式进一步扩展到对 x 的处理。即如果比较的双方中有一方某些位的值是 x 或 z,就不必考虑这些位的比较。

表5.3给出了 case、casez 和 casex 语句的规则比较。

表 5.3　case、casez 和 casex 语句的规则比较

case	0	1	x	z	casez	0	1	x	z	casex	0	1	x	z
0	1	0	0	0	**0**	1	0	0	1	**0**	1	0	1	1
1	0	1	0	0	**1**	0	1	0	1	**1**	0	1	1	1
x	0	0	1	0	**x**	0	0	1	1	**x**	1	1	1	1
z	0	0	0	1	**z**	1	1	1	1	**z**	1	1	1	1

此外,还有另一种标识 x 或 z 的方式,即用表示无关值的符号"?"表示,例如:

```
case(a)
2'b1x:out = 1;              //只有 a = 1x,才有 out = 1
casez(a)
2'b1x:out = 1;              //如果 a = 1x、1z,则有 out = 1
casex(a)
2'b1x:out = 1;              //如果 a = 10、11、1x、1z 等,则有 out = 1
casez(a)
3'b1??:out = 1;            //如果 a = 100、101、110、111 或 1xx、1zz 等,则有 out = 1
3'b01?:out = 1;            //如果 a = 010、011、01x、01z,则有 out = 1
```

例 5.21 是用 casez 语句及符号"?"描述的数据选择器的示例。

例 5.21　用 casez 语句及符号"?"描述的数据选择器。

```
module mux_casez(
    input a,b,c,d, input[3:0] select,
    output reg out);
always @ *   begin
    casez(select)
    4'b???1:out = a;
    4'b??1?:out = b;
    4'b?1??:out = c;
    4'b1???:out = d;         //无须再加 default 语句
    endcase
end
endmodule
```

在使用条件语句时,应注意列出所有条件分支,否则,编译器认为条件不满足时,会引入一个触发器保持原值,在设计组合电路时,应避免这种隐含触发器的存在。当然,在很多情况下,不可能列出所有分支,因为每个变量至少有 4 种取值:0、1、z、x。为了包含所有分支,可在 if 语句后加上 else 语句;在 case 语句后加上 default 语句。

例 5.22 是一个隐含锁存器的示例。

例 5.22　隐含锁存器示例。

```
module buried_ff(
    input b,a,
    output reg c);
always @(a or b)
    begin if((a == 1)&&(b == 1)) c = a&b; end
endmodule
```

此例原意是描述 2 输入与门,由于省略了 else 语句,综合时会默认 else 语句为"c =

c;",因此会形成一个隐含锁存器,其综合结果如图 5.10 所示。如需改为 2 输入与门功能,只需加上"else c=0;"语句即可。

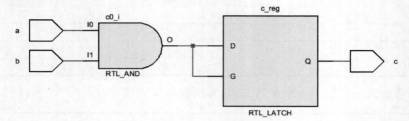

图 5.10 隐含锁存器综合结果

5.7 循环语句

Verilog HDL 有 4 种类型的循环语句,用于控制语句的执行次数。

(1) for:有条件的循环语句。

(2) repeat:连续执行一条语句 n 次。

(3) while:执行一条语句直到某个条件不满足。

(4) forever:连续地执行语句;多在 initial 块中使用,用于生成时钟等周期性波形。

5.7.1 for 语句

for 语句的使用格式如下(同 C 语言):

for(循环变量赋初值;循环结束条件;循环变量增值)
执行语句;

例 5.23 通过 7 人投票表决器示例说明 for 语句的使用:通过一个循环语句统计赞成的人数,若超过 4 人赞成,则表决通过。用 vote[7:1]表示 7 人的投票情况,1 代表赞成,即 vote[i]为 1 表示第 i 个人赞成,pass=1 表示表决通过。

例 5.23 7 人投票表决器。

```
module vote7(
    input[7:1] vote,
    output reg pass);
reg[2:0] sum;
integer i;
always @(vote)
    begin  sum = 0;
    for(i = 1;i <= 7;i = i + 1)              //for 语句
        if(vote[i]) sum = sum + 1;
        if(sum[2])   pass = 1;              //若超过 4 人赞成,则 pass = 1
        else       pass = 0;
    end
endmodule
```

例 5.24 用 for 语句实现两个 8 位二进制数相乘。

```
module mult_for    # (parameter SIZE = 8)
    (input[SIZE:1] a, b,                      //操作数
    output reg[2 * SIZE:1] outcome);          //结果
integer i;
always @(a or b)
    begin   outcome < = 0;
      for(i = 1; i < = SIZE; i = i + 1)        //for 语句
      if(b[ i]) outcome < = outcome + (a << (i - 1));
    end
endmodule
```

例 5.25   用 for 循环语句生成奇校验位。

```
module parity_check(
    input[7:0] a,
    output reg y);
integer i;
always @(a)
begin   y = 1'b1;                         //注意此处不能采用非阻塞赋值< =
    for(i = 0; i < = 7; i = i + 1)            //for 语句
    y = y ^ a[i];   end                    //此处不能采用非阻塞赋值< =
endmodule
```

在例 5.25 中, for 循环语句执行 $1 \oplus a[0] \oplus a[1] \oplus a[2] \oplus a[3] \oplus a[4] \oplus a[5] \oplus a[6] \oplus a[7]$ 运算, 综合后生成的 RTL 综合结果如图 5.11 所示。如果将变量 y 的初值改为 0, 则上例变为偶校验电路。

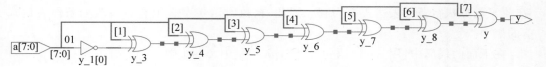

图 5.11   奇校验电路 RTL 综合结果

注意: 大多数综合器支持 for 循环语句, 在可综合的设计中, 若需使用循环语句, 应首先考虑用 for 语句实现。

5.7.2   repeat、while 和 forever 语句

1. repeat 语句

repeat 语句的使用格式如下。

```
repeat(循环次数表达式) begin
                语句或语句块
                end
```

例 5.26 用 repeat 语句和移位操作符实现两个 8 位二进制数的乘法。

例 5.26   用 repeat 语句和移位操作符实现两个 8 位二进制数的乘法。

```
module mult_repeat
  # (parameter SIZE = 8)
   (input[SIZE:1] a,b,
    output reg[2 * SIZE:1] result);
reg[2 * SIZE:1] temp_a;
reg[SIZE:1] temp_b;
always @(a or b)    begin
    result = 0; temp_a = a; temp_b = b;
    repeat(SIZE)                          //repeat 语句,SIZE 为循环次数
      begin
      if(temp_b[1])                       //如果 temp_b 的最低位为 1,就执行下面的加法
      result = result + temp_a;
      temp_a = temp_a << 1;               //操作数 a 左移 1 位
      temp_b = temp_b >> 1;               //操作数 b 右移 1 位
      end
  end
endmodule
```

2. while 语句

while 语句的使用格式如下。

```
while(循环执行条件表达式) begin
                语句或语句块
                end
```

执行 while 语句时,首先判断循环执行条件表达式是否为真,若为真,则执行后面的语句或语句块,然后判断条件表达式是否为真,若为真,再执行一遍后面的语句,如此重复,直至循环执行条件表达式不为真。因此,在执行语句中必须有一条改变条件表达式值的语句。

在下面的代码中,用 while 语句统计 rega 变量中 1 的个数。

```
begin : count1s
reg[7:0] tempreg;
count = 0;
tempreg = rega;
while(tempreg)  begin
    if(tempreg[0])  count = count + 1; tempreg = tempreg >> 1;
end   end
```

下面的示例分别用 repeat 和 while 语句显示 4 个 32 位整数。

```
module loop1;
integer i;
initial //repeat 循环
begin i = 0; repeat(4)
 begin
 $ display("i = % h",i); i = i + 1;
 end end
endmodule
```

```
module loop2;
integer i;
initial //while 循环
begin i = 0; while(i < 4)
 begin
 $ display("i = % h",i); i = i + 1;
 end end
endmodule
```

用 ModelSim 软件运行上面的代码,其输出结果如下。

```
i = 00000001                    //i 是 32 位整数
i = 00000002
i = 00000003
i = 00000004
```

3. forever 语句

forever 语句的使用格式如下。

```
forever  begin
   语句或语句块
end
```

forever 循环语句连续不断地执行后面的语句或语句块,常用于产生周期性波形。forever 语句多用于仿真模块的 initial 过程,可以用 disable 语句中断循环,也可以用系统函数 $finish 退出 forever 循环。

下面的代码是用 forever 语句产生时钟信号,其产生的时钟波形如图 5.12 所示。

```
`timescale 1ns/1ns
module loopf;
reg clk;
initial begin
   clk = 0;
   forever begin
   clk = ~clk;   #5; end
end
endmodule
```

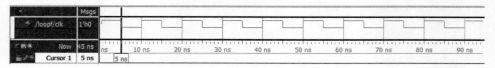

图 5.12 时钟信号波形图

5.8 任务

5.8.1 任务概述

任务的定义方式如下。

```
task <任务名>;                    //无端口列表
   端口及数据类型声明语句;
   其他语句;
endtask
```

任务调用的格式如下。

<任务名>(端口1,端口2,...);   //任务调用时的端口顺序应与定义时的端口顺序保持一致

定义任务可以写为如下两种形式。

```
task sum;          //任务定义形式1
input[7:0] a, b;
output[7:0] s;
begin s = a + b; end
endtask
```

```
task sum(      //任务定义形式2
    input[7:0] a, b,
    output[7:0] s);
begin s = a + b; end
endtask
```

调用任务时,可以这样使用。

```
module task_inst(
    input[7:0] x, y,
    output reg[7:0] z);
always@ *   begin
    sum(x, y, z);          //任务调用,变量x和y的值赋给a和b;任务完成后,s的值赋给z
end
endmodule
```

当用综合器综合上面的代码时,应将 task 任务源码置于模块内,不可在模块外定义。任务调用时的端口变量和定义时的端口变量应是一一对应的。

5.8.2 任务示例

例 5.27 用任务实现了交通灯时序控制电路。

例 5.27 用任务实现交通灯时序控制电路。

```
module traffic_lights;
reg clock, red, amber, green;
parameter   on = 1, off = 0, red_tics = 350,
            amber_tics = 30, green_tics = 200;
initial red = off;
initial amber = off;
initial green = off;
always begin                      //控制灯顺序
    red = on;                     //红灯亮
    light(red, red_tics);         //任务例化
    green = on;                   //绿灯亮
    light(green, green_tics);     //任务例化
    amber = on;                   //黄灯亮
    light(amber, amber_tics);     //任务例化
end
task light;                       //任务定义
output color;
input[31:0] tics;                 //延时
begin
    repeat (tics) @(posedge clock);
    color = off;                  //灯灭
end
endtask
always begin                      //产生时钟波形
    #100 clock = 0;
```

```
    #100 clock = 1;
end
endmodule
```

用 ModelSim 运行上面的代码,交通灯时序控制电路的仿真波形图如图 5.13 所示。

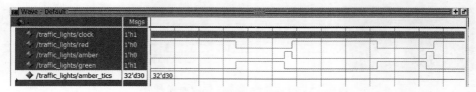

图 5.13 交通灯时序控制电路的仿真波形图

例 5.28 定义了一个实现两个操作数按位与的任务,并在算术逻辑单元中调用该任务。

例 5.28 用任务实现两个操作数按位与。

```
module alutask(code, a, b, c);
input[1:0] code; input[3:0] a, b;
output reg[4:0] c;
task my_and;                    //任务定义,注意无端口列表
input[3:0] a, b;                //a, b, out 名称的作用域范围为 task 内部
output[4:0] out;
integer i;   begin for(i = 3; i >= 0; i = i - 1)
    out[i] = a[i]&b[i];         //按位与
end
endtask
always@(code or a or b)
    begin   case(code)
    2'b00: my_and(a, b, c);
        /*调用任务,此处的端口 a, b, c 分别对应任务定义时的 a, b, out */
    2'b01: c = a|b;             //相或
    2'b10: c = a - b;           //相减
    2'b11: c = a + b;           //相加
    endcase
    end
endmodule
```

编写如下激励代码对上例进行验证。

```
`timescale 100ps/1ps
module alutask_vlg_tst( );
parameter DELY = 100;
reg eachvec;
reg [3:0] a; reg [3:0] b; reg [1:0] code;
wire [4:0]   c;
    alutask i1( .a(a), .b(b), .c(c), .code(code));
initial      begin
code = 4'd0; a = 4'b0000; b = 4'b1111;
    #DELY code = 4'd0; a = 4'b0111; b = 4'b1101;
    #DELY code = 4'd1; a = 4'b0001; b = 4'b0011;
    #DELY code = 4'd2; a = 4'b1001; b = 4'b0011;
    #DELY code = 4'd3; a = 4'b0011; b = 4'b0001;
    #DELY code = 4'd3; a = 4'b0111; b = 4'b1001;
    $display("Running testbench");
end
always   begin
```

```
@eachvec;
end
endmodule
```

用 ModelSim 运行上面的代码,得到图 5.14 所示的输出波形图。

DELY							
eachvec	x						
a	0111	0000	0111	0001	1001	0011	0111
b	1001	1111	1101	0011		0001	1001
code	11	00		01	10	11	
c	10000	x0000	x0101	00011	00110	00100	10000

图 5.14　用任务实现按位与的输出波形图

在例 5.29 中用任务实现异或功能。

例 5.29　用任务实现异或功能。

```
module xor_oper
  #(parameter  N = 4)
  (input  clk, rstn ,
   input[N-1:0]  a, b,
   output [N-1:0]  co);
reg[N-1:0]  co_t;
always @(*)  begin
   xor_tsk(a, b, co_t);              //任务例化
   end
reg[N-1:0]  co_r;
always @(posedge clk or negedge rstn) begin
   if(!rstn) begin  co_r  <= 'b0;  end
   else begin  co_r <= co_t;  end
   end
assign  co = co_r;
/* ------------ task ---------- */
task xor_tsk;
input [N-1:0]  numa;
input [N-1:0]  numb;
output [N-1:0]  numco;
   #3  numco  = numa ^ numb;         //实现异或功能
endtask
endmodule
```

例 5.29 的 RTL 综合视图如图 5.15 所示。

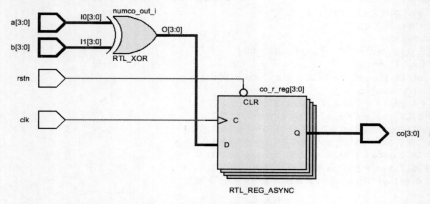

图 5.15　例 5.29 的 RTL 综合视图

注意：在使用任务时，应注意如下几点。

（1）任务的定义与调用必须在一个模块内。

（2）定义任务时，没有端口名列表，但需紧接着进行输入/输出端口和数据类型的说明。

（3）当任务被调用时，其被激活。任务的调用与模块的调用一样，通过任务名调用实现，调用时需列出端口名列表，端口名的排序和类型必须与任务定义时一致。

（4）一个任务可以调用别的任务和函数，可调用的任务和函数个数不受限制。

5.9 函数

5.9.1 函数概述

在 Verilog HDL 模块中，如果多次用到重复的代码，可以将这部分代码摘取出来，定义为函数。综合时每调用一次函数，则复制或平铺该电路一次，所以函数不宜过于复杂。

函数可以有一个或者多个输入，但只能返回一个值。函数的定义格式如下。

```
function  <返回值位宽或类型说明> 函数名;
    端口声明;
    局部变量定义;
    其他语句;
endfunction
```

<返回值位宽或类型说明>是一个可选项，如果默认，则返回值为 1 位寄存器类型的数据。

函数调用通常是在表达式中调用函数的返回值，并将函数作为表达式中的一个操作数来实现。函数调用的格式如下。

```
<函数名>（<表达式> <表达式>）;
```

例 5.30 用函数和 case 语句定义了一个 8-3 编码器，并用 assign 语句调用了该函数。

例 5.30　用函数和 case 语句定义的编码器（不含优先顺序）。

```
module code_83(din,dout);
input[7:0] din;
output[2:0] dout;
function[2:0] code;                    //函数定义
input[7:0] din;                        //函数只有输入,输出为函数名本身
    casex(din)
    8'b1xxx_xxxx:code = 3'h7;
    8'b01xx_xxxx:code = 3'h6;
    8'b001x_xxxx:code = 3'h5;
    8'b0001_xxxx:code = 3'h4;
    8'b0000_1xxx:code = 3'h3;
    8'b0000_01xx:code = 3'h2;
    8'b0000_001x:code = 3'h1;
    8'b0000_000x:code = 3'h0;
```

```
    default:code = 3'hx;
    endcase
endfunction
assign dout = code(din);                    //函数调用
endmodule
```

例 5.31 用函数实现输入向量从原码到补码的转换,使用 comp2(vect)形式进行调用,其中 vect 是输入的 8 位原码,位宽用参数 N 表示。

例 5.31　用函数实现输入向量从原码到补码的转换。

```
`timescale 1ns/1ns
module comp2_fuct
  # (parameter N = 8)                       //位宽用参数定义
   (input[N - 1:0]   vect,
    output[N - 1:0]   result);
assign   result = comp2(vect);
//------------------------------------------
function [N - 1:0] comp2;                    //函数定义
input[N - 1:0]   ain;
begin   comp2 = ain[N - 1]?{ain[N - 1],~ain[N - 2:0] + 1'b1} : ain; end
endfunction
endmodule
```

例 5.32 是例 5.31 的 Test Bench 测试代码,图 5.16 是其测试输出波形图,说明运算功能正确。

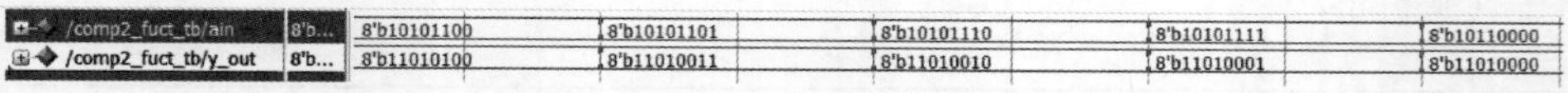

| /comp2_fuct_tb/ain | 8'b... | 8'b10101100 | 8'b10101101 | 8'b10101110 | 8'b10101111 | 8'b10110000 |
| /comp2_fuct_tb/y_out | 8'b... | 8'b11010100 | 8'b11010011 | 8'b11010010 | 8'b11010001 | 8'b11010000 |

图 5.16　将 8 位原码转换为 8 位补码的测试输出波形图

例 5.32　将 8 位原码转换为 8 位补码的测试代码。

```
`timescale 1ns/1ns
module comp2_fuct_tb;
parameter MSB = 8;
reg[MSB - 1:0]   ain;
wire[MSB - 1:0]   y_out;
comp2_fuct #(.N(MSB)) u1(.vect(ain),.result(y_out));
initial begin   ain < = 0;
   # 3000   $ stop;   end
always #10   ain < = ain + 1;              //让 ain 变化,遍历逻辑值
endmodule
```

与 C 语言相似,Verilog 使用函数以适应对不同操作数进行同一运算的操作。函数在综合时被转换为具有独立运算功能的电路,每调用一次函数相当于改变这部分电路的输入,以得到相应的结果。

例 5.33 用函数实现一个带控制端的实现整数运算的电路,分别实现正整数的平方、立方和阶乘运算。

例 5.33　用函数实现正整数的平方、立方和阶乘运算。

```
module calculate(
    input   clk,clr,
```

```
    input[1:0]    sel,
    input[3:0]    n,
    output reg[31:0]    result);
always @(posedge clk) begin
    if(!clr)    result <= 0;
    else    begin
    case(sel)
    2'd0: result <= square(n);
    2'd1: result <= cubic(n);
    2'd2: result <= factorial(n);              //调用 factorial 函数
    endcase
end  end
//--------------------------------------------
function [31:0] square;                        //平方运算函数定义
input[3:0] operand;
begin    square = operand * operand;    end
endfunction
//--------------------------------------------
function [31:0] cubic;
input[3:0] operand;
begin    cubic = operand * operand * operand;    end
endfunction
//--------------------------------------------
function [31:0] factorial;                     //阶乘运算函数定义
input[3:0] operand;
integer i;
begin
    factorial = 1;
    for(i = 2; i <= operand; i = i + 1)
    factorial = i * factorial;
end
endfunction
endmodule
```

例 5.34 是例 5.33 的 Test Bench 测试代码，图 5.17 是其测试输出波形图。

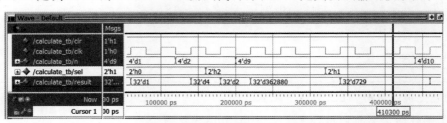

图 5.17　平方、立方和阶乘运算电路的测试输出波形图

例 5.34　平方、立方和阶乘运算电路的 Test Bench 测试代码。

```
`timescale  1ns/100ps
module calculate_tb;
reg[3:0] n;
reg  clr,clk;
reg[1:0] sel;
wire[31:0] result;
parameter CYCLE = 20;
calculate u1(.clk(clk),.n(n),.result(result),.clr(clr),.sel(sel));
initial begin clk = 0;
    forever  # CYCLE clk = ~clk; end              //产生时钟信号
```

```
initial  begin
    {n, clr, sel} <= 0;
    #40 clr = 1;
    repeat(10)
    begin
    @(negedge clk) begin
    n = { $ random} % 11;
    @(negedge clk)
    sel = { $ random} % 3;
    end end
    #1000 $ stop;
end
endmodule
```

> **注意**：函数的定义中蕴含了一个与函数同名的函数内部的寄存器。在函数定义时,将函数返回值使用的寄存器名称设为与函数同名的内部变量,因此函数名被赋予的值就是函数的返回值。

下面的示例定义了 clogb2 函数,该函数完成以 2 为底的对数运算,调用 clogb2 函数,由 RAM 模块的深度换算出所需的地址宽度。

```
module ram_model(address, write, cs, data);
parameter data_width = 8;
parameter ram_depth = 256;
localparam adder_width = clogb2(ram_depth);        //调用 clogb2 函数
input[adder_width - 1:0] address;
input write, cs;
inout [data_width - 1:0] data;
reg[data_width - 1:0] data_store[0:ram_depth - 1];

function integer clogb2(input integer value);        //定义 clogb2 函数
begin
    for(clogb2 = 0; value > 0; clogb2 = clogb2 + 1;)
    value = value >> 1;
end
endfunction
```

> **注意**：使用函数时,应注意以下几点。
> (1) 函数的定义与调用必须在一个 module 模块内。
> (2) 函数只允许有输入变量且必须至少有一个输入变量,输出变量名为函数名本身,函数名须定义数据类型和位宽。调用函数时需列出端口,其排序和类型应与定义时一致,这一点与任务相同。
> (3) 函数可以出现在持续赋值 assign 的右端表达式中。
> (4) 函数定义不能包含任何时间控制语句,不能使用 #、@或 wait 等符号;函数定义时不能使用非阻塞赋值。

5.9.2　任务和函数的区别

表 5.4 对任务与函数进行了比较。

表 5.4 任务与函数的比较

比 较 项 目	任 务	函 数
输入与输出	可有任意多个多种类型的参数	至少有一个输入,不能将 inout 类型作为输出
调用	任务只可在过程语句中调用,不能在连续赋值语句 assign 中调用	函数可作为表达式中的一个操作数来调用,在过程赋值和连续赋值语句中均可调用
定时事件控制(#、@ 和 wait)	任务可以包含定时和事件控制语句	函数不能包含定时和事件控制语句
调用其他任务和函数	任务可调用其他任务和函数	函数可调用其他函数,但不可调用其他任务
返回值	任务不向表达式返回值	函数向调用它的表达式返回一个值

　　合理使用任务和函数会使程序显得结构清晰,一般的综合器对任务和函数都是支持的,部分综合器不支持任务。

注意:对于任务、函数的差异应注意如下几点。

　　(1) 函数应在一个模拟时间单元中执行;任务可以包含时间控制语句。

　　(2) 函数不能启用任务;任务可以启用其他任务和函数。

　　(3) 函数应至少有一个输入类型参数,且不应有输出或输出类型参数;任务可以有任意类型的零个或多个参数。

　　(4) 函数应返回单个值;任务无返回值。

5.10　automatic 任务和函数

　　Verilog-2001 标准增加了一个关键字 automatic,可用于任务和函数的定义。

5.10.1　automatic 任务

　　任务本质上是静态的,并发执行的多个任务共享存储区。若某个任务在模块中的多个地方被同时调用,则这两个任务对同一块地址空间进行操作,结果可能出错。Verilog-2001 标准中增加了关键字 automatic,使空间可动态分配,任务可重入,若在模块中的多个地方同时调用该任务,则任务可以并发执行。

　　例 5.35 给出一个静态任务的示例。

　　例 5.35　静态任务示例。

```
module task_tb;
  integer i = 0;                 //变量 i 在模块中声明
  initial   disp_ask( );         //任务的调用
  initial   disp_ask( );
  initial   disp_ask( );
task disp_ask( );
begin
  i = i + 1;
  $ display("i =  % 0d",i);
```

```
end
endtask
endmodule
```

用 ModelSim 运行例 5.35,TCL 窗口输出信息如下。

```
i = 1
i = 2
i = 3
```

若在上面的任务定义中增加关键字 automatic,则定义了可重入任务,如例 5.36 所示,则任务的多次调用是并发执行的。

例 5.36 automatic 任务示例。

```
module auto_tb;
    initial  disp_ask( );              //任务的调用
    initial  disp_ask( );
    initial  disp_ask( );
task automatic disp_ask( );
integer i = 0;                         //变量 i 在任务中声明
begin
    i = i + 1;
    $ display("i =  % 0d",i);
end
endtask
endmodule
```

用 ModelSim 运行例 5.36,TCL 窗口输出信息如下。

```
i = 1
i = 1
i = 1
```

5. 10. 2　automatic 函数

关键字 automatic 用于函数,表示函数的迭代调用,也称递归函数。

如例 5.33 中的阶乘运算,可采用递归函数实现,如例 5.37 所示,通过函数自身的迭代调用,实现 32 位无符号整数的阶乘运算(n!)。

比较例 5.33 与例 5.37,可体会函数与递归函数的区别。

例 5.37　实现 32 位无符号整数的阶乘运算。

```
module tryfact;
function automatic integer factorial;        //函数定义
input[31:0] opa;
    if (opa > = 2)
    factorial = factorial(opa - 1)  *  opa;      //迭代调用
    else
    factorial = 1;
endfunction
integer result;
```

```
integer n;
initial begin
   for (n = 0; n < = 7; n = n + 1) begin
   result = factorial(n);                    //函数调用
$ display(" % 0d   factorial = % 0d", n, result);
end   end
endmodule
```

上面的 factorial 函数是用 if 语句实现的,也可以用条件操作符写为下面的形式:

```
function automatic   integer factorial;
input integer opa;
integer   i;
   begin
   factorial = (opa > = 2) ? opa * factorial(opa - 1) : 1;
   end
endfunction
```

例 5.37 的仿真结果如下。

```
0   factorial = 1
1   factorial = 1
2   factorial = 2
3   factorial = 6
4   factorial = 24
5   factorial = 120
6   factorial = 720
7   factorial = 5040
```

由于 Verilog-2001 标准增加了关键字 signed,所以函数的定义还可在 automatic 后面加上 signed,返回有符号数。示例如下。

```
function automatic signed[ 63:0] factorial;
```

例 5.38 用函数实现一个 16 位数据的高低位转换,将最高有效位转换为最低有效位,次高位转换为次低位,以此类推。

例 5.38   用函数实现数据的高低位转换。

```
`timescale 1ns/1ns
module bit_invert;
reg[7:0] din;
wire[7:0] result;
assign result = invert(din);                    //函数调用
initial begin   din = 8'b00101101;
   # 30 din = 8'b00101111;
   # 20 din = 8'b10001111;
   # 30 $ stop;
end
initial $ monitor( $ time,,,"ain = % b result = % b",din, result);
function automatic unsigned[7:0] invert(
   input[7:0] data);
integer i;
begin
```

```
for (i = 0; i < 8; i = i + 1)
    invert[i] = data[7 - i];
end
endfunction
endmodule
```

用 ModelSim 运行例 5.38,TCL 窗口输出信息如下,可见转换结果正确。

```
0    ain = 00101101   result = 10110100
30   ain = 00101111   result = 11110100
50   ain = 10001111   result = 11110001
```

5.11 编译指令

编译指令语句以符号""(该符号 ASCII 码为 0x60)开头,编译时,编译器通常先对这些指令语句进行预处理,然后将预处理的结果和源程序一起编译。Verilog HDL 提供了十余条编译指令,部分如下。

(1) `timescale;

(2) `define、`undef;

(3) `ifdef、`else、`elsif、`endif、`ifndef;

(4) `include;

(5) `default_nettype; `resetall; `celldefine、`endcelldefine;

(6) `unconnected_drive、`nounconnected_drive;

(7) `begin_keywords、`end_keywords; `line、`pragma。

5.11.1 `timescale

`timescale 用于定义时延、仿真的时间单位和时间精度,其使用形式如下。

```
`timescale < time_unit >/< time_precision >
`timescale <时间单位>/<时间精度>
```

用于表示时间单位的符号有 s、ms、μs、ns、ps 和 fs,分别表示秒、10^{-3}s、10^{-6}s、10^{-9}s、10^{-12}s 和 10^{-15}s。时间精度可以和时间单位一样,但是时间精度大小不能超过时间单位大小。例 5.39 给出了它的定义。

例 5.39 `timescale 的定义示例。

```
`timescale 1ns/100ps
module andgate(
    output out,
    input a,b);
and  #(4.34,5.86)  al(out,a,b);        //门延时定义
endmodule
```

在例 5.39 中,`timescale 指令定义延时以 1ns 为单位,精度为 100ps(精确到 0.1ns),因此,门延时值 4.34 对应 4.3ns,延时值 5.86 对应 5.9ns。如果将 `timescale 指令定义为

```
`timescale 10ns/1ns
```

那么延时值 4.34 对应 43ns,5.86 对应 59ns。再如:

```
`timescale 10ns/1ns
module test;
reg set;
parameter d = 1.55;
initial begin
    #d set = 0;                    //16ns(1.6×10)时,set 赋值为 0
    #d set = 1;                    //32ns(1.6×10 + 1.6×10)时,set 赋值为 1
end
endmodule
```

注意:(1) `timescale 指令在模块说明外部出现,并且影响后面所有的延时值;在编译过程中,`timescale 指令会影响后面所有模块中的时间值,直至遇到另一个 `timescale 指令或 `resetall 指令。

(2) Verilog HDL 中没有默认的 `timescale,如果没有指定 `timescale,Verilog HDL 模块就会继承前面编译模块的 `timescale 参数。

(3) 如果一个设计中的多个模块都带有 `timescale,模拟器总是定位在所有模块的最小延时精度上,并且将所有延时都相应地换算为最小延时精度,延时单位不受影响。

示例如下。

```
`timescale 1ns/1ns
module top;                        //顶层模块
reg  a, b;
wire cout;
initial begin
    a = 1; b = 0;
    # 2.25  a = 0;
    # 5.5  b = 1;   end
andgate g1(cout,a,b);              //andgate模块见例 5.39
endmodule
```

在上面的代码中,延时值 2.25 对应 2ns,延时值 5.5 对应 6ns。

但由于子模块 andgate 中定义时间精度为 100ps,故该例中的延时精度变为 100ps。

`timescale 的时间精度设置会影响仿真时间,时间精度越小,仿真时占用内存越多,实际耗用的仿真时间就越长。

$printtimescale 系统任务可用于显示当前的时间单位和时间精度。

5.11.2 `define 和 `undef

`define 用于定义宏名,类似于 C 语言中的 #define。使用形式如下。

```
`define  宏名  字符串
```

例如:

```
`define WORDSIZE 8
reg[ `WORDSIZE:1] data;                         //相当于定义 reg[8:1] data;
//---------------------
`define var_nand(dly) nand # dly                //定义带延时的与非门
`var_nand(2) g1 (q21, n10, n11);
`var_nand(5) g2 (q22, n10, n11);
```

又如:

```
`define max(a,b) ((a) > (b) ? (a) : (b))
n = `max(p + q, r + s);
n = ((p + q) > (r + s)) ? (p + q) : (r + s);    //该语句等同于上面两条语句
```

`undef 用于取消之前的宏定义,示例如下。

```
`define WORDSIZE 16
reg[ `WORDSIZE:1] data;
  ...
`undef   WORDSIZE
```

注意:使用 `define 语句时应注意如下几点。

(1) `define 宏定义语句行末没有分号。

(2) 在引用已定义的宏名时,必须在宏名的前面加上符号"`",以表示该名字是一个宏定义的名字。

(3) `define 的作用范围是跨模块的,可以是整个工程。也就是说,在一个模块中定义的 `define 指令可以被其他模块调用,直到遇到 `undef 失效。所以,用 `define 定义常量和参数时,一般将其放在模块外。与 `define 相比,用 parameter 定义的参数作用范围只限于本模块内,但上层模块例化下层模块时,可通过参数传递改变下层模块中参数的值。

5.11.3　`ifdef、`else、`elsif、`endif 和 `ifndef

`ifdef、`else、`elsif、`endif、`ifndef 均属于条件编译指令。

下例中定义了 3 种显示模式,如果定义了 VIDEO_480_272(用 `define 语句定义,如 `define VIDEO_480_272),则使用第 1 套参数;如果定义了 VIDEO_640_480,则使用第 2 套参数;否则使用第 3 套参数。

```
`ifdef   VIDEO_480_272                          //480×272 显示模式
   parameter H_ACTIVE = 16'd480;
   parameter V_ACTIVE = 16'd272;
`endif
//-----------------------------------------------
`ifdef   VIDEO_640_480                          //640×480 显示模式
   parameter H_ACTIVE = 16'd640;
   parameter V_ACTIVE = 16'd480;
`endif
//-----------------------------------------------
```

```
`ifdef  VIDEO_800_480                        //800×480 显示模式
   parameter H_ACTIVE = 16'd800;
   parameter V_ACTIVE = 16'd480;
`endif
```

上例中只使用`ifdef 和`endif 组成条件编译指令块,也可以增加`elsif、`else 编译指令,则上面的示例可改为如下形式。

```
`ifdef  VIDEO_480_272                        //480×272 显示模式
   parameter H_ACTIVE = 16'd480;
   parameter V_ACTIVE = 16'd272;
//-------------------------------------------
`elsif  VIDEO_640_480                        //640×480 显示模式
   parameter H_ACTIVE = 16'd640;
   parameter V_ACTIVE = 16'd480;
//-------------------------------------------
`else  VIDEO_800_480                         //800×480 显示模式
   parameter H_ACTIVE = 16'd800;
   parameter V_ACTIVE = 16'd480;
`endif
```

可以指定条件编译指令`ifdef、`else 和`endif 仅对程序中的部分内容进行编译,该指令有 3 种使用形式。

第 1 种使用形式如下。

```
`ifdef  宏名
   语句块
`endif
```

这种形式表示:若宏名在程序中被定义(用`define 语句定义)过,则下面的语句块参与源文件的编译;否则,该语句块不参与源文件的编译。

第 2 种使用形式如下。

```
`ifdef  宏名
   语句块 1
`else  语句块 2
`endif
```

这种形式表示:若宏名在程序中被定义(用`define 语句定义)过,则语句块 1 将被编译到源文件中;否则,语句块 2 将被编译到源文件中。

第 3 种使用形式如下。

```
`ifdef  宏名
   语句块 1
`ifdef  语句块 2
`else   语句块 3
`endif
```

例 5.40 给出了`ifdef 的用法。

例 5.40 `ifdef 的用法示例。

```
module compile(
    input a,b,
    output out);
`ifdef add                                      //宏名为 add
    assign out = a + b;
`else   assign out = a – b;
`endif
endmodule
```

若在后面的程序中有"`define add",则执行"assign out＝a＋b;"操作；若没有该定义语句,则执行"assign out＝a－b;"操作。

也可用`ifndef 指令语句设置条件编译,表示如果没有相关的宏定义,则执行相关语句。比如,上面的示例如果使用`ifndef 指令改写,则如例 5.41 所示,这两例的操作是相同的,只是表达方式不同。

例 5.41　`ifndef 用法示例。

```
module compile_ndef(
    input a,b,
    output out);
`ifndef add                                     //`ifndef 指令
    assign out = a – b;
`else   assign out = a + b;
`endif
endmodule
```

5.11.4　`include

使用`include 可以在编译时将一个 Verilog 文件包含到另一个文件中,其格式如下。

```
`include   "文件名"
```

`include 类似于 C 语言中的 ♯ include < filename. h >结构,后者用于将内含全局或公用定义的头文件包含到设计文件中。

`include 用于指定包含其他文件的内容,被包含的文件名必须放在双引号中,被包含的文件既可以使用相对路径,也可以使用绝对路径；如果没有路径信息,则默认在当前目录下搜寻要包含的文件。示例如下。

```
`include   "parts/count. v"
`include   "../../fileA. v"
`include   "fileB"
```

注意：使用`include 语句时应注意以下几点。

（1）一个`include 语句只能指定一个被包含的文件；如果需要包含多个文件,则需要使用多个`include 命令进行包含；多个`include 命令可以写在一行,但命令行中只可以出现空格和注释,示例如下。

```
`include "file1.v"   `include "file2.v"
```

（2）`include 语句可以出现在源程序的任何地方；被包含的文件若与包含文件不在同一个子目录，须指明其路径。

（3）文件允许嵌套包含，但限制其数量，最多为 15 个。

习题 5

5-1　用行为描述方式设计带异步复位端和异步置位端的 JK 触发器，并进行综合。

5-2　initial 语句与 always 语句的区别是什么？

5-3　用行为语句设计模 100 加法计数器，且计数器带有同步复位端。

5-4　分别编写 4 位串并转换程序和 4 位并串转换程序。

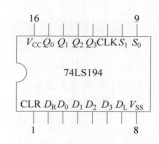

图 5.18　4 位双向移位寄存器 74LS194 引脚排列

5-5　用 case 语句描述 4 位双向移位寄存器。74LS194 是 4 位双向移位寄存器，采用 16 引脚双列直插式封装，其引脚排列如图 5.18 所示。74LS194 具有异步清零、数据保持、同步左移、同步右移、同步置数 5 种工作模式。CLR 为异步清零输入，低电平有效，S_1、S_0 为方式控制输入：$S_1 S_0 = 00$ 时，74LS194 工作于保持方式；$S_1 S_0 = 01$ 时，74LS194 工作于右移方式，其中 D_R 为右移数据输入端，Q_3 为右移数据输出端；$S_1 S_0 = 10$ 时，74LS194 工作于左移方式，其中 D_L 为左移数据输入端，Q_0 为左移数据输出端；$S_1 S_0 = 11$ 时，74LS194 工作于同步置数方式，其中 $D_3 \sim D_0$ 为并行数据输入端。请用 case 语句描述实现 74LS194 的上述逻辑功能。

5-6　用 if 语句描述四舍五入电路的功能，假定输入的是一位 BCD 码。

5-7　试编写两个 8 位二进制带符号数相减的 Verilog 程序。

5-8　使用 for 循环语句对一个深度为 16（地址从 0～15）、位宽为 8 位的存储器（寄存器类型数组）进行初始化，为所有存储单元赋初始值 0，将存储器命名为 cache。

5-9　任务和函数的不同点有哪些？

5-10　分别用任务和函数描述一个 4 选 1 数据选择器。

5-11　用函数实现一个用 7 段数码管交替显示 26 个英文字母的程序，自定义字符的形状。

5-12　用函数实现一个 16 位数据的高低位转换，将最高有效位转换为最低有效位，次高位转换为次低位，以此类推。

5-13　用任务完成无符号数的大小排序，设 a、b、c、d 是 4 个 8 位无符号数，按从小到大的顺序重新排列并输出到 4 个寄存器中存储。

5-14　编写一个 Verilog 程序，生成偶校验位。输入一个 8 位数据，输出一个包含数据和偶校验位的码字。

第 6 章

Verilog设计的层次与风格

本章介绍 Verilog 设计的层次与风格,包括门级结构描述、数据流描述、用户自定义元件(UDP)、多层次结构电路的设计,以及用属性语句控制电路特性的方法。

6.1 Verilog 描述的层级和方式

Verilog HDL 能够在多个层级对数字系统进行描述,Verilog 模型可以是实际电路不同级别的抽象,包括如下层级。

(1) 行为级(behavioral level)。

(2) 寄存器传输级(Register Transfer Level,RTL)。

(3) 门级(gate level)。

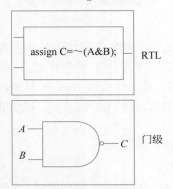

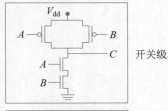

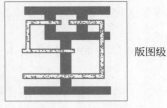

图 6.1　Verilog HDL 可综合
设计的层级示意图

(4) 开关级(switch level)。

行为级建模:与 RTL 建模的界限并不清晰,如果按照目前 EDA 综合工具和仿真工具来区分,行为级建模侧重于 Test Bench 仿真,着重系统的行为和算法,常用的语言结构和语句有 initial、always、fork-join、task、function、repeat、wait、event、while、forever 等。

RTL 建模:主要侧重于综合,用于 ASIC 和 FPGA 电路实现,并在面积、速度、功耗和时序间折中平衡,可综合至门级电路,常用的语言结构和语句包括 Verilog HDL 的可综合子集,如 always、if-else、case、assign、task、function、for 等。

门级建模:主要面向 ASIC 和 FPGA 的物理实现,既可以是电路的逻辑门级描述,也可以是由 RTL 模型综合得出的门级网表,常用的描述有 Verilog 门元件、UDP、线网表等,门级建模与 ASIC 和 FPGA 的片内资源与工艺息息相关。

开关级建模:主要描述器件中晶体管和存储节点及其间的连接关系(由于在数字电路中,晶体管通常工作于开关状态,因此将基于晶体管的设计层级称为开关级)。Verilog HDL 在开关级提供了完整的原语,可以精确地建立 MOS 器件的底层模型。

图 6.1 是 Verilog HDL 可综合设计的层级示意图,从 RTL 到门级、开关级,直至版图级。

Verilog HDL 常用以下 3 种方式描述逻辑电路。

（1）结构描述。

（2）行为描述。

（3）数据流描述。

结构描述调用电路元件（如子模块、逻辑门，甚至晶体管）构建电路；行为描述侧重于描述电路的行为特性构建电路；数据流描述主要用连续赋值语句、操作符和表达式表示电路，也可以采用上述混合方式描述电路。

6.2 Verilog 门元件

Verilog HDL 预定义了 14 个逻辑门和 12 个开关，用于门级和开关级建模。使用门级和开关级建模具有以下优点。

（1）门级建模提供了实际电路和模型之间更接近的一对一映射。

（2）连续赋值缺乏相当于双向传输门的描述。

6.2.1 门元件

Verilog HDL 内置 26 个基本元件，其中，14 个是门级元件，12 个是开关级元件，这 26 个基本元件及其类型如表 6.1 所示。

表 6.1　Verilog HDL 内置基本元件及其类型

元　件	类　型	
and,nand,or,nor,xor,xnor	基本门	多输入门
buf,not		多输出门
bufif0,bufif1,notif0,notif1	三态门	允许定义驱动强度
nmos,pmos,cmos,rnmos,rpmos,rcmos	MOS 开关	无驱动强度
tran,tranif0,tranif1	双向导通开关	无驱动强度
rtran,rtranif0,rtranif1		无驱动强度
pullup,pulldown	上拉、下拉电阻	允许定义驱动强度

Verilog HDL 中丰富的门元件为电路的门级结构描述提供了方便，表 6.2 对 Verilog HDL 的 12 个内置门元件（不包含 pullup,pulldown）作了汇总。

表 6.2　Verilog HDL 的内置门元件

类　别	关　键　字	门　元　件	符号示意图
多输入门	and	与门	
	nand	与非门	
	or	或门	
	nor	或非门	
	xor	异或门	
	xnor	异或非门	

类　　别	关　键　字	门　元　件	符号示意图
多输出门	buf	缓冲器	
	not	非门	
三态门	bufif1	高电平使能三态缓冲器	
	bufif0	低电平使能三态缓冲器	
	notif1	高电平使能三态非门	
	notif0	低电平使能三态非门	

bufif1、bufif0、notif1 和 notif0 4 种三态门的真值表分别如表 6.3 和表 6.4 所示。表中 L 代表 0 或 z,H 代表 1 或 z。

表 6.3　bufif1(高电平使能三态缓冲器)和 bufif0(低电平使能三态缓冲器)的真值表

bufif1		Enable(使能端)				bufif0		Enable(使能端)			
		0	1	x	z			0	1	x	z
输入	0	z	0	L	L	输入	0	0	z	L	L
	1	z	1	H	H		1	1	z	H	H
	x	z	x	x	x		x	x	z	x	x
	z	z	x	x	x		z	x	z	x	x

表 6.4　notif1(高电平使能三态非门)和 notif0(低电平使能三态非门)的真值表

notif1		Enable(使能端)				notif0		Enable(使能端)			
		0	1	x	z			0	1	x	z
输入	0	z	1	H	H	输入	0	1	z	H	H
	1	z	0	L	L		1	0	z	L	L
	x	z	x	x	x		x	x	z	x	x
	z	z	x	x	x		z	x	z	x	x

6.2.2　门元件的例化

门元件例化的格式如下。

门元件名 <驱动强度说明> #<门延时> 例化名 (门端口列表)

<驱动强度说明>为可选项,其格式为(对 1 的驱动强度,对 0 的驱动强度),如果驱动强度缺省,则默认为(strong1, strong0)。<门延时>也是可选项,若没有指定延时,则默认延时为 0。

1. 多输入门的例化

多输入门的端口列表可按下面的顺序列出。

（输出,输入 1,输入 2,输入 3,…）;

例如:

```
and a1(out,in1,in2,in3);          //3 输入与门,其名字为 a1
and a2(out,in1,in2);              //2 输入与门,其名字为 a2
```

2. 多输出门的例化

buf 和 not 两种元件允许有多个输出,但只能有一个输入。多输出门的端口列表按下面的顺序列出。

（输出 1,输出 2,…,输入）;

例如:

```
not g3(out1,out2,in);            //1 个输入 in,2 个输出 out1,out2
buf g4(out1,out2,out3,din);      //输入端 din,3 个输出 out1,out2,out3
```

3. 三态门的例化

对于三态门,按以下顺序列出输入/输出端口。

（输出,输入,使能控制端）;

例如:

```
bufif1 g1(out,in,enable);        //高电平使能的三态门
bufif0 g2(out,a,ctrl);           //低电平使能的三态门
```

4. 上拉电阻和下拉电阻

pullup(上拉电阻)和 pulldown(下拉电阻)没有输入端,只有一个输出端。pullup 将输出置为 1,pulldown 将输出置为 0,其例化格式如下。

```
pullup    [对 1 驱动强度] 例化名 (输出);
pulldown  [对 0 驱动强度] 例化名 (输出);
```

例如:

```
pullup (strong1) p1 (neta), p2 (netb);
    //p1 和 p2 以 strong 的强度分别驱动 neta 和 netb
```

6.3　门级结构描述

所谓结构描述方式,是指通过调用库中的元件或已设计好的模块完成设计实体功能的描述方式。门级结构描述就是用 Verilog HDL 门元件例化实现电路功能。

1. 用门元件例化实现数据选择器

图 6.2 是用门元件实现 4 选 1 MUX 的原理图。该电路用 Verilog HDL 门元件例化实现,如例 6.1 所示。

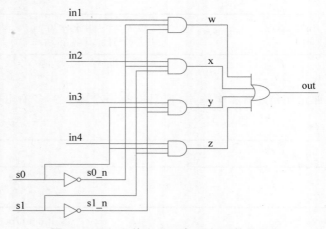

图 6.2　用门元件实现 4 选 1 MUX 的原理图

例 6.1　用门元件例化实现 4 选 1 MUX。

```
module mux4_1(
    input in1,in2,in3,in4,s0,s1,
    output out);
wire s0_n,s1_n,w,x,y,z;
not (s0_n,s0),(s1_n,s1);
and (w,in1,s0_n,s1_n),(x,in2,s0_n,s1),
    (y,in3,s0,s1_n),(z,in4,s0,s1);
or (out,w,x,y,z);
endmodule
```

2. 用门元件例化实现全加器

例 6.2 用门元件例化实现 1 位全加器,其综合视图如图 6.3 所示。

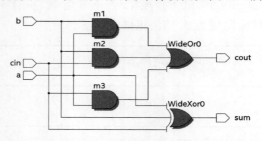

图 6.3　用门元件例化实现 1 位全加器的综合视图

例 6.2　用门元件例化实现 1 位全加器。

```
module full_add(                           //门元件例化
    input a,b,cin,
    output sum,cout);
wire s1,m1,m2,m3;
and (m1,a,b),(m2,b,cin),(m3,a,cin);
```

```
xor (sum,a,b,cin);
or (cout,m1,m2,m3);
endmodule
```

3. 用门元件例化实现三态缓冲器阵列

例 6.3 用门元件例化实现三态缓冲器阵列。

```
module tri_drv(
    input [7:0] din,
    input tri_en,
    output [7:0] dout);
bufif0 u1(dout, din, tri_en);
endmodule
```

6.4 用户自定义元件

利用 UDP,用户可以自定义元件模型并建立相应的原语库。UDP 元件可分为以下两种。

(1) 组合逻辑 UDP。

(2) 时序逻辑 UDP:包括电平敏感型 UDP 和边沿敏感型 UDP。

UDP 元件只能有一个输出,其取值只能为 0、1 或 x,不支持高阻态 z。

UDP 输入端出现高阻态 z,按照 x 值进行处理。

1. UDP 头部和端口定义

UDP 的定义应以关键字 primitive 开始,以关键字 endprimitive 结束。

UDP 的输出端口只能有一个,且必须位于端口列表的第一项;UDP 可以有多个输入端口,所有的端口变量须是 1 位标量,不允许使用向量端口;UDP 中不允许有双向端口。

时序 UDP 的输出端口可定义为 reg 类型,其输出端口的初始值可用 initial 语句指定;组合 UDP 的端口不能定义为 reg 类型。

时序 UDP 最多允许有 9 个输入端口,组合 UDP 最多允许有 10 个输入端口。

2. UDP 状态表

UDP 状态表用于定义 UDP 的行为,它以关键字 table 开始,以关键字 endtable 结束。table 表中可使用的符号见表 6.5,这些符号用于表示输入值和输出状态,其取值可以是 0、1 和 x(z 值被视为非法,传递给 UDP 输入端的 z 值按照 x 值进行处理)。

表 6.5　UDP 元件 table 表中可使用的符号

符　号	说　　明	注　　释
0	逻辑 0	
1	逻辑 1	
x	不定态	
?	代表 0、1 或 x	只能表示输入
b	代表 0 或 1	只能表示输入
-	保持不变	只能表示时序 UDP 的输出
(vw)	从逻辑 v 到逻辑 y 的转变	代表(01)、(10)、(0x)、(1x)、(x1)、(x0)、(?1)等
*	同(??)	表示输入端有任何变化

符　号	说　　明	注　　释
R 或 r	同(01)	表示上升沿
F 或 f	同(10)	表示下降沿
P 或 p	(01)、(0x)或(x1)	包含 x 态的上升沿跳变
N 或 n	(10)、(1x)或(x0)	包含 x 态的下降沿跳变

注意：表 6.5 中还包含了多种特殊符号(如?),其目的在于简化状态表的编写,提高可读性。

6.4.1　组合逻辑 UDP 元件

组合 UDP 状态表中,每行中的输入端口与输出端口间用冒号(:)进行分隔。如果状态表中某行输入值未指定,则其对应的输出值为 x。

下例是一个 2 选 1 数据选择器的组合 UDP 元件示例,该元件有 2 个数据输入端、1个控制端口和 1 个数据输出端。

例 6.4　2 选 1 数据选择器的组合 UDP 元件。

```
primitive multiplexer(mux,cntrl,dataA,dataB);
output mux;
input cntrl, dataA, dataB;
table
//cntrl dataA dataB mux
    0   1   0 : 1;
    0   1   1 : 1;
    0   1   x : 1;
    0   0   0 : 0;
    0   0   1 : 0;
    0   0   x : 0;
    1   0   1 : 1;
    1   1   1 : 1;
    1   x   1 : 1;
    1   0   0 : 0;
    1   1   0 : 0;
    1   x   0 : 0;
    x   0   0 : 0;
    x   1   1 : 1;
endtable
endprimitive
```

可以用符号"?"对上例进行简化,符号"?"用于表示 0、1、x 几种取值。当某位不管取何值都不影响输出结果时,可用该符号简化 table 表。例 6.4 用符号"?"表述则如下例所示。

例 6.5　用符号"?"表述的 2 选 1 数据选择器 UDP 元件。

```
primitive multiplexer(mux, cntrl, dataA, dataB);
output mux;
input cntrl, dataA, dataB;
table
//cntrl dataA dataB mux
```

```
    0  1  ? : 1;                         //?表示 0,1,x
    0  0  ? : 0;
    1  ?  1 : 1;
    1  ?  0 : 0;
    x  0  0 : 0;
    x  1  1 : 1;
endtable
endprimitive
```

6.4.2　时序逻辑 UDP 元件

1. 电平敏感时序 UDP 元件

时序逻辑元件的输出除了与当前输入有关,还与其当前所处的状态有关,因此,时序逻辑 UDP 元件 table 表中增加了表示当前状态的字段,也用冒号分隔。下例定义了一个 1 位数据锁存器 UDP 元件。

例 6.6　电平敏感的 1 位数据锁存器 UDP 元件。

```
primitive latch(q, clk, data);
output q; reg q;
input clk, data;
table
//clk data q   q +
    0   1   : ?  : 1;
    0   0   : ?  : 0;
    1   ?   : ?  : −;              //clk = 1 时,锁存器的输出保持原值,用符号" −"表示
endtable
endprimitive
```

2. 边沿敏感时序 UDP 元件

在电平敏感的行为中,当前输入和当前状态决定次态输出;边沿敏感行为的不同之处在于输出的变化是由输入端的特定转换(边沿)触发的。

时序 UDP 每行最多只能有一个边沿表示,边沿由括号中的一对值,比如(01)或转换符号(如 r)表示,而下列表示则是非法的。

```
(01) (10) 0 : 0 : 1;             //非法,1 行中有 2 个边沿表示
```

下例是上升沿触发的 D 触发器的 UDP 元件的示例。

例 6.7　上升沿触发的 D 触发器的 UDP 元件。

```
primitive d_edge_ff(q, clk, data);
output q; reg q;
input clk, data;
table
//   clk   data q   q +
    (01)   0   : ? : 0;            //时钟上升沿到来,输出值更新
    (01)   1   : ? : 1;
    (0?)   1   : 1 : 1;
    (0?)   0   : 0 : 0;
    (?0)   ?   : ? : −;            //时钟下降沿,输出 q 保持原值
     ?    (??)  : ? : −;           //时钟不变,输出也不变
```

```
endtable
endprimitive
```

🐦 **注意**：(01)表示从0到1的转换，即上升沿；(10)表示下降沿；(?0)表示从任何状态(0、1、x)到0的转换，即排除了上升沿的可能性；例6.7中table最后一行的意思是：如果时钟处于某一确定状态(这里"?"表示0或者1，不包括x)，则不管输入数据有什么变化((??)表示任何可能的变化)，D触发器的输出都保持原值不变(用符号"-"表示)。

3. 电平敏感和边沿敏感行为的混合描述

UDP允许在一个table表中混合描述电平敏感和边沿敏感行为。当输入发生变化时，先处理边沿敏感行为，后处理电平敏感行为，当电平敏感和边沿敏感指定不同的输出值时，最终结果由边沿敏感行为指定。例如：

例6.8 上升沿触发的JK触发器的UDP元件。

```
primitive jk_edge_ff(q, clk, j, k, preset, clear);
output reg q;
input clk, j, k;
input preset, clear;
table
//clk  j k p c   q   q+      (pc = preset, clear)
  ?    ? ? 0 1 : ? : 1;                     //置1
  ?    ? ? * 1 : 1 : 1;
  ?    ? ? 1 0 : ? : 0;                     //置0
  ?    ? ? 1 * : 0 : 0;
  r    0 0 0 0 : 0 : 1;                     //对时钟上升沿敏感
  r    0 0 1 1 : ? : -;
  r    0 1 1 1 : ? : 0;
  r    1 0 1 1 : ? : 1;
  r    1 1 1 1 : 0 : 1;
  r    1 1 1 1 : 1 : 0;
  f    ? ? ? ? : ? : -;                     //对时钟下降沿不敏感
  b    * ? ? ? : ? : -;                     //j、k电平变换不影响输出
  b    ? * ? ? : ? : -;
endtable
endprimitive
```

🐦 **注意**：在例6.8中，置1和置0端口是电平敏感的，当置1和置0端口为01时，输出值为1；当置1和置0端口为10时，输出值为0。其余逻辑属于边沿敏感。正常情况下，触发器对时钟上升沿敏感，如例6.8中r开头的行所示；table表中f开头的行表示输出对时钟下降沿不敏感(此行的作用是避免输出端产生不必要的x值)；table表最后两行表示j、k电平变换不影响输出。

6.4.3 时序UDP元件的初始化和例化

1. 时序UDP元件的初始化

时序UDP元件输出端口的初始值可以用过程赋值语句initial指定。

下例是用initial语句赋初值的触发器UDP元件示例。

例 6.9 用 initial 语句赋初值的触发器 UDP 元件。

```
primitive srff(q,s,r);
output q; reg q;
input s, r;
initial q = 1'b1;
table
// s r   q   q+
   1 0 : ? : 1;
   f 0 : 1 : -;
   0 r : ? : 0;
   0 f : 0 : -;
   1 1 : ? : 0;
endtable
endprimitive
```

输出 q 在仿真中初始值为 1；UDP 初始语句中不允许设置延时。

下例中的 UDP 元件 dff1 中包含初始语句,将 q 初始值设置为 1；模块 dff 中例化了 dff1,dff 模块的原理图如图 6.4 所示,q 端口的传输延时也在图 6.4 中得到体现。

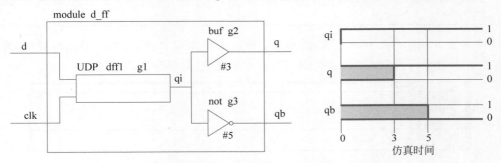

图 6.4 例 6.10 原理图和传输延时示意图

例 6.10 UDP 元件赋初值及其例化。

```
primitive dff1(q,clk,d);               //dff1 元件定义
input clk, d;
output q; reg q;
initial q = 1'b1;
table
// clk d   q   q+
   r   0 : ? : 0;
   r   1 : ? : 1;
   f   ? : ? : -;
   ?   * : ? : -;
endtable
endprimitive
// -------------- UDP 元件例化 ------------------
module d_ff(q, qb, clk, d);
input clk, d;
output q, qb;
   dff1 g1 (qi, clk, d);               //例化 dff1 元件
   buf #3 g2 (q, qi);
   not #5 g3 (qb, qi);
endmodule
```

图 6.4 中,UDP 输出 qi 到端口 q 和 qb,在仿真时间 0,为 qi 赋值 1,qi 的值在仿真时间 3 传输到端口 q,在仿真时间 5 传输到端口 qb。

2. 时序 UDP 元件的例化

在模块中例化 UDP 元件,端口连接顺序应与 UDP 定义时相同。

例 6.11 中例化了 UDP 元件 d_edge_ff(源代码见例 6.7)。

例 6.11 UDP 元件的例化。

```
`timescale 1ns/1ns
module flip;
reg clock, data;
parameter p1 = 10, p2 = 33, p3 = 12;
d_edge_ff # p3 d_inst(q,clock,data);              //d_edge_ff 源代码见例 6.7
initial begin
   data = 1;   clock = 1;
   # (20 * p1)   $ stop;
end
always # p1 clock = ~clock;
always # p2 data = ~data;
endmodule
```

本例在 ModelSim 中运行,得到图 6.5 所示的仿真输出波形,由波形图可看出,输出 q 每次在时钟上升沿到来 12ns(# p3)后,值才会改变,与程序代码一致。

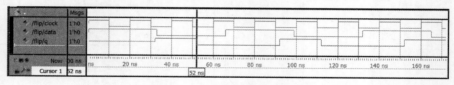

图 6.5   例 6.11 仿真输出波形

6.5   赋值

赋值是将值赋给 net 型和 variable 型变量的操作,基本的赋值操作包括以下两种。

(1) 连续赋值:用于对 net 型变量赋值。

(2) 过程赋值:用于对 variable 型变量赋值。

过程赋值在 5.3 节已介绍,本节重点介绍连续赋值。

6.5.1   连续赋值

连续赋值提供了有别于门元件连接的另一种组合逻辑建模的方法。

(1) 连续赋值语句是 Verilog HDL 数据流建模的核心语句,主要用于对 net 型变量(包括标量和向量)进行赋值,其格式如下。

```
assign   LHS_net = RHS_expression;
```

LHS(Left Hand Side)指赋值符号"="的左侧,RHS(Right Hand Side)指赋值符号"="的右侧。

LHS_net 必须是 net 型变量,不能是 reg 型变量。

RHS_expression 的操作数对数据类型没有要求,可以是 net 型或 variable 型数据类型,也可以是函数调用。

只要 RHS_expression 表达式的操作数有事件发生(值的变化),RHS_expression 就会立刻重新计算,并将重新计算后的值赋给 LHS_net。

示例如下。

```
wire    cout, a, b;
assign  cout = a & b;
```

(2)考虑了驱动强度和赋值延时的更完整的连续赋值格式如下。

```
assign (strength0, strength1) #(delay)  LHS_net = RHS_expression;
```

(strength0,strength1)表示对 0 和对 1 的驱动强度。

#(delay)表示赋值延时,驱动强度和赋值延时可缺省。

示例如下。

```
wire sum, a, b;
assign (strong1, pull0) sum = a + b;          //assign 连续赋值语句
```

上面的语句中,strong1 和 pull0 分别表示对高电平 1 和低电平 0 的驱动强度。

6.5.2　net 型变量声明时赋值

Verilog HDL 还提供了另一种对 net 型变量赋值的方法,即在 net 型变量声明时对其赋值。如下面的赋值语句等效于上面例子中对 cout 的赋值语句,两者效果相同。

```
wire  a, b;
wire  cout = a & b;                           //等效于 assign  cout = a & b;
```

net 型变量只能声明一次,故声明时只能进行一次赋值。

前面例子中对 sum 变量的赋值,如果改为变量声明时赋值,则如下所示。

```
wire (strong1, pull0)  sum = a + b;           //变量声明时赋值
```

例 6.12 展示了用连续赋值方式定义的 4 位带进位加法器。

例 6.12　用连续赋值方式定义的 4 位带进位加法器。

```
module adder4(
    input wire[3:0] ina, inb,
    input wire cin,
    output wire[3:0] sum,
    output wire cout);
assign {cout, sum} = ina + inb + cin;
endmodule
```

例 6.13 展示了用连续赋值定义的 4 选 1 总线选择器,其输出为 16 位宽的总线,并从输入的 4 路总线中选择 1 路输出。

例 6.13 用连续赋值方式定义的 4 选 1 总线选择器。

```
module select_bus(busout, bus0, bus1, bus2, bus3, enable, s);
parameter n = 16;
parameter Zee = 16'bz;
output[1:n] busout;
input[1:n] bus0, bus1, bus2, bus3;
input enable;
input[1:2] s;
tri[1:n] data;
tri[1:n] busout = enable ? data : Zee;              //变量声明时赋值
assign data = (s == 0) ? bus0 : Zee,                //4 个连续赋值
       data = (s == 1) ? bus1 : Zee,
       data = (s == 2) ? bus2 : Zee,
       data = (s == 3) ? bus3 : Zee;
endmodule
```

如果 enable 为 1,则将 data 的值赋给 busout;如果 enable 为 0,则 busout 为高阻态。

6.5.3 驱动强度

在对如下 net 型标量(位宽为 1)进行连续赋值时,可指定驱动强度:

```
wire, tri, trireg, wand, triand, tri0, wor, trior, tri1
```

在连续赋值时,一个线网信号可能由多个前级输出端同时驱动,该线网最终的逻辑状态将取决于各个驱动端的不同驱动能力,因此有必要对各驱动端的输出驱动能力进行指定。

驱动强度分为对高电平(逻辑 1)的驱动强度和对低电平(逻辑 0)的驱动强度,故驱动强度的声明格式如下。

```
(strength1, strength0)
(对 1 的驱动强度,对 0 的驱动强度)
```

如果未声明驱动强度,则默认为(strong1,strong0)。

对 1 的驱动强度可分为 5 个等级,从强到弱分别为

```
supply1, strong1, pull1, weak1, highz1
```

对 0 的驱动强度也分为 5 个等级,从强到弱分别为

```
supply0, strong0, pull0, weak0, highz0
```

例如:

```
assign (weak1, weak0)   f = a + b;
```

6.6 数据流描述

用数据流描述方式描述电路与用传统逻辑表达式表示电路类似。设计中只要有了布尔代数表达式,就很容易将其用数据流的方式表达,表达方式是用 Verilog HDL 中的逻辑操作符置换布尔运算符。

例如,若逻辑表达式为 $f = ab + \overline{cd}$,则用数据流方式表示为

```
assign f = (a&b)|(~(c&d));
```

例 6.14 是用数据流描述的 4 选 1 MUX,用条件操作符实现。

例 6.14 用条件操作符实现 4 选 1 MUX。

```
module mux4_1c(
    input in1,in2,in3,in4,s0,s1,
    output out);
assign out = s0 ? (s1 ? in4:in2):(s1 ? in3:in1);
endmodule
```

6.6.1 数据流描述加法器

1. 半加器

半加器的真值表如表 6.6 所示,图 6.6 是其原理图,例 6.15 是半加器的数据流描述。

表 6.6 半加器的真值表

输 入		输 出	
a	b	so	co
0	0	0	0
0	1	1	0
1	0	1	0
1	1	0	1

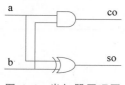

图 6.6 半加器原理图

例 6.15 半加器的数据流描述。

```
module half_add(                    //数据流描述
    input a,b,
    output so,co);
assign so = a^b,   co = a&b;
endmodule
```

2. 全加器

例 6.16 用数据流描述实现 1 位全加器。

```
module full_add(
    input a,b,cin,   output sum,cout);
assign sum = a ^ b ^ cin,           //数据流描述
    cout = (a&b)|(b&cin)|(cin&a);
```

```
endmodule
```

3. 4位加法器

例 6.17　用数据流描述实现 4 位二进制加法器。

```
module add4
    # (parameter MSB = 4)                    //用参数定义位宽
    (input[MSB - 1:0] a, b,
    input cin,
    output[MSB - 1:0] sum,
    output cout);
assign {cout, sum} = a + b + cin;            //数据流描述
endmodule
```

4. 超前进位加法器

4 位超前进位加法器的源码如例 6.18 所示,其 RTL 综合原理图如图 6.7 所示。

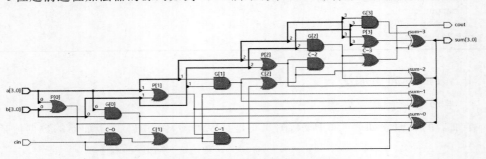

图 6.7　4 位超前进位加法器的 RTL 综合原理图

例 6.18　实现 4 位超前进位加法器。

```
module add4_ahead(
    input[3:0] a, b,
    input cin,
    output[3:0] sum,
    output cout);
wire[3:0] G, P, C;
assign G[0] = a[0]&b[0],                     //产生第 0 位本位值和进位值
       P[0] = a[0]|b[0],
       C[0] = cin,
       sum[0] = G[0]^P[0]^C[0];
assign G[1] = a[1]&b[1],                     //产生第 1 位本位值和进位值
       P[1] = a[1]|b[1],
       C[1] = G[0]|(P[0]&C[0]),
       sum[1] = G[1]^P[1]^C[1];
assign G[2] = a[2]&b[2],                     //产生第 2 位本位值和进位值
       P[2] = a[2]|b[2],
       C[2] = G[1]|(P[1]&C[1]),
       sum[2] = G[2]^P[2]^C[2];
assign G[3] = a[3]&b[3],                     //产生第 3 位本位值和进位值
       P[3] = a[3]|b[3],
       C[3] = G[2]|(P[2]&C[2]),
       sum[3] = G[3]^P[3]^C[3];
assign cout = C[3];                          //产生最高位进位输出
```

```
endmodule
```

5. BCD 码加法器

下例实现的是 2 位 BCD 码加法器,其输入是 2 个 8 位二进制数,结果用 3 位 BCD 码表示、用 `define 定义输出的 3 位十进制数字。

例 6.19　用数据流方式实现 2 位 BCD 码加法器。

```
`define sdig2 sum[11:8]
`define sdig1 sum[7:4]
`define sdig0 sum[3:0]
module add_bcd(
    input [7:0]  op_a,op_b,                    //被加数、加数
    output [11:0] sum);                        //结果,BCD 码
wire[4:0]  s0, s1;
wire  ci;
assign s0 = {1'b0, op_a[3:0]} + op_b[3:0],
       s1 = {1'b0, op_a[7:4]} + op_b[7:4] + ci;
assign ci = (s0 > 9) ? 1'b1 : 1'b0;
assign `sdig0 = (s0 > 9) ? s0[3:0] + 6 : s0[3:0],
       `sdig1 = (s1 > 9) ? s1[3:0] + 6 : s1[3:0],
       `sdig2 = (s1 > 9) ? 4'd1 : 4'd0;
endmodule
```

6.6.2　数据流描述减法器

1. 半减器

半减器只考虑两位二进制数相减,相减的差及是否向高位借位,其真值表如表 6.7 所示。由此可得其表达式,并用数据流描述,见例 6.20,其综合原理图如图 6.8 所示。

表 6.7　半减器真值表

输　　入		输　　出	
a	b	d	co
0	0	0	0
0	1	1	1
1	0	1	0

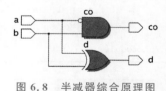

图 6.8　半减器综合原理图

例 6.20　用数据流描述半减器。

```
module half_sub(
    input a, b,
    output d, co);
assign  d = a^b,   co = (~a)&b;
endmodule
```

2. 全减器

全减器除了考虑两位二进制数相减的差,以及是否向高位借位,还要考虑当前位的低位是否曾有借位,用数据流描述的全减器如例 6.21 所示,其综合原理图如图 6.9 所示。

例 6.21　用数据流描述全减器。

```
module full_sub(
    input a, b,
    input cin,                              //低位借位
    output d, co);
assign d = a^b^cin,
        co = (~a&(b^cin))|(b&cin);
endmodule
```

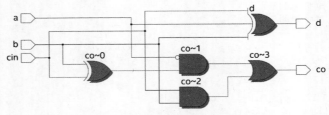

图 6.9　全减器综合原理图

全减器的 Test Bench 测试代码如例 6.22 所示,ModelSim 运行后的仿真波形图如图 6.10 所示,由波形图分析得知全减器功能正确。

例 6.22　全减器的 Test Bench 测试代码。

```
`timescale 1ns/1ns
module fullsub_tb;
reg a,b,cin;
wire d, co;
full_sub u1(.a(a), .b(b), .cin(cin), .d(d), .co(co));
initial begin   a = 0; b = 0; cin = 0;
    repeat(3) begin
    # 20 a <= $ random;   b <= $ random; end
    repeat(3) begin
    # 20 cin <= 1;   a <= $ random;   b <= $ random; end
    # 20 $ stop;
end
endmodule
```

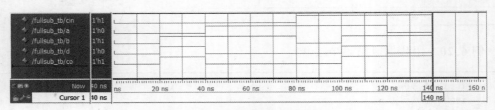

图 6.10　1 位全减器的仿真波形图

3. 4 位二进制减法器

用数据流描述 4 位二进制减法器(无符号)如例 6.23 所示,是由 4 个 1 位全减器(例 6.21)级联构成的,其综合原理图如图 6.11 所示。

例 6.23　用数据流描述 4 位二进制减法器(无符号)。

```
module sub4(
```

```
   input[3:0] a,b,                                    //被减数和减数
   input cin,                                         //低位的借位
   output[3:0] d,                                     //差
   output co);                                        //向高位的借位
   wire[2:0] ci;                                      //用 ci 记录借位
assign d[0]  = (a[0] ^ b[0]) ^ cin;                   //产生第 0 位差和借位
assign ci[0] = (～a[0] & (b[0] ^ cin))|(b[0] & cin);
assign d[1]  = (a[1] ^ b[1]) ^ ci[0];                 //产生第 1 位差和借位
assign ci[1] = (～a[1] & (b[1] ^ ci[0]))|(b[1] & ci[0]);
assign d[2]  = (a[2] ^ b[2]) ^ ci[1];                 //产生第 2 位差和借位
assign ci[2] = (～a[2] & (b[2] ^ ci[1]))|(b[2] & ci[1]);
assign d[3]  = (a[3] ^ b[3]) ^ ci[2];                 //产生第 3 位差和借位
assign co = (～a[3] & (b[3] ^ ci[2]))|(b[3] & ci[2]);
endmodule
```

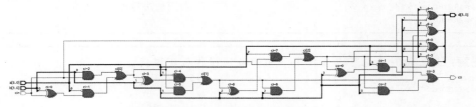

图 6.11　4 位减法器综合原理图

　　4 位减法器的 Test Bench 测试代码如例 6.24 所示,用 ModelSim 运行后的测试波形图如图 6.12 所示,由波形图分析得知减法器功能正确。

　　例 6.24　4 位二进制减法器的 Test Bench 测试代码。

```
`timescale 1ns/1ns
module sub4_tb;
reg[3:0] a,b;
reg cin;
wire[3:0] d;
wire co;
sub4 u1(.a(a), .b(b), .cin(cin), .d(d), .co(co));
initial begin  a = 0; b = 0; cin = 0;
   # 20 a <= 4'b1001;  b <= 4'b0111;
   # 20 a <= 4'b0101;  b <= 4'b1100;
   # 20 a <= 4'b0001;  b <= 4'b1001;  cin <= 1;
   repeat(3) begin
   # 20 a <= { $ random} % 15;                        //a 为 0～15 的一个随机数
        b <= { $ random} % 15;  cin <= 1; end
   # 20 $ stop;
end
endmodule
```

/sub4_tb/a	4'hc	4'h0		4'h9		4'h5		4'h1		4'h8		4'h7		4'hc
/sub4_tb/b	4'h2	4'h0		4'h7		4'hc		4'h9		4'hc		4'h2		
/sub4_tb/cin	1'h1													
/sub4_tb/d	4'h9	4'h0		4'h2		4'h9		4'h7		4'hb		4'h4		4'h9
/sub4_tb/co	1'h0													

图 6.12　4 位二进制减法器的测试波形图

4. 8 位补码减法器

本例实现两个 8 位二进制有符号数减法运算,被减数、减数和结果均用补码形式

表示。

减法器可用加法器实现,假设被减数和减数分别用 x 和 y 表示,结果用 d 表示,则 $d=x-y=x+(\sim y+1)$,故可用加法器实现减法操作。例 6.25 是两个 8 位有符号数减法运算的示例。

例 6.25　8 位有符号数减法运算(被减数、减数和结果均用补码形式表示)。

```verilog
module sub8_sign
  # (parameter MSB = 8)
   (input signed[MSB - 1:0] x,          //有符号被减数
    input signed[MSB - 1:0] y,          //有符号减数
    output signed[MSB - 1:0] d);        //结果
wire signed[MSB - 1:0] temp_y;
assign   temp_y = ~y + 1'b1;
assign d = x + temp_y;                  //用加法器实现减法器
endmodule
```

🦉**注意**:上面的例子也可以直接用下面的减法操作符实现:

```verilog
assign d = x - y;
```

减法操作符是可综合的,综合器可直接将上面的语句翻译为电路,其耗用的 FPGA 资源与上面的例子并无区别,所以加法和减法操作可直接用操作符描述。

编写测试代码对上面的减法器进行测试,如例 6.26 所示。

例 6.26　8 位有符号数减法器的测试代码。

```verilog
`timescale 1ns/1ns
module sub8_sign_tb();
parameter DELY = 20;
parameter N = 8;
reg signed[N - 1:0] x,y;
wire signed[N - 1:0]  d;
sub8_sign # (.MSB(N)) i1(.x(x), .y(y), .d(d));
initial   begin
  x = - 8'sd49; y = 8'sd55;
  # DELY     x = 8'sd107;
  # DELY     y = 8'sd112;
  # DELY     x = - 8'sd72;
  # DELY     y = - 8'sd99;
  repeat(4) begin
  # DELY x <= $ random % 127;              //x 为 - 127~127 的一个随机数
         y <= $ random % 127;   end
  # DELY   $ stop;
  $ display("Running testbench");
end
endmodule
```

上例的测试波形图如图 6.13 所示,可以发现减法结果正确,但有时会溢出。读者可自行完成溢出检测并给出溢出提示的 Verilog 代码。

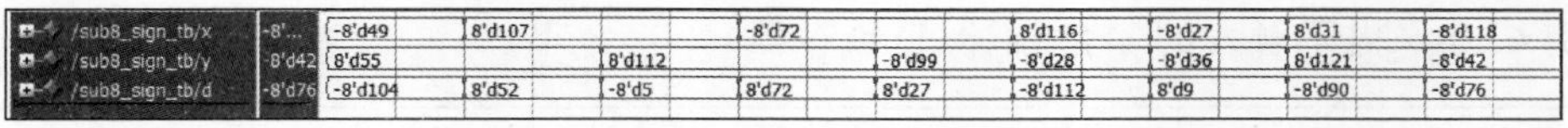

/sub8_sign_tb/x	-8'...	-8'd49		8'd107		-8'd72		8'd116	-8'd27	8'd31	-8'd118
/sub8_sign_tb/y	-8'd42	8'd55		8'd112		-8'd99		-8'd28	-8'd36	8'd121	-8'd42
/sub8_sign_tb/d	-8'd76	-8'd104	8'd52	-8'd5	8'd72	8'd27	-8'd112	8'd9	-8'd90	-8'd76

图 6.13　8 位有符号数减法器的测试波形图

6.6.3　数据流描述触发器

1. SR 锁存器

图 6.14 是 SR 锁存器的逻辑符号(图 6.14(a))和原理图(图 6.14(b)),采用数据流描述方式实现该原理图,代码如例 6.27 所示,图 6.14(c)是该例的综合结果。

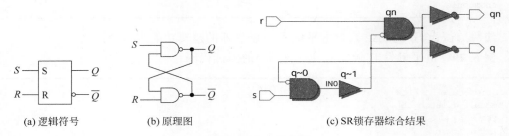

(a) 逻辑符号　　　(b) 原理图　　　(c) SR锁存器综合结果

图 6.14　SR 锁存器

例 6.27　用数据流描述 SR 锁存器。

```
module sr_latch(
    input s,r,
    output q,qn);
assign  q = ~(s & qn),  qn = ~(r & q);
endmodule
```

2. 电平触发的 D 触发器

图 6.15 是电平触发的 D 触发器(或称 D 锁存器)的逻辑符号(图 6.15(a))和原理图(图 6.15(b)),采用数据流描述方式实现该原理图,图 6.15(c)是其综合结果。代码如例 6.28 所示。

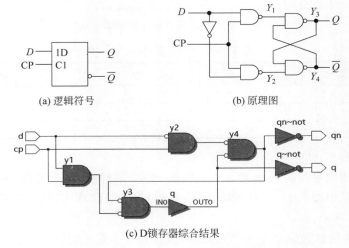

(a) 逻辑符号　　　　　　　　　　　(b) 原理图

(c) D锁存器综合结果

图 6.15　电平触发的 D 触发器(D 锁存器)

例 **6.28**　电平触发的 D 触发器(D 锁存器)。

```
`timescale 1ns/1ns
module d_latch(
    input d,cp,
    output q,qn);
wire y1,y2,y3,y4;
assign   y1 = ～(d & cp),
         y2 = ～(cp & ～d),
         y3 = ～(y1 & y4),
         y4 = ～(y2 & y3);
assign   #3 q = y3, qn = y4;        //#3表示与非门传输延时为2个单位时间(ns)
endmodule
```

编写测试代码(例 6.29),对电平触发 D 触发器的逻辑功能进行测试。

例 **6.29**　电平触发 D 触发器(D 锁存器)的测试代码。

```
`timescale 1ns/1ns
module d_latch_tb();
reg cp;
reg d;
wire q, qn;
initial begin  cp = 1'b0;  d = 1'b0;  end
always #30 cp = ～cp;
always #12  d = ～d;
d_latch u1(.cp(cp), .d(d), .q(q), .qn(qn));
endmodule
```

用 ModelSim 运行上面的测试代码,得到的测试波形图如图 6.16 所示,由波形图可以看出,D 触发器的功能如表 6.8 所示,当 CP 为低电平时,Q 输出端不会变化,只有当 CP 为高电平时,Q 输出端会变化,但存在空翻现象,即在 CP 为高电平期间,Q 输出端随 D 输入端的变化而发生多次状态变化。

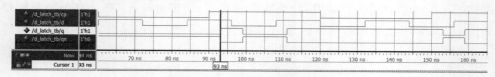

图 6.16　电平触发的 D 锁存器测试波形图

表 6.8　电平触发 D 触发器(D 锁存器)的功能

CP	D^n	Q^{n+1}	功　能
0	Φ	Q^n	保持
1	0	0	置 0
	1	1	置 1

3. 边沿触发的 D 触发器

图 6.17 是边沿触发的 D 触发器的原理图,也称维持阻塞 D 触发器,带有异步清零和异步置 1 端口,其中图 6.17(a)是逻辑符号,图 6.17(b)是原理图,用数据流方式对其进行描述,如例 6.30 所示。

例 **6.30**　边沿触发的 D 触发器(带异步清零和异步置 1 端)。

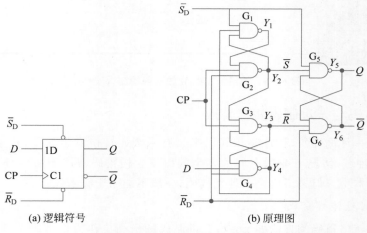

(a) 逻辑符号　　　　　　　　(b) 原理图

图 6.17　带异步清零和异步置 1 的边沿触发的 D 触发器

```
`timescale 1ns/1ns
module dff_edge(
    input d,cp,sd,rd,
    output q,qn);
wire y1,y2,y3,y4,y5,y6;
assign  y1 = ~(sd & y2 & y4),
        y2 = ~(rd & cp & y1),
        y3 = ~(cp & y2 & y4),
        y4 = ~(rd & y3 & d),
        y5 = ~(sd & y2 & y6),
        y6 = ~(rd & y3 & y5);
assign  #3 q = y5;              //#3 表示与非门传输延时为 3 个单位时间(ns)
assign  #3 qn= y6;
endmodule
```

边沿触发 D 触发器的 Test Bench 测试代码如例 6.31 所示，用 ModelSim 运行后的测试波形图如图 6.18 所示，由波形图可看出，边沿触发 D 触发器已经克服了电平触发 D 触发器的空翻现象。

例 6.31　边沿触发的 D 触发器的 Test Bench 测试代码。

```
`timescale 1ns/1ns
module dff_edge_tb();
reg d,cp;
reg rd,sd;
wire q, qn;
initial begin
    cp = 1'b0;  rd = 1'b0; sd= 1'b1; d = 1'b1;
    #35  rd = 1'b1;
    #25  sd = 1'b0;
    #40  sd = 1'b1;
end
always #30 cp = ~cp;
always #12 d = ~d;
dff_edge u1(.cp(cp), .rd(rd), .sd(sd),.d(d), .q(q), .qn(qn));
endmodule
```

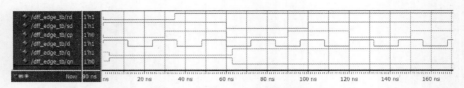

图 6.18　边沿触发的 D 触发器的测试波形图

6.6.4　格雷码与二进制码相互转换

格雷码是一种循环码,特点是相邻码字只有一个比特位发生变化,这就有效降低了在 CDC(跨时钟域)情况下亚稳态问题发生的概率。格雷码常用于通信、FIFO 或 RAM 地址寻址计数器中。但格雷码是一种无权码,一般不能用于算术运算。

1. 二进制码转格雷码

二进制码转格雷码的方法如下:将二进制码的最高位作为格雷码的最高位,格雷码的次高位由二进制码的高位和次高位异或得到,以此类推,转换过程如图 6.19 所示。

可得二进制码转格雷码的一般公式:$gray = bin \string^ (bin \gg 1)$,据此写出数据流描述的 Verilog 代码如例 6.32 所示。

例 6.32　二进制码转格雷码。

```
module bin2gray
    #(parameter WIDTH = 8)              //数据位宽
    (input[WIDTH - 1 : 0] bin,          //二进制码
    output[WIDTH - 1 : 0] gray);        //格雷码
assign gray = bin^(bin >> 1);           //二进制码转格雷码
endmodule
```

2. 格雷码转二进制码

格雷码转二进制码的方法如下:将格雷码的最高位作为二进制码的最高位,二进制码的次高位由二进制码的高位和格雷码的次高位异或得到,以此类推,转换过程如图 6.20 所示。

最高位保留 —— $g_n = b_n$　　　　　　　　　最高位保留 —— $b_n = g_n$

其他各位 —— $g_i = b_{i+1} \oplus b_i$　　　　　其他各位 —— $b_{i-1} = g_{i-1} \oplus b_i$

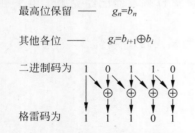

图 6.19　二进制码转格雷码的过程　　　　图 6.20　格雷码转二进制码的过程

最高位无须转换,从次高位开始使用二进制码的高位和格雷码的次高位相异或,可用 generate、for 语句描述,代码如例 6.33 所示。

例 6.33　格雷码转二进制码。

```
module gray2bin
    #(parameter WIDTH = 8)              //数据位宽
    (input[WIDTH - 1 : 0] gray,         //格雷码
```

```
   output[WIDTH - 1 : 0] bin);              //二进制码
assign bin[WIDTH - 1] = gray[WIDTH - 1];   //最高位无须转换
genvar i;
generate                                   //次高位到0,二进制码的高位和格雷码的次高位相异或
   for(i = 0; i <= WIDTH - 2; i = i + 1)
   begin: g2b                              //命名块
   assign bin[i] = bin[i + 1] ^ gray[i];
   end
endgenerate
endmodule
```

6.7 多层次结构电路设计

Verilog HDL 通过模块例化支持层次化的设计,高层模块可以例化下层模块,并通过输入、输出和双向端口互通信息。本节用 8 位累加器的示例介绍在多层次结构电路设计中,带参数模块的例化方法及参数传递的方式。

6.7.1 带参数模块例化

8 位累加器实现对输入的 8 位数据进行累加的功能,可分解为两个子模块:8 位加法器和 8 位寄存器。加法器负责对输入的数据、进位进行累加;寄存器负责暂存累加和,并将累加结果输出、反馈到累加器输入端,以进行下一次累加。

例 6.34 和例 6.35 分别为 8 位加法器与 8 位寄存器的源代码。

例 6.34 8 位加法器的源代码。

```
module add8
   # (parameter MSB = 8, LSB = 0)
   (input[MSB - 1:LSB] a, b,   input cin,
   output[MSB - 1:LSB] sum,
   output cout);
assign {cout, sum} = a + b + cin;
endmodule
```

例 6.35 8 位寄存器的源代码。

```
module reg8
   # (parameter SIZE = 8)
   (input clk, clear,
   input[SIZE - 1:0] in,
   output reg[SIZE - 1:0] qout);
always @(posedge clk, posedge clear)
begin if(clear) qout <= 0;                 //异步清零
      else   qout <= in;   end
endmodule
```

对于顶层模块,可以像例 6.36 这样进行描述。

例 6.36 累加器顶层连接描述。

```
module acc
   # (parameter WIDTH = 8)
```

```
    (input[WIDTH - 1:0] accin,
    input cin,clk,clear,
    output[WIDTH - 1:0] accout,
    output cout);
wire[WIDTH - 1:0] sum;
add8 u1(.cin(cin),.a(accin),.b(accout),.cout(cout),.sum(sum));
    //例化 add8 子模块,端口名关联
reg8 u2(.qout(accout),.clear(clear),.in(sum),.clk(clk));
    //例化 reg8 子模块,端口名关联
endmodule
```

在模块例化时需注意端口的对应关系。例 6.36 中采用的是**端口名关联方式**(对应方式),此种方式例化时可按任意顺序排列端口信号。

还可按照位置对应(或称位置关联)的方式进行模块例化,此时例化端口列表中端口的排列顺序应与模块定义时端口的排列顺序相同。如上面对 add8 和 reg8 的例化,采用位置关联方式应写为下列形式。

```
add8 u3(accin, accout, cin, sum, cout);
    //例化 add8 子模块,端口位置关联
reg8 u4(clk, clear, sum, accout);
    //例化 reg8 子模块,端口位置关联
```

建议采用端口名关联方式进行模块例化,以免出错。

在高层模块中例化下层模块时,下层模块内部定义的参数值被高层模块覆盖,称为**参数传递**或**参数重载**。下面介绍两种参数传递的方式。

6.7.2 用 parameter 进行参数传递

1. 按列表顺序进行参数传递

按列表顺序进行参数传递时,参数的书写顺序必须与参数在原模块中声明的顺序相同,并且不能跳过任何参数。

例 6.37 按列表顺序进行参数传递。

```
module acc16
  # (parameter WIDTH = 16)
  (input[WIDTH - 1:0] accin,
   input cin,clk,clear,
   output[WIDTH - 1:0] accout,
   output cout);
wire[WIDTH - 1:0] sum;
add8 # (WIDTH,0)    //按列表顺序重载参数,参数排列必须与被引用模块中的参数一一对应
u1 (.cin(cin),.a(accin),.b(accout),.cout(cout),.sum(sum));
                    //例化 add8 子模块
reg8 # (WIDTH)      //按列表顺序重载参数
u2 (.qout(accout),.clear(clear),.in(sum),.clk(clk));
                    //例化 reg8 子模块
endmodule
```

例 6.37 用 Vivado 综合后的 RTL 视图如图 6.21 所示,可见,整个设计的尺度已由原来的 8 位变为 16 位,说明参数已经重载。

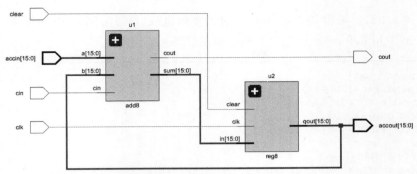

图 6.21 用 Vivado 综合后的 RTL 视图

2. 用参数名进行参数传递

按列表顺序重载参数容易出错,Verilog-2001 标准中增加了用参数名进行参数传递的方式,这种方式允许参数按照任意顺序排列。例 6.37 用参数名进行参数传递可写为例 6.38 所示的形式。

例 6.38 用参数名进行参数传递。

```
module acc16w
  #(parameter WIDTH = 16)
   (input[WIDTH - 1:0] accin,
   input cin,clk,clear,
   output[WIDTH - 1:0] accout,
   output cout);
wire[WIDTH - 1:0] sum;
add8 #(.MSB(WIDTH),.LSB(0))             //用参数名进行参数传递
u1 (.cin(cin),.a(accin),.b(accout),.cout(cout),.sum(sum));
                                       //例化 add8 子模块
reg8 #(.SIZE(WIDTH))                    //用参数名进行参数传递
u2 (.qout(accout),.clear(clear),.in(sum),.clk(clk));
                                       //例化 reg8 子模块

endmodule
```

例 6.38 用 Vivado 综合后的 RTL 视图与例 6.37 相同。在该例中,用 add8 #(.MSB (WIDTH),.LSB(0))修改了 add8 模块中的两个参数。显然此时原来模块中的参数已失效,被顶层例化语句中的参数值代替。

参数传递的两种形式总结如下。

```
模块名 # (.参数 1(参数 1 值),.参数 2(参数 2 值),…) 例化名 (端口列表);
                                       //用参数名进行参数传递
模块名 # (参数 1 值,参数 2 值,…) 例化名 (端口列表);
                                       //按列表顺序进行参数传递
```

6.7.3 用 defparam 进行参数重载

还可以用 defparam 语句更改(重载)下层模块的参数值,defparam 重载语句在例化之前就改变了原模块内的参数值,其使用格式如下。

```
defparam 例化模块名.参数 1 = 参数 1 值, 例化模块名.参数 2 = 参数 2 值,…;
模块名 例化模块名 (端口列表);
```

对于例 6.38,如果用 defparam 语句进行参数重载,可写为例 6.39 的形式。

例 6.39　用 defparam 语句进行参数重载。

```
module acc16_def
  #(parameter WIDTH = 16)
   (input[WIDTH − 1:0] accin,
   input cin,clk,clear,
   output[WIDTH − 1:0] accout,
   output cout);
wire[WIDTH − 1:0] sum;
defparam u1.MSB = WIDTH, u1.LSB = 0;        //用 defparam 进行参数重载
add8 u1 (.cin(cin),.a(accin),.b(accout),.cout(cout),.sum(sum));
                                           //例化 add8 子模块
defparam u2.SIZE = WIDTH;                   //用 defparam 进行参数重载
reg8 u2 (.qout(accout),.clear(clear),.in(sum),.clk(clk));
                                           //例化 reg8 子模块
endmodule
```

defparam 语句是可综合的,例 6.39 的综合结果与例 6.37、例 6.38 相同。

6.8　generate 生成语句

generate 是 Verilog-2001 中新增的语句,generate 语句一般与循环语句(for)、条件语句(if,case)一起使用。为此 Verilog-2001 增加了 4 个关键字:generate、endgenerate、genvar 和 localparam。genvar 是一个新的数据类型,用于 generate 循环的索引变量(控制变量)必须定义为 genvar 数据类型。

6.8.1　generate、for 生成语句

generate 语句和 for 循环语句一起使用,generate 循环可以产生一个对象(如 module、primitive 或者 variable、net、task、function、assign、initial、always)的多个例化,为可变尺度的设计提供便利。

注意: 在使用 generate、for 生成语句时需注意以下几点。

(1) 关键字 genvar 用于定义 for 的索引变量,genvar 变量只作用于 generate 生成块内,在仿真输出中是看不到 genvar 变量的。

(2) for 循环的内容必须加 begin 和 end(即使只有一条语句),且必须为 begin-end 块命名,以便于循环例化展开,也便于对生成语句中的变量进行层次化引用。

例 6.40 展示了一个用 generate 语句描述的 4 位行波进位加法器的示例,它用 generate 语句和 for 循环产生元件的例化和元件间的连接关系。

例 6.40　用 generate 语句描述 4 位行波进位加法器。

```
module add_ripple   #(parameter SIZE = 4)
    (input[SIZE − 1:0] a,b,
    input cin,
    output[SIZE − 1:0] sum,
```

```
        output cout);
wire[SIZE:0] c;
assign c[0] = cin;
generate
    genvar i;                               //声明循环变量,该变量只用于 generate 生成块内部
    for(i = 0;i < SIZE;i = i + 1)
    begin : add                             //generate 循环块命名
    wire n1,n2,n3;
    xor g1(n1,a[i],b[i]);
    xor g2(sum[i],n1,c[i]);
    and g3(n2,a[i],b[i]);
    and g4(n3,n1,c[i]);
    or g5(c[i + 1],n2,n3);    end
endgenerate                                 //generate 生成块结束
assign cout = c[SIZE];
endmodule
```

例 6.40 的 RTL 综合原理图如图 6.22 所示,从图中可以看出,generate 执行过程中,每次循环中都有唯一的名字,如 add[0]、add[1]等,这也是 begin-end 块语句需要起名字的原因之一。

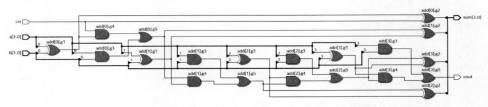

图 6.22　4 位行波进位加法器的 RTL 综合原理图

例 6.41 展示了一个参数化的格雷码到二进制码的转换器模块,采用 generate 语句和 for 循环复制(生成)assign 连续赋值操作实现。

例 6.41　参数化的格雷码到二进制码的转换器模块的实现方法一。

```
module gray2bin1(
    input[SIZE - 1:0] gray,
    output[SIZE - 1:0] bin);
parameter SIZE = 8;
genvar i;                               //声明循环变量
generate
    for (i = 0; i < SIZE; i = i + 1)
    begin : bit
    assign bin[i] = ^ gray[SIZE - 1:i];    //复制 assign 赋值操作
    end
endgenerate
endmodule
```

例 6.42 也可以实现格雷码到二进制码的转换,也用 generate 语句和 for 循环语句实现,不同之处在于复制的是 always 过程块。

例 6.42　参数化的格雷码到二进制码的转换器模块的实现方法二。

```
module gray2bin2(bin, gray);
parameter SIZE = 8;
```

```
output [SIZE - 1:0] bin;
input [SIZE - 1:0] gray;
reg [SIZE - 1:0] bin;
genvar i;
generate for ( i = 0; i < SIZE; i = i + 1)
    begin: bit
    always @(gray[SIZE - 1:i])              //复制 always 过程块
    bin[i] = ^gray[SIZE - 1:i]; end
endgenerate
endmodule
```

例 6.43 用 generate、for 实现两条 N 位总线的按位异或功能。

例 6.43　用 generate、for 实现两条 N 位总线的按位异或功能。

```
module bit_xor(
    input[N - 1 : 0]  bus0 , bus1,
    output[N - 1 : 0]   out);
parameter  N = 8;                    //总线位宽为 8 位
genvar   j;                          //声明循环变量,只用于生成块内部
generate                             //generate 循环例化异或门(xor)
    for(j = 0 ; j < N; j = j + 1)
    begin : xor_bit                  //循环生成块命名
    xor g1(out[j], bus0[j], bus1[j]);
    end
endgenerate                          //结束生成块
endmodule
```

6.8.2　generate、if 生成语句

generate 语句和 if 条件语句一起使用,可根据不同的条件例化不同的对象,此时 if 的条件通常为常量。

以下用 generate 语句描述一个可扩展的乘法器,当乘法器中 a 和 b 的位宽小于 8 时,生成 CLA 超前进位乘法器;否则,生成 WALLACE 树状乘法器。

```
module multiplier(
    input [a_width - 1:0] a,
    input [b_width - 1:0] b,
    output[product_width - 1:0] product);
parameter a_width = 8, b_width = 8;
localparam product_width = a_width + b_width;
generate
    if((a_width < 8) || (b_width < 8))
    CLA_mult # (a_width, b_width)
    u1(a, b, product);
    else
    WALLACE_mult # (a_width, b_width)
    u1(a, b, product);
endgenerate
endmodule
```

6.8.3　generate、case 生成语句

generate 语句和 case 条件语句一起使用,可根据不同的条件例化不同的对象。

例 6.44 用 generate、case 生成语句实现半加器和 1 位全加器的例化，当条件 ADDER 为 0 时，例化半加器；当条件 ADDER 为 1 时，例化全加器。

例 6.44　用 generate、case 生成语句实现半加器和 1 位全加器的例化。

```
module adder_gene(                    //顶层模块
    input a, b, cin,
    output sum, cout);
parameter ADDER = 0;
    generate
    case(ADDER)
    0 : h_adder   u0(.a(a), .b(b), .sum(sum), .cout(cout));
    1 : f_adder   u1(.a(a), .b(b), .cin(cin), .sum(sum),.cout(cout));
    endcase
    endgenerate
endmodule
```

例 6.44 中的半加器和 1 位全加器源代码如例 6.45 所示。

例 6.45　半加器和 1 位全加器源代码。

```
module h_adder(
    input a, b,                       //半加器源代码
    output reg sum, cout);
always @ (a or b)
    {cout, sum} = a + b;
initial   $ display ("Half adder instantiation");
endmodule
module f_adder(
    input a, b, cin,                  //1 位全加器源代码
    output reg sum, cout);
always @ (a or b or cin)
    {cout, sum} = a + b + cin;
initial   $ display ("Full adder instantiation");
endmodule
```

用 generate、for 语句例化 4 个 1 位全加器实现 4 位全加器，源代码如例 6.46 所示。

例 6.46　用 generate、for 语句实现 4 位全加器。

```
module full_adder4(
    input[3:0] a, b,   input  c,
    output[3:0] so,
    output     co);
wire [3:0]    co_temp;
f_adder   u0(                         //单独例化最低位的 1 位全加器
    .a(a[0]),
    .b(b[0]),
    .cin(c == 1'b1 ? 1'b1 : 1'b0),
    .sum(so[0]),
    .cout(co_temp[0]));
genvar i;
generate
    for(i = 1; i <= 3; i = i + 1)     //循环例化其余 3 个 1 位全加器
    begin: adder_gen                  //块命名
    f_adder   u_adder(                //f_adder 源代码见例 6.45
    .a(a[i]),
    .b(b[i]),
```

```
        .cin(co_temp[i-1]),              //上个1位全加器的进位是下一个的进位
        .sum(so[i]),
        .cout(co_temp[i]));
    end
endgenerate
assign  co = co_temp[3];
endmodule
```

例6.46的测试脚本如例6.47所示,其测试波形图如图6.23所示。

例6.47 4位加法器的测试脚本。

```
module adder4_tb;
reg[3:0] a, b;
reg  cin;
wire[3:0] sum;
wire cout;
integer i;
full_adder4 u1(.a(a), .b(b), .c(cin), .so(sum), .co(cout));
initial begin   a <= 0;   b <= 0;   cin <= 0;
  $ monitor("a = 0x%0h  b = 0x%0h  cin = 0x%0h  cout = 0%0h  sum = 0x%0h",
          a, b, cin, cout, sum);
for(i = 0; i < 8; i = i + 1) begin
   #10 a <= $random;
       b <= $random;
   cin <= $random;   end
   end
endmodule
```

	Msgs									
/adder4_tb/a	4'd5	4'd0	4'd4	4'd3	4'd5	4'd13		4'd6	4'd5	
/adder4_tb/b	4'd7	4'd0	4'd1	4'd13	4'd2	4'd6	4'd12	4'd5	4'd7	
/adder4_tb/cin	1'b0									
/adder4_tb/sum	4'd12	4'd0	4'd6	4'd1	4'd8	4'd4	4'd10	4'd11	4'd12	
/adder4_tb/cout	1'b0									
Now	80 ns	10 ns	20 ns	30 ns	40 ns	50 ns	60 ns	70 ns		80
Cursor 1	78 ns									78 ns

图6.23 4位加法器的测试波形图

6.9 三态逻辑设计

当需要信息双向传输时,三态门是必需的。例6.48中分别用例化门元件bufif1和assign语句实现三态门,当该三态门EN为0时,输出为高阻态。

例6.48 实现三态门。

```
//调用门元件bufif1
module triz1(
    input a, en,
    output tri y);
bufif1 g1(y,a,en);
endmodule
```

```
//数据流描述
module triz2(
    input a, en,
    output y);
assign y = en ? a : 1'bz;
endmodule
```

FPGA器件的I/O单元一般具有三态缓存器,这样I/O引脚既可以作为输入,也可以作为输出使用。图6.24是三态缓存I/O单元的示意图,当EN为0(三态门呈现高阻态)时,I/O引脚作为输入端口,否则作为输出端口。

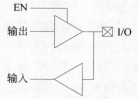

注意：在可综合的设计中，凡赋值为 z 的变量应定义为端口，因为对于 FPGA 器件，三态逻辑仅在器件的 I/O 引脚中是物理存在的。

图 6.24　三态缓存 I/O 单元

设计一个功能类似于 74LS245 的三态双向总线缓冲器，其功能如表 6.9 所示，两个 8 位数据端口（a 和 b）均为双向端口，oe 和 dir 分别为使能端和数据传输方向控制端。设计源码见例 6.49，其 RTL 综合视图如图 6.25 所示。

表 6.9　三态双向总线缓冲器功能

输　　入		输　　出
oe	**dir**	
0	0	b→a
0	1	a→b
1	x	隔开

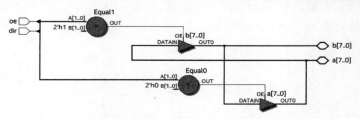

图 6.25　三态双向总线缓冲器 RTL 综合视图

例 6.49　三态双向总线缓冲器的 Verilog 描述。

```
module ttl245(
    input oe,dir,                        //使能信号和方向控制
    inout[7:0] a,b);                     //双向数据线
assign   a = ({oe,dir} == 2'b00) ? b : 8'bz,
         b = ({oe,dir} == 2'b01) ? a : 8'bz;
endmodule
```

6.10　属性

属性用于向仿真工具或综合工具传递信息，控制仿真工具或综合工具的行为和操作。与综合有关的属性包括：

（1）keep；

（2）dont_touch；

（3）fsm_encoding；

（4）use_dsp；

（5）rom_style，ram_style 等。

1. keep 属性

此处以 keep 属性为例说明属性的用法。keep 属性可使综合器保留特定节点，以免该

节点在优化过程中被优化。需要注意的是,keep 属性不能作用于模块的端口上,任何信号(包括 reg、wire 类型数据)都可以设置 keep 属性,但只能在 RTL 源代码中设置。例 6.50 为实现产生短脉冲信号的电路,该电路中有 3 个反相器,如果不采取任何措施,综合器将会减少到只保留一个,故使用 keep 属性语句使综合器保留节点 a、b 和 c。

例 6.50 实现产生短脉冲信号的电路。

```
module pulse_gen(
    input    clk,
    output   pulse);
( * keep = "true" * ) wire a;            //keep 属性的取值可以是"true"或"false"
( * keep = "true" * ) wire b;
( * keep = "true" * ) wire c;
assign a = (~clk);
assign b = (~a);
assign c = (~b);
assign pulse = clk & c;
endmodule
```

例 6.50 综合后生成的 RTL 原理图如图 6.26(a)所示,作为对比,去掉(* keep＝"true" *)语句综合后的原理图如图 6.26(b)所示。

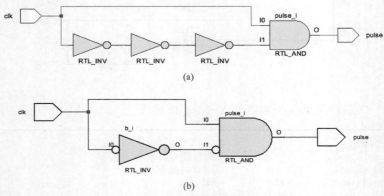

图 6.26 产生短脉冲信号电路的 RTL 原理图

2. dont_touch 属性

dont_touch 属性与 keep 属性作用相同,区别在于 dont_touch 在布局布线过程中仍保持其作用。当其他属性与 dont_touch 属性发生冲突时,dont_touch 属性有更高的优先级。dont_touch 属性可用于配置任意信号、模块,仅可用于 RTL 源代码中,将例 6.50 中的(* keep＝"true" *)改为(* dont_touch＝"yes" *),综合后会与图 6.26(a)的综合视图相同。

dont_touch 属性示例如下。

```
( *  dont_touch = "yes" * ) wire pul;              //wire 示例
assign pul = in1 & in2;
assign cout = pul & in2;                          //pul 不会被优化
( * dont_touch = "yes" * ) module test (clk...     //该层次与端口不会被优化
```

前面提到的其他属性的用法会在相关章节中介绍。需要注意的是,Verilog HDL 没有定义标准的属性,属性的具体用法由综合器、仿真器厂商自定义,尚无统一的标准,不同的综合器、仿真器,属性语句的使用格式也会有所不同。

习题 6

6-1　用连续赋值语句描述一个 8 选 1 数据选择器。

6-2　在 Verilog 中,哪些操作是并发执行的? 哪些操作是顺序执行的?

6-3　采用数据流描述方式实现 4 位二进制减法器功能。

6-4　写出 1 位全加器本位和(SUM)的 UDP 描述。

6-5　写出 4 选 1 多路选择器的 UDP 描述。

6-6　图 6.27 所示是 2 选 1 MUX 门级原理图,请用例化门元件的方式描述该电路。

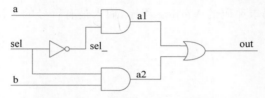

图 6.27　2 选 1 MUX 门级原理图

6-7　分别用结构描述和行为描述方式设计一个基本的 D 触发器。在此基础上,采用结构描述的方式,用 8 个 D 触发器构成 8 位移位寄存器。

6-8　带置数功能的 4 位循环移位寄存器电路如图 6.28 所示,当 load 为 1 时,将 4 位数据 $d_0 d_1 d_2 d_3$ 同步输入寄存器寄存;当 load 为 0 时,电路实现循环移位并输出 $q = q_0 q_1 q_2 q_3$,试将 2 选 1 MUX、D 触发器分别定义为子模块,并采用 generate、for 语句例化两种子模块,实现图 6.28 所示电路功能。

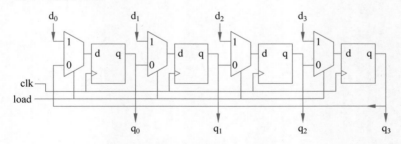

图 6.28　4 位循环移位寄存器电路

6-9　74161 是异步复位/同步置数的 4 位计数器,图 6.29 是由 74161 构成的模 11 计数器,试完成下述任务。

(1) 用 Verilog 设计实现 74161 的功能。

(2) 用模块例化的方式实现图 6.29 所示的模 11 计数器。

6-10　generate 语句中的循环控制变量(索引变量)应该定义为什么数据类型? 试举例说明。

6-11　实现四舍五入功能电路,当输入的一位 8421 码大于 4 时,输出为 1,否则为 0,

试编写 Verilog 程序。

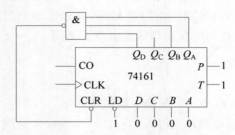

图 6.29 由 74161 构成的模 11 计数器

6-12 设计功能类似 74138 的译码器电路并进行综合。

6-13 采用数据流描述方式实现 8 位加法器并进行综合和仿真。

6-14 试编写将有符号二进制 8 位原码转换为 8 位补码的电路,并进行综合和仿真。

6-15 编写由补码求原码的 Verilog 程序,输入是有符号的 8 位二进制补码数据。

第 7 章

Verilog有限状态机设计

有限状态机(Finite State Machine,FSM)是电路设计的经典方法,尤其是在需要串行控制和高速 A/D、D/A 器件的场合,状态机是解决问题的有效手段,具有速度快、结构简单、可靠性高等优点。

有限状态机非常适合用FPGA 器件实现,用 Verilog HDL 的 case 语句能很好地描述基于状态机的设计,再通过 EDA 工具软件的综合,一般可以生成性能极优的状态机电路,从而使其在运行速度、可靠性和占用资源等方面优于 CPU 实现的方案。

7.1 引言

有限状态机是按照设定好的顺序实现状态转移并产生相应输出的特定机制,是组合逻辑和寄存器逻辑的一种特殊组合:寄存器用于存储状态,包括现态(Current State,CS)和次态(Next State,NS),组合逻辑用于状态译码并产生输出逻辑(Output Logic,OL)。

根据输出信号产生方法的不同,状态机可分为两类:摩尔(Moore)型和米里(Mealy)型。摩尔型状态机的输出只与当前状态有关,如图 7.1 所示;米里型状态机的输出不仅与当前状态相关,还与当前输入直接相关,如图 7.2 所示。米里型状态机的输出是在输入变化后立即变化的,不依赖时钟信号的同步,摩尔型状态机的输入发生变化时还需要等待时钟的到来,状态发生变化才导致输出变化,因此比米里型状态机多等待 1 个时钟周期。

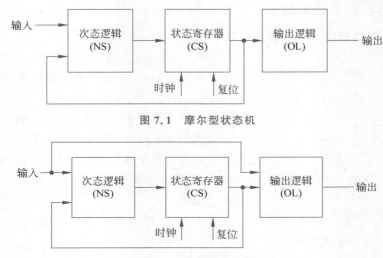

图 7.1 摩尔型状态机

图 7.2 米里型状态机

　　实用的状态机一般设计为同步时序方式,它在时钟信号的触发下完成各状态之间的转移,并产生相应的输出。状态机有三种表示方法:状态图、状态表和流程图,这三种表示方法是等价的,相互之间可以转换。

📛**注意**:状态机可实现任何数字逻辑功能,尤其适用于需要复杂控制时序的场合,以及需要顺序执行的场合,如控制高速 A/D 和 D/A 芯片、控制液晶屏等。

7.2　有限状态机的 Verilog 描述

　　状态机包含三个要素:当前状态,即现态(CS);下一个状态,即次态(NS);输出逻辑(OL)。相应地,用 Verilog HDL 描述有限状态机时,有如下几种方式。

　　(1) 三段式描述:现态、次态、输出逻辑各用一个 always 过程描述。

　　(2) 两段式描述:用一个 always 过程描述现态和次态时序逻辑,另一个 always 过程描述输出逻辑。

　　(3) 单段式描述:将状态机的现态、次态和输出逻辑放在同一个 always 过程中描述。

　　对于两段式描述,相当于一个过程是时钟信号触发的时序过程(一般先用 case 语句检查状态机的当前状态,然后用 if 语句决定下一状态);另一个过程是组合过程,在组合过程中根据当前状态为输出信号赋值。对于摩尔型状态机,其输出只与当前状态有关,因此只需用 case 语句描述即可;对于米里型状态机,其输出与当前状态和当前输入都有关,故可以用 case、if 语句进行组合描述。双过程的描述方式结构清晰,并且将时序逻辑和组合逻辑分开描述,便于修改。

　　在单过程描述方式中,将有限状态机的现态、次态和输出逻辑放在同一个过程中描述,这样做的好处是:相当于用时钟信号同步输出信号,适用于将输出信号作为控制逻辑的场合,可有效避免输出信号带有毛刺从而产生错误的控制逻辑问题。

7.2.1　三段式状态机描述

　　三段式状态机描述:三个 always 块。

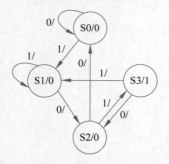

图 7.3　101 序列检测器状态转移图

　　(1) 一个 always 块描述状态转移,同步时序逻辑。

　　(2) 一个 always 块判断状态转移条件,描述状态转移规律,组合逻辑。

　　(3) 一个 always 块描述状态输出,同步时序逻辑。

　　下面以 101 序列检测器的设计为例,介绍状态图的几种描述方式。图 7.3 是 101 序列检测器的状态转移图,共有 4 个状态:S0、S1、S2 和 S3,例 7.1 采用三段式对其进行描述。

　　例 7.1　101 序列检测器的三段式描述(CS、NS、OL 各用一个 always 块描述)。

```
module fsm1_seq101(
```

```
    input clk,clr,x,
    output reg z);
reg[1:0] state,next_state;
parameter S0 = 2'b00,S1 = 2'b01,S2 = 2'b11,S3 = 2'b10;
    /* 状态编码,采用格雷(Gray)编码方式 */
always @(posedge clk, posedge clr)                    /* 此过程定义当前状态 */
begin if(clr) state <= S0;                            //异步复位,S0 为起始状态
    else state <= next_state;   end
always @(state, x) begin                              /* 此过程定义次态 */
    case (state)
    S0:begin if(x) next_state <= S1; else next_state <= S0; end
    S1:begin if(x) next_state <= S1; else next_state <= S2; end
    S2:begin if(x) next_state <= S3; else next_state <= S0; end
    S3:begin if(x) next_state <= S1; else next_state <= S2; end
    default: next_state <= S0;                        /* default 语句 */
    endcase
end
always @ * begin                                      //产生输出逻辑
    case(state)
    S3: z = 1'b1;
    default:z = 1'b0;
    endcase   end
endmodule
```

7.2.2　两段式状态机描述

例 7.2 用两个 always 过程对 101 序列检测器进行描述。

例 7.2　101 序列检测器(CS+NS、OL 双过程描述)。

```
module fsm2_seq101(
    input clk,clr,x,
    output reg z);
reg[1:0] state;
parameter S0 = 2'b00,S1 = 2'b01,S2 = 2'b10,S3 = 2'b11;    /* 采用顺序编码 */
always @(posedge clk, posedge clr) begin                  /* 定义状态转移 */
    if(clr) state <= S0;                                  //S0 为起始状态
    else case(state)
    S0:begin if(x) state <= S1; else state <= S0; end
    S1:begin if(x) state <= S1; else state <= S2; end
    S2:begin if(x) state <= S3; else state <= S0; end
    S3:begin if(x) state <= S1; else state <= S2; end
    default:state <= S0;
    endcase   end
always @(state) begin                                     //产生输出逻辑
    case (state)
    S3: z = 1'b1;
    default:z = 1'b0;
    endcase   end
endmodule
```

7.2.3　单段式描述

将有限状态机的现态、次态和输出逻辑放在一个过程中进行描述(单段式描述),如例 7.3 所示。

例7.3 101序列检测器(CS+NS+OL单段式描述)。

```
module fsm3_seq101(
    input clk,clr,x,
    output reg z);
reg[1:0] state;
parameter S0 = 2'b00,S1 = 2'b01,S2 = 2'b11,S3 = 2'b10;          /*采用格雷码编码*/
always @(posedge clk, posedge clr)
begin   if(clr) state<= S0;
    else case(state)
    S0:begin if(x) begin state<= S1; z = 1'b0;end
        else begin state<= S0; z = 1'b0;end   end
    S1:begin if(x) begin state<= S1; z = 1'b0;end
        else begin state<= S2; z = 1'b0;end   end
    S2:begin if(x) begin state<= S3; z = 1'b0;end
        else begin state<= S0; z = 1'b0;end   end
    S3:begin if(x) begin state<= S1; z = 1'b1;end
        else begin state<= S2; z = 1'b1;end   end
    default:begin state<= S0; z = 1'b0;end               /*default语句*/
endcase   end
endmodule
```

例7.3的RTL综合视图如图7.4所示,可以看出,输出逻辑z也通过D触发器输出,这样做的好处是:相当于用时钟信号来同步输出信号,能克服输出逻辑出现毛刺的问题,适合在将输出信号作为控制逻辑的场合使用,有效避免产生错误控制动作的可能。

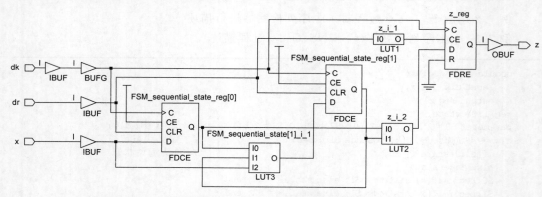

图7.4 单过程描述的101序列检测器的RTL综合视图

例7.4是101序列检测器的Test Bench代码。

例7.4 101序列检测器的Test Bench代码。

```
`timescale 1ns/1ns
module seq_detec_tb;
parameter PERIOD = 20;
reg clk, clr, x;
wire z;
fsm4_seq101 i1(.clk(clk), .clr(clr), .x(x), .z(z));
    //待测模块 fsm4_seq101 源代码见例7.3
//------------------------------------------------
reg[7:0] buffer;
integer i;
task seq_gen(input[7:0] seq);                 //将输入序列封装为任务
    buffer = seq;
```

```
    for(i = 7; i >= 0; i = i-1) begin
        @(negedge clk)
        x = buffer[i];
    end
endtask
//------------------------------------------
initial begin
    clk = 0;  clr = 0;
    @(negedge clk)
    clr = 1;
    seq_gen(8'b10101101);                    //任务例化
    seq_gen(8'b01011101);                    //任务例化
end
always begin                                 //生成时钟信号
    #(PERIOD/2) clk = ~clk;
end
endmodule
```

将例7.4在ModelSim中运行,得到图7.5所示的输出波形图,验证其功能正确。

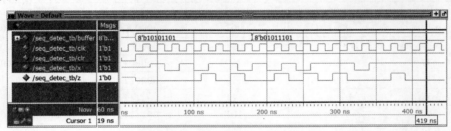

图7.5　101序列检测器的输出波形图

7.3 状态编码

7.3.1 常用的编码方式

在状态机设计中,状态的编码是一个重要的问题,常用的编码方式有顺序编码、格雷编码、Johnson编码和独热码编码等。

1. 顺序编码

顺序编码采用顺序的二进制数编码的每个状态。例如,如果有4个状态分别为state0、state1、state2和state3,其二进制编码各状态对应的码字分别为00、01、10和11。顺序编码的缺点是从一个状态转换到相邻状态时,可能有多个比特位同时发生变化,瞬变次数多,容易产生毛刺,从而引发逻辑错误。

2. 格雷编码

如果将state0、state1、state2和state3这4个状态分别编码为00、01、11和10,即为格雷编码方式。格雷编码节省逻辑单元,而且在状态的顺序转换中(state0→state1→state2→state3→state0→…),相邻状态每次只有一个比特位发生变化,这样既减少了瞬变的次数,也降低了产生毛刺或一些暂态的可能性。

3. Johnson编码

在Johnson计数器的基础上引出Johnson编码。Johnson计数器是一种移位计数器,它将输出的最高位取反,反馈送到最低位触发器的输入端。每相邻两个码字间也是只有 1 个比特位不同。如果有 6 个状态 state0～state5,用 Johnson 编码则分别为 000、001、011、111、110 和 100。

4. 独热码编码

独热码(one-hot)采用 n 位(或 n 个触发器)来编码具有 n 个状态的状态机。例如,对于 state0、state1、state2 和 state3 这 4 个状态,可用码字 1000、0100、0010 和 0001 来代表。如果有 A、B、C、D、E、F 6 个状态需要编码,顺序编码只需 3 位即可,独热码编码则需6 位,分别为 000001、000010、000100、001000、010000 和 100000。

表 7.1 是对 16 个状态分别用上述 4 种编码方式进行编码的对比。可以看出,为 16 个状态编码,顺序编码和格雷编码均需 4 位,Johnson 编码需要 8 位,独热码编码需要 16 位。

表 7.1 4 种编码方式的对比

状　　态	顺 序 编 码	格 雷 编 码	Johnson 编码	独热码编码
state0	0000	0000	00000000	0000000000000001
state1	0001	0001	00000001	0000000000000010
state2	0010	0011	00000011	0000000000000100
state3	0011	0010	00000111	0000000000001000
state4	0100	0110	00001111	0000000000010000
state5	0101	0111	00011111	0000000000100000
state6	0110	0101	00111111	0000000001000000
state7	0111	0100	01111111	0000000010000000
state8	1000	1100	11111111	0000000100000000
state9	1001	1101	11111110	0000001000000000
state10	1010	1111	11111100	0000010000000000
state11	1011	1110	11111000	0000100000000000
state12	1100	1010	11110000	0001000000000000
state13	1101	1011	11100000	0010000000000000
state14	1110	1001	11000000	0100000000000000
state15	1111	1000	10000000	1000000000000000

注意:采用独热码编码,虽然多使用了触发器,但可以有效节省和简化译码电路,FPGA 器件中存在大量触发器,采用独热码编码可提高电路的速度、可靠性及器件资源的利用率,故在 FPGA 设计中可独采用该编码方式。

7.3.2 状态编码的定义

Verilog 中可用于定义状态编码的语句有 parameter、`define 和 localparam。
例如,要为 ST1、ST2、ST3 和 ST4 这 4 个状态进行状态编码,可用如下几种方式。

1. 用 parameter 定义

```
parameter ST1 = 2'b00, ST2 = 2'b01, ST3 = 2'b11, ST4 = 2'b10;
```

2. 用 `define 定义

```
`define ST1   2'b00                    //不要加分号";"
`define ST2   2'b01
`define ST3   2'b11
`define ST4   2'b10
    …
   case(state)
   `ST1: …;                            //调用,不要漏掉符号" `"
   `ST2: …;
```

3. 用 localparam 定义

localparam 是局部参数,其作用范围仅限于本模块内,不可用于参数传递。由于状态编码一般只作用于本模块,故 localparam 适合用于状态机定义,其定义格式如下。

```
localparam   ST1 = 2'b00, ST2 = 2'b01, ST3 = 2'b11, ST4 = 2'b10;
case(state)
    ST1: …;                           //调用
    ST2: …;
```

注意：`define、parameter 和 localparam 都可用于定义参数和常量,三者的用法及作用范围区别如下。

(1) `define：其作用范围是整个工程,能够跨模块,直到遇到 `undef 时失效,所以用 `define 定义常量和参数时,一般将定义语句放在模块外。

(2) parameter：作用于本模块内,可通过参数传递改变下层模块的参数值。

(3) localparam：局部参数,不能用于参数传递,适用于状态机参数的定义。

一般使用 case、casez 和 casex 语句描述状态之间的转换,用 case 语句表述比用 if-else 语句更清晰明了。例 7.5 采用独热码编码方式对例 7.2 的 101 序列检测器进行改写,对 S0~S3 这 4 个状态进行独热码编码,并采用 `define 语句定义。

例 7.5   101 序列检测器(独热码编码)。

```
`define S0   4'b0001                   //一般将 `define 定义语句放在模块外
`define S1   4'b0010                   //独热码编码
`define S2   4'b0100
`define S3   4'b1000
module seq101_onehot(
    input clk,clr,x,
    output reg z);
reg[3:0] state,next_state;
always @(posedge clk or posedge clr)  begin
    if(clr) state <= `S0;             //S0 为起始状态
    else state <= next_state;
end
always @ *   begin
    case(state)
    `S0:begin if(x) next_state <= `S1; else next_state <= `S0; end
    `S1:begin if(x) next_state <= `S1; else next_state <= `S2; end
    `S2:begin if(x) next_state <= `S3; else next_state <= `S0; end
```

```
`S3:begin if(x) next_state <= `S1; else next_state <= `S2; end
   default: next_state <= `S0;
endcase   end
always @ *   begin
   case(state)
   `S3: z = 1'b1;
   default: z = 1'b0;
endcase end
endmodule
```

例 7.6 是一个 1111 序列检测器(若输入序列中有 4 个或 4 个以上连续的 1 出现,则输出为 1,否则输出为 0)的例子,用 localparam 语句进行状态定义,并采用单段式描述。图 7.6 是该序列检测器的状态转换图。

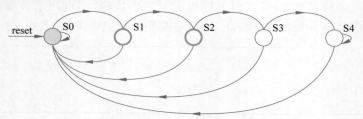

图 7.6   1111 序列检测器的状态转换图

例 7.6   1111 序列检测器(CS＋NS＋OL 单段式描述)。

```
module seq1111_dt(
   input x,clk,reset,
   output reg z);
localparam   S0 = 'd0,S1 = 'd1,S2 = 'd2,S3 = 'd3,S4 = 'd4;
   //用 localparam 进行状态定义
reg[4:0] state;
always @(posedge clk)
begin if(!reset) begin   state <= S0;z <= 0;   end
   else casex(state)
   S0:begin if(x == 0)   begin state <= S0; z <= 0; end
     else   begin   state <= S1; z <= 0;   end end
   S1:begin if(x == 0)   begin state <= S0; z <= 0; end
     else   begin   state <= S2; z <= 0; end end
   S2:begin if(x == 0)   begin state <= S0; z <= 0; end
     else   begin   state <= S3; z <= 0; end end
   S3:begin if(x == 0)   begin   state <= S0; z <= 0; end
     else   begin   state <= S4; z <= 1; end end
   S4:begin if(x == 0)   begin state <= S0; z <= 0; end
     else   begin   state <= S4; z <= 1; end end
   default: state <= S0;            //默认状态
   endcase
end
endmodule
```

编写 1111 序列检测器的 Test Bench 测试代码如下。

例 7.7   1111 序列检测器的 Test Bench 测试代码。

```
`timescale 1ns/100ps
module seq_1111_tb;
parameter PERIOD = 20;
```

```
reg clk, clr, din = 0;
wire z;
seq_detect i1(.clk(clk), .reset(clr), .x(din), .z(z));
reg[19:0] buffer;
integer i;
//------------------------------------------
initial buffer = 20'b1110_1111_1011_1110_1101;
    //将测试数据进行初始化
always@(posedge clk)
    begin {din,buffer} = {buffer,din}; end
    //输入信号 din
initial begin
    clk = 0;  clr = 0;
    @(posedge clk);
    @(posedge clk)  clr = 1;  end
always begin
    #(PERIOD/2) clk = ~clk;  end
endmodule
```

例 7.7 在 ModelSim 中用 run 500ns 命令进行仿真,得到图 7.7 所示的输出波形图。

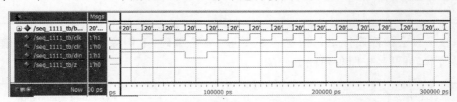

图 7.7　1111 序列检测器的输出波形图

7.3.3　用属性语句指定状态编码

可用属性语句指定状态编码方式。属性语句的格式没有统一的标准,在各种综合工具中是不同的。在 Vivado 软件中用 fsm_encoding 语句控制状态机的编码方式,将属性置于状态寄存器的前面,可设置的值有 auto、one_hot、sequential、gray、johnson、user_encoding、none、compact。

(1) auto——Vivado 自动选择最佳编码方式,一般根据状态的数量选择编码方式,状态数少于 5 个时,选择顺序编码;状态数为 5~50 个时,选择独热码编码方式;状态数超过 50 个时,选择格雷编码方式。

(2) one_hot——独热码编码。

(3) sequential——顺序编码。

(4) gray——格雷编码。

(5) johnson——Johnson 编码。

(6) user_encoding——用户自定义方式,可在代码中用参数定义状态编码。

fsm_encoding 语句可在 RTL 代码或 XDC 文件中声明。

例 7.8 是无重叠型 1101 序列检测器,采用属性语句指定为独热码编码方式。

例 7.8　1101 序列检测器(无重叠型)。

```
module seq _1101(
    input clk, clr,
```

```
    input din,
    output reg z);
localparam[4:0] S0 = 'd0,S1 = 'd1,S2 = 'd2,S3 = 'd3,S4 = 'd4;  //用 localparam 将状态定义为整数
( * fsm_encoding = "one_hot" * ) reg[4:0] cs_state,ns_state;
always @(posedge clk, posedge clr)   begin
    if(clr)   cs_state <= S0;
    else   cs_state <= ns_state;   end
always @ *   begin
    case(cs_state)
    S0: if(din == 1'b1) ns_state = S1;   else ns_state = S0;
    S1: if(din == 1'b1) ns_state = S2;   else ns_state = S0;
    S2: if(din == 1'b0) ns_state = S3;   else ns_state = S2;
    S3: if(din == 1'b1) ns_state = S4;   else ns_state = S0;
    S4: if(din == 1'b1) ns_state = S1;   else ns_state = S0;
    default: ns_state = S0;
    endcase
    end
always @ *   begin
    if(cs_state == S4) z = 1;
    else z = 0;   end
endmodule
```

综合工具会按照属性语句指定的方式进行状态编码,上例综合后查看 LOG 信息栏,其编码如下,可见是按照独热码编码的。

State	New Encoding	Previous Encoding
S0	00001	00000
S1	00010	00001
S2	00100	00010
S3	01000	00011
S4	10000	00100

也可以通过综合器指定状态机编码方式,如在 Vivado 主界面的 Flow Navigator 中单击 Settings,在出现的 Settings 页面中选中 Synthesis 标签页。在 Options 栏中选中 -fsm_extraction 项,在下拉菜单中可以看到 auto、gray、johnson、sequential、one-hot、off 几种选择,如图 7.8 所示,默认值为 auto。

> **注意**:在 HDL 代码中用综合属性 fsm_coding 指定编码方式,其优先级高于-fsm_extraction 设置。

在状态机设计中,还应注意多余状态的处理,尤其是独热码编码,会出现大量多余状态(或称无效状态、非法状态),多余状态可进行如下处理。

(1) 在 case 语句中,用 default 分支决定一旦进入无效状态所采取的措施,但并非所有综合器都能按照 default 语句的指示,综合出有效避免无效死循环的电路,所以此方法的有效性视所用综合软件的性能而定。

(2) 编写必要的 Verilog 源代码,以明确定义进入无效状态所采取的措施。

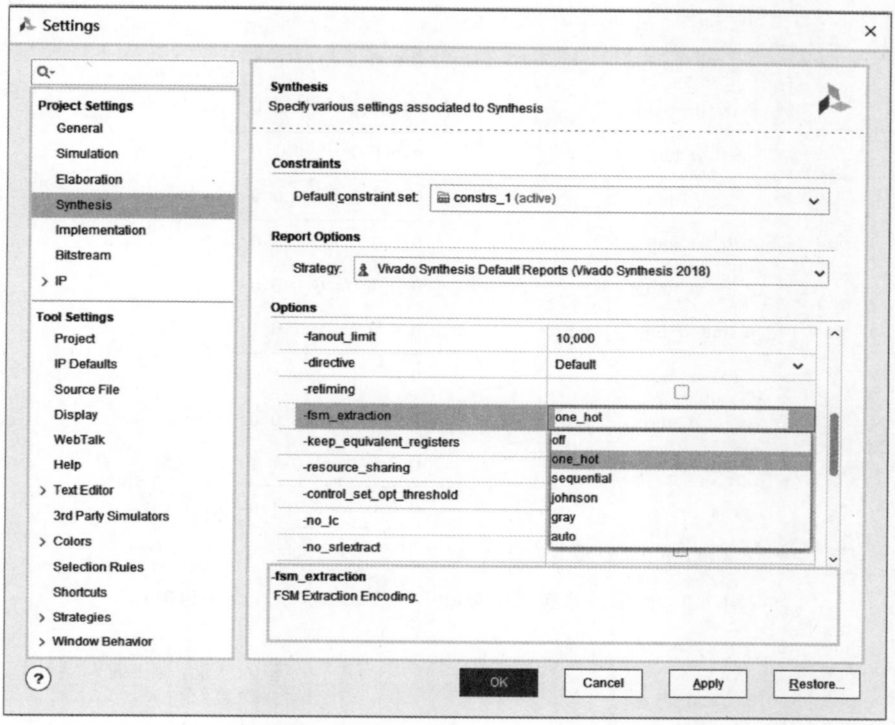

图 7.8　在 Vivado 中指定编码方式

7.4　用有限状态机实现除法器

Verilog HDL 中虽有除法运算符,但其可综合性受到诸多限制,本节采用状态机实现除法器设计。

例 7.9 采用模拟手算除法的方式实现除法操作,其运算过程如下。

假如被除数 a、除数 b 均为位宽为 W 的无符号整数,则其商和余数的位宽不会超过 W 位。

步骤 1:当输入使能信号(EN)为 1 时,在被除数 a 高位补 W 个 0,位宽变为 $2W$($a\_$tmp);在除数 b 低位补 W 个 0,位宽也变为 $2W$($b\_$tmp);初始化迭代次数 $i=0$,到步骤 2。

步骤 2:如迭代次数 $i<W$,将 $a\_$tmp 左移一位(末尾补 0),$i \leqslant i+1$,到步骤 3;否则,结束迭代运算,转步骤 4。

步骤 3:比较 $a\_$tmp 与 $b\_$tmp,如 $a\_$tmp$>b\_$tmp 成立,则 $a\_$tmp$=a\_$tmp$-b\_$tmp$+1$,回到步骤 2 继续迭代;如 $a\_$tmp$>b\_$tmp 不成立,则不做减法,回到步骤 2。

步骤 4:将输出使能信号(done)置 1,商为 $a\_$tmp 的低 W 位,余数为 $a\_$tmp 的高 W 位。

下面通过 13 除以 2 等于 6 余 1 为例来理解上面的步骤,其实现过程如图 7.9 所示。

例 7.9　用有限状态机实现除法器。

```
module divider_fsm
 #(parameter WIDTH = 8)
```

$W=4, i=0$

a:1101→a_tmp:	0 0 0 0 1 1 0 1
b:0010→b_tmp:	0 0 1 0 0 0 0 0
$i=1, a$_tmp<<1	0 0 0 1 1 0 1 0 不够减
b_tmp	0 0 1 0 0 0 0 0
$i=2, a$_tmp<<1	0 0 1 1 0 1 0 0
b_tmp	0 0 1 0 0 0 0 0
a_tmp=a_tmp−b_tmp+1	0 0 0 1 0 1 0 1 减
$i=3$ a_tmp<<1	0 0 1 0 1 0 1 0
b_tmp	0 0 1 0 0 0 0 0
a_tmp=a_tmp−b_tmp+1	0 0 0 0 1 0 1 1 减
$i=4$	0 0 0 1 | 0 1 1 0

不满足$i<W$，结束   余   商

图 7.9 除法操作实现过程(以 13 除以 2 等于 6 余 1 为例)

```
 (input     clk,  rstn,
  input     en,                                //输入使能,为 1 时开始计算
  input [WIDTH − 1:0]  a,                       //被除数
  input [WIDTH − 1:0]  b,                       //除数
  output reg[WIDTH − 1:0]  qout,                //商
  output reg[WIDTH − 1:0]  remain,             //余数
  output   done);                              //输出使能,为 1 时可取走结果
reg [WIDTH * 2 − 1:0]  a_tmp,  b_tmp;
reg [5:0]  i;
localparam  ST = 4'b0001,    SUB = 4'b0010,
           SHIFT = 4'b0100,  DO = 4'b1000;
reg [3:0]  state;
always @(posedge clk, negedge rstn) begin
    if(!rstn)  begin i <= 0;
    a_tmp <= 0; b_tmp <= 0;  state <= ST;  end
    else begin
    case(state)
    ST :  begin
    if(en)  begin
        a_tmp <= {{WIDTH{1'b0}},a};                //高位补 0
        b_tmp <= {b,{WIDTH{1'b0}}};                //低位补 0
        state <= SHIFT;    end
        else  state <= ST; end
    SHIFT : begin
        if(i < WIDTH)  begin
        i <= i + 1;
        a_tmp <= {a_tmp[WIDTH * 2 − 2 : 0], 1'b0};  //左移 1 位
        state <= SUB;   end
        else  state <= DO;   end
    SUB :  begin
        if(a_tmp >= b_tmp)  begin
        a_tmp <= a_tmp − b_tmp + 1'b1;  state <= SHIFT; end
        else  state <= SHIFT;   end
    DO :  begin
        state <= ST;   i <= 0;
        qout <= a_tmp[WIDTH − 1:0];                 //商
```

```
        remain <= a_tmp[WIDTH * 2 - 1:WIDTH]; end        //余数
    endcase
end  end
assign  done = (state == DO) ?  1'b1 :  1'b0;
endmodule
```

编写有限状态机除法器的 Test Bench 测试代码如例 7.10 所示。

例 7.10　有限状态机除法器的 Test Bench 测试代码。

```
`timescale 1ns/1ns
module divider_fsm_tb();
parameter WIDTH = 16;
reg  clk, rstn, en;
wire  done;
reg[WIDTH - 1:0]  a, b;
wire[WIDTH - 1:0] qout, remain;
always #10 clk = ~clk;
integer i;
initial begin
    rstn = 0; clk = 1; en = 0;
    #30 rstn = 1;
    repeat(2) @(posedge clk);
    en <= 1;
    a <= $urandom() % 2000;
    b <= $urandom() % 200;
    wait(done == 1); en <= 0;
    repeat(3) @(posedge clk);
    en <= 1;
    a <= {$random()} % 1000;
    b <= {$random()} % 100;
    wait(done == 1);  en <= 0;
    repeat(3) @(posedge clk);
    a <= {$random()} % 500;
    b <= {$random()} % 500;
    wait(done == 1);  en <= 0;  end
divider_fsm #(.WIDTH(WIDTH))
u1(.clk(clk), .rstn(rstn), .en(en),
    .a(a), .b(b), .qout(qout), .remain(remain), .done(done));
initial begin
    $fsdbDumpvars();
    $fsdbDumpMDA();
    $dumpvars();
    #3200 $stop; end
endmodule
```

例 7.10 的测试输出波形图如图 7.10 所示,可看出除法功能正确。

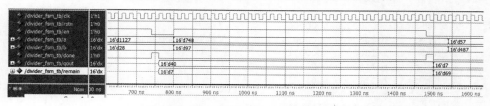

图 7.10　除法运算电路的测试输出波形图

7.5 用有限状态机控制流水灯

采用有限状态机实现流水灯控制器,控制 16 个 LED 灯实现如下演示花型。

(1) 从两边向中间逐个亮,全灭。

(2) 从中间向两边逐个亮,全灭。

(3) 循环执行上述过程。

1. 流水灯控制器

流水灯控制器如例 7.11 所示,采用了双段式描述方式。

例 7.11 用状态机控制 16 路 LED 灯实现花型演示。

```verilog
`timescale 1ns/1ps
module ripple_led(
    input sys_clk,                          //时钟信号
    input sys_rst,                          //复位信号
    output reg[15:0] led);
reg[4:0] state;
parameter S0 = 'd0,S1 = 'd1,S2 = 'd2,S3 = 'd3,S4 = 'd4,S5 = 'd5,S6 = 'd6,S7 = 'd7,
S8 = 'd8,S9 = 'd9,S10 = 'd10,S11 = 'd11,S12 = 'd12,S13 = 'd13,S14 = 'd14,
S15 = 'd15,S16 = 'd16,S17 = 'd17;
//-------------------------------------
wire clk10hz;
clk_div  #(10) u1(                          //产生 10Hz 时钟信号
  .clk(sys_clk),
  .clr(sys_rst),
  .clk_out(clk10hz));
always @(posedge clk10hz) begin             //状态转移
  if(!sys_rst) state <= S0;                 //同步复位
   else   case(state)
  S0: state <= S1;        S1: state <= S2;
  S2: state <= S3;        S3: state <= S4;
  S4: state <= S5;        S5: state <= S6;
  S6: state <= S7;        S7: state <= S8;
  S8: state <= S9;        S9: state <= S10;
  S10: state <= S11;      S11: state <= S12;
  S12: state <= S13;      S13: state <= S14;
  S14: state <= S15;      S15: state <= S16;
  S16: state <= S17;      S17: state <= S0;
  default: state <= S0;
  endcase
end
always @(state)  begin                      //产生输出逻辑
  case(state)
  S0 :led <= 16'b0000000000000000;          //全灭
  S1 :led <= 16'b1000000000000001;          //从两边向中间逐个亮
  S2 :led <= 16'b1100000000000011;
  S3 :led <= 16'b1110000000000111;
  S4 :led <= 16'b1111000000001111;
  S5 :led <= 16'b1111100000011111;
  S6 :led <= 16'b1111110000111111;
  S7 :led <= 16'b1111111001111111;
  S8 :led <= 16'b1111111111111111;
  S9 :led <= 16'b0000000000000000;          //全灭
```

```
S10:led < = 16'b0000000110000000;              //从中间向两边逐个亮
S11:led < = 16'b0000001111000000;
S12:led < = 16'b0000011111100000;
S13:led < = 16'b0000111111110000;
S14:led < = 16'b0001111111111000;
S15:led < = 16'b0011111111111100;
S16:led < = 16'b0111111111111110;
S17:led < = 16'b1111111111111111;
default:led < = 16'b0000000000000000;
endcase;
end
endmodule
```

2. 分频子模块

例 7.11 中分频子模块 clk_div 的源代码如例 7.12 所示,此分频模块将需要产生的频率用参数 parameter 定义,而产生此频率所需的分频比由参数 NUM(默认由 100MHz 系统时钟分频得到)指定,NUM 参数不需要跨模块传递,故用 localparam 语句定义。

例 7.12 分频子模块 clk_div 的源代码。

```
module clk_div(
    input clk,
    input clr,
    output   reg clk_out);
parameter FREQ = 1000;                     //所需频率
localparam NUM = 'd100_000_000/(2 * FREQ);  //得出分频比
reg[29:0] count;
always @ (posedge clk, negedge clr)
begin
    if(~clr)   begin clk_out < = 0;count < = 0;   end
    else if(count == NUM − 1)
    begin count < =  0;clk_out < =  ~clk_out;   end
    else begin   count < = count + 1;   end
end
endmodule
```

3. 引脚分配与锁定

引脚约束文件 .xdc 的内容如下。

```
set_property − dict {PACKAGE_PIN P17 IOSTANDARD LVCMOS33} [get_ports sys_clk]
set_property − dict {PACKAGE_PIN P15 IOSTANDARD LVCMOS33} [get_ports sys_rst]
set_property − dict {PACKAGE_PIN F6 IOSTANDARD LVCMOS33} [get_ports {led[15]}]
set_property − dict {PACKAGE_PIN G4 IOSTANDARD LVCMOS33} [get_ports {led[14]}]
set_property − dict {PACKAGE_PIN G3 IOSTANDARD LVCMOS33} [get_ports {led[13]}]
set_property − dict {PACKAGE_PIN J4 IOSTANDARD LVCMOS33} [get_ports {led[12]}]
set_property − dict {PACKAGE_PIN H4 IOSTANDARD LVCMOS33} [get_ports {led[11]}]
set_property − dict {PACKAGE_PIN J3 IOSTANDARD LVCMOS33} [get_ports {led[10]}]
set_property − dict {PACKAGE_PIN J2 IOSTANDARD LVCMOS33} [get_ports {led[9]}]
set_property − dict {PACKAGE_PIN K2 IOSTANDARD LVCMOS33} [get_ports {led[8]}]
set_property − dict {PACKAGE_PIN K1 IOSTANDARD LVCMOS33} [get_ports {led[7]}]
set_property − dict {PACKAGE_PIN H6 IOSTANDARD LVCMOS33} [get_ports {led[6]}]
set_property − dict {PACKAGE_PIN H5 IOSTANDARD LVCMOS33} [get_ports {led[5]}]
set_property − dict {PACKAGE_PIN J5 IOSTANDARD LVCMOS33} [get_ports {led[4]}]
set_property − dict {PACKAGE_PIN K6 IOSTANDARD LVCMOS33} [get_ports {led[3]}]
```

```
set_property - dict {PACKAGE_PIN L1 IOSTANDARD LVCMOS33} [get_ports {led[2]}]
set_property - dict {PACKAGE_PIN M1 IOSTANDARD LVCMOS33} [get_ports {led[1]}]
set_property - dict {PACKAGE_PIN K3 IOSTANDARD LVCMOS33} [get_ports {led[0]}]
```

用 Vivado 软件进行综合,然后在 EGO1 平台上下载,实际观察 16 个 LED 灯的演示花型。采用有限状态机控制彩灯,结构清晰,便于修改。还可在本设计的基础上编程,实现更多演示花型。

7.6 用状态机控制字符型液晶显示模块

常用的字符型液晶显示模块是 LCD1602,可以显示 16×2 个 5×7 大小的点阵字符。字符型液晶显示模块属于慢显示设备,平时多用单片机对其进行控制和读/写。用 FPGA 驱动 LCD1602,最好的方法是采用状态机,通过同步状态机模拟单步执行驱动 LCD1602,可实现对 LCD1602 的读/写,也体现了用状态机逻辑可很好地模拟和实现单步执行。

1. LCD1602 及端口

市面上的 LCD1602 基本上是兼容的,区别仅在于是否有背光,其驱动芯片都是 HD44780 及其兼容芯片,在驱动芯片的字符发生存储器中固化了 192 个常用字符的字模。

LCD1602 的接口基本一致,为 16 引脚的单排插针接口,其排列如图 7.11 所示,引脚功能如表 7.2 所示。

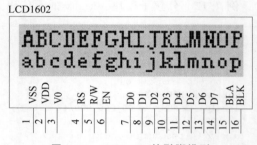

图 7.11 LCD1602 的引脚排列

表 7.2 LCD1602 的引脚功能

引 脚 号	引 脚 名 称	引 脚 功 能
1	VSS	接地
2	VDD	电源正极
3	V0	背光偏压,液晶显示器对比度调整端
4	RS	数据/指令,0 为指令,1 为数据
5	R/W	读/写选择,0 为写,1 为读
6	EN	使能信号
7~14	D[0]~D[7]	8 位数据
15	BLA	背光阳极
16	BLK	背光阴极

LCD1602 控制线主要分为以下 4 类。

(1) RS:数据/指令选择端,当 RS=0 时,写指令;当 RS=1 时,写数据。

(2) R/W:读/写选择端,当 R/W=0 时,写数据/指令;当 R/W=1 时,读数据/指令。

(3) EN:使能端,下降沿使数据/指令生效。

(4) D[0]~D[7]:8 位双向数据线。

2. LCD1602 的数据读/写时序

LCD1602 的数据读/写时序如图 7.12 所示,其读/写时序由使能信号 EN 完成;对读/写操作的识别是判断 R/W 信号上的电平状态,当 R/W 为 0 时向显示数据存储器写数据,数据在使能信号 EN 的上升沿被写入;当 R/W 为 1 时将液晶显示模块的数据读出;RS 信号用于识别数据总线 DB0～DB7 上的数据是指令还是显示数据。

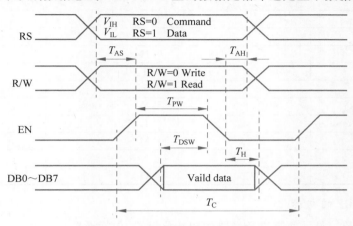

图 7.12　LCD1602 的数据读/写时序

3. LCD1602 的指令集

LCD1602 的读/写操作、屏幕和光标的设置都是通过指令实现的,共支持 11 条控制指令,这些指令可查阅相关资料。需要注意的是,液晶显示模块属于慢显示设备,因此,在执行每条指令之前,一定要确认模块的忙标志为低电平(表示不忙),否则此指令失效。显示字符时要先输入显示字符的地址,也就是明确显示字符的位置,表 7.3 是 LCD1602 的内部显示地址。

表 7.3　LCD1602 的内部显示地址

显示位置	1	2	3	4	5	6	7	8	9	10	11	12	13	14	15	16
第 1 行	80	81	82	83	84	85	86	87	88	89	8A	8B	8C	8D	8E	8F
第 2 行	C0	C1	C2	C3	C4	C5	C6	C7	C8	C9	CA	CB	CC	CD	CE	CF

4. LCD1602 的字符集

LCD1602 内部的字符发生存储器中固化了 192 个常用字符的字模,其中,常用的 128 个阿拉伯数字、大小写英文字母和符号与代码的对应关系如表 7.4 所示(十六进制表示)。例如,大写英文字母 A 的代码是 41H,将 41H 写入 LCD,就能在屏幕上显示字母 A。

表 7.4　字符发生存储器中常用字符与代码的对应关系

低　位	高　位						
	0	**2**	**3**	**4**	**5**	**6**	**7**
0	CGRAM		0	@	P	\	p
1		!	1	A	Q	a	q
2		"	2	B	R	b	r
3		#	3	C	S	c	s
4		$	4	D	T	d	t
5		%	5	E	U	e	u

续表

低　　位	高　　位						
	0	**2**	**3**	**4**	**5**	**6**	**7**
6		&	6	F	V	f	v
7		,	7	G	W	g	w
8		(	8	H	X	h	x
9		)	9	I	Y	i	y
a		*	:	J	Z	j	z
b		+	;	K	[	k	{
c		,	<	L	¥	l	|
d		—	=	M	]	m	}
e		.	>	N	^	n	→
f		/	?	O	_	o	←

5. LCD1602 的初始化

LCD1602 开始显示前需进行必要的初始化设置,包括设置显示模式、显示地址等,初始化指令及其功能如表 7.5 所示。

表 7.5　LCD1602 的初始化指令及其功能

初始化过程	初始化指令	功　　能
1	8'h38,8'h30	设置显示模式:16×2 显示,5×8 点阵,8 位数据接口
2	8'h0c	打开显示,光标不显示(如要显示光标可改为 8'h0e)
3	8'h06	光标设置:光标右移,字符不移
4	8'h01	清屏,将以前的显示内容清除
行地址	1 行: 'h80	第 1 行地址
	2 行: 'hc0	第 2 行地址

6. 用状态机驱动 LCD1602 实现字符的显示

用 FPGA 驱动 LCD1602,其实就是用同步状态机模拟单步执行驱动 LCD1602,其过程是先初始化 LCD1602,然后写地址,最后写入显示数据。

注意:使用 LCD1602 时应注意如下几点。

(1) LCD1602 的初始化过程主要由以下 4 条写指令配置。

- 工作方式设置 MODE_SET: 8'h38 或 8'h30,分别表示 2 行显示或 1 行显示。
- 显示开/关及光标设置 CURSOR_SET: 8'h0c。
- 显示模式设置 ENTRY_SET: 8'h06。
- 清屏设置 CLEAR_SET: 8'h01。

由于是写指令,所以 RS=0;写完指令后,EN 下降沿使能。

(2) 初始化完成后,需写入地址,第一行初始地址是 8'h80,第二行初始地址是 8'hc0。写入地址时,RS=0,写完地址后,EN 下降沿使能。

(3) 写入地址后,开始写入显示数据。需注意地址指针每写入一个数据会自动加 1。写入数据时,RS=1,写完数据后,EN 下降沿使能。

（4）动态显示中数据要刷新，由于采用了同步状态机模拟 LCD1602 的控制时序，所以显示完最后的数据后，状态要跳回写入地址状态，便于动态刷新。

例 7.13 是用状态机驱动 LCD1602 实现字符和数字显示的代码。由于 LCD1602 是慢速器件，所以应合理设置工作时钟频率，本例采用了计数延时使能驱动，通过计数器得出 lcd_clk_en 信号驱动，其间隔为 500ns，如果延时长一些会更可靠。

例 7.13 用状态机驱动 LCD1602 实现字符和数字的显示。

```
module lcd1602
  (input sys_clk,                          //100MHz 时钟
   input sys_rst,                          //系统复位
   output bla,                             //背光阳极 +
   output blk,                             //背光阴极 −
   output reg lcd_rs,
   output lcd_rw,
   output reg lcd_en,
   output reg [7:0] lcd_data);
parameter MODE_SET = 8'h30,                //用于液晶显示模块初始化的参数
    //工作方式设置:D4 = 1,8 位数据接口;D3 = 0,1 行显示;D2 = 0,5×8 点阵显示
          CURSOR_SET = 8'h0c,
    //显示开关设置:D2 = 1,显示开;D1 = 0,光标不显示;D0 = 0,光标不闪烁
          ENTRY_SET = 8'h06,
    //进入模式设置:D1 = 1,写入新数据光标右移;D0 = 0,显示不移动
          CLEAR_SET = 8'h01;              //清屏
//--------- 产生 1Hz 秒表时钟信号 ----------------
wire clk_1hz;
clk_div   #(1)   u1(                       //产生 1Hz 秒表时钟信号
  .clk(sys_clk),                           //clk_div 源代码见例 7.12
  .clr(1),
  .clk_out(clk_1hz));
//--------- 秒表计时,每 10 分钟重新循环 -----------------
reg[7:0] sec;
reg[3:0] min;
always @(posedge clk_1hz, negedge sys_rst) begin
    if(!sys_rst)   begin sec <= 0; min <= 0; end
    else   begin
        if(min == 9&&sec == 8'h59)
        begin min <= 0; sec <= 0; end
        else if(sec == 8'h59)
         begin min <= min + 1; sec <= 0;   end
        else if(sec[3:0] == 9)
         begin sec[7:4] <= sec[7:4] + 1;   sec[3:0] <= 0; end
        else sec[3:0] <= sec[3:0] + 1;
end   end
//----------- 产生 LCD1602 使能驱动 lcd_clk_en -------------
reg [31:0] cnt;
reg lcd_clk_en;
always @(posedge sys_clk, negedge sys_rst) begin
    if(!sys_rst)
    begin   cnt <= 1'b0;   lcd_clk_en <= 1'b0;   end
    else if(cnt == 32'h49999)               //500μs
     begin   cnt <= 1'b0;   lcd_clk_en <= 1'b1;   end
    else   begin   cnt <= cnt + 1'b1;   lcd_clk_en <= 1'b0;   end
end
//--------------- LCD1602 显示状态机 ----------------------
wire[7:0] sec0, sec1, min0;                 //秒表的秒、分数据(ASCII 码)
wire[7:0] addr;                             //写地址
```

```
reg[4:0] state;
assign min0 = 8'h30 + min;
assign sec0 = 8'h30 + sec[3:0];
assign sec1 = 8'h30 + sec[7:4];
assign addr = 8'h80;                            //赋初始地址
always@(posedge sys_clk, negedge sys_rst) begin
    if(!sys_rst)  begin
        state <= 1'b0;        lcd_rs <= 1'b0;
        lcd_en <= 1'b0;       lcd_data <= 1'b0;   end
    else if(lcd_clk_en) begin
    case(state)                                 //初始化
    5'd0: begin
        lcd_rs <= 1'b0;   lcd_en <= 1'b1;
        lcd_data <= MODE_SET;                   //显示格式设置:8位格式,2行,5×7
        state <= state + 1'd1;   end
    5'd1: begin  lcd_en <= 1'b0;   state <= state + 1'd1;   end
    5'd2: begin  lcd_rs <= 1'b0;   lcd_en <= 1'b1;
        lcd_data <= CURSOR_SET;   state <= state + 1'd1;   end
    5'd3: begin  lcd_en <= 1'b0;   state <= state + 1'd1;   end
    5'd4: begin  lcd_rs <= 1'b0;   lcd_en <= 1'b1;
        lcd_data <= ENTRY_SET;   state <= state + 1'd1;   end
    5'd5: begin  lcd_en <= 1'b0; state <= state + 1'd1;   end
    5'd6: begin  lcd_rs <= 1'b0;   lcd_en <= 1'b1;
        lcd_data <= CLEAR_SET;
        state <= state + 1'd1;   end
    5'd7: begin  lcd_en <= 1'b0;   state <= state + 1'd1;   end
     5'd8: begin                                //显示
        lcd_rs <= 1'b0;   lcd_en <= 1'b1;
        lcd_data <= addr;                       //写地址
        state <= state + 1'd1;   end
    5'd9: begin  lcd_en <= 1'b0;   state <= state + 1'd1;   end
    5'd10: begin
        lcd_rs <= 1'b1;   lcd_en <= 1'b1;
        lcd_data <= min0 ;                      //写数据
        state <= state + 1'd1;   end
    5'd11: begin  lcd_en <= 1'b0;   state <= state + 1'd1;   end
    5'd12: begin  lcd_rs <= 1'b1;   lcd_en <= 1'b1;
        lcd_data <= "m";                        //写数据
        state <= state + 1'd1;   end
    5'd13: begin  lcd_en <= 1'b0; state <= state + 1'd1;   end
    5'd14: begin  lcd_rs <= 1'b1;   lcd_en <= 1'b1;
        lcd_data <= "i";                        //写数据
        state <= state + 1'd1;   end
    5'd15: begin  lcd_en <= 1'b0;   state <= state + 1'd1;   end
    5'd16: begin  lcd_rs <= 1'b1;   lcd_en <= 1'b1;
        lcd_data <= "n";                        //写数据
        state <= state + 1'd1;   end
    5'd17: begin  lcd_en <= 1'b0;   state <= state + 1'd1;   end
    5'd18: begin  lcd_rs <= 1'b1;   lcd_en <= 1'b1;
        lcd_data <= " ";                        //显示空格
        state <= state + 1'd1;   end
    5'd19: begin  lcd_en <= 1'b0;   state <= state + 1'd1;   end
    5'd20: begin  lcd_rs <= 1'b1;   lcd_en <= 1'b1;
        lcd_data <= sec1;                       //显示秒数据,十位
        state <= state + 1'd1;   end
    5'd21: begin  lcd_en <= 1'b0;   state <= state + 1'd1;   end
    5'd22: begin  lcd_rs <= 1'b1;   lcd_en <= 1'b1;
        lcd_data <= sec0;                       //显示秒数据,个位
        state <= state + 1'd1;   end
    5'd23: begin  lcd_en <= 1'b0; state <= state + 1'd1;   end
```

```
5'd24: begin   lcd_rs <= 1'b1;   lcd_en <= 1'b1;
    lcd_data <= "s";                      //写数据
    state <= state + 1'd1;   end
5'd25: begin   lcd_en <= 1'b0;   state <= state + 1'd1;   end
5'd26: begin   lcd_rs <= 1'b1;   lcd_en <= 1'b1;
    lcd_data <= "e";                      //写数据
    state <= state + 1'd1;   end
5'd27: begin   lcd_en <= 1'b0;   state <= state + 1'd1;   end
5'd28: begin   lcd_rs <= 1'b1;   lcd_en <= 1'b1;
    lcd_data <= "c";                      //写数据
    state <= state + 1'd1;   end
5'd29: begin   lcd_en <= 1'b0; state <= 5'd8;   end
default: state <= 5'bxxxxx;
endcase
end   end
assign lcd_rw = 1'b0;                     //只写
assign blk = 1'b0, bla = 1'b1;            //背光驱动
endmodule
```

引脚约束文件.xdc 的内容如下。

```
# /////////////////////////////////时钟与复位/////////////////////////////////
set_property - dict {PACKAGE_PIN P17 IOSTANDARD LVCMOS33} [get_ports sys_clk]
set_property - dict {PACKAGE_PIN P15 IOSTANDARD LVCMOS33} [get_ports sys_rst]
# /////////////////////////////////LCD1602 接口/////////////////////////////////
set_property - dict {PACKAGE_PIN D17 IOSTANDARD LVCMOS33} [get_ports lcd_en]
set_property - dict {PACKAGE_PIN J13 IOSTANDARD LVCMOS33} [get_ports lcd_rw]
set_property - dict {PACKAGE_PIN G17 IOSTANDARD LVCMOS33} [get_ports lcd_rs]
set_property - dict {PACKAGE_PIN B14 IOSTANDARD LVCMOS33} [get_ports {lcd_data[7]}]
set_property - dict {PACKAGE_PIN C14 IOSTANDARD LVCMOS33} [get_ports {lcd_data[6]}]
set_property - dict {PACKAGE_PIN A11 IOSTANDARD LVCMOS33} [get_ports {lcd_data[5]}]
set_property - dict {PACKAGE_PIN E16 IOSTANDARD LVCMOS33} [get_ports {lcd_data[4]}]
set_property - dict {PACKAGE_PIN C15 IOSTANDARD LVCMOS33} [get_ports {lcd_data[3]}]
set_property - dict {PACKAGE_PIN G16 IOSTANDARD LVCMOS33} [get_ports {lcd_data[2]}]
set_property - dict {PACKAGE_PIN F16 IOSTANDARD LVCMOS33} [get_ports {lcd_data[1]}]
set_property - dict {PACKAGE_PIN G14 IOSTANDARD LVCMOS33} [get_ports {lcd_data[0]}]
set_property - dict {PACKAGE_PIN F14 IOSTANDARD LVCMOS33} [get_ports bla]
set_property - dict {PACKAGE_PIN A18 IOSTANDARD LVCMOS33} [get_ports blk]
```

将 LCD1602 液晶显示模块连接至目标板的扩展接口上，电源接 3.3V，背光偏压 V_0 接地（V_0 是液晶显示器对比度调整端，接地时对比度达到最大，通过电位器将其调节到 0.3～0.4V 即可）。对程序进行综合，然后在目标板上下载，当复位键（SW0）为高时，可观察到 LCD1602 液晶显示器上的分秒计时显示效果，如图 7.13 所示。

图 7.13　LCD1602 液晶显示器上的分秒计时显示效果

习题 7

7-1　设计一个"1001"串行数据检测器，其输入、输出如下所示。

输入 x：000 101 010 010 011 101 001 110 101

输出 z：000 000 000 010 010 000 001 000 000

7-2 设计一个111串行数据检测器。要求：当检测到连续3个或3个以上的1时，输出1，其他情况下输出0。

7-3 设计8路彩灯控制电路，要求彩灯实现如下3种演示花型。

(1) 8路彩灯同时亮灭。

(2) 从左向右逐个亮(每次只有1路灯亮)。

(3) 8路彩灯每次4路灯亮，4路灯灭，且亮灭相间，交替亮灭。

7-4 用状态机设计一个交通灯控制器，要求A、B每路都有红、黄、绿3种灯，持续时间为红灯45s、黄灯5s、绿灯40s。A路和B路灯的状态转换如下。

(1) A红，B绿(持续40s)。

(2) A红，B黄(持续5s)。

(3) A绿，B红(持续40s)。

(4) A黄，B红(持续5s)。

7-5 已知某同步时序电路状态机如图7.14所示，试设计满足上述状态机的时序电路，用Verilog HDL描述实现该电路，并进行综合和仿真，电路要求有时钟信号和同步复位信号。

7-6 用状态机实现32位无符号整数除法电路。

7-7 设计一个汽车尾灯控制电路：已知汽车左右两侧各有3个尾灯，如图7.15所示，要求控制尾灯按如下规则亮/灭。

(1) 汽车沿直线行驶时，两侧的指示灯全灭。

(2) 汽车右转弯时，左侧的指示灯全灭，右侧的指示灯按000、100、010、001、000循环顺序点亮。

(3) 汽车左转弯时，右侧的指示灯全灭，左侧的指示灯按与右侧同样的循环顺序点亮。

(4) 在直行时刹车，两侧的指示灯全亮；在转弯时刹车，转弯侧的指示灯按上述循环顺序点亮，另一侧的指示灯全亮。

(5) 汽车临时故障或紧急状态时，两侧的指示灯闪烁。

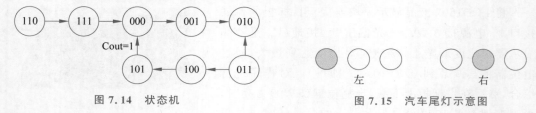

图7.14 状态机   图7.15 汽车尾灯示意图

汽车尾灯控制器的参考设计如例7.14所示。

例7.14 汽车尾灯控制器的参考设计。

```
module backlight(
    input sys_clk,              //时钟
    input turnl,                //左转信号
    input turnr,                //右转信号
    input brake,                //刹车信号
    input fault,                //故障信号
```

```verilog
    output[2:0] ledl,                              //左侧灯
    output[2:0] ledr);                             //右侧灯
reg[24:0] count;
wire clock;
reg[2:0] shift = 3'b001;
reg flash = 1'b0;
always@(posedge sys_clk)
    begin if(count == 25000000) count <= 0; else count <= count + 1;    end
assign clock = count[24];                          //分频
always@(posedge clock)
    begin   shift = {shift[1:0],shift[2]};flash = ~flash;   end
assign ledl = turnl?shift:brake?3'b111:fault?{3{flash}}:3'b000,
        ledr = turnr?shift:brake?3'b111:fault?{3{flash}}:3'b000;
endmodule
```

用 Vivado 综合上面的代码,然后在目标板上下载进行验证。

第8章

Verilog驱动常用I/O外设

本章通过 PS/2 键盘、矩阵键盘、点阵式液晶、VGA 显示器、TFT 液晶屏、音乐演奏、数字钟等设计实例,呈现 Verilog HDL 在控制驱动常用 I/O 外设领域的应用。

8.1 标准 PS/2 键盘

1. 标准 PS/2 键盘物理接口的定义

PS/2 键盘接口标准是由 IBM 在 1987 年推出的,该标准定义了 84～101 键的键盘,主机和键盘之间由 6 引脚 mini-DIN 连接器相连,采用双向串行通信协议进行通信。标准 PS/2 键盘 mini-DIN 连接器结构及其引脚定义如表 8.1 所示。6 个引脚中只使用了 4 个,其中,第 3 引脚接地,第 4 引脚接+5V 电源,第 2 与第 6 引脚保留;第 1 引脚为 Data (数据),第 5 引脚为 Clock(时钟),Data 与 Clock 两个引脚采用了集电极开路设计。因此,标准 PS/2 键盘与接口相连时,这两个引脚接一个上拉电阻方可使用。

表 8.1　PS/2 端口结构及其引脚定义

标准 PS/2 键盘 mini-DIN 连接器	引　脚　号	名　　称	功　　能
插头(plug)　　插座(socket)	1	Data	数据
	2	NC	未用
	3	GND	电源地
	4	VCC	+5V 电源
	5	Clock	时钟信号
	6	NC	未用

2. 标准 PS/2 接口时序及通信协议

PS/2 接口与主机之间的通信采用双向同步串行协议。PS/2 接口的 Data 与 Clock 这两个引脚都是集电极开路的,平时都是高电平。数据由 PS/2 设备发送到主机或由主机发送到 PS/2 设备,时钟都是由 PS/2 设备产生的;主机对时钟控制有优先权,即主机发送控制指令给 PS/2 设备时,可以拉低时钟线至少 $100\mu s$,然后再下拉数据线,传输完成后释放时钟线为高电平。

当 PS/2 设备准备发送数据时,首先检查 Clock 是否为高电平。如果 Clock 为低电平,则认为主机抑制了通信,此时它缓冲数据,直到获得总线的控制权;如果 Clock 为高电平,则 PS/2 开始向主机发送数据,数据发送按帧进行。

PS/2 键盘接口时序和数据格式如图 8.1 所示。数据位在 Clock 为高电平时准备好,在 Clock 下降沿被主机读入。数据帧格式为:1 个起始位(逻辑 0);8 个数据位,低位在前;1 个奇校验位;1 个停止位(逻辑 1);1 个应答位(仅用于主机对设备的通信)。

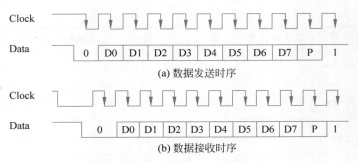

图 8.1　PS/2 键盘接口时序和数据格式

3. PS/2 键盘扫描码

现在 PC 使用的 PS/2 键盘都默认采用第二套扫描码集,扫描码有两种:通码和断码。当一个键被按下或持续按住时,键盘将该键的通码发送给主机;当一个键被释放时,键盘将该键的断码发送给主机。每个键都有唯一的通码和断码。

通码只有 1 字节宽度,也有少数"扩展按键"的通码是 2 字节或 4 字节,根据通码字节数,可将按键分为如下 3 类。

(1) 通码为 1 字节,断码为 0xF0＋通码形式。如 A 键,其通码为 0x1C,断码为 0xF0 0x1C。

(2) 通码为 2 字节 0xE0＋0xXX 形式,断码为 0xE0＋0xF0＋0xXX 形式。如右 Ctrl 键,其通码为 0xE0 0x14,断码为 0xE0 0xF0 0x14。

(3) 两个特殊按键:Print Screen 键,其通码为 0xE0 0x12 0xE0 0x7C,断码为 0xE0 0xF0 0x7C 0xE0 0xF0 0x12;Pause 键,其通码为 0x El 0x14 0x77 0xEl 0xF0 0x14 0xF0 0x77,断码为空。

PS/2 键盘各按键的通码如图 8.2 所示,其中 0～9 十个数字键和 26 个英文字母键对应的通码、断码如表 8.2 所示。

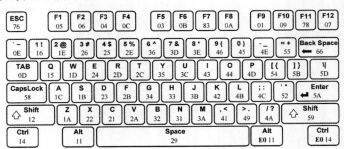

图 8.2　PS/2 键盘各按键的通码

表 8.2　PS/2 键盘中 0～9 十个数字键和 26 个英文字母键对应的通码、断码

键	通　码	断　码	键	通　码	断　码
A	1C	F0 1C	E	24	F0 24
B	32	F0 32	F	2B	F0 2B
C	21	F0 21	G	34	F0 34
D	23	F0 23	H	33	F0 33

键	通　码	断　码	键	通　码	断　码
I	43	F0 43	W	1D	F0 1D
J	3B	F0 3B	X	22	F0 22
K	42	F0 42	Y	35	F0 35
L	4B	F0 4B	Z	1A	F0 1A
M	3A	F0 3A	0	45	F0 45
N	31	F0 31	1	16	F0 16
O	44	F0 44	2	1E	F0 1E
P	4D	F0 4D	3	26	F0 26
Q	15	F0 15	4	25	F0 25
R	2D	F0 2D	5	2E	F0 2E
S	1B	F0 1B	6	36	F0 36
T	2C	F0 2C	7	3D	F0 3D
U	3C	F0 3C	8	3E	F0 3E
V	2A	F0 2A	9	46	F0 46

4. PS/2 键盘接口电路设计与实现

根据上面介绍的 PS/2 键盘的功能,实现一个能够识别 PS/2 键盘输入编码并将按键的通码通过数码管显示的电路,其源代码如例 8.1 所示,本例能识别并显示标准 101 键盘所有按键的通码。

例 8.1 PS/2 键盘按键通码扫描及显示电路源代码。

```
`timescale 1ns/1ps
module ps2_key(
    input       sys_clk,              //系统时钟(100MHz)
    input       ps2clk,               //键盘时钟(10~17kHz)
    input       ps2data,              //键盘数据
    output reg [1:0] seg_cs,           //数码管位选信号,用两个数码管显示按键通码
    output reg [6:0] seg);             //数码管段选信号
parameter       deb_time = 200,       //4μs 用于消抖(@50MHz)
                idle_time = 3000;     //60μs(>1/2 周期 ps2_clk)
reg     deb_ps2clk;                   //去抖后 ps2_clk
reg     deb_ps2data;                  //去抖后 ps2_data
reg [10:0]   temp;
reg [10:0]   m_code;
reg          idle;                    //数据线空闲为'1'
reg          error;                   //开始、停止和校验错误时为'1'
//-------- ****ps2clk信号去抖**** -------------
reg [7:0]   count1;
always @(posedge sys_clk)  begin
    if(deb_ps2clk == ps2clk)  count1 = 0;
    else  begin count1 = count1 + 1;
    if(count1 == deb_time)  begin
    deb_ps2clk <= ps2clk;  count1 = 0;  end
end  end
//-------- ****ps2data信号去抖**** -------------
reg[7:0]   count2;
always @(posedge sys_clk)  begin
    if(deb_ps2data == ps2data)  count2 = 0;
    else  begin  count2 = count2 + 1;
```

```verilog
    if(count2 == deb_time)
      begin  deb_ps2data <= ps2data; count2 = 0; end
  end  end
//---------- ****空闲状态检测**** --------------
reg[11:0]   count3;
always @(negedge sys_clk)  begin
    if(deb_ps2data == 1'b0) begin  idle <= 1'b0;   count3 = 0;   end
    else if(deb_ps2clk == 1'b1)  begin
      count3 = count3 + 1;
      if(count3 == idle_time)  idle <= 1'b1;   end
      else   count3 = 0;
end
//-------- ****接收键盘数据**** ----------------
reg[3:0]  i;
always @(negedge deb_ps2clk)  begin
    if(idle == 1'b1)  i = 0;
    else  begin
      temp[i] <= deb_ps2data;
      i = i + 1;
      if(i == 11)
        begin  i = 0;   m_code <= temp; end
    end  end
//-------- ****错误检测**** ---------------------
always @(m_code)  begin
    if (m_code[0] == 1'b0 & m_code[10] == 1'b1 & (m_code[1] ^
      m_code[2] ^ m_code[3] ^ m_code[4] ^ m_code[5] ^ m_code[6] ^
      m_code[7] ^ m_code[8] ^ m_code[9]) == 1'b1)
      error <= 1'b0;
    else   error <= 1'b1;
end
//-------- ****用数码管显示按键通码**** -------------
wire clkcsc;
clk_div  #(1000)  u4(                    //产生 1kHz 数码管位选时钟
  .clk(sys_clk),                         //clk_div 源代码见例 7.12
  .clr(1),
  .clk_out(clkcsc));
always@(posedge clkcsc)  begin
    if(error)  begin seg_cs <= 2'b01; seg <= seg_a_g(4'he); end   //有错误,显示"E"
    else  begin   seg_cs[1:0] = {seg_cs[0],seg_cs[1]};
    if(seg_cs == 2'b01)  begin   seg <= seg_a_g(m_code[4:1]); end   //函数例化
    else   seg <= seg_a_g(m_code[8:5]);   end                      //函数例化
end
//------ 用函数定义 7 段数码管显示译码 -----------
function[6:0] seg_a_g;
input[3:0] hex;
begin
    case(hex)
    4'h0:seg_a_g = 7'b1111_110;          //0
    4'h1:seg_a_g = 7'b0110_000;          //1
    4'h2:seg_a_g = 7'b1101_101;          //2
    4'h3:seg_a_g = 7'b1111_001;          //3
    4'h4:seg_a_g = 7'b0110_011;          //4
    4'h5:seg_a_g = 7'b1011_011;          //5
    4'h6:seg_a_g = 7'b1011_111;          //6
    4'h7:seg_a_g = 7'b1110_000;          //7
    4'h8:seg_a_g = 7'b1111_111;          //8
    4'h9:seg_a_g = 7'b1111_011;          //9
    4'ha:seg_a_g = 7'b1110_111;          //a
    4'hb:seg_a_g = 7'b0011_111;          //b
    4'hc:seg_a_g = 7'b1001_110;          //c
```

```
    4'hd:seg_a_g = 7'b0111_101;              //d
    4'he:seg_a_g = 7'b1001_111;              //e
    4'hf:seg_a_g = 7'b1000_111;              //f
    default:seg_a_g = 7'bx;
    endcase
end
endfunction
endmodule
```

引脚约束如下。

```
#//////////////////////////系统时钟和ps2时钟、数据信号//////////////////////////
set_property − dict {PACKAGE_PIN P17 IOSTANDARD LVCMOS33} [get_ports sys_clk]
set_property − dict {PACKAGE_PIN B17 IOSTANDARD LVCMOS33} [get_ports ps2clk]
set_property − dict {PACKAGE_PIN A16 IOSTANDARD LVCMOS33} [get_ports ps2data]
#//////////////////////////数码管位选和段选信号//////////////////////////
set_property − dict {PACKAGE_PIN E1 IOSTANDARD LVCMOS33} [get_ports {seg_cs[1]}]
set_property − dict {PACKAGE_PIN G6 IOSTANDARD LVCMOS33} [get_ports {seg_cs[0]}]
set_property − dict {PACKAGE_PIN D4 IOSTANDARD LVCMOS33} [get_ports {seg[6]}]
set_property − dict {PACKAGE_PIN E3 IOSTANDARD LVCMOS33} [get_ports {seg[5]}]
set_property − dict {PACKAGE_PIN D3 IOSTANDARD LVCMOS33} [get_ports {seg[4]}]
set_property − dict {PACKAGE_PIN F4 IOSTANDARD LVCMOS33} [get_ports {seg[3]}]
set_property − dict {PACKAGE_PIN F3 IOSTANDARD LVCMOS33} [get_ports {seg[2]}]
set_property − dict {PACKAGE_PIN E2 IOSTANDARD LVCMOS33} [get_ports {seg[1]}]
set_property − dict {PACKAGE_PIN D2 IOSTANDARD LVCMOS33} [get_ports {seg[0]}]
# set_property PULLUP true [get_ports ps2clk]
# set_property PULLUP true [get_ports ps2data]
```

将 PS/2 键盘连接至 EGO1 开发板的扩展接口上,需要连接 PS/2 接口中的 4 根线,
分别为 ps2clk 时钟信号、ps2data 数据信号、5V 电源和接地线,按动键盘任意键,可将按
键通码在数码管上显示,如图 8.3 所示。

图 8.3　PS/2 键盘连接至目标板显示按键通码(十六进制)

8.2　4×4 矩阵键盘

8.2.1　4×4 矩阵键盘驱动

矩阵键盘又称行列式键盘,是由 4 条行线、4 条列线组成的键盘,其电路如图 8.4 所
示,在行线和列线的每个交叉点上设置一个按键,按键的个数是 4×4。

将 4 条列线(col_in3~col_in0)设置为输入,一般通过上拉电阻接至高电平;将 4 条

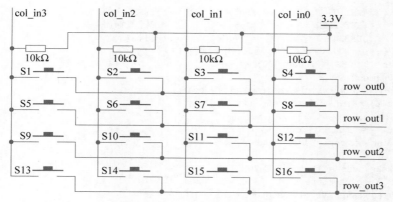

图 8.4　4×4 矩阵键盘电路

行线(row_out3～row_out0)设置为输出。

矩阵键盘上的按键可通过逐行(或逐列)扫描查询的方式确认哪个按键被按下,其步骤如下。

(1)判断键盘中有无键被按下。将全部行线 row_out3～row_out0 置为低电平,然后检测列线 col_in3～col_in0 的状态,若所有列线均为高电平,则键盘中无按键被按下;如果某一列的电平为低,则表示键盘中有按键被按下。

(2)判断键位。确认有按键被按下后,即进入键位确定过程,方法是依次将 4 条行线置为低电平(将 row_out3～row_out0 依次置为 1110、1101、1011、0111),同时检测各列线的电平状态,若某列为低电平,则该列线与置为低电平的行线交叉处的按键即为被按下的按键。

比如,在图 8.4 中,S1 按键的位置编码是{row_out,col_in}= 8'b1110_0111。

例 8.2 展示了用 Verilog HDL 编写的 4×4 矩阵键盘键值扫描检测程序,采用状态机实现。16 个按键排列如图 8.5 所示,并将 ∗ 键编码为 E,♯键编码为 F。

由于按键被按下的时间一般都会超过 20ms,因此为达到不管按键按下多久都视为按下一次的效果,例 8.2 中加入了 20ms 按键消抖功能。

例 8.2　4×4 矩阵键盘键值扫描检测程序。

图 8.5　按键排列

```
`timescale 1ns/1ps
//****************************************************
//∗ 4×4 矩阵键盘键值扫描检测程序
//****************************************************
module key4x4(
    input    sys_clk,                    //100MHz 时钟信号
    input    clr,
    input[3:0]        col_in,            //列输入信号,一般接上拉电阻,为高电平
    output reg[3:0]   row_out,           //行输出信号,低有效
    output reg[3:0]   key_value,         //按键值
    output reg        key_flag);         //为 1 表示有按键按下
//-------------- ∗∗∗∗ 状态编码 ∗∗∗∗ ------------------
localparam  NO_KEY_PRED  =   4'd0,       //初始化
            DEBOUN_0      =   4'd1,       //消抖
            KEY_H0        =   4'd2,       //检测第 1 列
            KEY_H1        =   4'd3,       //检测第 2 列
            KEY_H2        =   4'd4,       //检测第 3 列
```

```
                    KEY_H3         =   4'd5,          //检测第4列
                    KEY_PRED       =   4'd6,          //按键值输出
                    DEBOUN_1       =   4'd7;          //消抖后
//---------- ****产生20ms延时,用于消抖**** -------------
parameter  T_20MS = 1_000_000;
reg[19:0]  cnt;
always @(posedge sys_clk, negedge clr)  begin
    if(!clr) begin  cnt <= 'd0; end
    else begin
    if(cnt == T_20MS)  cnt <= 'd0;
    else cnt <= cnt + 'd1;   end
end
wire  shake_over = (cnt == T_20MS);
reg[3:0]   curt_state,next_state;
always @(posedge sys_clk, negedge clr) begin
    if(!clr)   begin curt_state <= 0;  end
    else if(shake_over)  begin  curt_state <= next_state;   end
    else   curt_state <= curt_state;
end
//---------- ****依次将4条行线置低**** ------------------
reg[3:0]   col_reg, row_reg;
always @(posedge sys_clk, negedge clr)   begin
    if(!clr)   begin
        col_reg <= 4'd0;   row_reg <= 4'd0;
        row_out <= 4'd0;   key_flag <= 0;  end
    else if(shake_over)   begin
    case(next_state)
    NO_KEY_PRED:  begin                          //初始化
        col_reg <= 4'd0;   row_reg <= 4'd0;
        row_out <= 4'd0;   key_flag <= 0;   end
    KEY_H0:  begin  row_out <= 4'b1110;   end
    KEY_H1:  begin  row_out <= 4'b1101;   end
    KEY_H2:  begin  row_out <= 4'b1011;   end
    KEY_H3:  begin  row_out <= 4'b0111;   end
    KEY_PRED:  begin col_reg <= col_in; row_reg <= row_out;   end
    DEBOUN_1:  begin key_flag <= 1;   end
    default: ;
    endcase
end   end
always @( * ) begin
    next_state  = NO_KEY_PRED;
    case(curt_state)
    NO_KEY_PRED:  begin
            if(col_in != 4'hf)  next_state = DEBOUN_0;
            else  next_state = NO_KEY_PRED;   end
    DEBOUN_0:  begin
            if(col_in != 4'hf)  next_state = KEY_H0;
            else  next_state = NO_KEY_PRED;   end
    KEY_H0:  begin
            if(col_in != 4'hf)  next_state = KEY_PRED;
            else  next_state = KEY_H1;   end
    KEY_H1:  begin
            if(col_in != 4'hf)  next_state = KEY_PRED;
            else  next_state = KEY_H2;   end
    KEY_H2:  begin
            if(col_in != 4'hf)  next_state = KEY_PRED;
            else  next_state = KEY_H3;   end
    KEY_H3:  begin
            if(col_in != 4'hf)  next_state = KEY_PRED;
            else  next_state = NO_KEY_PRED;   end
```

```
      KEY_PRED:  begin
              if(col_in != 4'hf)  next_state = DEBOUN_1;
              else  next_state = NO_KEY_PRED;  end
      DEBOUN_1:  begin
              if(col_in != 4'hf)  next_state = DEBOUN_1;
              else  next_state = NO_KEY_PRED;  end
      default: ;
      endcase
end
always @ (posedge sys_clk, negedge clr) begin
   if(!clr)  key_value <= 4'd0;                //判断键值
   else  begin
   if(key_flag)  begin
   case ({row_reg,col_reg})
   8'b1110_0111 :  key_value <= 4'h1;
   8'b1110_1011 :  key_value <= 4'h2;
   8'b1110_1101 :  key_value <= 4'h3;
   8'b1110_1110 :  key_value <= 4'ha;
   8'b1101_0111 :  key_value <= 4'h4;
   8'b1101_1011 :  key_value <= 4'h5;
   8'b1101_1101 :  key_value <= 4'h6;
   8'b1101_1110 :  key_value <= 4'hb;
   8'b1011_0111 :  key_value <= 4'h7;
   8'b1011_1011 :  key_value <= 4'h8;
   8'b1011_1101 :  key_value <= 4'h9;
   8'b1011_1110 :  key_value <= 4'hc;
   8'b0111_0111 :  key_value <= 4'h0;
   8'b0111_1011 :  key_value <= 4'he;
   8'b0111_1101 :  key_value <= 4'hf;
   8'b0111_1110 :  key_value <= 4'hd;
   default: key_value <= 4'h0;
   endcase
end end end
endmodule
```

8.2.2　数码管扫描显示

例 8.3 是矩阵键盘扫描检测及键值显示电路的顶层源代码,其中调用了矩阵键盘扫描模块,还增加了数码管键值显示模块。

例 8.3　矩阵键盘扫描检测及键值显示电路的顶层源代码。

```
// ************************************************************
// * 4×4 矩阵键盘扫描检测及键值显示电路的顶层源代码
// ************************************************************
module key_top(
   input  sys_clk,
   input  sys_rst,
   input[3:0]  col_in,              //列输入信号
   output[3:0]  row_out,            //行输出信号,低有效
   output  key_flag,                //为 1 表示有按键按下
   output  seg_cs,                  //数码管位选信号,本例只用 1 个数码管显示
   output [6:0] seg);               //数码管段选信号
wire[3:0] key_value;
key4x4  u1(                         //键盘扫描模块
   .sys_clk(sys_clk),
   .clr(sys_rst),
   .col_in(col_in),
```

```
    .row_out(row_out),
    .key_value(key_value),
    .key_flag(key_flag));
assign seg_cs = 1;
seg4_7  u2(                                //数码管译码模块,其源代码见例8.4
    .hex(key_value),
    .a_to_g(seg));
endmodule
```

键值采用数码管显示,图 8.6 是 7 段数码管显示译码的示意图,输入 0～F 共 16 个数字,通过数码管的 a～g 共 7 个发光二极管译码显示,EGO1 目标板上的 7 段数码管属于共阴极连接,为 1 则该段点亮。

EGO1 开发板上的数码管采用时分复用的扫描显示方式,以减少对 FPGA 的 I/O 引脚的占用。如图 8.7 所示,4 个数码管并排在一起,用 4 个 I/O 口分别控制每个数码管的位选端,加上 7 个段选、1 个小数点,只需 12 个 I/O 口就可实现 4 个数码管的驱动。

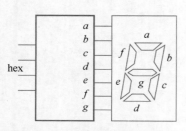

图 8.6 7 段数码管显示译码

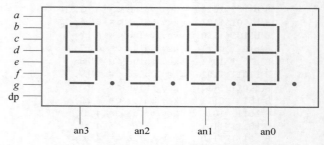

图 8.7 扫描显示数码管

数码管动态显示的原理是:每次选通其中一个,送出要显示的内容,然后选通下一个送出显示数据,4 个数码管依次选通并送出显示数据,不断循环,只要位选频率合适,由于视觉暂留,数码管的显示看起来就是稳定的。

例 8.4 是 7 段数码管显示译码电路的源代码,例 8.1 中是将此程序封装为函数进行调用的,这两种使用方式均可。

例 8.4 7 段数码管显示译码电路的源代码。

```
module seg4_7(
    input wire[3:0] hex,                        //输入的十六进制数
    output reg[6:0] a_to_g);                    //7 段数码管
always@( * )  begin
    case(hex)
    4'h0:a_to_g <= 7'b1111_110;                 //0
    4'h1:a_to_g <= 7'b0110_000;                 //1
    4'h2:a_to_g <= 7'b1101_101;                 //2
    4'h3:a_to_g <= 7'b1111_001;                 //3
    4'h4:a_to_g <= 7'b0110_011;                 //4
    4'h5:a_to_g <= 7'b1011_011;                 //5
    4'h6:a_to_g <= 7'b1011_111;                 //6
    4'h7:a_to_g <= 7'b1110_000;                 //7
    4'h8:a_to_g <= 7'b1111_111;                 //8
    4'h9:a_to_g <= 7'b1111_011;                 //9
    4'ha:a_to_g <= 7'b1110_111;                 //a
    4'hb:a_to_g <= 7'b0011_111;                 //b
```

```
4'hc:a_to_g <= 7'b1001_110;              //c
4'hd:a_to_g <= 7'b0111_101;              //d
4'he:a_to_g <= 7'b1001_111;              //e
4'hf:a_to_g <= 7'b1000_111;              //f
default:a_to_g <= 7'bx;
endcase
end
endmodule
```

将此设计进行芯片和引脚的锁定,下载至实验板进行实际验证。目标板采用 EGO1 开发板。先用 Vivado 对上面的程序进行综合,在 Vivado 主界面 Flow Navigator 栏的 Synthesis 下单击 Run Synthesis,单击 OK 按钮;综合完成后在弹出的对话框中选择 Open Synthesized Design,单击 OK 按钮。

选择菜单 Window 中的 I/O Ports,使 I/O Ports 标签页出现在主窗口下方,在此窗口中对引脚进行分配,并将端口 b 设置为 PULLUP(上拉),将 b[0]、b[1]、b[2]和 b[3]引脚的 Pull Type 设置为 PULLUP,如图 8.8 所示。

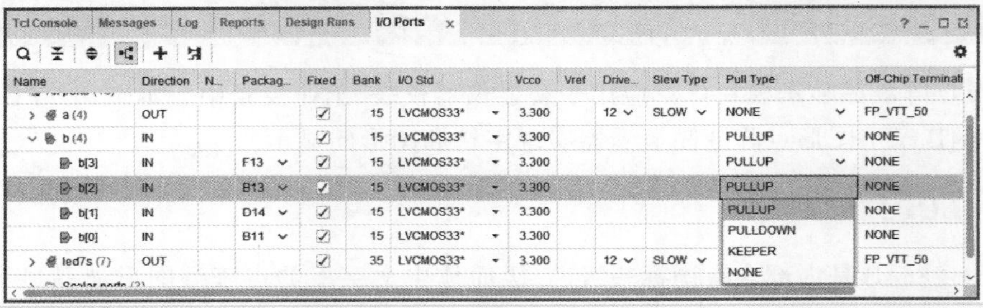

图 8.8　在 I/O Ports 标签页将端口 b 设置为上拉

引脚约束文件.xdc 的内容如下。

```
#/////////////////////////系统时钟和复位/////////////////////////////
set_property – dict {PACKAGE_PIN P17 IOSTANDARD LVCMOS33} [get_ports sys_clk]
set_property – dict {PACKAGE_PIN P15 IOSTANDARD LVCMOS33} [get_ports sys_rst]
#/////////////////////////数码管位选和段选信号/////////////////////////
set_property – dict {PACKAGE_PIN G6 IOSTANDARD LVCMOS33} [get_ports seg_cs]
set_property – dict {PACKAGE_PIN D4 IOSTANDARD LVCMOS33} [get_ports {seg[6]}]
set_property – dict {PACKAGE_PIN E3 IOSTANDARD LVCMOS33} [get_ports {seg[5]}]
set_property – dict {PACKAGE_PIN D3 IOSTANDARD LVCMOS33} [get_ports {seg[4]}]
set_property – dict {PACKAGE_PIN F4 IOSTANDARD LVCMOS33} [get_ports {seg[3]}]
set_property – dict {PACKAGE_PIN F3 IOSTANDARD LVCMOS33} [get_ports {seg[2]}]
set_property – dict {PACKAGE_PIN E2 IOSTANDARD LVCMOS33} [get_ports {seg[1]}]
set_property – dict {PACKAGE_PIN D2 IOSTANDARD LVCMOS33} [get_ports {seg[0]}]
#/////////////////////////LED////////////////////////////////////////
set_property – dict {PACKAGE_PIN K3 IOSTANDARD LVCMOS33} [get_ports key_flag]
#/////////////////////////4×4 键盘接至目标板的扩展口/////////////////////
set_property – dict {PACKAGE_PIN B16 IOSTANDARD LVCMOS33} [get_ports {col_in[3]}]
set_property – dict {PACKAGE_PIN A15 IOSTANDARD LVCMOS33} [get_ports {col_in[2]}]
set_property – dict {PACKAGE_PIN A13 IOSTANDARD LVCMOS33} [get_ports {col_in[1]}]
set_property – dict {PACKAGE_PIN B18 IOSTANDARD LVCMOS33} [get_ports {col_in[0]}]
set_property – dict {PACKAGE_PIN F13 IOSTANDARD LVCMOS33} [get_ports {row_out[3]}]
set_property – dict {PACKAGE_PIN B13 IOSTANDARD LVCMOS33} [get_ports {row_out[2]}]
set_property – dict {PACKAGE_PIN D14 IOSTANDARD LVCMOS33} [get_ports {row_out[1]}]
set_property – dict {PACKAGE_PIN B11 IOSTANDARD LVCMOS33} [get_ports {row_out[0]}]
set_property PULLUP true [get_ports {col_in[3]}]
```

```
set_property PULLUP true [get_ports {col_in[2]}]
set_property PULLUP true [get_ports {col_in[1]}]
set_property PULLUP true [get_ports {col_in[0]}]
```

生成比特流文件后,将4×4键盘连接至EGO1开发板的扩展口,下载后观察按键的实际效果,如图8.9所示。

图8.9 将4×4键盘连接至EGO1开发板

8.3 汉字图形点阵液晶显示模块

图形点阵液晶显示模块广泛应用于智能仪器仪表、工业控制中。本节用FPGA控制LCD12864B汉字图形点阵液晶显示器实现字符和图形的显示。

8.3.1 LCD12864B

LCD12864B是内部含有国标一级、二级简体中文字库的点阵型图形液晶显示模块,内置了8192个中文汉字(16×16点阵)和128个ASCII字符集(8×16点阵),在字符显示模式下可显示8×4个16×16点阵的汉字,或16×4个16×8点阵的英文(ASCII)字符;也可以在图形模式下显示分辨率为128×64的二值化图形。

LCD12864B具有一个20引脚的单排插针外接端口,端口引脚及其功能如表8.3所示。其中,DB0～DB7为数据;EN为使能信号;RS为寄存器选择信号;R/W为读/写控制信号;RST为复位信号。

表8.3 LCD12864B的端口引脚及其功能

引 脚 号	名 称	功 能
1	GND	电源地端
2	VCC	电源正极
3	V0	背光偏压
4	RS	数据/指令,0为指令,1为数据
5	R/W	读/写选择,0为写,1为读
6	EN	使能信号
7～14	DB0～DB7	8位数据
15	PSB	串并模式
16,18	NC	空脚
17	RST	复位端
19	BLA	背光阳极
20	BLK	背光阴极

8.3.2 LCD12864B 的静态显示

用 Verilog HDL 编写 LCD12864B 驱动程序,实现汉字和字符的静态显示,如例 8.5 所示,仍采用状态机进行控制。

例 8.5 驱动 LCD12864B 实现汉字和字符的静态显示。

```verilog
`timescale 1ns/1ps
//---------------------------------------------------
//驱动 LCD12864B 实现汉字和字符的静态显示
//---------------------------------------------------
module lcd12864(
    input sys_clk,                        //100MHz 时钟
    output reg rs,
    output rw,
    output en,
    output reg[7:0] DB,
    output psb,
    output rst);
parameter   s0 = 6'h00, s1 = 6'h01, s2 = 6'h02, s3 = 6'h03, s4 = 6'h04, s5 = 6'h05,
            d0 = 6'h10, d1 = 6'h11, d2 = 6'h12, d3 = 6'h13, d4 = 6'h14, d5 = 6'h15,
            d6 = 6'h16, d7 = 6'h17, d8 = 6'h18, d9 = 6'h19, d10 = 6'h20,d11 = 6'h21,
            d12 = 6'h22,d13 = 6'h23,d14 = 6'h24,d15 = 6'h25,d16 = 6'h26,d17 = 6'h27,
            d18 = 6'h28,d19 = 6'h29;
//-----------------------------------------------
assign   rst = 1'b1, rw = 1'b0, psb = 1'b1;
wire clk1k;
clk_div   #(1000)  u1(                    //产生 1kHz 时钟信号
    .clk(sys_clk),                        //clk_div 源代码见例 7.12
    .clr(1),
    .clk_out(clk1k));
assign   en = clk1k;                      //EN 使能信号
//-----------------------------------------------
reg [5:0] state;
always @(posedge clk1k)   begin
    case(state)
    s0:    begin   rs <= 0; DB <= 8'h30; state <= s1; end
    s1:    begin   rs <= 0; DB <= 8'h0c; state <= s2; end     //全屏显示
    s2:    begin   rs <= 0; DB <= 8'h06; state <= s3; end
        //写一个字符后地址指针自动加 1
    s3:    begin   rs <= 0; DB <= 8'h01; state <= s4; end     //清屏
    s4:    begin   rs <= 0; DB <= 8'h80; state <= d0;end      //第 1 行地址
        //显示汉字,不同的驱动芯片,汉字的编码可能不同,具体应查操作手册
    d0:    begin   rs <= 1; DB <= 8'hca; state <= d1; end     //数
    d1:    begin   rs <= 1; DB <= 8'hfd; state <= d2; end
    d2:    begin   rs <= 1; DB <= 8'hd7; state <= d3; end     //字
    d3:    begin   rs <= 1; DB <= 8'hd6; state <= d4; end
    d4:    begin   rs <= 1; DB <= 8'hcf; state <= d5; end     //系
    d5:    begin   rs <= 1; DB <= 8'hb5; state <= d6; end
    d6:    begin   rs <= 1; DB <= 8'hcd; state <= d7; end     //统
    d7:    begin   rs <= 1; DB <= 8'hb3; state <= d8; end
    d8:    begin   rs <= 1; DB <= 8'hc9; state <= d9; end     //设
    d9:    begin   rs <= 1; DB <= 8'he8; state <= d10; end
    d10:   begin   rs <= 1; DB <= 8'hbc; state <= d11; end    //计
    d11:   begin   rs <= 1; DB <= 8'hc6; state <= s5; end

    s5:    begin   rs <= 0; DB <= 8'h90; state <= d12;end     //第 2 行地址
    d12:   begin   rs <= 1; DB <= "f"; state <= d13; end
```

```
d13:    begin    rs<=1; DB<="p"; state<=d14; end
d14:    begin    rs<=1; DB<="g"; state<=d15; end
d15:    begin    rs<=1; DB<="a"; state<=d16; end
d16:    begin    rs<=1; DB<="F"; state<=d17; end        //F
d17:    begin    rs<=1; DB<="P"; state<=d18; end        //P
d18:    begin    rs<=1; DB<="G"; state<=d19; end        //G
d19:    begin    rs<=1; DB<="A"; state<=s4;  end        //A
default:state<=s0;
endcase
end
endmodule
```

将 LCD12864B 液晶显示模块连接至 EGO1 板的扩展接口,引脚约束文件内容如下。

```
#/////////////////////////////系统时钟/////////////////////////////////
set_property - dict {PACKAGE_PIN P17 IOSTANDARD LVCMOS33} [get_ports sys_clk]
#/////////////////////////将 LCD12864B 液晶显示模块连接至扩展接口/////////////////////
set_property - dict {PACKAGE_PIN G17 IOSTANDARD LVCMOS33} [get_ports rs]
set_property - dict {PACKAGE_PIN J13 IOSTANDARD LVCMOS33} [get_ports rw]
set_property - dict {PACKAGE_PIN D17 IOSTANDARD LVCMOS33} [get_ports en]
set_property - dict {PACKAGE_PIN G14 IOSTANDARD LVCMOS33} [get_ports {DB[0]}]
set_property - dict {PACKAGE_PIN F16 IOSTANDARD LVCMOS33} [get_ports {DB[1]}]
set_property - dict {PACKAGE_PIN G16 IOSTANDARD LVCMOS33} [get_ports {DB[2]}]
set_property - dict {PACKAGE_PIN C15 IOSTANDARD LVCMOS33} [get_ports {DB[3]}]
set_property - dict {PACKAGE_PIN E16 IOSTANDARD LVCMOS33} [get_ports {DB[4]}]
set_property - dict {PACKAGE_PIN A11 IOSTANDARD LVCMOS33} [get_ports {DB[5]}]
set_property - dict {PACKAGE_PIN C14 IOSTANDARD LVCMOS33} [get_ports {DB[6]}]
set_property - dict {PACKAGE_PIN B14 IOSTANDARD LVCMOS33} [get_ports {DB[7]}]
set_property - dict {PACKAGE_PIN F14 IOSTANDARD LVCMOS33} [get_ports psb]
set_property - dict {PACKAGE_PIN A18 IOSTANDARD LVCMOS33} [get_ports rst]
```

**图 8.10　LCD12864B 的
静态显示效果**

液晶显示模块的电源接 5V,背光阳极(BLA)引脚接 3.3V,背光阴极(BLK)引脚接地,背光偏压 VO 引脚一般空置即可。将本例在目标板上下载,可观察到显示效果如图 8.10 所示,为静态显示。

1. LCD12864B 的数据读/写时序

如果 LCD12864B 液晶显示模块工作在 8 位并行数据传输模式(PSB=1、RST=1)下,其数据读/写操作时序与字符型液晶显示模块 LCD1602 数据读/写时序完全一致,读/写操作时序由使能信号 EN 完成。读/写操作的识别通过判断 R/W 信号上的电平状态实现:当 R/W 为 0 时向显示数据存储器写入数据,数据在使能信号 EN 的上升沿被写入;当 R/W 为 1 时将液晶模块的数据读入。RS 信号用于识别数据总线 DB0～DB7 上的数据是指令还是显示数据。

2. LCD12864B 的指令集

LCD12864B 有自身的一套用户指令集,用户通过这些指令初始化液晶模块并选择显示模式。LCD12864B 液晶显示模块字符、图形显示的初始化指令如表 8.4 所示;其中图形显示模式需要用到扩展指令集,且需要分成上下两个半屏设置起始地址,上半屏垂直坐标为 Y:8'h80～9'h9F(32 行),水平坐标为 X:8'h80;下半屏垂直坐标和上半屏相同,而水平坐标为 X: 8'h88。

表 8.4　LCD12864B 液晶显示模块字符、图形显示的初始化指令

初始化过程	字 符 显 示	图 形 显 示
1	8'h38	8'h30
2	8'h0C	8'h3E
3	8'h01	8'h36
4	8'h06	8'h01
行地址/XY	1: 8'h80　2: 8'h90 3: 8'h88　4: 8'h98	Y: 8'h80~8'h9F X: 8'h80/8'h88

8.3.3　LCD12864B 的动态显示

例 8.6 实现了字符的动态显示,逐行显示 4 个字符,显示一行后清屏,然后到下一行显示,以此类推,同样采用状态机设计。

例 8.6　驱动 LCD12864B 实现字符的动态显示。

```
//--------------------------------------------------
//驱动 LCD12864B 实现字符的动态显示
//--------------------------------------------------
module lcd12864_mov(
    input sys_clk,
    output reg rs,
    output rw,
    output en,
    output reg[7:0] DB,
    output psb,
    output rst);
parameter   s0 = 8'h00,  s1 = 8'h01,  s2 = 8'h02,  s3 = 8'h03,  s4 = 8'h04,  s5 = 8'h05,
            s6 = 8'h06,  s7 = 8'h07,  s8 = 8'h08,  s9 = 8'h09,  s10 = 8'h0a, d01 = 8'h11,
            d02 = 8'h12, d03 = 8'h13, d04 = 8'h14, d11 = 8'h21, d12 = 8'h22, d13 = 8'h23,
            d14 = 8'h24, d21 = 8'h31, d22 = 8'h32, d23 = 8'h33, d24 = 8'h34, d31 = 8'h41,
            d32 = 8'h42, d33 = 8'h43, d34 = 8'h44;
wire clk4hz;
assign   rst = 1'b1,   psb = 1'b1,   rw = 1'b0;
assign  en = clk4hz;                                 //EN 使能信号
clk_div  #(4)  u1(                                   //产生 4Hz 时钟信号
    .clk(sys_clk),                                   //clk_div 源代码见例 7.12
    .clr(1),
    .clk_out(clk4hz));
//--------------------------------------------------
reg [7:0] state;
always @(posedge clk4hz)   begin
    case(state)
    s0:    begin   rs <= 0; DB <= 8'h30;    state <= s1; end
    s1:    begin   rs <= 0; DB <= 8'h0c;    state <= s2; end    //全屏显示
    s2:    begin   rs <= 0; DB <= 8'h06;    state <= s3; end
            //写一个字符后地址指针自动加 1
    s3:    begin   rs <= 0; DB <= 8'h01;    state <= s4; end    //清屏
    s4:    begin   rs <= 0; DB <= 8'h80;    state <= d01;end    //第 1 行地址
    d01:   begin   rs <= 1; DB <= "F";      state <= d02; end
    d02:   begin   rs <= 1; DB <= "P";      state <= d03; end
    d03:   begin   rs <= 1; DB <= "G";      state <= d04; end
    d04:   begin   rs <= 1; DB <= "A";      state <= s5; end
```

```
s5:     begin   rs<=0; DB<=8'h01;     state<=s6; end      //清屏
s6:     begin   rs<=0; DB<=8'h90;     state<=d11;end      //第2行地址
d11:    begin   rs<=1; DB<="C";       state<=d12; end
d12:    begin   rs<=1; DB<="P";       state<=d13; end
d13:    begin   rs<=1; DB<="L";       state<=d14; end
d14:    begin   rs<=1; DB<="D";       state<=s7; end
s7:     begin   rs<=0; DB<=8'h01;     state<=s8; end      //清屏
s8:     begin   rs<=0; DB<=8'h88;     state<=d21;end      //第3行地址
d21:    begin   rs<=1; DB<="V";       state<=d22; end
d22:    begin   rs<=1; DB<="e";       state<=d23; end
d23:    begin   rs<=1; DB<="r";       state<=d24; end
d24:    begin   rs<=1; DB<="i";       state<=s9; end

s9:     begin   rs<=0; DB<=8'h01;     state<=s10; end     //清屏
s10:    begin   rs<=0; DB<=8'h98;     state<=d31;end      //第4行地址
d31:    begin   rs<=1; DB<="l";       state<=d32; end
d32:    begin   rs<=1; DB<="o";       state<=d33; end
d33:    begin   rs<=1; DB<="g";       state<=d34; end
d34:    begin   rs<=1; DB<="!";       state<=s3; end
default:state<=s0;
endcase
end
endmodule
```

本例引脚约束文件与例8.5相同。将LCD12864液晶显示模块连接至EGO1目标板的扩展接口,下载后观察液晶显示器的动态显示效果。

8.4　VGA显示器

本节采用FPGA器件实现VGA彩条信号和图像信号的显示。

8.4.1　VGA显示的原理与时序

1. VGA显示的原理与模式

VGA(Video Graphic Array)是IBM公司在1987年推出的一种视频传输标准,并在彩色显示领域得到广泛应用。后来其他厂商在VGA基础上进行扩充,使其支持更高分辨率,这些扩充模式称为Super VGA,简称SVGA。

2. D-SUB接口

主机(如计算机)与显示设备间通过VGA接口(也称D-SUB接口)连接,主机的显示信息通过显卡中的数字/模拟转换器转变为R、G、B三基色信号和行、场同步信号,并通过VGA接口传输到显示设备中。VGA接口是一个15针孔的梯形插头,传输的是模拟信号,其外形及信号定义如图8.11所示。共有15个针孔,分为3排,每排5个,其中6、7、8、10引脚为接地端;1、2、3引脚分别接红、绿、蓝基色信号;13引脚接行同步信号;14引脚接场同步信号。

实际应用中一般只需控制三基色信号(R、G、B)、行同步(HS)、场同步信号(VS)5个信号端即可。

3. EGO1开发板的FPGA与VGA接口电路

EGO1上的VGA接口(J1)通过14位信号线与FPGA连接,其连接电路如图8.12

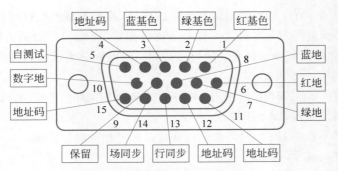

图 8.11 VGA接口外形及信号定义

所示,图 8.12(a)为示意图,图 8.12(b)为具体电路,可以看出,EGO1采用电阻网络实现简单的 D/A 转换,红、绿、蓝三基色信号各 4 位,能实现 2^{12}(4096)种颜色的图像显示。另外还包括行同步和场同步信号。

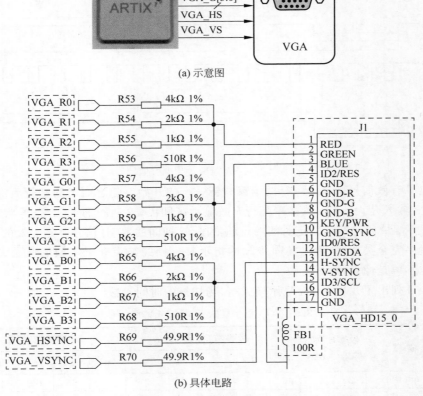

(a) 示意图

(b) 具体电路

图 8.12 EGO1 中 VGA 接口与 FPGA 间的连接电路

4. VGA 显示的时序

CRT(Cathode Ray Tube)显示器采用光栅扫描的方式,即轰击荧光屏的电子束在

CRT 显示器上从左到右、从上到下做有规律的移动,其水平移动受行同步信号 HS 控制,垂直移动受场同步信号 VS 控制。一般采用逐行扫描,完成一行扫描的时间称为水平扫描时间,其倒数称为行频率;完成一帧(整屏)扫描的时间称为垂直扫描时间,其倒数称为场频,又称刷新率。

图 8.13 是 VGA 行、场扫描时序图,从图中可以看出行周期信号、场周期信号的各时间段。

(1) a:行同步头段,即行消隐段。

(2) b:行后沿段,行同步头结束至行有效信号开始的时间间隔。

(3) c:行有效显示区间段。

(4) d:行前沿段,有效显示结束至下一个同步头开始的时间间隔。

(5) e:行周期,包括 a、b、c、d 段。

(6) o:场同步头段,即场消隐段。

(7) p:场后沿段。

(8) q:场有效显示区间段。

(9) r:场前沿段。

(10) s:场周期,包括 o、p、q、r 段。

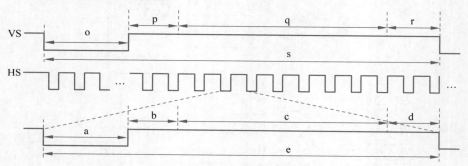

图 8.13　VGA 行、场扫描时序图

低电平有效信号指示上一行的结束和新一行的开始。随之而来的是行后沿段,这期间的 RGB 输入是无效的;紧接着是行有效显示区间段,这期间的 RGB 信号将在显示器上逐点显示;最后是持续特定时间的行前沿段,这期间的 RGB 信号也是无效的。场同步信号的时序完全类似,只不过场同步脉冲指示某一帧的结束和下一帧的开始,消隐段长度的单位不再是像素,而是行数。

表 8.5 列出了几种 VGA 显示模式行、场扫描的时间参数。

表 8.5　VGA 显示模式行、场扫描的时间参数

显 示 模 式	像素时钟频率/MHz	行参数/像素					场参数/行数				
		a	b	c	d	e	o	p	q	r	s
640×480@60Hz	25.175	96	48	640	16	800	2	33	480	10	525
800×600@60Hz	40	128	88	800	40	1056	4	23	600	1	628
1024×768@60Hz	65	136	160	1024	24	1344	6	29	768	3	806
1024×768@75Hz	78.8	176	176	1024	16	1312	3	28	768	1	800

8.4.2　VGA彩条信号发生器

1. VGA彩条信号发生器顶层设计

如果三基色信号 R、G、B 只用 1bit 表示,则可显示 8 种颜色,表 8.6 是这 8 种颜色对应的编码。

表 8.6　VGA 颜色对应的编码

颜色	黑	蓝	绿	青	红	品	黄	白
R	0	0	0	0	1	1	1	1
G	0	0	1	1	0	0	1	1
B	0	1	0	1	0	1	0	1

例 8.7 实现的彩条信号发生器可产生横彩条、竖彩条和棋盘格等 VGA 彩条信号,其显示时序数据是基于标准 VGA 显示模式(640×480@60Hz)计算得出的,像素时钟频率设为 25MHz。

例 8.7　VGA 彩条信号发生器源代码。

```
/*  key:彩条选择信号为"00"时显示竖彩条,为"01"时显示横彩条,其他情况显示棋盘格 */
module vga_color_bar(
    input   sys_clk,                 //100MHz 时钟
    input   sys_rst,
    output reg vga_hs,               //行同步信号
    output reg vga_vs,               //场同步信号
    output [3:0] vga_r,
    output [3:0] vga_g,
    output [3:0] vga_b,
    input [1:0] key);
parameter  Ha = 96,              //行同步头
           Hb = 144,            //行同步头 + 行后沿
           Hc = 784,            //行同步头 + 行后沿 + 行有效显示区间
           Hd = 800,            //行同步头 + 行后沿 + 行有效显示区间 + 行前沿
           Va = 2,              //场同步头
           Vb = 35,             //场同步头 + 场后沿
           Vc = 515,            //场同步头 + 场后沿 + 场有效显示区间
           Vd = 525;            //场同步头 + 场后沿 + 场有效显示区间 + 场前沿
reg [9:0]  h_cnt, v_cnt;
reg h_active, v_active;
//---- 产生像素时钟频率 25MHz -------------
wire pix_clk;
clk_div  #(25_000_000)  u1(       //产生 25MHz 像素时钟
    .clk(sys_clk),               //clk_div 源代码见例 7.12
    .clr(sys_rst),
    .clk_out(pix_clk));
//---- 行同步信号 ------------------------
always @(posedge pix_clk)  begin
    h_cnt <= h_cnt + 1;
    if (h_cnt == Ha)  vga_hs <= 1'b1;
    else if (h_cnt == Hb)  h_active <= 1'b1;
    else if (h_cnt == Hc)  h_active <= 1'b0;
    else if (h_cnt == Hd - 1)
    begin  vga_hs <= 1'b0;   h_cnt <= 0;   end
end
//---- 场同步信号 ------------------------
always @(negedge vga_hs)  begin
```

```
        v_cnt <= v_cnt + 1;
        if (v_cnt == Va)  vga_vs <= 1'b1;
        else if (v_cnt == Vb)  v_active <= 1'b1;
        else if (v_cnt == Vc)  v_active <= 1'b0;
        else if (v_cnt == Vd − 1)
        begin  vga_vs <= 1'b0;  v_cnt <= 0;   end
    end
    //---- 显示数据使能信号 --------------------
    wire vga_de;
    assign vga_de = h_active && v_active;
    //---- 彩条显示 -------------------------
    reg[2:0] rgb, rgbx, rgby;
    always@(*) begin                                    //竖彩条
        if (h_cnt <= Hb + 80 − 1)        rgbx <= 3'b000;  //黑
        else if(h_cnt <= Hb + 160 − 1) rgbx <= 3'b001;  //蓝
        else if(h_cnt <= Hb + 240 − 1) rgbx <= 3'b010;  //绿
        else if(h_cnt <= Hb + 320 − 1) rgbx <= 3'b011;  //青
        else if(h_cnt <= Hb + 400 − 1) rgbx <= 3'b100;  //红
        else if(h_cnt <= Hb + 480 − 1) rgbx <= 3'b101;  //品
        else if(h_cnt <= Hb + 560 − 1) rgbx <= 3'b110;  //黄
        else rgbx <= 3'b111;                              //白
    end
    always@(*) begin                                    //横彩条
        if(v_cnt <= Vb + 60 − 1)        rgby <= 3'b000;
        else if(v_cnt <= Vb + 120 − 1) rgby <= 3'b001;
        else if(v_cnt <= Vb + 180 − 1) rgby <= 3'b010;
        else if(v_cnt <= Vb + 240 − 1) rgby <= 3'b011;
        else if(v_cnt <= Vb + 300 − 1) rgby <= 3'b100;
        else if(v_cnt <= Vb + 360 − 1) rgby <= 3'b101;
        else if(v_cnt <= Vb + 420 − 1) rgby <= 3'b110;
        else rgby <= 3'b111;
    end
    always @(*) begin
        case(key[1:0])                                  //按键选择条纹类型
        2'b00: rgb <= rgbx;                             //显示竖彩条
        2'b01: rgb <= rgby;                             //显示横彩条
        2'b10: rgb <= (rgbx ^ rgby);                    //显示棋盘格
        2'b11: rgb <= (rgbx ~^ rgby);                   //显示棋盘格
        endcase
    end
    assign vga_r = {4{rgb[2]}}, vga_g = {4{rgb[1]}}, vga_b = {4{rgb[0]}};
endmodule
```

2. 引脚约束与编程下载

引脚约束文件内容如下。

```
#/////////////////////////系统时钟和复位/////////////////////////////////////
set_property − dict {PACKAGE_PIN P17 IOSTANDARD LVCMOS33} [get_ports sys_clk]
set_property − dict {PACKAGE_PIN P15 IOSTANDARD LVCMOS33} [get_ports sys_rst]
#/////////////////////////////VGA 信号//////////////////////////////////////
set_property − dict {PACKAGE_PIN F5 IOSTANDARD LVCMOS33} [get_ports {vga_r[0]}]
set_property − dict {PACKAGE_PIN C6 IOSTANDARD LVCMOS33} [get_ports {vga_r[1]}]
set_property − dict {PACKAGE_PIN C5 IOSTANDARD LVCMOS33} [get_ports {vga_r[2]}]
set_property − dict {PACKAGE_PIN B7 IOSTANDARD LVCMOS33} [get_ports {vga_r[3]}]
set_property − dict {PACKAGE_PIN B6 IOSTANDARD LVCMOS33} [get_ports {vga_g[0]}]
set_property − dict {PACKAGE_PIN A6 IOSTANDARD LVCMOS33} [get_ports {vga_g[1]}]
set_property − dict {PACKAGE_PIN A5 IOSTANDARD LVCMOS33} [get_ports {vga_g[2]}]
set_property − dict {PACKAGE_PIN D8 IOSTANDARD LVCMOS33} [get_ports {vga_g[3]}]
```

```
set_property - dict {PACKAGE_PIN C7 IOSTANDARD LVCMOS33} [get_ports {vga_b[0]}]
set_property - dict {PACKAGE_PIN E6 IOSTANDARD LVCMOS33} [get_ports {vga_b[1]}]
set_property - dict {PACKAGE_PIN E5 IOSTANDARD LVCMOS33} [get_ports {vga_b[2]}]
set_property - dict {PACKAGE_PIN E7 IOSTANDARD LVCMOS33} [get_ports {vga_b[3]}]
set_property - dict {PACKAGE_PIN D7 IOSTANDARD LVCMOS33} [get_ports vga_hs]
set_property - dict {PACKAGE_PIN C4 IOSTANDARD LVCMOS33} [get_ports vga_vs]
#////////////////////////////////拨码开关//////////////////////////////////////
set_property - dict {PACKAGE_PIN N4 IOSTANDARD LVCMOS33} [get_ports {key[1]}]
set_property - dict {PACKAGE_PIN R1 IOSTANDARD LVCMOS33} [get_ports {key[0]}]
```

用 Vivado 对本例进行综合,生成 Bitstream 文件后在 EGO1 开发板上下载,将 VGA 显示器接到 EGO1 的 VGA 接口,拨动拨码开关 SW1、SW0,变换彩条信号,其实际显示效果如图 8.14 所示,图中分别为竖彩条和棋盘格。

图 8.14　VGA 彩条实际显示效果

8.4.3　VGA 显示彩色圆环

以下分析彩色圆环形状的显示。

1. 彩色圆环显示的原理

在平面直角坐标系中,以点 $O(a,b)$ 为圆心,以 r 为半径的圆的方程可表示为

$$(x-a)^2 + (y-b)^2 = r^2 \tag{8-1}$$

在液晶屏中央显示圆环形状,假设圆的直径为 80($r=40$)个像素,圆内的颜色为蓝色,圆外的颜色为白色,应如何判断各像素是在圆内还是圆外呢? 如果将像素的坐标位置表示为(x,y),则有

$$(x-a)^2 + (y-b)^2 < r^2 \tag{8-2}$$

显然,满足式(8-2)的像素在圆内,而满足 $(x-a)^2+(y-b)^2>r^2$ 的像素在圆外(图 8.15)。

VGA 显示器采用 640×480 显示模式,液晶屏的分辨率为 640×480,故在图 8.15 中,将最左上角像素作为原点,其坐标(0,0),则最右下角像素的坐标为(640,480);圆心在屏幕的中心,故圆心坐标为(a,b),a 的值为 320,b 的值为 240。

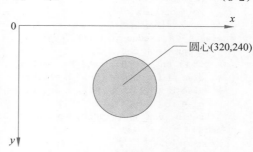

图 8.15　圆内像素和圆外像素的判断

2. 彩色圆环显示源代码

例 8.8 是 VGA 显示器圆环显示源代码,其中用行时钟计数器 h_cnt 和场时钟计数器 v_cnt 分别表示 x 和 y,即 x=h_cnt-Hb,y=v_cnt-Vb;用 dist 表示距离的平方,则有

$$dist = (h\_cnt - Hb - 320) * (h\_cnt - Hb - 320) + (v\_cnt - Vb - 240) * (v\_cnt - Vb - 240);$$

例 8.8 中显示 3 层圆环,分别如下。

(1) 黄色圆环:dist≤2500(单位为像素)。

(2) 青色圆环:dist≤8100。

(3) 红色圆环:dist≤16900。

(4) 绿色区域:在显示区域中,除了以上区域均为绿色区域。

(5) 非显示区域:显示区域之外的区域为非显示区域。

例 8.8 VGA 显示器圆环显示源代码。

```
/* VGA 显示器显示圆环 */
module vga_cycle(
    input   sys_clk,                    //100MHz 时钟
    input   sys_rst,
    output reg vga_hs,                  //行同步信号
    output reg vga_vs,                  //场同步信号
    output reg[3:0] vga_r,
    output reg[3:0] vga_g,
    output reg[3:0] vga_b);
parameter  Ha = 96,                     //行同步头
           Hb = 144,                    //行同步头 + 行后沿
           Hc = 784,                    //行同步头 + 行后沿 + 行有效显示区间
           Hd = 800,                    //行同步头 + 行后沿 + 行有效显示区间 + 行前沿
           Va = 2,                      //场同步头
           Vb = 35,                     //场同步头 + 场后沿
           Vc = 515,                    //场同步头 + 场后沿 + 场有效显示区间
           Vd = 525;                    //场同步头 + 场后沿 + 场有效显示区间 + 场前沿
reg[20:0]  dist;
reg [9:0]  h_cnt, v_cnt;
reg h_active, v_active;
//---- 产生像素时钟频率 25MHz -------------
wire pix_clk;
clk_div  #(25_000_000) u1(               //产生 25MHz 像素时钟
    .clk(sys_clk),                       //clk_div 源代码见例 7.12
    .clr(sys_rst),
    .clk_out(pix_clk));
//---- 行同步信号 ----------------------
always @(posedge pix_clk)  begin
    h_cnt <= h_cnt + 1;
    if (h_cnt == Ha)  vga_hs <= 1'b1;
    else if (h_cnt == Hb)  h_active <= 1'b1;
    else if (h_cnt == Hc)  h_active <= 1'b0;
    else if (h_cnt == Hd - 1)
    begin  vga_hs <= 1'b0;  h_cnt <= 0;   end
end
//---- 场同步信号 ----------------------
always @(negedge vga_hs)  begin
    v_cnt <= v_cnt + 1;
    if (v_cnt == Va)  vga_vs <= 1'b1;
    else if (v_cnt == Vb)  v_active <= 1'b1;
    else if (v_cnt == Vc)  v_active <= 1'b0;
    else if (v_cnt == Vd - 1)
    begin  vga_vs <= 1'b0;  v_cnt <= 0;   end
end
```

```
//---- 显示数据使能信号 --------------------
wire vga_de;
assign vga_de = h_active && v_active;
//---- 圆环显示 --------------------
always @( * )  begin
    dist = (h_cnt − Hb − 320) * (h_cnt − Hb − 320) + (v_cnt − Vb − 240) * (v_cnt − Vb − 240);
end
always @(posedge pix_clk, negedge sys_rst)  begin
    if(!sys_rst)begin  {vga_r,vga_g,vga_b}<= 0; end
    else if(vga_de) begin
    if(dist < = 2500) begin {vga_r,vga_g} < = 8'hff; vga_b <= 0;   end       //黄
    else if(dist < = 8100) begin {vga_g,vga_b}<= 8'hff; vga_r <= 0; end      //青
    else if(dist < = 16900) begin vga_r <= 4'hf; {vga_g,vga_b}<= 0; end      //红
    else begin   vga_g <= 4'hf; {vga_r,vga_b}<= 0;   end end                 //绿
    else begin   {vga_r,vga_g,vga_b} < = 0;   end                           //黑
end
endmodule
```

3. 引脚约束与编程下载

例 8.8 引脚的锁定与例 8.7 基本相同(减少两个拨码开关的定义),用 Vivado 对代码进行综合,生成 Bitstream 文件后在 EGO1 开发板上下载,将 VGA 显示器连接至 EGO1 的 VGA 接口,其实际显示效果如图 8.16 所示。

图 8.16 彩色圆环实际显示效果

8.4.4 VGA 图像显示

如果 VGA 显示真彩色 BMP 图像,则需要 R、G、B 信号各 8 位(RGB888 模式)表示一个像素;为了节省存储空间,可采用高彩图像,每个像素由 16 位(RGB565 模式)信号表示,数据量减少,又能实现显示效果。例 8.8 中每个图像像素用 12 位(RGB444 模式)信号表示,总共可表示 2^{12}(4096)种颜色;显示图像的 R、G、B 数据预先存储在 FPGA 的片内 ROM 中,只要按照前面介绍的时序,给 VGA 显示器上对应的像素点赋值,就可以显示出完整的图像。图 8.17 是 VGA 图像显示控制框图。

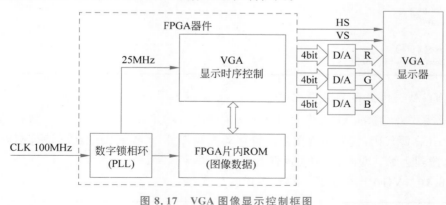

图 8.17 VGA 图像显示控制框图

1. VGA 图像数据的获取

本例显示的图像如图 8.18 所示(命名为 bird.jpg),编写 MATLAB 程序将 bird.jpg

图 8.18   bird.jpg 图像

图像的尺寸压缩为 240×200 像素，并得到 240×200 像素的 R、G、B 三基色数据，将数据写入 ROM 存储器初始化文件 ∗.coe 中(命名为 vga_rom240200.coe)。MATLAB 代码如例 8.9 所示。

例 8.9   把 bird.jpg 图像压缩为 240×200 像素，得到 R、G、B 三基色数据并将数据写入 vga_rom240200.coe 文件。

```
clear;
Sp = imread('D:\xilinx\vga\m\bird.jpg');
picture_length = 240;
picture_width = 200;
Np1 = imresize(Sp,[picture_width,picture_length]);        % 转换为指定像素
Np2 = bitshift(Np1(:,:,:), -4);                           % 取图像 RGB 的高 4 位
Np3 = cell(picture_width,picture_length,3);
for k = 1:3
    for j = 1:picture_length
    for i = 1:picture_width
    Np3(i,j,k) = cellstr(dec2hex(Np2(i,j,k),1));
    end
    end
end
file = fopen(['D:\xilinx\vga\m\vga_rom',
    [num2str(picture_length),num2str(picture_width)],'.coe'],'w');
fprintf(file,'memory_initialization_radix = 16;\n');      % 转换为十六进制
fprintf(file,'memory_initialization_vector = \n');
count = 0;
for i = 1:picture_width
    for j = 1:picture_length
      for k = 1:3
      fprintf(file,'%s',Np3{i,j,k});
      end
      if i == picture_width&&j == picture_length&&k == 3
        fprintf(file,';');
      else  fprintf(file,',');
      end
    count = count + 1;
    end
end
fclose(file);
msgbox(num2str(count));
```

2. VGA 图像显示顶层源程序

显示模式采用标准 VGA 模式(640×480@60Hz)，图像大小为 240×200 像素，例 8.10 是其 Verilog 源代码，代码中含图像位置移动控制部分，可控制图像在屏幕范围内成 45° 角移动，撞到边缘后变向，类似于屏保的显示效果。

例 8.10   VGA 图像显示与移动源代码。

```
`timescale 1ns/1ps
module vga_jpg(
    input sys_clk,              //100MHz 时钟
    input sys_rst,              //复位信号
```

```verilog
    input switch,                    //为 0,静态显示;为 1,动态显示
    output wire vga_hs,              //行同步信号
    output wire vga_vs,              //场同步信号
    output reg[3:0] vga_r,
    output reg[3:0] vga_g,
    output reg[3:0] vga_b);
// --- 区域 640×480 ,时钟 25MHz, 图片大小 240×200 像素 --------
parameter H_SYNC_END    = 96,       //行同步脉冲结束时间
          V_SYNC_END    = 2,        //列同步脉冲结束时间
          H_SYNC_TOTAL  = 800,      //行扫描总像素单位
          V_SYNC_TOTAL  = 525,      //列扫描总像素单位
          H_SHOW_START  = 139,      //显示区行开始像素点 144 = 行同步脉冲结束时间 + 行后沿脉冲
          V_SHOW_START  = 35,       //显示区列开始像素点 35 = 列同步脉冲结束时间 + 列后沿脉冲
          PIC_LENGTH    = 240,      //图片长度(横坐标像素)
          PIC_WIDTH     = 200;      //图片宽度(纵坐标像素)
// ----------- 动态显示的初始化 --------------------
reg [9:0] x0, y0 ;                  //记录图片左上角的实时坐标(像素)
reg [1:0] direction;                //运动方向:01 右下,10 左上,00 右上,11 左下
parameter AREA_X = 640,   AREA_Y = 480;
wire pix_clk,clk50hz;
wire [18:0] address;
wire [11:0] addr_x,addr_y;
wire [11:0] q;
reg [12:0] x_cnt,y_cnt;
assign addr_x = (x_cnt > H_SHOW_START + x0&&x_cnt <
  (H_SHOW_START + PIC_LENGTH + x0))?(x_cnt − H_SHOW_START − x0):1000;
assign addr_y = (y_cnt >= V_SHOW_START + y0&&y_cnt <
  (V_SHOW_START + PIC_WIDTH + y0))?(y_cnt − V_SHOW_START − y0):900;
assign address = (addr_x < PIC_LENGTH&&addr_y < PIC_WIDTH)?
  (PIC_LENGTH * addr_y + addr_x):PIC_LENGTH * PIC_WIDTH + 1;
always@(posedge clk50hz,negedge sys_rst)   begin
  if(~sys_rst) begin   x0 <= 'd100; y0 <= 'd50; direction <= 2'b01; end
  else if(switch == 0)
   begin x0 <= AREA_X − PIC_LENGTH − 1; y0 <= AREA_Y − PIC_WIDTH − 1; end
  else   begin
  case(direction)
  2'b00:begin
    y0 <= y0 − 1;x0 <= x0 + 1;
    if (x0 == AREA_X − PIC_LENGTH − 1 && y0!= 1)   direction <= 2'b10;
    else if(x0!= AREA_X − PIC_LENGTH − 1 && y0 == 1)   direction <= 2'b01;
    else if(x0 == AREA_X − PIC_LENGTH − 1 && y0 == 1)   direction <= 2'b11;
    end
  2'b01:begin   y0 <= y0 + 1;x0 <= x0 + 1;
    if (x0 == AREA_X − PIC_LENGTH − 1 && y0!= AREA_Y − PIC_WIDTH − 1 )
      direction <= 2'b11;
    else if (x0!= AREA_X − PIC_LENGTH − 1 && y0 == AREA_Y − PIC_WIDTH − 1)
      direction <= 2'b00;
    else if (x0 == AREA_X − PIC_LENGTH − 1 && y0 == AREA_Y − PIC_WIDTH − 1)
      direction <= 2'b10;
    end
  2'b10:begin   y0 <= y0 − 1;x0 <= x0 − 1;
    if (x0 == 1 && y0!= 1)   direction <= 2'b00;
    else if (x0!= 1 && y0 == 1 )   direction <= 2'b11;
    else if (x0 == 1 && y0 == 1 )   direction <= 2'b01;
    end
  2'b11:begin   y0 <= y0 + 1;x0 <= x0 − 1;
    if(x0 == 1 && y0!= AREA_Y − PIC_WIDTH − 1) direction <= 2'b01;
    else if(x0!= 1 && y0 == AREA_Y − PIC_WIDTH − 1) direction <= 2'b10;
    else if(x0 == 1 && y0 == AREA_Y − PIC_WIDTH − 1) direction <= 2'b00;
    end
```

```
        endcase
end    end
always@(posedge pix_clk, negedge sys_rst)    begin
    if(~sys_rst) begin vga_r <= 'd0; vga_g <= 'd0; vga_b <= 'd0; end
    else begin vga_r <= q[11:8];    vga_g <= q[7:4]; vga_b <= q[3:0]; end
end
//-------------- 水平扫描 --------------------
always@(posedge pix_clk, negedge sys_rst)    begin
    if(~sys_rst) x_cnt <= 'd0;
    else if (x_cnt == H_SYNC_TOTAL - 1) x_cnt <= 'd0;
    else   x_cnt <= x_cnt + 1'b1;
end
assign vga_hs = (x_cnt <= H_SYNC_END - 1)?1'b0:1'b1;    //行同步信号
//-------------- 垂直扫描 ------------------------
always@(posedge pix_clk, negedge sys_rst)    begin
    if(~sys_rst) y_cnt <=  'd0;
    else if(x_cnt == H_SYNC_TOTAL - 1)    begin
    if(y_cnt < V_SYNC_TOTAL - 1)   y_cnt <= y_cnt + 1'b1;
    else   y_cnt <= 'd0;
end    end
assign vga_vs = (y_cnt <= V_SYNC_END - 1)?1'b0:1'b1;    //场同步信号
//-------------- 产生各时钟频率 ----------------
clk_div  #(25_000_000)  u1(                         //产生 25MHz 像素时钟
    .clk(sys_clk),                                   //clk_div 源代码见例 7.12
    .clr(sys_rst),
    .clk_out(pix_clk));
clk_div  #(50)  u2(                                 //产生 50Hz 时钟信号
    .clk(sys_clk),                                   //clk_div 源代码见例 7.12
    .clr(sys_rst),
    .clk_out(clk50hz));
vga_rom u3(                                         //vga_rom 图像数据存储模块
    .clka(pix_clk),
    .addra(address),
    .douta(q));
endmodule
```

以下是 vga_rom 存储模块的定制过程。

3. ROM 模块的定制

(1) 在 Vivado 主界面单击 Flow Navigator 中的 IP Catalog,再在 IP Catalog 标签页的 Search 处输入 block,可以搜索到想要的 IP 核 Block Memory Generator,如图 8.19 所示,选中 Block Memory Generator 核。

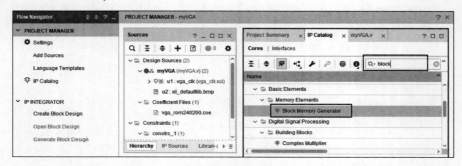

图 8.19　选中 IP 核 Block Memory Generator

（2）双击 Block Memory Generator 核，自动弹出配置窗口，图 8.20 所示为 Basic 设置页面，在该页面设置 Component Name（部件名字）为 vga_rom；设置 Memory Type（存储器类型）为 Single Port ROM（单口 ROM）；设置 Byte Size 为 9；Algorithm 选择 Minimum Area，即采用最小面积算法实现该存储器，Primitive 项选择 8kx2。

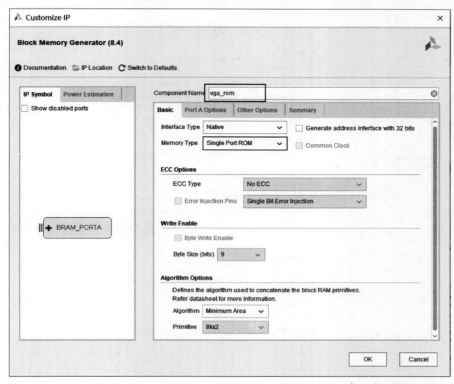

图 8.20 Basic 设置页面

（3）如图 8.21 所示，设置 Port A Options 页面，Port A Width 数据位宽选择 16，Port A Depth 数据深度填写 48000（图像像素点为 $240 \times 200 = 48000$）；Operating Mode 操作模式选择 Write First（写优先），端口使能类型选择 Always Enabled（总是使能）；其他选项选择默认设置。

（4）如图 8.22 所示设置 Other Options 页面，该页面主要是设置 ROM 模块的初始化文件，这里将初始化文件指向前面刚生成的 vga_rom240200.coe 文件，设置其路径。

（5）设置完成后，单击 OK 按钮，弹出 Generate Output Products 窗口，选择 Out for context per IP，单击 Generate 按钮，完成后再单击 OK 按钮。

（6）IP 核生成后，打开 IP Sources 中的 *.veo 文件（此处为 vga_rom.veo），如图 8.23 所示，将有关例化的内容复制到顶层文件中，以调用该 IP 核。

4. 引脚锁定与下载

引脚约束文件内容如下（其他引脚的锁定与例 8.7 相同）。

```
set_property - dict {PACKAGE_PIN R1 IOSTANDARD LVCMOS33} [get_ports switch]
```

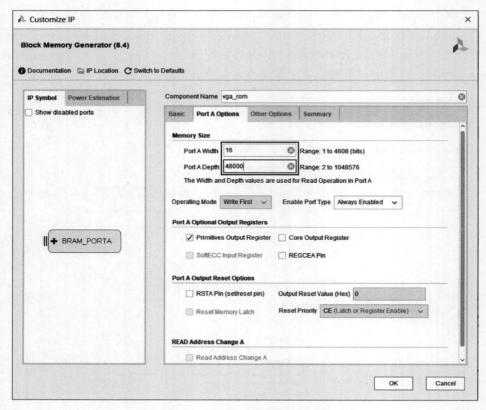

图 8.21 Port A Options 设置页面

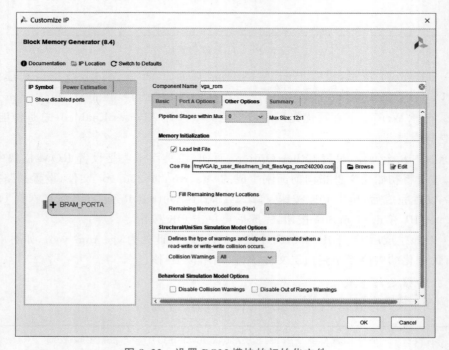

图 8.22 设置 ROM 模块的初始化文件

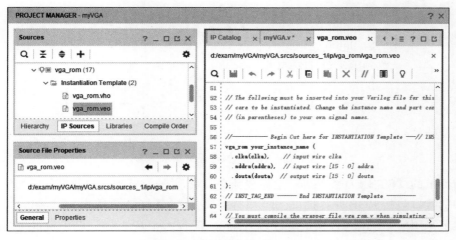

图 8.23　例化模板文件 *.veo

　　将 VGA 显示器接到 EGO1 的 VGA 接口,用 Vivado 对本例进行综合,然后在 EGO1 开发板上下载,在显示器上观察图像的显示效果,拨码开关 SW0 (switch 端口)为 0 时,图像是静止的;SW0 为 1 时,图像在屏幕范围内成 45°角移动,撞到边缘后改变方向,类似于屏保的显示效果,其实际效果如图 8.24 所示。

图 8.24　采用 FPGA 片内 ROM 存储图像的显示效果

8.5　TFT-LCD 液晶屏

　　本节用 FPGA 控制 TFT-LCD 液晶屏,实现彩色圆环形状的静态显示。

8.5.1　TFT-LCD 液晶屏概述

1. TFT-LCD 液晶屏原理

　　TFT-LCD 全称为薄膜晶体管型液晶显示器,是平板显示器的一种。TFT(Thin Film Transistor)原意是指薄膜晶体管,这种晶体管矩阵可以"主动地"对屏幕上各独立的像素进行控制,即所谓的主动矩阵 TFT。

　　TFT-LCD 液晶屏图像显示的原理并不复杂,显示屏由许多可发出任意颜色的像素组成,只要控制各像素显示相应的颜色就能达到目的。TFT-LCD 中一般采用"背透式"照射方式,为精确控制每个像素的颜色和亮度,需在每个像素之后安装一个类似百叶窗的开关,百叶窗打开时光线可以透过,百叶窗关上后光线就无法透过。

　　如图 8.25 所示,TFT-LCD 液晶屏为每个像素设置一个半导体开关,每个像素都可以通过点脉冲直接控制,每个点相对独立,并可以连续控制,不仅可以提高显示屏的反应速度,还可以精确控制显示色阶。TFT-LCD 液晶屏的背部设有特殊光管,光源照射时通过偏光板透出,由于上下夹层的电极改为了 FET 电极,FET 电极导通时,液晶分子的表现也会发生改变,可以通过遮光和透光达到显示的目的,响应时间大幅提高,因其具有比普通 LCD 更高的对比度和更丰富的色彩,屏幕刷新频率也更快,故 TFT-LCD 俗称"真彩(色)"。

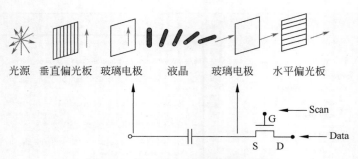

图 8.25　TFT-LCD 液晶屏显示原理

市面上的 TFT-LCD 液晶屏一般做成独立模块,并通过标准接口与其他模块连接,使用较多的接口包括 RGB 并行接口、SPI 串行接口、HDMI 接口、LVDS 接口等。

本节采用的 TFT-LCD 模块型号为 AN430,配备 4.3 英寸天马 TFT 液晶屏,显示像素为 480×272,采用真彩 24 位(RGB888)的并行 RGB 接口。

2. TFT-LCD 液晶屏显示的时序

并行 RGB 接口的 TFT-LCD,信号线主要包括 RGB 数据信号、像素时钟信号 DCLK、行同步信号 HS、场同步信号 VS、有效显示数据使能信号 DE。TFT-LCD 液晶屏的驱动有如下两种模式。

(1) 仅使用 DE 信号同步液晶模块(DE 模式)。

此时液晶模块只需使用 DE 作为同步信号即能正常工作,无须使用行同步信号 HS 和场同步信号 VS(此时 HS 信号和 VS 信号一般接低电平)。

(2) 同时使用 DE、HS、VS 信号同步液晶模块(SYNC 模式)。

此时液晶模块若要有效显示数据,使能信号 DE、行同步信号 HS、场同步信号 VS 须满足一定的时序关系并相互配合,图 8.26 是 SYNC 模式下的 TFT-LCD 液晶屏显示时序示意图,该时序与 VGA 显示时序几乎一致。以帧同步信号(VS)的下降沿作为一帧图像的起始时刻,以行同步信号(HS)的下降沿作为一行图像的起始时刻,一个行周期的过程如下。

① 在计数 0 时刻,拉低行同步信号 HS,产生行同步头,表示要开启新一行的扫描。

② 拉高行同步信号 HS 进入行后沿段,此阶段为行回扫段(行同步后发出后,显示数据不能立即使能,要留出电子回扫的时间),此时显示数据应为全 0 状态。

③ 进入图像数据有效段,此时 DE 信号变为高电平,在每个像素时钟上升沿读取一个 RGB 数据。

④ 当一行显示数据读取完成后,进入行前沿(Front Porch)段,此段为行消隐段,扫描点快速从右侧返回左侧,准备开启下一行的扫描。

场(帧)扫描时序的实现和行扫描时序的实现方案完全一致,区别在于,场扫描时序中的时序参数是以行扫描周期为计量单位的。

图 8.27 是 DE 信号、像素时钟(DCLK)信号和 RGB 数据信号三者的时序关系图,图中的数据是以 800×480 像素分辨率为例的。当 DE 变为高电平时,表示可以读取有效显示数据了,DE 信号高电平持续 800 个像素时钟周期,在每个 DCLK 时钟的上升沿读取一次 RGB 信号;DE 变为低电平,表示有效数据读取结束,此时为回扫和消隐时间。DE 一个周期(Th),扫描完成一行,扫描 480 行后,从第一行重新开始。

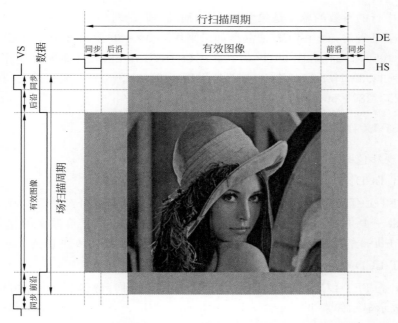

图 8.26 SYNC 模式下的 TFT-LCD 液晶屏显示时序示意图

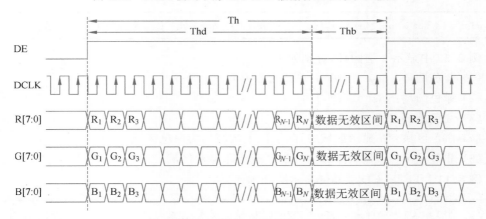

行分辨率N=800像素；场分辨率M=480行

图 8.27 800×480 像素分辨率 TFT-LCD 液晶屏显示时序

  如表 8.7 所示是 TFT-LCD 在几种显示模式下的时序参数值，可根据表 8.6 的参数来编写 TFT-LCD 液晶屏的时序驱动代码。

表 8.7 TFT-LCD 液晶屏的时序参数值

显 示 模 式	像素时钟/MHz	行参数/像素					场（帧）参数/行				
		同步	后沿	有效区间	前沿	行周期	同步	后沿	有效区间	前沿	场周期
480×272@60Hz	9	41	2	480	2	525	10	2	272	2	286
800×480@60Hz	33.3	128	88	800	40	1056	2	33	480	10	525
800×600@60Hz	40	128	88	800	40	1056	4	23	600	1	628

表 8.7 中行的参数的单位是像素(pixel),而场(帧)的时间单位是行(line)。

从表 8.7 可看出,TFT-LCD 液晶屏如果采用 800×480 像素分辨率(resolution),其总的像素为 1056×525,对应 60Hz 的刷新率(refresh rate),其像素时钟频率为 $1056 \times 525 \times 60\text{Hz} \approx 33.3\text{MHz}$;TFT-LCD 液晶屏采用 $480 \times 272@60\text{Hz}$ 显示模式,其像素时钟频率应为 $525 \times 286 \times 60\text{Hz} \approx 9\text{MHz}$。

8.5.2　TFT-LCD 液晶屏显示彩色圆环

本节实现彩色圆环形状的显示。

1. TFT-LCD 彩色圆环显示的原理

本节 TFT-LCD 液晶屏采用 480×272 显示模式,液晶屏的分辨率为 480×272,参考图 8.15,将最左上角像素作为原点,其坐标为 $(0,0)$,则最右下角像素的坐标为 $(480, 272)$;圆心在屏幕的中心,故圆心的坐标为 (a,b),a 的值为 240,b 的值为 136。

2. TFT-LCD 彩色圆环显示源代码

例 8.11 是 TFT-LCD 圆环显示源代码,其中用行时钟计数器 h_cnt 和场时钟计数器 v_cnt 分别表示显示像素坐标 x 和 y,即 x=h_cnt−Hb,y=v_cnt−Vb;用 dist 表示距离的平方,则有

```
dist = (h_cnt - Hb - 240) * (h_cnt - Hb - 240) + (v_cnt - Vb - 136) * (v_cnt - Vb - 136);
```

例 8.33 中显示 3 层圆环,分别如下。

(1) 蓝色圆环:dist ≤ 1600(单位为像素)。

(2) 绿色圆环:dist ≤ 4900。

(3) 红色圆环:dist ≤ 10000。

(4) 白色区域:在显示区域中,除了以上区域均为白色区域。

(5) 非显示区域:显示区域之外的区域为非显示区域。

例 8.11　TFT-LCD 液晶屏显示圆环源代码。

```verilog
/*  TFT-LCD 液晶屏采用 480×272@60Hz 显示模式,像素时钟频率为 9MHz,本例中没有驱动
TFT-LCD 背光控制信号,一般不影响 TFT-LCD 液晶屏的显示   */
module tft_cir_disp(
    input  sys_clk,
    input  sys_rst,
    output reg  lcd_hs,
    output reg  lcd_vs,
    output lcd_de,         //为 1,显示输入有效,可读入数据;为 0,显示数据无效,禁止读入数据
    output reg[7:0] lcd_r, lcd_g, lcd_b,       //分别是红、绿、蓝色数据,均为 8 位宽度
    output lcd_dclk,       //像素时钟信号,本例中为 9MHz
    output locked);        //锁相环锁定信号,为 1 时锁定
//---- 480×272@60Hz 显示模式参数 --------------
parameter  Ha = 41,   //行同步头
           Hb = 43,   //行同步头 + 行后沿
           Hc = 523,  //行同步头 + 行后沿 + 行有效显示区间
           Hd = 525,  //行同步头 + 行后沿 + 行有效显示区间 + 行前沿
           Va = 10,   //场同步头
           Vb = 12,   //场同步头 + 场后沿
           Vc = 284,  //场同步头 + 场后沿 + 场有效显示区间
```

```
                Vd = 286;  //场同步头＋场后沿＋场有效显示区间＋场前沿
reg[19:0]  dist;
reg [9:0]  h_cnt, v_cnt;
reg h_active,v_active;
// ---- 例化锁相环产生像素时钟频率 9MHz -------------
tft_clk  u1(
   .clk_out1(lcd_dclk),
   .locked(locked),
   .clk_in1(sys_clk));
// ---- 行同步信号 ------------------
always @(posedge lcd_dclk)  begin
   h_cnt <= h_cnt + 1;
   if (h_cnt == Ha)  lcd_hs <= 1'b1;
   else if (h_cnt == Hb)  h_active <= 1'b1;
   else if (h_cnt == Hc)  h_active <= 1'b0;
   else if (h_cnt == Hd - 1)
   begin  lcd_hs <= 1'b0;  h_cnt <= 0;  end
end
// ---- 场同步信号 --------------------
always @(negedge lcd_hs)  begin
   v_cnt <= v_cnt + 1;
   if (v_cnt == Va)  lcd_vs <= 1'b1;
   else if (v_cnt == Vb)  v_active <= 1'b1;
   else if (v_cnt == Vc)  v_active <= 1'b0;
   else if (v_cnt == Vd - .1)
   begin  lcd_vs <= 1'b0;  v_cnt <= 0;  end
end
// ---- 显示数据使能信号 --------------------
assign lcd_de = h_active && v_active;
// ---- 圆环显示 ----------------------
always @(*)  begin
   dist = (h_cnt - Hb - 240) * (h_cnt - Hb - 240) + (v_cnt - Vb - 136) * (v_cnt - Vb - 136); end
always @(posedge lcd_dclk, negedge sys_rst)  begin
   if(!sys_rst)begin  {lcd_r,lcd_g,lcd_b}<= 0;  end
   else if(lcd_de)  begin
   if(dist <= 1600) begin lcd_b <= 8'hff; {lcd_r,lcd_g}<= 0;  end
   else if(dist <= 4900) begin lcd_g <= 8'hff;{lcd_r,lcd_b}<= 0;  end
   else if(dist <= 10000) begin lcd_r <= 8'hff; {lcd_g,lcd_b}<= 0;  end
   else begin {lcd_r,lcd_g,lcd_b}<= 24'hffffff;  end
   end
   else begin {lcd_r,lcd_g,lcd_b}<= 0;  end
end
endmodule
```

TFT-LCD 液晶屏显示模式为 $480 \times 272 @ 60\mathrm{Hz}$，像素时钟为 $9\mathrm{MHz}$，该时钟用 Vivado 自带的 IP 核 Clocking Wizard 来产生，Clocking Wizard 核的定制过程如下。

3. 用 IP 核产生像素时钟

Xilinx 的 FPGA 内集成有延时锁相环(Delay-Locked Loop，DLL)，采用数字电路实现，可完成时钟的高精度、低抖动的倍频、分频、占空比调整、移相等，其精度一般在 ps 的数量级。用 Vivado 的 IP 核 Clocking Wizard 可应用锁相环产生所需时钟，其定制过程如下。

(1) 在 Vivado 主界面，单击 Flow Navigator 中的 IP Catalog，在出现的 IP Catalog 标签页的 Search 处输入想要的 IP 核的名字，本例中输入 clock，可以搜索到 Clocking Wizard 核，如图 8.28 所示，选中 Clocking Wizard 核。

(2) 双击 Clocking Wizard 核，弹出配置窗口，如图 8.29 所示是配置窗口中的 Clocking

Options 标签页,在该标签页中将 Component Name(部件名字)修改为 tft_clk。

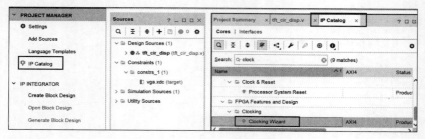

图 8.28　搜索并选中 Clocking Wizard 核

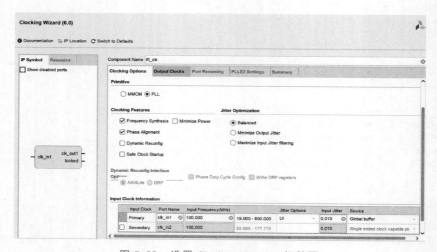

图 8.29　设置 Clocking Options 标签页

① Primitive 选项用于选择使用 MMCM 或 PLL 模式来实现时钟。

PLL(Phase Locked Loop):锁相环模式。

MMCM(Mixed-Mode Clock Manager,混合模式时钟管理器):在 PLL 模式基础上,增加了相位动态调整、抖动滤波等数字功能。

在大部分的设计中对系统时钟进行分频、倍频和相位偏移,使用 MMCM 或者 PLL 都可以胜任,此处选择 PLL 模式来实现。

② Clocking Features 用于设置时钟的特征,包括 Frequency Synthesis(频率合成)、Minimize Power(最小化功率)、Phase Alignment(相位校准)、Dynamic Reconfig(动态重配置)、Safe Clock Startup(安全时钟启动)等,此处保持默认的设置即可。

③ Jitter Optimization 是抖动优化选项,可选 Balanced:均衡方式;Minimize Output Jitter:最小化输出抖动(代价是增加功耗和资源耗用);Maximize Input Jitter Filtering:输入时钟抖动滤波最大化。这里选择默认的平衡抖动优化方式即可。

④ Input Clock Information 下的表格用于设置输入时钟的信息,其中,第一列 Input Clock(输入时钟)中 Primary(主时钟)是必需的,Secondary(副时钟)是可选的,若使用了副时钟则会引入一个时钟选择信号(clk_in_sel),需要注意的是,主副时钟不可同时生效,可通过控制 clk_in_sel 的高低电平来选择使用哪个时钟。本例只使能主时钟。

第二列 Port Name(端口名称)可以对输入时钟的端口进行命名,保持默认即可。

第三列 Input Frequency(输入频率)设置输入信号的时钟频率,单位为 MHz,主时钟可配置的输入时钟范围为 19~800MHz;因本例目标板上的晶振频率为 100MHz,故此处设置输入时钟的频率为 100.000MHz。

第四列 Jitter Options(抖动选项)有 UI(百分比)和 PS(皮秒)两种单位可选。

第五列 Input Jitter(输入抖动)为设置时钟上升沿和下降沿的时间,例如输入时钟为 100MHz,Jitter Options 选择 UI,Input Jitter 输入 0.01(1%),则上升沿和下降沿的时间不超过 0.1ns(10ns×1%),若此时将 UI 改为 PS,则 0.01 会自动变成 100(0.1ns=100ps)。

第六列 Source(时钟源)中有 4 种选项。

Single ended clock capable pin(单端时钟引脚):当输入的时钟由晶振产生并通过单端时钟引脚接入时,选择该选项。

Differential clock capable pin(差分时钟引脚):当输入的时钟来自差分时钟引脚时,选择该选项。

Global buffer(全局缓冲器):输入时钟只要连接在 FPGA 芯片的全局时钟网络上,选择该选项。本例选择 Global buffer 选项。

No buffer(无缓冲器):如果输入时钟无须挂在全局时钟网络上,可选择该选项。

(3) 单击 Output Clocks 标签页,在该页面设置输出时钟的路数及参数,如图 8.30 所示。

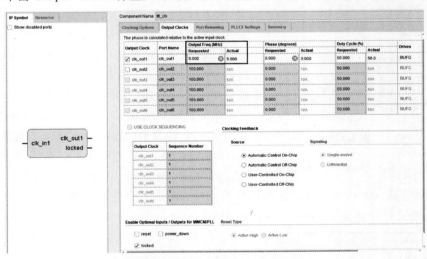

图 8.30　设置 Output Clocks 标签页

第一列 Output Clock 为设置输出时钟的路数(一个 PLL 核最多可输出六路不同频率的时钟信号),本例只勾选 1 个时钟。

第二列 Port Name 为设置输出时钟端口的名字,此处保持默认的命名即可。

第三列 Output Freq(MHz)设置输出频率,Requested 为需求频率,本例设置为 9MHz,Actual 为实际输出频率(本例显示为 9.000 MHz)。注意是 PLL IP 核的时钟输出范围为 6.25MHz~800MHz,但这个范围会根据驱动器类型的选择不同而有所不同。

第四列 Phase(degrees)为时钟的相位偏移,同样只需要设置理想值,本例没有相位偏移需求,故设置为 0 即可。

第五列 Duty cycle(%)为占空比设置,一般情况下占空比都设置为 50%,此处保持默认设置即可。

第六列 Drives 为驱动器类型,有 5 种驱动器类型可选。BUFG 是全局缓冲器,如果时钟信号走全局时钟网络,必须通过 BUFG 来驱动,BUFG 可以连接并驱动所有的 CLB、RAM、IOB 单元,时钟延迟和抖动最小。本例选择 BUFG 选项。

BUFGCE 是带有时钟使能端的全局缓冲器,当 BUFGCE 的使能端 CE 有效(高电平)时,BUFGCE 才有输出。

BUFH 是区域缓冲器,BUFHCE 是带有时钟使能端的区域缓冲器。

No buffer 无缓冲器选项,当输出时钟无须挂在全局时钟网络上时,可选择该选项。

最后一列 Max Freq of buffer 为缓冲器输出最大频率,这里显示 BUFG 缓冲器支持的最大输出频率为 464.037MHz。

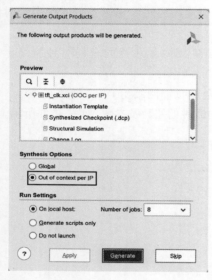

图 8.31　Generate Output Products 窗口

本页面还包括端口设置,本例只勾选 locked 端口,不勾选 reset 等其他端口,locked 端口是时钟锁定端口,当该端口为高电平时,表示时钟已锁定,会输出稳定的时钟信号。

最终定制好的 IP 核有一个输入频率端口(clk_in1)、一个输出频率端口(clk_out1)和一个 locked 端口。

(4) 其他标签页各选项按默认设置。设置完成后,单击 OK 按钮,弹出 Generate Output Products 窗口,如图 8.31 所示,选择 Out for context per IP,然后单击 Generate 按钮,完成后再单击 OK 钮。

(5) 在定制生成 IP 核后,在 Sources 窗口的下方出现一个名为 IP Sources 的标签,如图 8.32 所示,单击该标签,会发现刚生成的名为 tft_clk 的 IP 核,展开 Instantiation Template,发现 *.veo 文件(本例为 tft_clk.veo),该文件是实例化模板文件,双击打开该文件,将有关实例化的代码复制到顶层文件中并加以修改,以调用该 IP 核。

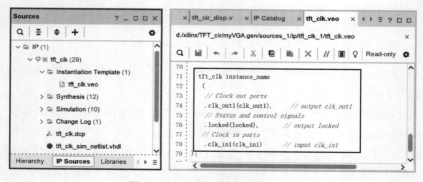

图 8.32　实例化模板文件 *.veo

4. 下载与验证

引脚约束文件内容如下。

```
# ///////////////////////////////系统时钟和复位//////////////////////////////////
set_property - dict {PACKAGE_PIN P17 IOSTANDARD LVCMOS33} [get_ports sys_clk]
set_property - dict {PACKAGE_PIN P15 IOSTANDARD LVCMOS33} [get_ports sys_rst]
# ///////////////////////////////TFT 信号//////////////////////////////////
set_property - dict {PACKAGE_PIN A18 IOSTANDARD LVCMOS33} [get_ports lcd_hs]
set_property - dict {PACKAGE_PIN A13 IOSTANDARD LVCMOS33} [get_ports lcd_vs]
set_property - dict {PACKAGE_PIN A14 IOSTANDARD LVCMOS33} [get_ports lcd_de]
set_property - dict {PACKAGE_PIN B18 IOSTANDARD LVCMOS33} [get_ports lcd_dclk]
set_property - dict {PACKAGE_PIN H17 IOSTANDARD LVCMOS33} [get_ports {lcd_r[0]}]
set_property - dict {PACKAGE_PIN G17 IOSTANDARD LVCMOS33} [get_ports {lcd_r[1]}]
set_property - dict {PACKAGE_PIN K13 IOSTANDARD LVCMOS33} [get_ports {lcd_r[2]}]
set_property - dict {PACKAGE_PIN J13 IOSTANDARD LVCMOS33} [get_ports {lcd_r[3]}]
set_property - dict {PACKAGE_PIN E17 IOSTANDARD LVCMOS33} [get_ports {lcd_r[4]}]
set_property - dict {PACKAGE_PIN D17 IOSTANDARD LVCMOS33} [get_ports {lcd_r[5]}]
set_property - dict {PACKAGE_PIN H14 IOSTANDARD LVCMOS33} [get_ports {lcd_r[6]}]
set_property - dict {PACKAGE_PIN G14 IOSTANDARD LVCMOS33} [get_ports {lcd_r[7]}]
set_property - dict {PACKAGE_PIN F15 IOSTANDARD LVCMOS33} [get_ports {lcd_g[0]}]
set_property - dict {PACKAGE_PIN F16 IOSTANDARD LVCMOS33} [get_ports {lcd_g[1]}]
set_property - dict {PACKAGE_PIN H16 IOSTANDARD LVCMOS33} [get_ports {lcd_g[2]}]
set_property - dict {PACKAGE_PIN G16 IOSTANDARD LVCMOS33} [get_ports {lcd_g[3]}]
set_property - dict {PACKAGE_PIN D15 IOSTANDARD LVCMOS33} [get_ports {lcd_g[4]}]
set_property - dict {PACKAGE_PIN C15 IOSTANDARD LVCMOS33} [get_ports {lcd_g[5]}]
set_property - dict {PACKAGE_PIN E15 IOSTANDARD LVCMOS33} [get_ports {lcd_g[6]}]
set_property - dict {PACKAGE_PIN E16 IOSTANDARD LVCMOS33} [get_ports {lcd_g[7]}]
set_property - dict {PACKAGE_PIN B11 IOSTANDARD LVCMOS33} [get_ports {lcd_b[0]}]
set_property - dict {PACKAGE_PIN A11 IOSTANDARD LVCMOS33} [get_ports {lcd_b[1]}]
set_property - dict {PACKAGE_PIN D14 IOSTANDARD LVCMOS33} [get_ports {lcd_b[2]}]
set_property - dict {PACKAGE_PIN C14 IOSTANDARD LVCMOS33} [get_ports {lcd_b[3]}]
set_property - dict {PACKAGE_PIN B13 IOSTANDARD LVCMOS33} [get_ports {lcd_b[4]}]
set_property - dict {PACKAGE_PIN B14 IOSTANDARD LVCMOS33} [get_ports {lcd_b[5]}]
set_property - dict {PACKAGE_PIN F13 IOSTANDARD LVCMOS33} [get_ports {lcd_b[6]}]
set_property - dict {PACKAGE_PIN F14 IOSTANDARD LVCMOS33} [get_ports {lcd_b[7]}]
# ///////////////////////////////锁定指示//////////////////////////////////
set_property - dict {PACKAGE_PIN K2 IOSTANDARD LVCMOS33} [get_ports locked]
```

将 TFT-LCD 模块与目标板上的扩展口相连,给其提供+5V 电源,锁定引脚后编译,生成.sof 配置文件,下载配置文件到 EGO1 目标板,圆环显示效果如图 8.33 所示。

8.5.3 TFT-LCD 液晶屏显示动态矩形

本例控制 TFT-LCD 液晶屏显示矩形动画,矩形的宽从 2 变化到 600(单位为像素),矩形的高从 2 变化到 400,矩形由小变大,实现动态显示效果,本例的源代码如例 8.12 所示。

图 8.33　4.3 英寸 TFT-LCD 液晶屏
（480×272)圆环显示效果

例 8.12　TFT-LCD 动态矩形显示源代码。

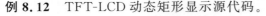

```
module tft_rec_dyn(
    input   sys_clk,
    input   sys_rst,
    output reg   lcd_hs, lcd_vs,
    output   lcd_de,
    output reg[7:0]   lcd_r, lcd_g, lcd_b,
    output lcd_dclk,                    //像素时钟信号,本例中为 9MHz
```

```
        output locked);                          //锁相环锁定信号,为1时锁定
//---- 480×272@60Hz 显示模式参数 ---------------
parameter   Ha = 41,                 //行同步头
            Hb = 43,                 //行同步头 + 行后沿
            Hc = 523,                //行同步头 + 行后沿 + 行有效显示区间
            Hd = 525,                //行同步头 + 行后沿 + 行有效显示区间 + 行前沿
            Va = 10,                 //场同步头
            Vb = 12,                 //场同步头 + 场后沿
            Vc = 284,                //场同步头 + 场后沿 + 场有效显示区间
            Vd = 286;                //场同步头 + 场后沿 + 场有效显示区间 + 场前沿
reg [9:0]   h_cnt, v_cnt;
reg h_active,v_active;
//---- 例化锁相环产生像素时钟频率9MHz -------------
tft_clk   u1(
   .clk_out1(lcd_dclk),
   .locked(locked),
   .clk_in1(sys_clk));
//---- 行同步信号 -----------------------
always @(posedge lcd_dclk)   begin
   h_cnt <= h_cnt + 1;
   if (h_cnt == Ha)   lcd_hs <= 1'b1;
   else if (h_cnt == Hb)   h_active <= 1'b1;
   else if (h_cnt == Hc)   h_active <= 1'b0;
   else if (h_cnt == Hd − 1)
   begin  lcd_hs <= 1'b0;  h_cnt <= 0;   end
end
//---- 场同步信号 --------------------
always @(negedge lcd_hs)   begin
   v_cnt <= v_cnt + 1;
   if (v_cnt == Va)   lcd_vs <= 1'b1;
   else if (v_cnt == Vb)   v_active <= 1'b1;
   else if (v_cnt == Vc)   v_active <= 1'b0;
   else if (v_cnt == Vd − 1)
   begin  lcd_vs <= 1'b0;  v_cnt <= 0;   end
end
//---- 显示数据使能信号 ---------------------
assign lcd_de = h_active && v_active;
//---- 动态矩形显示 ---------------------------
wire  blue_area;
reg[30:0]   h,v;
assign blue_area = (h_cnt >= Hb + 240 − h) && (h_cnt < Hb + 240 + h)
                  && (v_cnt >= Vb + 136 − v) && (v_cnt < Vb + 136 + v);
always @(posedge lcd_dclk, negedge sys_rst)   begin
   if(!sys_rst)  begin  h <= 1; v <= 1;   end
   else if((v_cnt == Vd − 1) && (h_cnt == Hd − 1) && h < 300 && v < 200)
    begin   h <= h + 2; v <= v + 1;    end
end
always @(posedge lcd_dclk, negedge sys_rst) begin
   if(!sys_rst)   begin  {lcd_r,lcd_g,lcd_b}<= 0;   end
   else if(lcd_de) begin
   if(blue_area)  begin lcd_b <= 8'hff; {lcd_r,lcd_g}<= 0;   end
   else begin  {lcd_r,lcd_g,lcd_b}<= 24'hff_ff_ff;   end  end
   else begin  {lcd_r,lcd_g,lcd_b}<= 0;   end
end
endmodule
```

TFT-LCD 液晶屏显示模式设置为 $480×272@60Hz$,9MHz 像素时钟用锁相环 IP 核实现,引脚锁定与例 8.11 相同,编译后生成配置文件,下载配置文件至目标板,可看到 TFT-LCD 液晶屏显示矩形动画,矩形由小变大,每按一次复位键,可重复显示矩形动画。

8.6 音乐演奏电路

本节用 FPGA 器件驱动扬声器实现音符和音乐的演奏。

8.6.1 音符演奏

1. 音符和音名

以钢琴为例介绍音符和音名等音乐要素,钢琴素有"乐器之王"的美称,由 88 个琴键(52 个白键,36 个黑键)组成,相邻两个按键音构成半音,从左至右又可根据音调大致分为低音区、中音区和高音区,如图 8.34 所示。

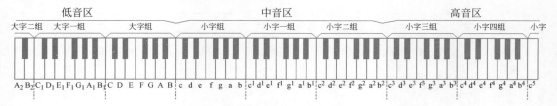

图 8.34　钢琴标准按键图

图 8.34 中每个虚线隔挡内有 12 个按键(7 个白键,5 个黑键),若定义键盘中最中间虚线隔挡内最左侧的白键发 Do 音,那么该隔挡内其他 6 个白键依次为 Re、Mi、Fa、Sol、La、Si。从这里可以看出发音的规律,即 Do、Re、Mi 或者 Sol、La、Si 相邻之间距离两个半音,而 Mi、Fa 或者 Si、高音 Do 之间只隔了一个半音。当需要定义其他按键发 Do 音时,只需根据此规律即可找到其他音对应的按键。

钢琴的每个按键都能发出一种固定频率的声音,声音的频率范围从最低的 27.500Hz 到最高的 4186.009Hz。表 8.8 所示为钢琴 88 个键对应声音的频率,表中的符号♯(如 C♯)表示升半个音阶,b(如 Db)表示降半个音阶。当需要播放某音符时,只需要产生该频率即可。

表 8.8　钢琴 88 个键对应声音的频率

音名	键号	频率	键号	频率	键号	频率	键号	频率	键号	频率	键号	频率	键号	频率	键号	频率
A	1	27.500	13	55.000	25	110.000	37	220.000	49	440.000	61	880.000	73	1760.000	85	3520.000
A♯(Bb)	2	29.135	14	58.270	26	116.541	38	233.082	50	466.164	62	932.328	74	1864.655	86	3729.310
B	3	30.868	15	61.735	27	123.471	39	246.942	51	493.883	63	987.767	75	1975.533	87	3951.066
C	4	32.703	16	65.406	28	130.813	40	261.626	52	523.251	64	1046.502	76	2093.005	88	4186.009
C♯(Db)	5	34.648	17	69.296	29	138.591	41	277.183	53	554.365	65	1108.731	77	2217.461		
D	6	36.708	18	73.416	30	146.832	42	293.665	54	587.330	66	1174.659	78	2349.318		
D♯(Eb)	7	38.891	19	77.782	31	155.563	43	311.127	55	622.254	67	1244.508	79	2489.016		
E	8	41.203	20	82.407	32	164.814	44	329.628	56	659.255	68	1318.510	80	2637.020		
F	9	43.654	21	87.307	33	174.614	45	349.228	57	698.456	69	1396.913	81	2793.826		
F♯(Gb)	10	46.249	22	92.499	34	184.997	46	369.994	58	739.989	70	1479.978	82	2959.955		
G	11	48.999	23	97.999	35	195.998	47	391.995	59	783.991	71	1567.982	83	3135.963		
G♯(Ab)	12	51.913	24	103.826	36	207.652	48	415.305	60	830.609	72	1661.219	84	3322.438		

图 8.35 所示是一个八度音程的音名、唱名、频域和音域范围的示意图,两个八度音 1(Do)与 i(高音 Do)之间的频率相差 1 倍($f \rightarrow 2f$),并可分为 12 个半音,每两个半音的频率比为 $\sqrt[12]{2}$(约为 1.059 倍),此即音乐的十二平均率。

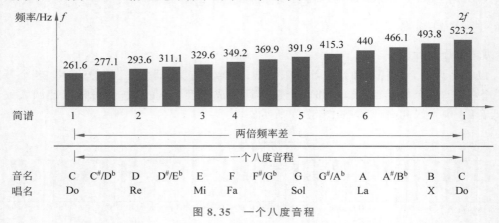

图 8.35 一个八度音程

2. 救护车警报声

救护车的警报声通过切换两种不同的音调即可实现,可用音符 3 和音符 6 来模拟,其频率分别为 659Hz 和 880Hz。采用 2Hz 信号控制两个音调的切换,每个音调持续时间为 0.5s,2Hz 信号输出用 LED 灯显示,本例的 Verilog 代码如例 8.13 所示。

例 8.13 救护车警报声发生器的 Verilog 代码。

```verilog
module ambulance(
    input   sys_clk, sys_rst,
    output  reg sign = 0,                   //指示音调持续时间
    output  reg spk);
parameter NOTE3 = 100_000_000 /659 /2;      //659Hz 对应的分频系数
parameter NOTE6 = 100_000_000 /880 /2;      //880Hz 对应的分频系数
parameter CLK2HZ = 100_000_000 /2 /2;       //2Hz 对应的分频系数
reg[24:0] tone2 = 0;
always@(posedge sys_clk)  begin
    if(tone2 == 0) begin   tone2 <= CLK2HZ;  sign <= ~ sign;  end
    else begin   tone2 <= tone2 - 1;   end
end
reg[16:0] count = 0;
always@(posedge sys_clk, negedge sys_rst) begin
    if(!sys_rst)   spk <= 0;                 //异步复位
    else   if(count == 0) begin
    count <= (sign ? NOTE3 - 1 : NOTE6 - 1);  spk <= ~ spk;  end
    else begin   count <= count - 1;   end
end
endmodule
```

在 EGO1 平台上下载,将 spk 锁定至 FPGA 扩展口 I/O 引脚并接蜂鸣器,引脚约束文件 .xdc 的内容如下:

```
set_property − dict {PACKAGE_PIN P17 IOSTANDARD LVCMOS33} [get_ports sys_clk]
set_property − dict {PACKAGE_PIN P15 IOSTANDARD LVCMOS33} [get_ports sys_rst]
set_property − dict {PACKAGE_PIN K3 IOSTANDARD LVCMOS33} [get_ports sign]
```

```
set_property – dict {PACKAGE_PIN G17 IOSTANDARD LVCMOS33} [get_ports spk]
```

引脚锁定后重新编译,下载至目标板验证救护车警报声效果。

3. 警车警报声

简单警车的声音是从低到高,再从高到低的循环的声音,因此需产生从低到高,再从高到低的一组频率值。

在例 8.14 中,tone 计数器的 16～22 位(tone[22:16]),其值在 0～127(7b'0000000～7b'1111111)递增,其按位取反的值(～tone[22:16])则在 127～0 递减,此变化规律正好与警车警笛声的音调变化吻合;用 tone[23]位来控制 tone[22:16]和～tone[22:16]的切换,可计算得出 tone[23]为 1 和为 0 的时间均为 0.17s。

"高速追击"警笛声时快时慢,为模拟追击警笛声,使用 tone[22:16]得到快速变化的音调(fastbeep);使用 tone[25:19]得到慢速变化的音调(slowbeep)。在 fastbeep 前面补两位数据"01",其尾部补 7 个 0,即"0000000",这样变量 div 的值在 16'b0100000000000000～16'b0111111110000000(十进制数 16384～32640)来回变化。当输入时钟为 100MHz 时,将产生频率在 765～1525Hz 范围内变化的音调,从而产生类似于"高速追击"警笛声。

例 8.14　"高速追击"警笛声发生器的 Verilog 代码。

```verilog
module beep(
    input sys_clk,
    output   sign,
    output reg spk);
reg[28:0] tone;
always @(posedge sys_clk)  begin   tone <= tone + 1;   end
wire[6:0] fastbeep = (tone[23] ? tone[22:16] : ～tone[21:15]);
wire[6:0] slowbeep = (tone[26] ? tone[25:19] : ～tone[24:18]);
wire[15:0] div = {2'b01,(tone[28] ? slowbeep : fastbeep),7'b0000000};
reg [16:0] count;
always @(posedge sys_clk)
begin
    if(count == 0)   begin count <= div; spk <= ～spk; end          //二分频
    else   count <= count – 1; end
assign sign = tone[28];                         //sign 为 0/1,分别表示快速/慢速音调
endmodule
```

引脚锁定后编译,基于目标板进行下载验证,外接蜂鸣器,实际验证警笛声效果。

8.6.2　音乐演奏

演奏的音乐选择《梁祝》片段,其曲谱如图 8.36 所示。

注意:对曲谱的乐理分析。

(1)该谱左上角 1=G 表示调号,调号决定了整首乐曲的音高。

(2)$\frac{4}{4}$表示乐曲以四分音符为 1 拍,每小节 4 拍(简谱中两个竖线间为一小节)。

图 8.36　《梁祝》片段曲谱

(3) 单个音符播放的时长由时值符号标记,包含增时线、附点音符、减时线。

- 增时线:在音符的右边,每多一条增时线,表示增加1拍,如"5——",表示四分音符5增加1拍,即持续2拍。
- 附点音符:在音符的右边加"·",表示增加当前音符时长的一半,如"5·",表示四分音符5增加一半时值,即持续1.5拍。
- 减时线:写在音符的下边,每多增一条减时线,表示缩短为原音符时长的一半,如音符"5"及"5"分别表示时长为0.5拍和0.25拍。

各种音符及其时值的表示如表8.9所示,以四分音符为1拍,则全音符持续4拍,二分音符持续2拍,八分音符时值为0.5拍,十六分音符时值为0.25拍。

表8.9　音符时值的表示

音　　符	简谱表示(以 5 为例)	拍　　数
全音符	5—— ——	4
二分音符	5——	2
四分音符	5	1
八分音符	5	1/2
十六分音符	5	1/4

(4) 曲谱左上角的"♩ = 82"为速度标记,表示以这个时值(♩)为基本拍,每分钟演奏多少基本拍,♩ = 82即每分钟演奏82个四分音符(每个四分音符大约持续0.73s)。

上面分析了音乐播放的乐理因素,具体实现时则不必过于拘泥,实际上只要各个音名间的相对频率关系不变,C作1与G作1演奏出的音乐听起来都不会"走调";演奏速度快一点或慢一点也无妨。

1. 音符的产生

选取6MHz为基准频率,所有音符均从该基准频率分频得到;为了减小输出的偶次谐波分量,最后输出到扬声器的波形设定为方波,故在输出端增加一个二分频器,因此基准频率为3MHz。由于音符频率多为非整数,故将计算得到的分频数四舍五入取整。该乐曲各音符频率及相应的分频比如表8.10所示,表中的分频比是在3MHz频率基础上计算并经四舍五入取整得到的。

表8.10　各音符频率对应的分频比及预置数

音符	频率/Hz	分频系数	预置数	音符	频率/Hz	分频系数	预置数
3	329.6	9102	7281	5	784	3827	12556
5	392	7653	8730	6	880	3409	12974
6	440	6818	9565	7	987.8	3037	13346
7	493.9	6073	10310	1	1046.5	2867	13516
1	523.3	5736	10647	2	1174.7	2554	13829
2	587.3	5111	11272	3	1319.5	2274	14109
3	659.3	4552	11831	5	1568	1913	14470

从表8.10中可以看出,最大的分频系数为9102,故采用14位二进制计数器分频可满足需要,计数器预置数的计算方法是:16383-分频系数($2^{14}-1=16383$),加载不同的

预置数即可实现不同的分频。采用预置分频方法比使用反馈复零法节省资源,实现起来也容易一些。

如果乐曲中有休止符,只要将分频系数设为 0,即预置数设为 16383 即可,此时扬声器不会发声。

2. 音长的控制

本节演奏的梁祝片段,如果将二分音符的持续时间设为 1s,则 4Hz 的时钟信号可产生八分音符的时长(0.25s),四分音符的演奏时间为两个 0.25s,为简化程序,本例中对十六分音符做了近似处理,将其视为八分音符。

控制音调通过设置计数器的预置数来实现,预置不同的数值就可使计数器产生不同频率的信号,从而产生不同的音调。音长通过控制计数器预置数的停留时间来实现,预置数停留的时间越长,则该音符演奏的时间越长。每个音符的演奏时间都是 0.25s 的整数倍,对于节拍较长的音符,如全音符,在记谱时将该音符重复记录 8 次即可。

用三个数码管分别显示高音、中音和低音音符;为使演奏能循环进行,设置一个时长计数器,当乐曲演奏完,能自动从头开始循环演奏。

例 8.15　"梁祝"乐曲演奏电路。

```
`timescale 1ns/1ps
module song(
    input sys_clk,                      //输入时钟 100MHz
    output reg spk,                     //激励扬声器的输出信号
    output reg[2:0] seg_cs,             //数码管片选信号
    output[6:0] seg);                   //用数码管显示音符
wire clk_6mhz;                          //产生各种音阶频率的基准频率
clk_div  #(6250000)  u1(                //得到 6.25MHz 时钟
    .clk(sys_clk),                      //clk_div 源代码见例 7.12
    .clr(1),
    .clk_out(clk_6mhz));

wire clk_4hz;                           //用于控制音长(节拍)的时钟频率
clk_div  #(4)  u2(                      //得到 4Hz 时钟
    .clk(sys_clk),                      //clk_div 源代码见例 7.12
    .clr(1),
    .clk_out(clk_4hz));
reg[13:0] divider,origin;
always @(posedge clk_6mhz)  begin       //通过置数,改变分频比
    if(divider == 16383) begin divider <= origin; spk <= ~spk; end //置数,二分频
    else   begin divider <= divider + 1; end
end
always @(posedge clk_4hz) begin
    case({high,med,low})                //根据不同的音符,预置分频比
    'h001:  origin <= 4915;    'h002:  origin <= 6168;
    'h003:  origin <= 7281;    'h004:  origin <= 7792;
    'h005:  origin <= 8730;    'h006:  origin <= 9565;
    'h007:  origin <= 10310;   'h010:  origin <= 10647;
    'h020:  origin <= 11272;   'h030:  origin <= 11831;
    'h040:  origin <= 12094;   'h050:  origin <= 12556;
    'h060:  origin <= 12974;   'h070:  origin <= 13346;
    'h100:  origin <= 13516;   'h200:  origin <= 13829;
    'h300:  origin <= 14109;   'h400:  origin <= 14235;
    'h500:  origin <= 14470;   'h600:  origin <= 14678;
    'h700:  origin <= 14864;   'h000:  origin <= 16383;
    endcase   end
```

```verilog
//-------------------------------------------
reg[7:0] count;
reg[3:0] high,med,low,num;
always @(posedge clk_4hz) begin
    if(count == 158)   count <= 0;                  //计时,以实现循环演奏
    else   count <= count + 1;
case(count)
0,1,2,3: begin {high,med,low}<= 'h003; seg_cs <= 3'b001; end      //低音3,重复4次记谱
4,5,6: begin {high,med,low}<= 'h005; seg_cs <= 3'b001; end         //低音5,重复3次记谱
7: begin {high,med,low}<= 'h006; seg_cs <= 3'b001; end             //低音6
8,9,10,13: begin {high,med,low}<= 'h010; seg_cs <= 3'b010;   end
11: begin {high,med,low}<= 'h020; seg_cs <= 3'b010; end            //中音2
12: begin {high,med,low}<= 'h006; seg_cs <= 3'b001; end
14,15: begin {high,med,low}<= 'h005; seg_cs <= 3'b001; end         //低音5,四分音符
16,17,18: begin {high,med,low}<= 'h050; seg_cs <= 3'b010; end
19: begin {high,med,low}<= 'h100; seg_cs <= 3'b100; end            //高音1
20: begin {high,med,low}<= 'h060; seg_cs <= 3'b010; end
21,23: begin {high,med,low}<= 'h050; seg_cs <= 3'b010; end
22: begin {high,med,low}<= 'h030; seg_cs <= 3'b010; end
24,25,26,27,28,29,30,31: begin {high,med,low}<= 'h020; seg_cs <= 3'b010; end   //全音符
32,33,34: begin {high,med,low}<= 'h020;   seg_cs <= 3'b010; end
35: begin {high,med,low}<= 'h030; seg_cs <= 3'b010; end
36,37: begin {high,med,low}<= 'h007; seg_cs <= 3'b001; end
38,39,43: begin {high,med,low}<= 'h006; seg_cs <= 3'b001; end
40,41,42,53: begin {high,med,low}<= 'h005; seg_cs <= 3'b001; end
44,45,50,51,55: begin {high,med,low}<= 'h010; seg_cs <= 3'b010; end
46,47: begin {high,med,low}<= 'h020; seg_cs <= 3'b010; end
48,49: begin {high,med,low}<= 'h003; seg_cs <= 3'b001; end
52,54: begin {high,med,low}<= 'h006; seg_cs <= 3'b001; end
56,57,58,59,60,61,62,63: begin {high,med,low}<= 'h005; seg_cs <= 3'b001; end   //全音符
64,65,66: begin {high,med,low}<= 'h030;   seg_cs <= 3'b010; end
67: begin {high,med,low}<= 'h050; seg_cs <= 3'b010; end
68,69: begin {high,med,low}<= 'h007; seg_cs <= 3'b001; end
70,71,87,99: begin {high,med,low}<= 'h020; seg_cs <= 3'b010; end
72,85: begin {high,med,low}<= 'h006; seg_cs <= 3'b001; end
73: begin {high,med,low}<= 'h010; seg_cs <= 3'b010; end
74,75,76,77,78,79: begin {high,med,low}<= 'h005; seg_cs <= 3'b001; end      //重复6次记谱
80,82,83: begin {high,med,low}<= 'h003; seg_cs <= 3'b001; end
81,84,94: begin {high,med,low}<= 'h005; seg_cs <= 3'b001; end
86: begin {high,med,low}<= 'h007; seg_cs <= 3'b001; end
88,89,90,91,92,93,95: begin {high,med,low}<= 'h006; seg_cs <= 3'b001; end
96,97,98: begin {high,med,low}<= 'h010; seg_cs <= 3'b010; end
100,101: begin {high,med,low}<= 'h050; seg_cs <= 3'b010; end
102,103,106: begin {high,med,low}<= 'h030; seg_cs <= 3'b010; end
104,105,107: begin {high,med,low}<= 'h020; seg_cs <= 3'b010; end
108,109,116,117,118,119,121,127: begin {high,med,low}<= 'h010; seg_cs <= 3'b010; end
110,120,122,126: begin {high,med,low}<= 'h006; seg_cs <= 3'b001; end
111: begin {high,med,low}<= 'h005; seg_cs <= 3'b001; end
112,113,114,115,124: begin {high,med,low}<= 'h003; seg_cs <= 3'b001; end
123,125,127,128,129,130,131,132: begin {high,med,low}<= 'h005; seg_cs <= 3'b001; end
133,136: begin {high,med,low}<= 'h300; seg_cs <= 3'b100; end
134: begin {high,med,low}<= 'h500; seg_cs <= 3'b100; end
135,137: begin {high,med,low}<= 'h200; seg_cs <= 3'b100; end
138: begin {high,med,low} <= 'h100; seg_cs <= 3'b100; end
139,140: begin {high,med,low}<= 'h070; seg_cs <= 3'b010; end
141,142: begin {high,med,low}<= 'h060; seg_cs <= 3'b010; end
143,144,145,146,147,148,150: begin {high,med,low}<= 'h050; seg_cs <= 3'b010; end
149,152: begin {high,med,low}<= 'h030; seg_cs <= 3'b010; end
151,153: begin {high,med,low}<= 'h020; seg_cs <= 3'b010; end
```

```
154: begin {high,med,low}< = 'h010; seg_cs < = 3'b010; end
155,156: begin {high,med,low}< = 'h007; seg_cs < = 3'b001; end
157,158: begin {high,med,low}< = 'h006; seg_cs < = 3'b001; end
default: begin {high,med,low}< = 'h000; seg_cs < = 3'b000; end
endcase
end
always @( * )  begin
   case(seg_cs)                            //数码管位选
   'b001:  num < = low;
   'b010:  num < = med;
   'b100:  num < = high;
   default:   num < = 4'b0000;
   endcase   end
seg4_7 u3(                                 //音符显示,seg4_7源代码见例8.4
   .hex(num),
   .a_to_g(seg));
endmodule
```

引脚约束文件内容如下。

```
# //////////////////////////时钟与扬声器//////////////////////////
set_property - dict {PACKAGE_PIN P17 IOSTANDARD LVCMOS33} [get_ports sys_clk]
set_property - dict {PACKAGE_PIN G17 IOSTANDARD LVCMOS33} [get_ports spk]
# //////////////////////////3个数码管位选信号//////////////////////////
set_property - dict {PACKAGE_PIN F1 IOSTANDARD LVCMOS33} [get_ports {seg_cs[2]}]
set_property - dict {PACKAGE_PIN E1 IOSTANDARD LVCMOS33} [get_ports {seg_cs[1]}]
set_property - dict {PACKAGE_PIN G6 IOSTANDARD LVCMOS33} [get_ports {seg_cs[0]}]
# //////////////////////////数码管段选信号//////////////////////////
set_property - dict {PACKAGE_PIN D4 IOSTANDARD LVCMOS33} [get_ports {seg[6]}]
set_property - dict {PACKAGE_PIN E3 IOSTANDARD LVCMOS33} [get_ports {seg[5]}]
set_property - dict {PACKAGE_PIN D3 IOSTANDARD LVCMOS33} [get_ports {seg[4]}]
set_property - dict {PACKAGE_PIN F4 IOSTANDARD LVCMOS33} [get_ports {seg[3]}]
set_property - dict {PACKAGE_PIN F3 IOSTANDARD LVCMOS33} [get_ports {seg[2]}]
set_property - dict {PACKAGE_PIN E2 IOSTANDARD LVCMOS33} [get_ports {seg[1]}]
set_property - dict {PACKAGE_PIN D2 IOSTANDARD LVCMOS33} [get_ports {seg[0]}]
```

上面的程序编译后,基于EGO1开发板进行验证,spk接到扩展端口的G17引脚,此引脚上外接蜂鸣器,如图8.37所示,蜂鸣器为有源驱动,还需接3.3V电源和地,下载后可听到乐曲演奏的声音,同时将高、中、低音音符通过3个数码管显示出来,实现动态演奏,可在此实验的基础上进一步增加声、光、电效果。

图 8.37　EGO1 开发板外接蜂鸣器

8.7　数字钟

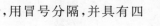

设计实现数字钟电路,用字符液晶LCD1602显示时、分和秒,用冒号分隔,并具有四个调整按键,提供以下调整功能。

(1) 复位:按下该键,时、分和秒全部清零,优先级最高。

(2) 秒调整:按下该键,调整秒数值,秒数值快速变化。

(3) 分调整:按下该键,调整分数值,分数值快速变化。

(4) 时调整:按下该键,调整时数值,时数值快速变化。

数字钟的参考设计如例 8.16 所示,其输入时钟为 100MHz,分频得到 1Hz 秒信号,对秒信号进行计数得到分和时。

例 8.16 数字钟源代码。

```verilog
module clock_lcd(
    input    sys_clk,                        //100MHz 输入时钟
    input    sys_rst,
    input    sec_adj,                        //秒调整
    input    min_adj,                        //分调整
    input    hour_adj,                       //时调整
    output   reg  lcd_rs, lcd_en,
    output   lcd_rw, bla, blk,
    output reg [7:0]  lcd_data);
parameter  fclk = 100_000_000;
function [7:0]  bcd_to_lcd;                  //LCD1602 液晶显示译码函数
input [3:0]    bcd_in;
begin
    case (bcd_in)                            //用字符液晶 LCD1602 显示 0~9 十个数字
    0 :  bcd_to_lcd = 8'b00110000;
    1 :  bcd_to_lcd = 8'b00110001;
    2 :  bcd_to_lcd = 8'b00110010;
    3 :  bcd_to_lcd = 8'b00110011;
    4 :  bcd_to_lcd = 8'b00110100;
    5 :  bcd_to_lcd = 8'b00110101;
    6 :  bcd_to_lcd = 8'b00110110;
    7 :  bcd_to_lcd = 8'b00110111;
    8 :  bcd_to_lcd = 8'b00111000;
    9 :  bcd_to_lcd = 8'b00111001;
    default :  bcd_to_lcd = 8'b00111111;
    endcase
end
endfunction
parameter  set = 0,
            clear = 1,
            contrl = 2,
            mode = 3,
            wrhourT = 4,
            wrhourU = 5,
            wrcolon1 = 6,
            wrminT = 7,
            wrminU = 8,
            wrcolon2 = 9,
            wrsecT = 10,
            wrsecU = 11,
            rehome = 12;
reg[3:0]  pr_state, nx_state;
reg[3:0]  secU, secT, minU, minT, hourU, hourT;
    //秒(个位),秒(十位),分(个位),分(十位),时(个位),时(十位)
wire [27:0]  limit;
assign limit = (hour_adj == 1'b0) ? fclk/8192 : (min_adj == 1'b0) ?
    fclk/256 : (sec_adj == 1'b0) ? fclk/16 : fclk;
reg [27:0]  coun1;
always @(posedge sys_clk, negedge sys_rst)  begin
    if (!sys_rst)  begin  coun1 = 0;  secU = 0;  secT = 0;  minU = 0;
        minT = 0;  hourU = 0;  hourT = 0;  end
    else  begin  coun1 <= coun1 + 1;
    if (coun1 == limit)  begin  coun1 <= 0;  secU <= secU + 1;end
    if (secU == 10)  begin  secU <= 0;  secT <= secT + 1; end
```

```
        if (secT == 6)   begin   secT <= 0;   minU <= minU + 1; end
        if (minU == 10)   begin   minU <= 0;   minT <= minT + 1; end
        if (minT == 6)   begin   minT <= 0;   hourU <= hourU + 1; end
        if ((hourT != 2 & hourU == 10) | (hourT == 2 & hourU == 4))
        begin   hourU <= 0; hourT <= hourT + 1; end
        if (hourT == 3) hourT <= 0;
  end end
assign lcd_rw = 1'b0,   blk = 1'b0,   bla = 1'b1;
reg [16:0]   coun2;
always @(posedge sys_clk)   begin
    coun2 = coun2 + 1;
    if(coun2 == fclk/1000) begin coun2 <= 0; lcd_en <= ~lcd_en; end
end
always @(posedge lcd_en, negedge sys_rst)   begin
    if(!sys_rst)  pr_state <= set;
    else   pr_state <= nx_state;   end
always @( * )   begin                         //LCD1602 液晶显示
    case (pr_state)
    set : begin   lcd_rs <= 1'b0;
        lcd_data <= 8'h38;   nx_state <= clear;   end
    clear : begin lcd_rs <= 1'b0;
        lcd_data <= 8'h01; nx_state <= contrl;   end
    contrl : begin lcd_rs <= 1'b0;
        lcd_data <= 8'h0c; nx_state <= mode;   end
    mode : begin lcd_rs <= 1'b0;
        lcd_data <= 8'h06; nx_state <= wrhourT;   end
    wrhourT : begin lcd_rs <= 1'b1;
        lcd_data <= bcd_to_lcd(hourT); nx_state <= wrhourU; end
    wrhourU : begin lcd_rs <= 1'b1;
        lcd_data <= bcd_to_lcd(hourU); nx_state <= wrcolon1; end
    wrcolon1 : begin lcd_rs <= 1'b1;
        lcd_data <= 8'h3A; nx_state <= wrminT;   end
    wrminT : begin lcd_rs <= 1'b1;
        lcd_data <= bcd_to_lcd(minT); nx_state <= wrminU; end
    wrminU : begin lcd_rs <= 1'b1;
        lcd_data <= bcd_to_lcd(minU); nx_state <= wrcolon2; end
    wrcolon2 : begin   lcd_rs <= 1'b1;
        lcd_data <= 8'h3A; nx_state <= wrsecT; end
    wrsecT : begin lcd_rs <= 1'b1;
        lcd_data <= bcd_to_lcd(secT); nx_state <= wrsecU; end
    wrsecU : begin lcd_rs <= 1'b1;
        lcd_data <= bcd_to_lcd(secU); nx_state <= rehome; end
    rehome : begin lcd_rs <= 1'b0;
        lcd_data <= 8'h80; nx_state <= wrhourT;   end
    endcase
end
endmodule
```

将本例完成指定目标器件、引脚分配和锁定,并在 EGO1 目标板上下载和验证,引脚约束文件. xdc 内容如下。

```
#//////////////////////////////////时钟与复位//////////////////////////////////
set_property - dict {PACKAGE_PIN P17 IOSTANDARD LVCMOS33} [get_ports sys_clk]
set_property - dict {PACKAGE_PIN P15 IOSTANDARD LVCMOS33} [get_ports sys_rst]
#////////////////////////////////LCD1602 液晶接口//////////////////////////////
set_property - dict {PACKAGE_PIN D17 IOSTANDARD LVCMOS33} [get_ports lcd_en]
set_property - dict {PACKAGE_PIN J13 IOSTANDARD LVCMOS33} [get_ports lcd_rw]
set_property - dict {PACKAGE_PIN G17 IOSTANDARD LVCMOS33} [get_ports lcd_rs]
```

```
set_property - dict {PACKAGE_PIN B14 IOSTANDARD LVCMOS33} [get_ports {lcd_data[7]}]
set_property - dict {PACKAGE_PIN C14 IOSTANDARD LVCMOS33} [get_ports {lcd_data[6]}]
set_property - dict {PACKAGE_PIN A11 IOSTANDARD LVCMOS33} [get_ports {lcd_data[5]}]
set_property - dict {PACKAGE_PIN E16 IOSTANDARD LVCMOS33} [get_ports {lcd_data[4]}]
set_property - dict {PACKAGE_PIN C15 IOSTANDARD LVCMOS33} [get_ports {lcd_data[3]}]
set_property - dict {PACKAGE_PIN G16 IOSTANDARD LVCMOS33} [get_ports {lcd_data[2]}]
set_property - dict {PACKAGE_PIN F16 IOSTANDARD LVCMOS33} [get_ports {lcd_data[1]}]
set_property - dict {PACKAGE_PIN G14 IOSTANDARD LVCMOS33} [get_ports {lcd_data[0]}]
set_property - dict {PACKAGE_PIN F14 IOSTANDARD LVCMOS33} [get_ports bla]
set_property - dict {PACKAGE_PIN A18 IOSTANDARD LVCMOS33} [get_ports blk]
#///////////////////////////////时、分、秒调整///////////////////////////////
set_property - dict {PACKAGE_PIN M4 IOSTANDARD LVCMOS33} [get_ports hour_adj]
set_property - dict {PACKAGE_PIN N4 IOSTANDARD LVCMOS33} [get_ports min_adj]
set_property - dict {PACKAGE_PIN R1 IOSTANDARD LVCMOS33} [get_ports sec_adj]
```

将数字钟源码进行编译、引脚锁定,下载配置文件到 FPGA 目标板,观察数字钟的实际效果,如图 8.38 所示。在本设计的基础上,可为数字钟增加闹铃功能,并可设置闹铃时间。

图 8.38　数字钟显示效果

习题 8

8-1　由 8 个触发器构成的 m 序列产生器,如图 8.39 所示。

(1)写出该电路的生成多项式。

(2)用 Verilog HDL 描述 m 序列产生器,写出源代码。

(3)编写仿真程序对其仿真,查看输出波形图。

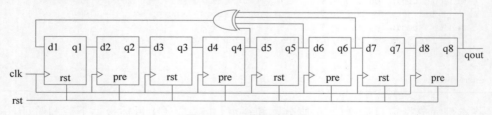

图 8.39　m 序列产生器

8-2　设计一个图像显示控制器,自选一幅图像存储在 FPGA 中并显示在 VGA 显示器上,可增加必要的动画显示效果。

8-3　设计乐曲演奏电路,乐曲选择"铃儿响叮当"或其他熟悉的乐曲。

8-4　设计保密数字电子锁。要求如下。

(1)电子锁开锁密码为 8 位二进制码,用开关输入开锁密码。

(2)开锁密码是有序的,若不按顺序输入密码,即发出报警信号。

（3）设计报警电路，用灯光或音响报警。

8-5　用 FPGA 控制 TFT-LCD 液晶屏，实现汉字字符的显示。首先设计 ROM 模块，再通过字模提取工具将汉字字模数据存为.coe 文件并指定给 ROM 模块，再从 ROM 中把字模数据读取至 TFT-LCD 液晶屏显示。

8-6　循环冗余校验（Cyclic Redundancy Check，CRC）码是常用的信道编码方式，广泛应用于帧校验。国际上通行的 CRC 码生成多项式有 CRC-ITU-T：$g(x) = x^{16} + x^{12} + x^5 + 1$；试用 Verilog 描述该多项式对应的 CRC 编码器。

8-7　设计一个 8 位数字频率计，所测信号频率的范围为 1～99999999Hz，并将被测信号的频率在 8 个数码管上显示出来（或者用字符型液晶进行显示）。

8-8　用 PWM 信号驱动蜂鸣器实现音乐演奏，音乐选择歌曲《我的祖国》片段，其乐谱如图 8.40 所示，用 PWM 信号驱动蜂鸣器，使输出的乐曲音量可调，用按键控制音量的增减。

图 8.40　《我的祖国》片段乐谱

第 9 章

Verilog设计进阶

　　本章以加法器、乘法器、存储器、分频器等常用数字部件的设计为例,介绍各种数字部件的实现方案,并用属性语句控制其实现特性,然后讨论设计的优化,包括资源耗用的优化、速度的优化。

9.1　面向综合的设计

　　可综合是指设计代码能转化为电路网表(netlist)结构。在用 FPGA 器件实现的设计中,综合就是将 Verilog HDL 描述的行为级或功能级电路模型转化为 RTL 功能块或门级电路网表的过程。图 9.1 是综合过程的示意图。

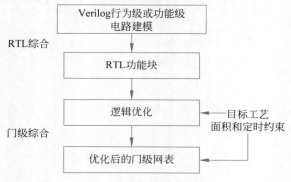

图 9.1　综合过程的示意图

　　RTL 综合后得到由功能模块(如触发器、加法器、数据选择器等)构成的电路结构,逻辑优化器以用户设定的面积和定时约束(constraint)为目标优化电路网表,针对目标工艺产生优化后的电路门级网表结构。Verilog 中没有专门的触发器和寄存器元件,因此,不同的综合器提供不同的机制来实现触发器和寄存器,不同的综合器有自己独特的电路建模方式。Verilog 的基本元素和硬件电路的基本元件之间存在对应关系,综合器使用某种映射机制或构造机制将 Verilog 元素转变为具体的硬件电路元件。

🦉 **注意**:在面向综合的设计中,应注意如下几点。

　　(1) 尽可能采用同步方式设计电路。

　　(2) 一个 always 过程中只允许描述对应于一个时钟信号的同步时序逻辑。多个 always 过程之间可通过信号线进行通信和协调。为了达到多个过程协调运行,可设置一些握手信号,在过程中检测这些握手信号的状态,以决定是否进行操作。

　　(3) 组合逻辑实现的电路和时序逻辑实现的电路应尽量分配到不同的 always 过程中。

（4）可混合采用行为级建模、数据流建模和结构建模等方式来实现设计。

（5）不使用循环次数不确定的循环语句，如 forever、while 等。

（6）延时信息在综合器综合时会被忽略。

（7）在可综合的设计中，尽量不在变量声明时对变量进行赋初值操作（变量声明时赋初值的效果与综合器的性能相关），赋初值操作尽量用复位信号完成，也建议寄存器变量都使用复位端，以保证系统上电或系统紊乱时，可通过复位操作让其恢复初始状态。

（8）所有的内部寄存器都应该能够被复位，在使用 FPGA 实现设计时，应尽量使用器件的全局复位端作为系统总的复位，因为该引脚的驱动功能最强，到所有逻辑单元的延时也基本相同。同样的道理，应尽量使用器件的全局时钟端作为系统外部时钟输入端。

（9）运算电路中应慎重使用乘法 *、除法／、求余数％等操作符，这些操作符综合后生成的电路，其结构、资源耗用和时序往往不易控制，可尽量使用优化后的 IP 核和成熟的电路模块来实现此类操作；但在 parameter 类型的常量定义中可以使用此类运算操作符，并不会消耗过多的硬件资源。

（10）实现除数是常数的除法操作可以用乘以定点常数的方法来代替。

（11）尽量避免使用锁存器（latch），锁存器是电平触发的存储单元，其缺点是对毛刺敏感，使能信号有效时，输出状态可能随输入状态多次变化，产生空翻，会影响后一级电路；锁存器不能异步复位，上电后处于不确定状态。

（12）在 Verilog 模块中，任务（task）通常被综合成组合逻辑的形式；函数（function）在调用时通常也被综合为一个独立的组合电路模块。

每种综合器都定义了自己的 Verilog HDL 可综合子集。表 9.1 列举了多数综合器支持的 Verilog HDL 结构，并说明了某些结构和语句的使用限制（符号"√"表示可综合）。

表 9.1　综合器支持的 Verilog HDL 结构

Verilog HDL 结构	可综合性说明
module，macromodule	√
数据类型：wire，reg，integer，parameter	√
端口类型：input，output，inout	√
运算符：＋，－，*，，％，＆，~＆，|，~|，^，^~，==，!＝，＆＆，||，!，~，＆，|，^，^~，＞＞，＜＜，?:，{}	大部分可综合；全等运算符（＝＝＝，!＝＝）不支持；多数工具对除法（/）和求模（％）有限制；如对除法（/）操作，只有当除数是常数且是 2 的指数时才支持
基本门元件：and，nand，nor，or，xor，xnor，buf，not，bufif1，bufif0，notif1，notif0，pullup，pulldown	全部可综合；但某些综合器对取值为 x 和 z 有所限制
连续赋值：assign	√
过程赋值：阻塞赋值（＝），非阻塞赋值（＜＝）	支持，但对同一 reg 型变量只能采用阻塞和非阻塞赋值中的一种赋值
条件语句：if-else，case，casez，endcase	√
for 循环语句	√
always 过程语句，begin-end 块语句	√
initial	√
function，endfunction	√

续表

Verilog HDL 结构	可综合性说明
task,endtask	一般支持,少数综合器不支持
编译指令：`include,`define,`ifdef,`else,`endif	√
primitive,endprimitive	√

有些 Verilog HDL 语法结构在综合器中会被忽略,如延时信息。表9.2对容易被综合器忽略的 Verilog HDL 结构进行了总结。

表 9.2 综合器容易忽略的 Verilog HDL 结构

Verilog HDL 结构	可综合性说明
延时控制,scalared,vectored,specify	这些语句和结构在综合时容易被忽略
small,large,medium	
weak1,weak0,highz0,highz1,pull0,pull1	
time	部分综合工具将其视为整数(integer)
wait	部分综合工具有限制地支持

综合器不支持的 Verilog 语句如下,但这些语句能被仿真工具(如 ModelSim)支持。

(1) 在 assign 连续赋值中,等式左边含有变量的位选择。

(2) 等式运算符===,!==。

(3) cmos,nmos,rcmos,rnmos,pmos,rpmos。

(4) deassign,defparam,event,force,release。

(5) fork-join,forever,while,repeat,casex。

9.2 加法器设计

加法运算是最基本的算术运算,在多数情况下,乘法、除法、减法等运算,最终都可以分解为加法运算来实现。实现加法运算的常用方法包括行波进位加法器、超前进位加法器、并行加法器、流水线加法器等。

9.2.1 行波进位加法器

图9.2所示的加法器由多个1位全加器级联构成,其进位输出像波浪一样,依次从低位到高位传递,故得名行波进位加法器(Ripple-Carry Adder,RCA),或称为级联加法器。

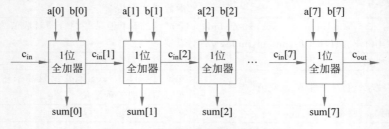

图 9.2 8位行波进位加法器结构图

例9.1是8位行波进位加法器的代码,采用例化全加器级联实现。

例 9.1 8 位行波进位加法器的代码。

```
module add_rca_jl(
    input[7:0] a,b, input cin,
    output[7:0] sum, output cout);
full_add u0(a[0],b[0],cin,sum[0],cin1);          //级联描述
full_add u1(a[1],b[1],cin1,sum[1],cin2);         //full_add 源代码见例 6.2
full_add u2(a[2],b[2],cin2,sum[2],cin3);
full_add u3(a[3],b[3],cin3,sum[3],cin4);
full_add u4(a[4],b[4],cin4,sum[4],cin5);
full_add u5(a[5],b[5],cin5,sum[5],cin6);
full_add u6(a[6],b[6],cin6,sum[6],cin7);
full_add u7(a[7],b[7],cin7,sum[7],cout);
endmodule
```

可采用 generate 简化上面的例化语句,用 generate、for 循环产生元件的例化,如例 9.2 所示。

例 9.2 采用 generate、for 循环描述的 8 位行波进位加法器。

```
module add_rca_gene   #(parameter SIZE = 8)
  (input[SIZE − 1:0] a,b,
   input cin,
   output[SIZE − 1:0] sum,
   output cout);
wire[SIZE:0] c;
assign c[0] = cin;
generate
genvar i;
    for(i = 0;i < SIZE;i = i + 1)
    begin : add                              //命名块
    full_add fi(a[i],b[i],c[i],sum[i],c[i + 1]);
    //full_add 源代码参见例 6.2
    end
endgenerate
assign cout = c[SIZE];
endmodule
```

行波进位加法器的结构简单,但 n 位级联加法运算的延时是 1 位全加器的 n 倍,延时主要是由进位信号级联造成的,因此影响了加法运算的速度。

9.2.2 超前进位加法器

行波进位加法器的延时主要是由进位的延时造成的,因此,要加快加法器的运算速度,就必须减小进位延迟,超前进位链能有效减小进位的延迟,由此产生了超前进位加法器(Carry-Lookahead Adder,CLA)。超前进位的推导在很多资料中可以找到,这里只以 4 位超前进位链的推导为例介绍超前进位的概念。

首先,1 位全加器的本位值和进位输出可表示如下。

$$\mathrm{sum} = a \oplus b \oplus c_{\mathrm{in}}$$
$$c_{\mathrm{out}} = (a \cdot b) + (a \cdot c_{\mathrm{in}}) + (b \cdot c_{\mathrm{in}}) = ab + (a + b)c_{\mathrm{in}}$$

从上面的式子可看出,如果 a 和 b 都为 1,则进位输出为 1;如果 a 和 b 有一个为 1,则进位输出等于 c_{in}。令 $G = ab$,$P = a + b$,则有 $c_{\mathrm{out}} = ab + (a + b)c_{\mathrm{in}} = G + P \cdot c_{\mathrm{in}}$。

由此可以用 G 和 P 写出 4 位超前进位链如下(设定 4 位被加数和加数分别为 A 和

B,进位输入为 C_{in},进位输出为 C_{out},进位产生 $G_i=A_iB_i$,进位传输 $P_i=A_i+B_i$)。

$$C_0=C_{\text{in}}$$
$$C_1=G_0+P_0C_0=G_0+P_0C_{\text{in}}$$
$$C_2=G_1+P_1C_1=G_1+P_1(G_0+P_0C_{\text{in}})=G_1+P_1G_0+P_1P_0C_{\text{in}}$$
$$C_3=G_2+P_2C_2=G_2+P_2(G_1+P_1C_1)=G_2+P_2G_1+P_2P_1G_0+P_2P_1P_0C_{\text{in}}$$
$$C_4=G_3+P_3C_3=G_3+P_3(G_2+P_2C_2)=G_3+P_3G_2+P_3P_2G_1+P_3P_2P_1G_0+$$
$$P_3P_2P_1P_0C_{\text{in}}$$

$$C_{\text{out}}=C_4$$

超前进位 C_4 产生的原理可以从图 9.3 得到体现,无论加法器的位数有多宽,计算进位 C_i 的延时固定为 3 级门延时,各个进位彼此独立产生,去掉了进位级联传播,因此,缩短了进位产生的延迟时间。

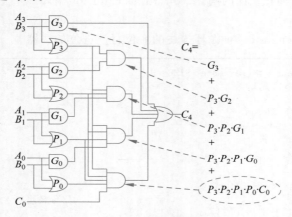

图 9.3 超前进位 C_4 产生原理图

同样可推出下面的式子:
$$\text{sum}=A\oplus B\oplus C_{\text{in}}=(AB)\oplus(A+B)\oplus C_{\text{in}}=G\oplus P\oplus C_{\text{in}}$$

例 9.3 是超前进位 8 位加法器的 Verilog 描述。

例 9.3 超前进位 8 位加法器的 Verilog 描述。

```
module add8_ahead(
    input[7:0] a,b,   input cin,
    output[7:0] sum,   output cout);
wire[7:0] G, P, C;
assign G[0] = a[0]&b[0],                //产生第 0 位本位值和进位值
       P[0] = a[0]|b[0],
       C[0] = cin,
       sum[0] = G[0]^P[0]^C[0];
assign G[1] = a[1]&b[1],                //产生第 1 位本位值和进位值
       P[1] = a[1]|b[1],
       C[1] = G[0]|(P[0]&C[0]),
       sum[1] = G[1]^P[1]^C[1];
assign G[2] = a[2]&b[2],                //产生第 2 位本位值和进位值
       P[2] = a[2]|b[2],
       C[2] = G[1]|(P[1]&C[1]),
       sum[2] = G[2]^P[2]^C[2];
assign G[3] = a[3]&b[3],                //产生第 3 位本位值和进位值
```

```
        P[3] = a[3]|b[3],
        C[3] = G[2]|(P[2]&C[2]),
        sum[3] = G[3]^P[3]^C[3];
assign G[4] = a[4]&b[4],                //产生第4位本位值和进位值
        P[4] = a[4]|b[4],
        C[4] = G[3]|(P[3]&C[3]),
        sum[4] = G[4]^P[4]^C[4];
assign G[5] = a[5]&b[5],                //产生第5位本位值和进位值
        P[5] = a[5]|b[5],
        C[5] = G[4]|(P[4]&C[4]),
        sum[5] = G[5]^P[5]^C[5];
assign G[6] = a[6]&b[6],                //产生第6位本位值和进位值
        P[6] = a[6]|b[6],
        C[6] = G[5]|(P[5]&C[5]),
        sum[6] = G[6]^P[6]^C[6];
assign G[7] = a[7]&b[7],                //产生第7位本位值和进位值
        P[7] = a[7]|b[7],
        C[7] = G[6]|(P[6]&C[6]),
        sum[7] = G[7]^P[7]^C[7];
assign cout = C[7];                     //产生最高位进位输出
endmodule
```

可采用 generate 语句与 for 循环的结合简化上面的代码，如例 9.4 所示，在 generate 语句中，用一个 for 循环产生第 i 位本位值，用另一个 for 循环产生第 i 位进位值。

例 9.4　采用 generate、for 循环描述的 8 位超前进位加法器。

```
module add_ahead_gen # (parameter SIZE = 8)
  (input[SIZE – 1:0] a, b,
   input cin,
   output[SIZE – 1:0] sum,
   output cout);
wire[SIZE – 1:0] G, P, C;
assign C[0] = cin;
assign cout = C[SIZE – 1];
//---------------------------------------
generate
genvar i;
   for(i = 0; i < SIZE; i = i + 1)
   begin : adder_sum                   //begin end 块命名
   assign G[i] = a[i]& b[i];
   assign P[i] = a[i]|b[i];
   assign sum[i] = G[i]^P[i]^C[i];     //产生第 i 位本位值
   end
   for(i = 1; i < SIZE; i = i + 1)
   begin : adder_carry                 //begin end 块命名
   assign C[i] = G[i – 1]|(P[i – 1]&C[i – 1]); //产生第 i 位进位值
   end
endgenerate
endmodule
```

注意：例 9.4 中有两个 for 循环，每个 for 循环的 begin-end 块都需要命名，否则综合器会报错。

编写对例 9.4 的 Test Bench 测试代码，如例 9.5 所示。

例 9.5 8 位超前进位加法器的 Test Bench 测试代码。

```
`timescale 1ns/1ps
module add_ahead_gen_vt();
parameter DELY = 80;
reg [7:0] a, b;
reg cin;
wire cout;
wire [7:0]  sum;
add_ahead_gen i1(.a(a),.b(b),.cin(cin),.cout(cout),.sum(sum));
initial
begin
   a = 8'd10;   b = 8'd9;   cin = 1'b0;
   #DELY     cin = 1'b1;
   #DELY     b = 8'd19;
   #DELY     a = 8'd200;
   #DELY     b = 8'd60;
   #DELY     cin = 1'b0;
   #DELY     b = 8'd45;
   #DELY     a = 8'd30;
   #DELY     $ stop;
   $ display("Running testbench");
end
endmodule
```

例 9.5 的门级测试波形图如图 9.4 所示,可看出延时 7～8ns 得到计算结果。

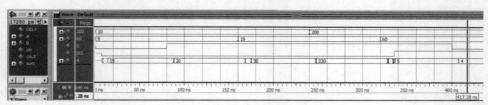

图 9.4 8 位超前进位加法器的测试波形图

9.3 乘法器设计

乘法器频繁应用在数字信号处理和数字通信的各种算法中,往往影响着整个系统的运行速度。本节用如下方法实现乘法运算:用乘法操作符、布斯乘法器和查找表实现。

9.3.1 用乘法操作符实现

借助 Verilog 的乘法操作符很容易实现乘法器,例 9.6 是有符号 8 位乘法器的示例,此乘法操作可借助 EDA 综合软件自动转化为电路网表实现。

例 9.6 有符号 8 位乘法器。

```
( * use_dsp = "yes" * ) module signed_mult
   //用属性语句指定乘法器物理实现方式
 #(parameter MSB = 8)
 (input clk,
  input signed[MSB – 1:0] a, b,
  output reg signed[2 * MSB – 1:0] out
  );
```

```
reg signed[MSB - 1:0] a_reg,b_reg;
wire signed[2 * MSB - 1:0] mult_out;
assign mult_out = a_reg * b_reg;          //乘法操作符
always @(posedge clk)   begin
   a_reg <= a; b_reg <= b;
   out <= mult_out;   end
endmodule
```

上例中的 use_dsp 属性语句用于指导综合工具如何将算术运算用物理方式实现。在 Vivado 软件中,在没有明确指定的情况下,乘法器、乘加、乘减、乘累加器等算术运算操作都会用 FPGA 芯片中的 DSP 结构实现;而加法器、减法器和累加器则会使用查找表、进位链等逻辑资源来实现。如果要明确地指定上述算术运算的物理实现方式,可使用 use_dsp 属性语句来指定。

use_dsp 属性语句的值可指定为 logic、simd、yes 和 no,其定义格式和含义如下。

```
( * use_dsp = "logic" * )     //用查找表、进位链等逻辑资源来实现乘法等算术运算
( * use_dsp = "simd" * )      //用 DSP 单元实现 4×12bit 或 2×24bit 的加、减法操作
( * use_dsp = "yes" * )       //将算术运算用 DSP 单元实现
( * use_dsp = "no" * )        //算术运算不用 DSP 单元实现
```

其中,simd(single instruction multiple data)是 DSP 单元的一种使用模式,它可以用一个 DSP 单元来完成 4×12bit 或 2×24bit 的加法、减法操作,此时 DSP 单元中的乘法器是无法使用的。

use_dsp 声明的位置有两种,一种是在模块(module)前面声明,这样模块内部所有的算术运算均使用 DSP 资源实现;另一种是在端口或变量的声明前使用,这样只对相关算术运算使用 DSP 资源实现。例 9.6 如果在端口处声明 use_dsp 属性,其格式如下:

```
( * use_dsp = "yes" * ) output reg signed[2 * MSB-1:0] out;     //在端口处声明属性
```

🦅**注意**: use_dsp 属性最初的名称是 use_dsp48,随着 FPGA 中 DSP 结构的变化,其名称已改为 use_dsp,尽管 use_dsp48 仍然有效,但建议使用 use_dsp 命令来指示综合工具使用 DSP 单元。用 FPGA 中的 DSP 单元实现乘法、乘累加等算术运算,其性能更优,用属性语句来指定算术运算的实现方式,其优先级要高于在综合软件中进行相关设置。

9.3.2　布斯乘法器

布斯(Booth)算法是一种实现带符号数乘法运算的常用方法,它采用相加和相减实现补码乘法,对于无符号数和有符号数可以统一运算。

布斯算法这里不做推导,仅给出其实现的步骤。

(1) 乘数的最低位补 0(初始时需要增加一个辅助位 0)。

(2) 从乘数最低两位开始循环判断,如果是 00 或 11,则不进行加减运算,只要算术右移 1 位;如果是 01,则与被乘数进行加法运算,如果是 10,则与被乘数进行减法运算,相加和相减的结果均算术右移 1 位。

(3) 如此循环,一直运算到乘数最高两位,得到最终的补码乘积结果。

下面以 $2 \times (-3)$ 为例来说明布斯算法运算过程。

$(2)_{补码}=0010$，$(-3)_{补码}=1101$，被乘数、乘数均用 4 位补码表示，乘积结果用 8 位补码表示。布斯算法实现 $2 \times (-3)$ 的过程如表 9.3 所示，设置 3 个寄存器 MA、MB 和 MR，分别寄存被乘数、乘数和乘积高 4 位，表 9.3 中右边一栏为 MR、MB，增加了一个辅助位用 P 表示，{MB,P}最低两个判断位加粗表示。

表 9.3 布斯乘法实现 $2 \times (-3)$ 的运算过程

步 骤	操 作	MR，MB，P
0	初始值	0000 1101 **0**
1	10：MR−MA(0010)	1110 1101 0
	右移 1 位	1111 0110 **0** **1**
2	01：MR+MA(0010)	0001 0110 1
	右移 1 位	0000 1011 **0**
3	10：MR−MA(0010)	1110 1011 0
	右移 1 位	1111 0101 **1**
4	11：无操作	1111 0101 1
	右移 1 位	1111 1010 1

步骤 0：设置 3 个寄存器 MA、MB 和 MR(分别寄存被乘数、乘数和乘积高 4 位)初始值为 0010、1101 和 0000，辅助位 P 置 0。

步骤 1：MB 的最低位为 1，辅助位 P 为 0，故 2 个判断位为 10，将 MR−MA 的结果 1110 存入 MR；再将{MR,MB,P}的值算术右移($>>>$)1 位，结果为 1111 0110 1。

> **注意**：有符号数算术右移，左侧移出的空位全部用符号位填充。

步骤 2：{MB,P}的最低 2 位为 01，故将 MR+MA 的结果 0001 存入 MR；再将{MR,MB,P}的值算术右移 1 位，结果为 0000 1011 0。

步骤 3：{MB,P}的最低 2 位为 10，故将 MR−MA 的结果 1110 存入 MR；再将{MR,MB,P}的值算术右移 1 位，结果为 1111 0101 1。

步骤 4：{MB,P}的最低 2 位为 11，所以不作加、减操作，只将{MR,MB,P}的值算术右移一位，{MR,MB}的值为 1111 1010，即为运算结果(−6 的补码)。

算法的实现过程可以用图 9.5 所示的流程图表示。3 个寄存器 MA、MB 和 MR，分别存储被乘数、乘数和乘积，对 MB 低位补 0 后循环判断，根据判断值进行加、减和移位运算。需要注意的是，两个 n 位数相乘，乘积应该为 $2n$ 位(高 n 位存储在 MR 中，乘积低 n 位通过移位移入 MB)。此外，进行加减运算时需进行相应的符号位扩展。

用 Verilog 实现上述布斯乘法器，如例 9.7 所示。

例 9.7 布斯乘法器的 Verilog 实现。

```
`timescale 1ns/1ns
module booth_mult
 #(parameter WIDTH = 8)
  (input  clr, clk,
   input  start,                          //开始运算控制信号
   input signed[WIDTH−1:0] ma,mb,         //被乘数、乘数
```

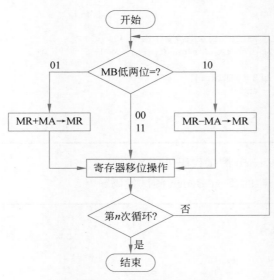

开始

MB低两位=?

01

10

MR+MA→MR

00
11

MR-MA→MR

寄存器移位操作

第n次循环?

否

是

结束

图 9.5 布斯算法流程图

```
    output reg signed[2 * WIDTH − 1:0] result,        //乘积
    output reg   done);
parameter   IDLE   = 2'b00,
            ADD    = 2'b01,
            SHIFT  = 2'b11,
            OUTPUT = 2'b10;
reg[1:0]   state, next_state;                        //状态寄存器
reg[WIDTH − 1:0]  i;                                 //迭代次数计数器
reg[WIDTH − 1:0]  mr;
reg   p;                                             //辅助判断位
reg[2 * WIDTH:0]  preg;
always @(posedge clk, negedge clr) begin
    if (!clr) state = IDLE;
    else state <= next_state;   end
always @( * ) begin                                  //状态机
    case (state)
    IDLE  : if(start) next_state = ADD;
            else  next_state = IDLE;
    ADD   : next_state = SHIFT;
    SHIFT : if(i == WIDTH) next_state = OUTPUT;
            else  next_state = ADD;
    OUTPUT: next_state = IDLE;
    endcase
end
always @(posedge clk, negedge clr)   begin
    if(!clr) begin   {mr,i,done,result,preg,p} <= 0; end
    else begin
    case(state)
    IDLE : begin
    mr <= 0;   p <= 1'b0;   preg <= {mr,mb,p};
    i <= 0;   done <= 1'b0;   end
    ADD : begin
    case(preg[1:0])
    2'b01 : preg <= {preg[2 * WIDTH:WIDTH + 1] + ma,preg[WIDTH:0]}; // + 被乘数 ma
    2'b10 : preg <= {preg[2 * WIDTH:WIDTH + 1] − ma,preg[WIDTH:0]}; // − 被乘数 ma
    2'b00,2'b11 :  ;                                 //无操作
    endcase
```

```
    i <= i + 1;   end
  SHIFT :
  preg <= {preg[2 * WIDTH],preg[2 * WIDTH:1]};                     //右移1位
  //上句也可以写为 preg <= $ signed(preg) >>> 1;
  OUTPUT : begin
    result <= preg[2 * WIDTH:1];
    done <= 1'b1;   end
  endcase
end   end
endmodule
```

对例 9.7 的 Test Bench 测试代码见例 9.8。

例 9.8 布斯乘法器的 Test Bench 测试代码。

```
`timescale 1ns/1ns
module booth_mult_tb;
reg clk;
reg clr, start;
parameter WIDTH = 8;
reg signed[WIDTH - 1:0] opa,opb;
wire   done;
wire signed[2 * WIDTH - 1:0] result;
// -----------------------------------------
booth_mult # (.WIDTH(WIDTH))
    i1(.clk(clk), .clr(clr), .start(start), .mb(opb),
        .ma(opa), .done(done), .result(result));
// -----------------------------------------
always #10 clk = ~clk;
integer i;
initial begin
   clk = 1;   start = 0;   clr = 1;
   #20 clr = 0;
   #20 clr = 1;   opa = 0;   opb = 0;
   #20   opa = 2;   opb = - 3; start = 1;
   #40   start = 0;
   #360 $ display("opa = % d opb = % d product = % d",opa,opb,result);
   #20   start = 1;
   opa = $ random % 128;                       //每次产生一个 - 127～127 的随机数
   opb = $ random % 128;                       //每次产生一个 - 127～127 的随机数
   #40   start = 0;
   #360 $ display("opa = % d opb = % d product = % d",opa,opb,result);
   #20   start = 1;
   opa = $ random % 59;                        //每次产生一个 - 58～58 的随机数
   opb = $ random % 128;                       //每次产生一个 - 127～127 的随机数
   #40   start = 0;
   #360 $ display("opa = % d opb = % d product = % d",opa,opb,result);
   #20   start = 1;
   opa = $ random % 128;                       //每次产生一个 - 127～127 的随机数
   opb = $ random % 128;                       //每次产生一个 - 127～127 的随机数
   #40   start = 0;
   #360 $ display("opa = % d opb = % d product = % d",opa,opb,result);
   #40 $ stop;
end
endmodule
```

例 9.8 的测试波形图如图 9.6 所示,可看出乘法运算功能正确。

TCL 窗口输出如下,实现了预想的带符号数的乘法运算。

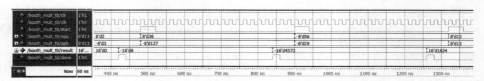

图 9.6　布斯乘法器的测试波形图

```
# opa =        2 opb =     − 3 product =   − 6
# opa =       36 opb =  − 127 proudct =  − 4572
# opa =     − 56 opb =   − 29 product =    1624
# opa =       13 opb =     13 product =     169
```

9.3.3　查找表乘法器

查找表乘法器将乘积结果直接存放在存储器中,将操作数(乘数和被乘数)作为地址访问存储器,得到的数值就是乘法运算的结果。查找表乘法器的运算速度只局限于所用存储器的存取速度。但查找表的规模随着操作数位数的增加而迅速增大,如要实现 4×4 乘法运算,要求存储器的地址位宽为 8 位,字长为 8 位;要实现 8×8 乘法运算,就要求存储器的地址位宽为 16 位,字长为 16 位,即存储器大小为 1Mb。

1. 用常数数组存储乘法结果

例 9.9 采用查找表实现 4×4 乘法运算。例中定义了尺寸为 8×256 的数组(存储器),将 4×4 二进制乘法的结果存在 mult_lut. txt 文件中,在系统初始化时用系统任务 $readmemh 将其读入存储器 result_lut 中,然后用查表方式得到乘法操作的结果(乘数、被乘数作为存储器地址),并用两个数码管显示结果。

例 9.9　采用查找表实现 4×4 乘法运算。

```verilog
`timescale 1ns/1ns
module mult_lut(
    input   sys_clk,                        //100MHz 时钟信号
    input   sys_rst,                        //复位信号
    input[3:0]  op_a,                       //被乘数
    input[3:0]  op_b,                       //乘数
    output reg[1:0] seg_cs,                 //数码管位选信号,用两个数码管显示结果
    output wire[6:0] seg);                  //数码管段选信号
wire [7:0]   result;                        //乘操作结果
( * rom_style = "distributed" * ) reg[7:0] result_lut[0:255];
    //定义存储器,用属性语句指定用 LUT 搭建分布式 ROM 实现该存储器
initial
begin
    $ readmemh("mult_lut.txt",result_lut);
    /* 将 mult_lut. txt 中的数据装载到存储器 result_lut 中,
    默认起始地址从 0 开始,到存储器的结束地址结束 */
end
assign result = result_lut[({op_b, op_a})];    //查表得到结果
//------------ 产生时钟信号 --------------------
wire clk_cs;                                //数码管位选时钟,本例采用 250Hz
clk_div # (250)                            //产生 250Hz 时钟信号
  i2(.clk(sys_clk),                         //clk_div 源代码见例 7.12
    .clr(1'b1),
    .clk_out(clk_cs));
```

```
//———————— 数码管译码显示模块例化 ——————————
seg4_7 i1(.hex(dec_tmp),                      //数码管译码显示,seg4_7源代码见例8.4
       .a_to_g(seg));
reg[1:0] state;
reg[3:0] dec_tmp;
parameter  S0 = 2'b01,S1 = 2'b10;
always @(posedge clk_cs, negedge sys_rst)  begin
   if(!sys_rst)  begin  state<= S0; seg_cs <= 2'b00;  end
   else  case(state)                      //用两个数码管显示结果
   S0: begin   state<= S1;  seg_cs <= 2'b01;dec_tmp<= result[3:0];  end
   S1: begin   state<= S0;  seg_cs <= 2'b10;dec_tmp<= result[7:4];  end
   endcase
end
endmodule
```

2. 用.txt文件存储乘法结果

4×4乘法的结果存在.txt文件中,在系统初始化时用系统任务 $readmemh 将该文件中内容读入存储器 result_lut 中,用于查表得到乘法结果。.txt文件的内容如下所示,数据采用十六进制,数据之间可以用空格、逗号分隔。

```
00, 00, 00, 00, 00, 00, 00, 00, 00, 00, 00, 00, 00, 00, 00, 00,
00, 01, 02, 03, 04, 05, 06, 07, 08, 09, 0A, 0B, 0C, 0D, 0E, 0F,
00, 02, 04, 06, 08, 0A, 0C, 0E, 10, 12, 14, 16, 18, 1A, 1C, 1E,
00, 03, 06, 09, 0C, 0F, 12, 15, 18, 1B, 1E, 21, 24, 27, 2A, 2D,
00, 04, 08, 0C, 10, 14, 18, 1C, 20, 24, 28, 2C, 30, 34, 38, 3C,
00, 05, 0A, 0F, 14, 19, 1E, 23, 28, 2D, 32, 37, 3C, 41, 46, 4B,
00, 06, 0C, 12, 18, 1E, 24, 2A, 30, 36, 3C, 42, 48, 4E, 54, 5A,
00, 07, 0E, 15, 1C, 23, 2A, 31, 38, 3F, 46, 4D, 54, 5B, 62, 69,
00, 08, 10, 18, 20, 28, 30, 38, 40, 48, 50, 58, 60, 68, 70, 78,
00, 09, 12, 1B, 24, 2D, 36, 3F, 48, 51, 5A, 63, 6C, 75, 7E, 87,
00, 0A, 14, 1E, 28, 32, 3C, 46, 50, 5A, 64, 6E, 78, 82, 8C, 96,
00, 0B, 16, 21, 2C, 37, 42, 4D, 58, 63, 6E, 79, 84, 8F, 9A, A5,
00, 0C, 18, 24, 30, 3C, 48, 54, 60, 6C, 78, 84, 90, 9C, A8, B4,
00, 0D, 1A, 27, 34, 41, 4E, 5B, 68, 75, 82, 8F, 9C, A9, B6, C3,
00, 0E, 1C, 2A, 38, 46, 54, 62, 70, 7E, 8C, 9A, A8, B6, C4, D2,
00, 0F, 1E, 2D, 3C, 4B, 5A, 69, 78, 87, 96, A5, B4, C3, D2, E1
```

mult_lut.txt文件直接放置在和.v源文件同一目录下即可。

图9.7 乘法器实际效果

3. 下载验证

在EGO1目标板上下载和验证例9.9,目标器件为xc7a35tcsg324,进行引脚分配,重新编译后,生成配置文件.sof,连接目标板电源线和JTAG线,下载配置文件.sof至FPGA目标板,用SW7～SW0拨动开关输入乘数、被乘数,结果用两个数码管显示(十六进制显示),查看实际效果,如图9.7所示。

9.4 有符号数的运算

本节讨论有符号数、无符号数之间的运算,包括加法、乘法、移位、绝对值、数值转换等。

9.4.1　有符号数的加法运算

两个操作数在进行算术运算时,只有两个操作数都定义为有符号数,结果才是有符号数。如下几种情况,均按照无符号数处理,其结果也是无符号数。

(1) 操作数均为无符号数,或者操作数中有无符号数;

(2) 操作数(包括有符号数和无符号数)使用了位选和段选;

(3) 操作数使用了并置操作符。

要实现有符号数运算,要么在定义 wire 型或 reg 型变量时加上 signed 关键字,将其定义为有符号数;要么使用 $signed 系统函数将无符号数转换为有符号数再进行运算。

例 9.10 是 4 位有符号数与 4 位无符号数加法运算的示例。

例 9.10　有符号数与无符号数加法运算示例。

```
module add_sign_unsign(
    input signed[3:0] a,                //有符号数
    input[3:0] b,                       //无符号数
    output signed[4:0] sum);
wire signed[4:0] signed_b;
assign signed_b = b;                    //无符号数 b 转换为有符号数
assign sum = a + signed_b;              //结果为有符号数
endmodule
```

signed_b 要比 b 位宽多一位,用来扩展符号位 0,将无符号数转换为有符号数。

也可以采用下面这样的方法,用 $signed({1'b0,b}) 将无符号数 b 转换为有符号数。

例 9.11　有符号数与无符号数加法运算示例。

```
module add_sign_unsign(
    input signed[3:0] a,                //有符号数
    input[3:0] b,                       //无符号数
    output signed[4:0] sum);
assign sum = a + $signed({1'b0,b});     //无符号数转换为有符号数
endmodule
```

编写测试代码对上面两例进行仿真,如例 9.12 所示。

例 9.12　有符号数与无符号数加法运算的测试代码。

```
`timescale 1ns/1ps
module add_sign_unsign_tb();
parameter DELY = 20;
reg signed[3:0] a;
reg[3:0]  b;
wire[4:0]  sum;
add_sign_unsign  i1(.a(a), .b(b), .sum(sum));
initial
begin
    a = − 4'sd5; b = 4'd5;
    # DELY      a = 4'sd7;
    # DELY      b = 4'd1;
    # DELY      a = 4'sd12;
    # DELY      a = − 4'sd12;
    # DELY      a = 4'sd9;
```

```
 #DELY        $ stop;
    $ display("Running testbench");
end
endmodule
```

4位有符号数与4位无符号数加法运算(例9.10和例9.11)的测试波形图均如图9.8所示。

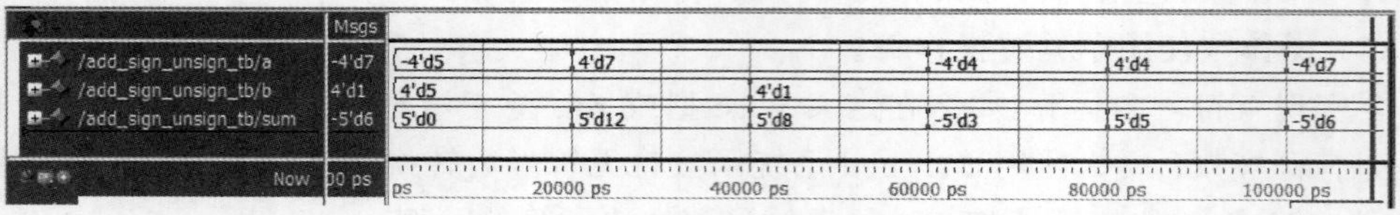

图9.8　4位有符号数与4位无符号数加法运算的测试波形图

注意：(1)如果将例9.11中的"assign sum ＝ a ＋ $ signed({1'b0,b});"写为下面的形式,会在某些情况下出错。

```
assign sum = a + $ signed(b);
    //如果b只有1位,当b=1时,将其拓展为4'b1111,本来是＋1,却变成了－1
```

(2)如果将例9.11中的"assign sum ＝ a ＋ $ signed({1'b0,b});"写为"sum＝a＋b;",也会出错。

```
assign sum = a + b;              //会转换成无符号数计算,sum也是无符号数
```

9.4.2　有符号数的乘法运算

同样,在乘法运算中,如果操作数中既有有符号数,也有无符号数,那么可以将无符号数转换为有符号数再进行运算。

例9.13给出的是一个3位有符号数与3位无符号数乘法运算的示例。

例9.13　3位有符号数与3位无符号数乘法运算。

```
module mult_signed_unsigned(
    input signed[2:0] a,                    //有符号数
    input[2:0] b,                           //无符号数
    output signed[5:0] result);
assign result = a * $ signed({1'b0,b});
endmodule
```

例9.14是对例9.13的测试代码。

例9.14　3位有符号数与3位无符号数乘法运算的测试代码。

```
`timescale 1ns/1ps
module mult_signed_unsigned_tb();
parameter DELY = 20;
reg signed[2:0] a;
reg[2:0] b;
wire[5:0]  result;
mult_signed_unsigned i1(.a(a),.b(b),.result(result));
initial
```

```
begin
    a = 3'sb101; b = 3'b010;
    # DELY      b = 3'b110;
    # DELY      a = 3'sb011;
    # DELY      a = 3'sb111;
    # DELY      b = 3'b111;
    # DELY      $ stop;
end
endmodule
```

例 9.14 的测试输出波形图如图 9.9 所示。

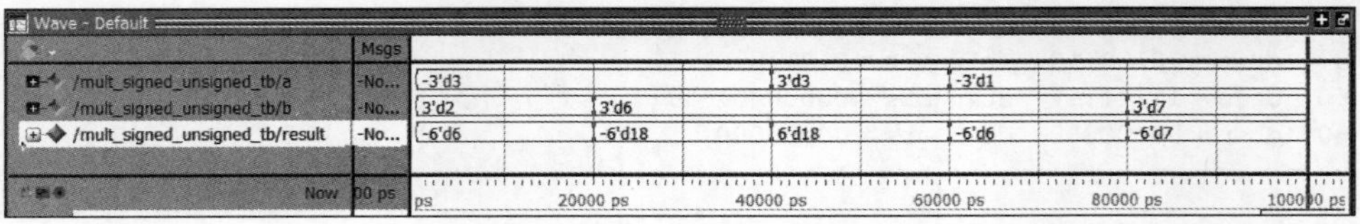

图 9.9　3 位有符号数与 3 位无符号数乘法运算的测试波形图

注意：例 9.13 中的"assign result ＝ a * $ signed(｛1'b0,b｝);"不可写为下面的形式。

```
result = a * b;                     //整个变成无符号数乘法运算
result = a * $ signed(b);           //当 b 的最高位为 1 时结果会出错
```

9.4.3　绝对值运算

例 9.15 和例 9.16 展示了一个有符号数的绝对值运算与测试的示例，dbin 是宽度为 W 的二进制补码格式的有符号数，正数的绝对值与其补码相同，负数的绝对值为其补码取反加 1。

例 9.15　求有符号数的绝对值运算。

```
module abs_signed
    # (parameter W = 8)
    (input signed[W - 1:0]  dbin,            //有符号数
     output [W - 1:0] dbin_abs);
assign dbin_abs = dbin[W - 1] ? (~dbin + 1'b1) : dbin;
endmodule
```

例 9.16　有符号数的绝对值运算的测试代码。

```
`timescale 1ns/1ps
module abs_signed_tb();
parameter W = 8;
parameter DELY = 20;
reg signed[W - 1:0] dbin;
reg[2:0] b;
wire[W - 1:0] dbin_abs;
abs_signed  # (.W(8)) i1(.dbin(dbin),.dbin_abs(dbin_abs));
initial
    begin
    dbin = 8'sb11111010;
    # DELY      dbin = 8'sb00000010;
```

271

```
    # DELY    dbin = 8'sb10100110;
    # DELY    dbin = 8'sb11111111;
    # DELY    dbin = 8'sb00000000;
    # DELY    $ stop;
    end
initial $ monitor( $ time,,,"dbin = % b dbin_abs = % b",dbin,dbin_abs);
endmodule
```

用 ModelSim 运行例 9.16,TCL 窗口输出如下。

```
0    dbin = 11111010   dbin_abs = 00000110
20   dbin = 00000010   dbin_abs = 00000010
40   dbin = 10100110   dbin_abs = 01011010
60   dbin = 11111111   dbin_abs = 00000001
80   dbin = 00000000   dbin_abs = 00000000
```

分析:以第一行为例,—6 的 8 位补码为 8'sb11111010,取反加 1 后的值为 8'b00000110,即—6 的绝对值是 6,可见输出结果正确。

9.5 ROM 存储器

存储器是数字设计中的常用部件。典型的存储器是 ROM(Read-Only Memory)和 RAM(Random Access Memory)。ROM 有多种类型,图 9.10 所示为其中常用的两种。

(a)异步,单口ROM　　　　(b)同步,单口ROM,地址寄存,数据输出寄存或不寄存
　　　　　　　　　　　　　　时钟:单时钟,clk1=clk2;双时钟,clk1≠clk2

图 9.10　ROM 常用的两种类型

1. 用数组例化存储器

例 9.17 中定义了尺寸为 10×20 的数组,并将数据以常数的形式存储在数组中,以此方式实现 ROM 模块;从 ROM 中读出数据时,数据未寄存,地址寄存,故实现的是图 9.10(b)所示类型的 ROM。为便于下载验证,ROM 中读出的数据用 LED 灯显示,故需要产生 10Hz 时钟信号,用于控制数据读取的速度,以适应 LED 灯显示。

例 9.17　用常数数组实现数据存储,读出的数据用 LED 灯显示。

```
module lut_led
  (input   sys_clk,
   output[9:0]   data);
   reg [4:0]  address;
   ( * rom_style = "distributed" * )  reg[9:0] myrom[19:0];
initial begin
```

```
   myrom[ 0] = 10'b0000000001;
   myrom[ 1] = 10'b0000000011;
   myrom[ 2] = 10'b0000000111;
   myrom[ 3] = 10'b0000001111;
   myrom[ 4] = 10'b0000011111;
   myrom[ 5] = 10'b0000111111;
   myrom[ 6] = 10'b0001111111;
   myrom[ 7] = 10'b0011111111;
   myrom[ 8] = 10'b0111111111;
   myrom[ 9] = 10'b1111111111;
   myrom[10] = 10'b0111111111;
   myrom[11] = 10'b0011111111;
   myrom[12] = 10'b0001111111;
   myrom[13] = 10'b0000111111;
   myrom[14] = 10'b0000011111;
   myrom[15] = 10'b0000001111;
   myrom[16] = 10'b0000000111;
   myrom[17] = 10'b0000000011;
   myrom[18] = 10'b0000000001;
   myrom[19] = 10'b0000000000;
end
assign data = myrom[address];              //从 ROM 中读出数据,未寄存
always @(posedge clk10hz)                  //地址寄存
   begin
   if(address == 19)  address <= 0;
   else   address <= address + 1;
   end
wire  clk10hz;
clk_div #(10) i1(                          //产生 10Hz 时钟信号
   .clk(sys_clk),                          //clk_div 源代码见例 7.12
   .clr(1'b1),
   .clk_out(clk10hz));
endmodule
```

2. 用属性语句指定 ROM 存储器的物理实现方式

在 Vivado 软件中用 rom_style 属性语句指定 ROM 存储器的物理实现方式,如果指定为"block",则综合器用 FPGA 中的块状 RAM 实现 ROM;如果指定为"distributed",则指定用 FPGA 的 LUT 查找表结构搭建分布式 ROM。可以在 RTL 源文件或 XDC 文件中进行指定。如果没有指定,综合工具会自动选择合适的实现方式。

rom_style 可选值有两个:block 和 distributed,其定义格式如下。

```
( * rom_style = "block" * )                //表示用 BRAM 实现 ROM
( * rom_style = "distributed" * )          //表示用 LUT 搭建分布式 ROM
```

🐦**分析**:属性语句指定 ROM 的实现方式受到一些因素的限制,在有的情况下(如受 ROM 尺寸太小、分频系数太大等因素的影响)并不会按照用户指定的方式去实现 ROM,具体应查看软件的 LOG 信息栏。

3. 下载验证

将本例完成指定目标器件、引脚分配和锁定,并在 EGO1 目标板上下载和验证,引脚分配和锁定如下。

```
# /////////////////////////////系统时钟///////////////////////////////////////////
set_property - dict {PACKAGE_PIN P17 IOSTANDARD LVCMOS33} [get_ports sys_clk ]
# /////////////////////////////LED0～LED9//////////////////////////////////////////
set_property - dict {PACKAGE_PIN J2 IOSTANDARD LVCMOS33} [get_ports {data[9]}]
set_property - dict {PACKAGE_PIN K2 IOSTANDARD LVCMOS33} [get_ports {data[8]}]
set_property - dict {PACKAGE_PIN K1 IOSTANDARD LVCMOS33} [get_ports {data[7]}]
set_property - dict {PACKAGE_PIN H6 IOSTANDARD LVCMOS33} [get_ports {data[6]}]
set_property - dict {PACKAGE_PIN H5 IOSTANDARD LVCMOS33} [get_ports {data[5]}]
set_property - dict {PACKAGE_PIN J5 IOSTANDARD LVCMOS33} [get_ports {data[4]}]
set_property - dict {PACKAGE_PIN K6 IOSTANDARD LVCMOS33} [get_ports {data[3]}]
set_property - dict {PACKAGE_PIN L1 IOSTANDARD LVCMOS33} [get_ports {data[2]}]
set_property - dict {PACKAGE_PIN M1 IOSTANDARD LVCMOS33} [get_ports {data[1]}]
set_property - dict {PACKAGE_PIN K3 IOSTANDARD LVCMOS33} [get_ports {data[0]}]
```

下载配置文件.sof 至 FPGA 目标板,观察 LED 灯的显示效果,以验证 ROM 数据读取是否正确。

9.6 RAM 存储器

RAM 可分为单口 RAM(Single-Port RAM)和双口 RAM(Dual-Port RAM),两者的区别如下。

(1)单口 RAM 只有一组数据线和地址线,读/写操作不能同时进行。

(2)双口 RAM 有两组地址线和数据线,读/写操作可同时进行。双口 RAM 又可分为简单双口 RAM 和真双口 RAM。

(3)简单双口 RAM(Simple Dual-Port RAM),有两组地址线和数据线,一组只能读取,另一组只能写入,写入和读取的时钟可以不同。

(4)真双口 RAM(True Dual-Port RAM),有两组地址线和数据线,两组都可以进行读/写,彼此互不干扰。

FIFO 也属于双口 RAM,但 FIFO 不需对地址进行控制,是最方便的。图 9.11 是单口 RAM 和简单双口 RAM 的区别示意图。

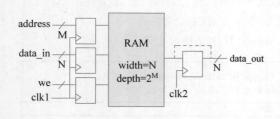

(a)同步,单口RAM
输入数据寄存,输出数据可寄存或不寄存
时钟:单时钟,clk1=clk2;双时钟,clk1≠clk2

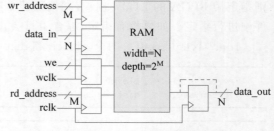

(b)同步,简单双口RAM
输入数据寄存,输出数据可寄存或不寄存
时钟:单时钟,wclk=rclk;双时钟,wclk≠rclk

图 9.11 单口 RAM 和简单双口 RAM 的区别

9.6.1 单口 RAM

用 Verilog 实现一个深度为 16、位宽为 8 位的单口 RAM,见例 9.18。

例 9.18 单端口 RAM 存储器模块。

```verilog
module spram
 #(parameter  ADDR_WIDTH  = 9,
   parameter  DATA_WIDTH  = 8,
   parameter  DEPTH = 512)
  (input  clk,
   input  wr_en,                        //写使能
   input  rd_en,                        //读使能
   input  [ADDR_WIDTH-1:0] addr,
   input  [DATA_WIDTH-1:0] din,
   output reg[DATA_WIDTH-1:0] dout);
(* ram_style = "block" *)  reg[DATA_WIDTH-1:0] mem [DEPTH-1:0];
   integer i;
initial begin
   for(i=0; i<DEPTH;i=i+1)
   begin  mem[i] = 8'h00; end  end
always@(posedge clk) begin
   if(rd_en)  begin  dout <= mem[addr]; end
   else  begin  if(wr_en)  begin  mem[addr] <= din; end
end  end
endmodule
```

Vivado 软件中用 ram_style 属性语句指定 RAM 存储器的物理实现方式,ram_style 可选值有 block、distributed、registers、ultra、mixed、auto,其定义格式和含义分别如下。

```
(* ram_style = "block" *)          //指定用块状 RAM 实现 RAM
(* ram_style = "distributed" *)    //指定用 LUT 搭建分布式 RAM
(* ram_style = "registers" *)      //指定用寄存器实现 RAM
(* ram_style = "ultra" *)          //只对 ultrascale 系列器件有效,用该器件中的 URAM 实现
(* ram_style = "mixed" *)          //根据面积最小原则确定 RAM 的实现方式
(* ram_style = "auto" *)           //综合工具自动决定实现方式
```

当 RAM 小于 10Kb 时,分布式 RAM 在功耗和速度上更有优势,当 RAM 较大时,可以把分布式 RAM 转换为块状 RAM,从而释放出 LUT 资源。

例 9.18 描述的单口 RAM,分别指定其实现方式为 distributed、block、registers,综合后其耗用的 FPGA 资源分别如图 9.12(a)、(b)、(c)所示。

LUT	FF	BRAMs	URAM
70	8	0.00	0

(a) "distributed"实现方式

LUT	FF	BRAMs	URAM
1	0	0.50	0

(b) "block"实现方式

LUT	FF	BRAMs	URAM
1840	4104	0.00	0

(c) "registers"实现方式

图 9.12 单口 RAM 耗用的 FPGA 资源比较

9.6.2 异步 FIFO

1. FIFO 缓存器

FIFO(First In First Out)是一种按照先进先出原则存储数据的缓存器,与普通存储器的区别在于 FIFO 不需要地址线,只能顺序写入数据、顺序读出数据,其地址由内部读写指针自动加 1 完成(不能读写某个指定的地址)。一般用于在不同时钟、不同数据宽度的数据之间进行交换,以达到数据匹配的目的。

FIFO 的数据读写是靠满/空标志来协调的,当向 FIFO 写数据时,如果 FIFO 已满,

则 FIFO 应给出一个满标识信号,以阻止继续对 FIFO 写数据,避免引起数据溢出;当从 FIFO 读数据时,如 FIFO 中存储的数据已读空,则 FIFO 应给出一个空标识信号,以阻止继续从 FIFO 读数据。

FIFO 分同步 FIFO 和异步 FIFO,同步 FIFO 指读和写用同一时钟;异步 FIFO 的读和写独立,分别用不同的时钟。

注意:FIFO 常用端口及参数包括

(1) FIFO 宽度:FIFO 一次读写操作的数据位数。

(2) FIFO 深度:FIFO 存储数据的个数。

(3) 满标志:FIFO 已满或将满时,FIFO 应给出满标志信号,以避免继续对 FIFO 写数据而造成溢出(overflow)。

(4) 空标志:FIFO 已空或者将空时,FIFO 应给出空标志信号,以避免继续从 FIFO 读数据而造成无效数据的读出(underflow)。

(5) 读时钟、写时钟;读使能、写使能。

(6) 写地址指针:总是指向下一个将要被写入的单元,复位时,指向 0 地址单元。

(7) 读地址指针:总是指向当前要被读出的数据单元。复位时,指向 0 地址单元。

图 9.13 是 FIFO 的实现结构图,用两个指针(写指针和读指针)来跟踪 FIFO 的顶部和底部。写指针指向下一个要写数据的位置,指向 FIFO 的顶部;读指针指向下一个要读取的数据,指向 FIFO 的底部。当读指针与写指针相同时,可判断 FIFO 被读空;当写指针超过读指针一圈时,可判断 FIFO 被写满。

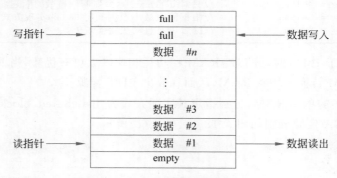

图 9.13 FIFO 的实现结构图

2. 异步 FIFO 缓存器的设计

例 9.19 描述了宽度为 8 位、深度为 16 的异步 FIFO 缓存器,地址指针采用格雷码。

例 9.19 异步 FIFO 缓存器源代码。

```
//---------------- 异步 FIFO ----------------------
module fifo_asy  # (
  parameter WIDTH = 'd8,              //FIFO 位宽
  parameter DEPTH = 'd16)             //FIFO 深度
 (input  wr_clk,                      //写时钟
  input  wr_clr,                      //写复位,低电平有效
  input  wr_en,                       //写使能,高电平有效
```

```verilog
    input[WIDTH - 1:0]  data_in,              //写入的数据
    input   rd_clr,                            //读复位,低电平有效
    input   rd_clk,                            //读时钟
    input   rd_en,                             //读使能,高电平有效
    output reg[WIDTH - 1:0] data_out,          //数据输出
    output  empty,                             //空标志,高电平表示当前 FIFO 已被写满
    output  full);                             //满标志,高电平表示当前 FIFO 已被读空
//---------------- 用二维数组实现 RAM ------------------
reg[WIDTH - 1 : 0] fifo_buf[DEPTH - 1 : 0];
reg [ $ clog2(DEPTH) : 0]   wr_pt;             //写地址指针,二进制
reg [ $ clog2(DEPTH) : 0]   rd_pt;             //读地址指针,二进制
wire[ $ clog2(DEPTH) : 0] wr_pt_g;             //写地址指针,格雷码
wire[ $ clog2(DEPTH) : 0] rd_pt_g;             //读地址指针,格雷码
//------------- 地址指针从二进制转换成格雷码 -------------
assign wr_pt_g = wr_pt ^ (wr_pt >> 1);
assign rd_pt_g = rd_pt ^ (rd_pt >> 1);
reg[ $ clog2(DEPTH):0] rd_pt_d1;               //读指针同步 1 拍
reg[ $ clog2(DEPTH):0] rd_pt_d2;               //读指针同步 2 拍
reg[ $ clog2(DEPTH):0] wr_pt_d1;               //写指针同步 1 拍
reg[ $ clog2(DEPTH):0] wr_pt_d2;               //写指针同步 2 拍
wire[ $ clog2(DEPTH) - 1:0] wr_pt_t;           //写 RAM 的地址
wire[ $ clog2(DEPTH) - 1:0] rd_pt_t;           //读 RAM 的地址
assign wr_pt_t = wr_pt[ $ clog2(DEPTH) - 1 : 0];    //读写 RAM 地址赋值
    //写 RAM 地址等于写指针的低 DATA_DEPTH 位(去除最高位)
assign rd_pt_t = rd_pt[ $ clog2(DEPTH) - 1 : 0];
    //读 RAM 地址等于读指针的低 DATA_DEPTH 位(去除最高位)
//----------------- 写操作,更新写地址 ----------------
always @(posedge wr_clk, negedge wr_clr) begin
    if (!wr_clr)  wr_pt <= 0;
    else if(!full && wr_en) begin              //写使能有效且非满
        wr_pt <= wr_pt + 1'd1;
        fifo_buf[wr_pt_t] <= data_in; end
end
//----------------- 读操作,更新读地址 ----------------
always @(posedge rd_clk, negedge rd_clr) begin
    if(!rd_clr)  rd_pt <= 'd0;
    else if(rd_en && !empty) begin             //读使能有效且非空
        data_out <= fifo_buf[rd_pt_t];
        rd_pt <= rd_pt + 1'd1;  end
end
//------ 将读指针的格雷码同步到写时钟域,判断是否写满 -------
always @(posedge wr_clk, negedge wr_clr) begin
    if(!wr_clr) begin
        rd_pt_d1 <= 0; rd_pt_d2 <= 0; end
    else begin
        rd_pt_d1 <= rd_pt_g;                   //寄存 1 拍
        rd_pt_d2 <= rd_pt_d1; end              //寄存 2 拍
end
//------ 将写指针的格雷码同步到读时钟域,判断是否读空 -------
always @ (posedge rd_clk, negedge rd_clr) begin
    if (!rd_clr) begin
        wr_pt_d1 <= 0; wr_pt_d2 <= 0;   end
    else begin
        wr_pt_d1 <= wr_pt_g;                   //寄存 1 拍
        wr_pt_d2 <= wr_pt_d1; end              //寄存 2 拍
end
assign full = (wr_pt_g == { ~ (rd_pt_d2[ $ clog2(DEPTH) : $ clog2(DEPTH) - 1]),
    rd_pt_d2[ $ clog2(DEPTH) - 2:0]})? 1'b1:1'b0;
```

```
    //同步后的读指针格雷码高两位取反,再拼接余下的位
    //当高位相反且其他位相等时,写指针超过读指针一圈,FIFO被写满
assign empty = (wr_pt_d2 == rd_pt_g) ? 1'b1 : 1'b0;
    //当读指针与写指针相同时,FIFO被读空
endmodule
```

3. 异步 FIFO 缓存器的测试

编写异步 FIFO 缓存器的 Test Bench 代码,对其测试,见例 9.20。

例 9.20 异步 FIFO 缓存器的 Test Bench 代码。

```
module fifo_asy_tb();
parameter   WIDTH = 8;                         //FIFO 宽度
parameter   DEPTH = 8;                         //FIFO 深度
reg  wr_clk;                                    //写时钟
reg  wr_clr;                                    //写复位,低电平有效
reg  wr_en;                                     //写使能,高电平有效
reg[WIDTH - 1:0] data_in;                       //写入的数据
reg  rd_clk;                                    //读时钟
reg  rd_clr;                                    //读复位,低电平有效
reg  rd_en;                                     //读使能,高电平有效
wire[WIDTH - 1:0] data_out;                     //读出的数据
wire  empty;                                    //空标志,高电平表示当前 FIFO 已被写满
wire  full;                                     //满标志,高电平表示当前 FIFO 已被读空
// ------------ 例化 FIFO 模块 ----------------
fifo_asy
  #(.WIDTH(WIDTH),                              //FIFO 位宽
   .DEPTH(DEPTH))                               //FIFO 深度
 u1(.wr_clk(wr_clk),
   .wr_clr(wr_clr),
   .wr_en(wr_en),
   .data_in(data_in),
   .rd_clk(rd_clk),
   .rd_clr(rd_clr),
   .rd_en(rd_en),
   .data_out(data_out),
   .empty(empty),
   .full(full));
// ------------ 时钟信号 --------------------
always #10 rd_clk = ~rd_clk;                    //读时钟周期 20ns
always #20 wr_clk = ~wr_clk;                    //写时钟周期 40ns
// ------------ 初始化测试数据 --------------
initial begin
   {rd_clk,wr_clk,wr_clr,rd_clr,wr_en,rd_en} <= 0;
   data_in <= 'dx;
   #30  wr_clr <= 1'b1; rd_clr <= 1'b1;
   repeat(8) begin                             //重复 8 次写操作,让 FIFO 写满
   @(negedge wr_clk) begin wr_en <= 1'b1;
      data_in <= {$random} % 60;               //产生 0~59 的随机数
   end  end
   @(negedge wr_clk) wr_en <= 1'b0;
   repeat(8) begin                             //重复 8 次读操作,让 FIFO 读空
   @(negedge rd_clk) rd_en <= 1'd1;   end      //读使能有效
   @(negedge rd_clk) rd_en <= 1'd0;
   @(negedge rd_clk) rd_en <= 1'b1;            //持续对 FIFO 读
   repeat(80) begin                            //同时持续对 FIFO 写,写入随机数
   @(negedge wr_clk) begin   wr_en <= 1'b1;
```

```
        data_in <= { $ random} % 100;                    //产生 0～99 的随机数
      end  end
  end
endmodule
```

图 9.14 是例 9.20 的测试输出波形,波形分 3 段:首先向 FIFO 写入 8 个随机数,产生写满信号;然后读出 8 次直到读空;最后连续同时进行读写。

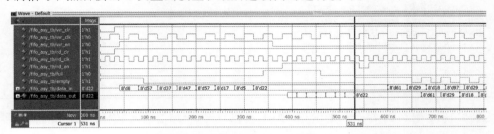

图 9.14 异步 FIFO 测试波形图

9.7 流水线设计

流水线(pipeline)设计用于提高所设计系统的运行速度。为保障数据的快速传输,必须让系统运行在尽可能高的频率上。但是,如果某些复杂逻辑功能的完成需要较长的延时,就会使系统难以运行在高的频率上。在这种情况下,可使用流水线技术,即在长延时的逻辑功能块中插入触发器,使复杂的逻辑操作分步完成,减小每部分的延时,从而使系统的运行频率得以提高。流水线设计的代价是增加了寄存器逻辑,增加了芯片资源的耗用。

流水线操作的概念可用图 9.15 来说明。在图中,假定某个复杂逻辑功能的实现需要较长的延时,则可将其分解为几个步骤(如 3 个)来实现,每一步的延时变为原来的三分之一左右,在各步之间加入寄存器,以暂存中间结果,这样可使整个系统的最高工作频率得到提高。

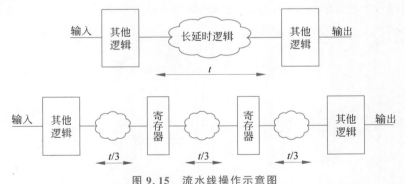

图 9.15 流水线操作示意图

采用流水线技术能有效提高系统的工作频率,尤其是对于 FPGA 器件,FPGA 的逻辑单元中有大量 4～5 个变量的查找表(LUT)和触发器。因此,在 FPGA 设计中采用流水线技术可以有效提高系统的速度。

下面以 8 位全加器的设计为例,对比流水线设计和非流水线设计。

1. 非流水线实现方式

例9.21展示了非流水线方式实现的8位全加器,其输入/输出端都带有寄存器。

例9.21 非流水线方式实现的8位全加器。

```
module adder8(
    input[7:0] ina,inb,   input cin,clk,
    output[7:0] sum, output cout);
reg[7:0] tempa,tempb,sum; reg cout,tempc;
always @(posedge clk)   begin
    tempa = ina;tempb = inb;tempc = cin; end          //输入数据锁存
always @(posedge clk)   begin
    {cout,sum} = tempa + tempb + tempc; end
endmodule
```

图9.16是例9.21综合后的RTL视图,可以看出,全加器输入/输出端都带有寄存器。

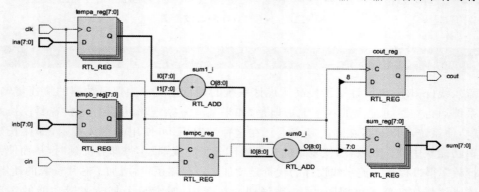

图9.16 非流水线方式8位加法器的RTL综合视图

2. 采用两级流水线方式实现

图9.17是两级流水线加法器的实现框图,采用了两级锁存、两级加法,每一级加法器实现4位数据和一个进位的相加,例9.22是该两级流水线8位加法器的Verilog源代码。

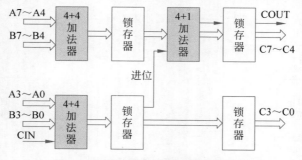

图9.17 两级流水线加法器实现框图

例9.22 两级流水线8位加法器的Verilog源代码。

```
module adder_pipe2
  (input cin,clk,
   input[7:0] ina,inb,
   output reg[7:0] sum,   output reg cout);
```

```
reg[3:0] tempa,tempb,firsts; reg firstc;
always @(posedge clk)   begin
    {firstc,firsts} = ina[3:0] + inb[3:0] + cin;
    tempa = ina[7:4];   tempb = inb[7:4];   end
always @(posedge clk)   begin
    {cout,sum[7:4]} = tempa + tempb + firstc;
    sum[3:0] = firsts;   end
endmodule
```

3. 采用 4 级流水线方式实现

图 9.18 是用 4 级流水线方式实现的 8 位加法器的框图,采用 5 级寄存、4 级加法实现,每一级加法器实现 2 位数据和进位的相加,整个加法器只受 2 位加法器工作速度的限制,平均完成一个加法运算只需 1 个时钟周期的时间。例 9.23 是该 4 级流水线方式实现 8 位全加器的 Verilog 源代码。

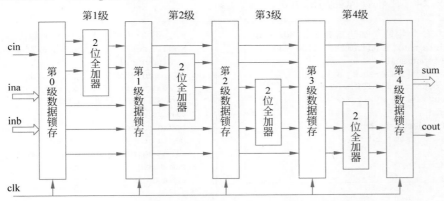

图 9.18 4 级流水线方式实现的 8 位加法器的框图

例 9.23 4 级流水线方式实现的 8 位全加器 Verilog 源代码。

```
module adder_pipe4(
    input[7:0] ina,inb,   input cin,clk,
    output reg[7:0] sum,
    output reg cout);
reg[7:0] tempa,tempb;
reg tempci,firstco,secondco,thirdco;
reg[1:0] firsts,thirda,thirdb;
reg[3:0] seconda,secondb,seconds;
reg[5:0] firsta,firstb,thirds;
//------------------------------------------------
always @(posedge clk)
    begin tempa = ina;tempb = inb;tempci = cin;   end       //输入数据缓存
always @(posedge clk)   begin
    {firstco,firsts} = tempa[1:0] + tempb[1:0] + tempci;    //第 1 级加法(低 2 位)
    firsta = tempa[7:2];firstb = tempb[7:2];end             //未参加计算的数据缓存
always @(posedge clk)   begin
    {secondco,seconds} = {firsta[1:0] + firstb[1:0] + firstco,firsts};
    //第 2 级加法(第 2、3 位相加)
    seconda = firsta[5:2];secondb = firstb[5:2];end         //数据缓存
always @(posedge clk)   begin
    {thirdco,thirds} = {seconda[1:0] + secondb[1:0] + secondco,seconds};
    //第 3 级加法(第 4、5 位相加)
    thirda = seconda[3:2];thirdb = secondb[3:2];end         //数据缓存
```

```
always @(posedge clk)
   begin  {cout,sum} = {thirda[1:0] + thirdb[1:0] + thirdco,thirds};end
   //第 4 级加法(高 2 位相加)
endmodule
```

9.8 资源共享

减少器件资源的耗用是我们在电路设计时追求的目标之一,可采用资源共享(resource sharing)的方法实现该目标,尤其是将耗用资源较多的模块共享,能有效降低整个系统耗用的资源。例 9.24 是比较资源耗用的示例。假如要实现这样的功能:当 sel=0 时,sum=a+b;当 sel=1 时,sum=c+d;a、b、c、d 的宽度可变,在本例中定义为 4 位,有两种实现方案。

例 9.24 比较资源耗用的示例。

```
//方案 1:用两个加法器和 1 个 MUX 实现
module res1 #(parameter SIZE = 4)
  (input sel,
   input[SIZE - 1:0] a,b,c,d,
   output reg[SIZE:0] sum);
always @ *
begin
if(sel) sum = a + b;
else    sum = c + d;
end
endmodule
```

```
//方案 2:用两个 MUX 和 1 个加法器实现
module res2 #(parameter SIZE = 4)
  (input sel,
   input[SIZE - 1:0] a,b,c,d,
   output reg[SIZE:0] sum);
reg[SIZE - 1:0] atmp,btmp;
always @ *
begin if(sel)
begin atmp = a;btmp = b;end
else begin atmp = c;btmp = d;end
sum = atmp + btmp; end
endmodule
```

方案 1 和方案 2 分别如图 9.19 和图 9.20 所示。

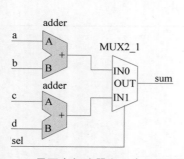

图 9.19 用两个加法器和 1 个 MUX 实现

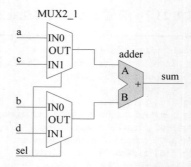

图 9.20 用两个 MUX 和 1 个加法器实现

将上面两个程序分别综合到 FPGA 器件中(综合时关闭综合软件的 Auto Resource Sharing 选项)。编译后查看编译报告,比较器件资源的消耗情况可发现,方案 1 需要耗用更多的逻辑单元(LE),这是因为方案 1 需要两个加法器,方案 2 通过增加数据选择器 MUX 共享了加法器,因此,方案 2 更节省资源。故应尽量将硬件代价高的模块资源共享,以降低整个系统的成本。

可在表达式中用括号来控制综合的结果,以实现资源的共享和复用,如例 9.25 所示。

例 9.25 设计复用示例。

```
//加法器方案 1
module add1 #(parameter SIZE = 4)
  (input[SIZE − 1:0] a,b,c,
   output reg[SIZE:0] s1,s2);
always @ * begin
 s1 = a + b; s2 = c + a + b;
end
endmodule
```

```
//加法器方案 2
module add2 #(parameter SIZE = 4)
  (input[SIZE − 1:0] a,b,c,
   output reg[SIZE:0] s1,s2);
always @ * begin
s1 = a + b; s2 = c + (a + b); end
 //用括号控制复用
endmodule
```

上面两个程序实现的功能相同,但用综合器综合的结果却不同,耗用的资源也不同,方案 1 与方案 2 的 RTL 综合结果如图 9.21 所示。可看出,方案 1 用 3 个 5 位加法器实现,而方案 2 只用两个 5 位加法器实现,显然方案 2 更优,因为该方案重用了已计算过的值 s1,节省了资源。在存在乘法器、除法器的场合,上述方法会更明显地节省资源。

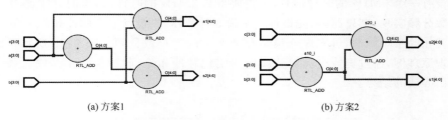

(a) 方案1　　　　　　　　(b) 方案2

图 9.21　方案 1 与方案 2 的 RTL 综合结果

注意:在节省资源的设计中应注意以下几点。

(1) 尽量共享复杂的运算单元。可以采用函数和任务来定义这些共享的数据处理模块。

(2) 可用加括号的方式控制综合的结果,以实现资源共享,重用已计算的结果。

(3) 设计模块的数据宽度应尽量小,以满足设计要求为准。

9.9　奇数分频与小数分频

9.9.1　奇数分频

偶数次分频,得到占空比为 50% 的方波波形并不困难,比如要实现 $2n$ 次分频,只需在计数到 $n-1$(从 0 开始计)时波形翻转即可;或者在最后一级加一个二分频器也可实现。如果是奇数次分频,同时又要得到占空比为 50% 的方波波形,可采用如下方法:用两个计数器,一个由输入时钟上升沿触发,另一个由输入时钟下降沿触发,将两个计数器的输出相或,即可得到占空比为 50% 的方波波形。

例 9.26 时模 13 奇数分频器,程序中采用了两个计数器,输出时将两个计数器的输出相或,得到占空比为 50% 的方波波形。

例 9.26 占空比为 50% 的奇数分频。

```
module count_num  #(parameter NUM = 13)
  (input clk,reset,
```

```
    output wire cout);
reg[4:0] m,n; reg cout1,cout2;
assign cout = cout1|cout2;                                    //输出相或
always @(posedge clk) begin
    if(!reset)  begin   cout1 <= 0;   m <= 0;   end
    else   begin if(m == NUM - 1)   m <= 0; else   m <= m + 1;
    if(m <(NUM - 1)/2) cout1 <= 1; else cout1 <= 0;
    end   end
always @(negedge clk)   begin
    if(!reset) begin cout2 <= 0;   n <= 0;   end
    else   begin   if(n == NUM - 1)   n <= 0; else   n <= n + 1;
    if(n <(NUM - 1)/2) cout2 <= 1; else cout2 <= 0;   end   end
endmodule
```

9.9.2 半整数分频

假设有一个 5MHz 的时钟信号,但需要得到 2MHz 的时钟,这里的分频比为 2.5,可用半整数分频实现,其思路是,先设计一个模 3 计数器,再设计一个脉冲扣除电路,每来 3 个脉冲就扣除半个脉冲,可实现分频系数为 2.5 的半整数分频。图 9.22 所示是半整数分频实现原理图,通过异或门和二分频电路实现脉冲扣除,脉冲扣除正是输入频率与二分频输出异或的结果。

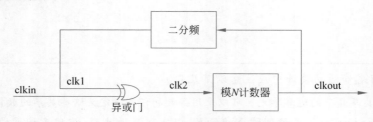

图 9.22 半整数分频实现原理图

例 9.27 是采用上述方法实现的 5.5 分频电路,改变参数 NUM 的值,可实现不同模的半整数分频,图 9.23 是本例的功能仿真波形图,注意观察各信号的波形。

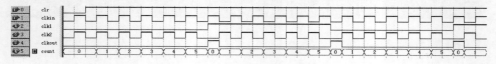

图 9.23 5.5 分频器的功能仿真波形图

例 9.27 5.5 分频器源代码。

```
module fdiv5_5   #(parameter NUM = 5)
    (input clkin,clr,
     output reg clkout);
reg clk1; wire clk2; integer count;
xor xor1(clk2,clkin,clk1);                                    //异或门
always@(posedge clkout, negedge clr) begin                    //二分频器
    if(~clr) begin clk1 <= 1'b0; end
    else clk1 <= ~clk1;   end
always@(posedge clk2, negedge clr) begin                      //模 6 分频器
    if(~clr) begin count <= 0; clkout <= 1'b0; end
    else if(count == NUM)   begin count <= 0; clkout <= 1'b1; end
```

```
    else   begin   count <= count + 1; clkout <= 1'b0;   end
  end
endmodule
```

9.9.3　小数分频

小数分频通常可用数字锁相环 IP 核实现,现在的 FPGA 器件绝大多数都集成锁相环硬核,可精确实现小数分频,但对倍频和分频的系数取值范围有一定的限制。此处介绍另外两种实现小数分频的方法。

1. 通过可变分频和多次平均实现小数分频

设计两个不同分频比的整数分频器,然后通过控制两种分频比出现的不同次数来获得所需的小数分频值,从而实现平均意义上的小数分频。

分频比可以表示为 $N = M/P$,其中 N 表示分频比,M 表示分频器输入脉冲数,P 表示分频器输出脉冲数。当 N 为小数时,又可表示为 $N = K + 10^{-n}X$。式中,K、n 和 X 都为正整数,n 表示小数的位数。由以上两式可得 $M = (K + 10^{-n}X)P$,令 $P = 10^n$,有 $M = 10^n K + X$,即在进行 $10^n K$ 分频时多输入 X 个脉冲。

例 9.28 就是基于以上原理实现的分频系数为 8.1 的小数分频器,通过计数器先进行 9 次 8 分频,再进行一次 9 分频,这样总的分频值为 $N = (8 \times 9 + 9 \times 1)/(9 + 1) = 8.1$,可得平均分频系数 8.1。

例 9.28　8.1 分频的源代码。

```
module fdiv8_1(
    input clk_in, rst,
    output reg clk_out);
reg[3:0] cnt1, cnt2;                        //cnt1 计分频的次数
always@(posedge clk_in, posedge rst) begin
    if(rst)   begin cnt1 <= 0; cnt2 <= 0; clk_out <= 0;   end
    else if(cnt1 < 9) begin                 //9 次 8 分频
    if(cnt2 < 7) begin cnt2 <= cnt2 + 1; clk_out <= 0;   end
    else begin cnt2 <= 0; cnt1 <= cnt1 + 1; clk_out <= 1;   end end
    else   begin                            //1 次 9 分频
    if(cnt2 < 8) begin cnt2 <= cnt2 + 1; clk_out <= 0; end
    else            begin cnt2 <= 0; cnt1 <= 0; clk_out <= 1; end end
end
endmodule
```

例 9.28 进行功能仿真得到的波形图如图 9.24 所示。

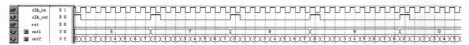

图 9.24　8.1 分频的功能仿真波形图

当所设计的分频器的分频系数为 9.1 时,可以将分频器设计成 9 次 9 分频,1 次 10 分频,这样总的分频值为 $N = (9 \times 9 + 1 \times 10)/(9 + 1) = 9.1$。这种采用近似简化来实现小数分频的方法,在很多场合都可以采用。

2. 双模前置小数分频

假设时钟源的频率为 f_0,期望得到的频率为 f_1,则其分频比 X 为 $X = f_0/f_1$,其中

$X>1$。假设 $M<X<M+1$，M 为整数，则有 $X=M+\dfrac{N_2}{N_1+N_2}$，其中 N_1 和 N_2 为整数。当 N_1 和 N_2 取不同的正整数时，可以实现小(分)数分频。利用脉冲删除电路有规律地删除时钟源中的一些脉冲，可实现平均意义上的小数分频，且不会出现竞争冒险和毛刺的问题。

令 $Q=N_1+N_2$，$P=M\times(N_1+N_2)+N_2$，则 $X=P/Q$，其中 P、Q 均为整数。从中可以分析得到，当时钟源每输入 P 个脉冲，利用脉冲删除电路从 P 个脉冲中按一定的规律删除 $(P-Q)$ 个脉冲，输出 Q 个脉冲，便实现了平均意义上的 X 分频。使所删除的 $(P-Q)$ 脉冲的位置相对均匀地分布在时钟源对应的 P 个脉冲中。具体设计思路如下：设置一个计数器，令其初始值为 0；在时钟源 clk 的每一个上升沿，计数器加上 Q，若计数器中的值小于 P，则发出删除一个脉冲的信号，将 del 信号置为高电平；若其值大于 P，则将计数器的值减去 P，再将 del 置为低电平，不发出删除脉冲的信号。比如，要从60MHz 的时钟源得到 50.4MHz 的时钟信号，可令 $Q=21$，$P=25$，其工作过程见表 9.4。

表 9.4　从 60MHz 的时钟源得到 50.4MHz 的时钟信号的分频器的工作过程

序　号	加上 Q 后计数器的值	与 P 比较后计数器的值	是否删除脉冲(del＝1)
0	21	21	1
1	42	17	0
2	38	13	0
3	34	9	0
4	30	5	0
5	26	1	0
6	22	22	1
7	43	18	0
8	39	14	0
9	35	10	0
10	31	6	0
11	27	2	0
12	23	23	1
13	44	19	0
14	40	15	0
15	36	11	0
16	32	7	0
17	28	3	0
18	24	24	1
19	45	20	0
20	41	16	0
21	37	12	0
22	33	8	0
23	29	4	0
24	25	0	0
25	21	21	1

表 9.4 所示的分频器用 Verilog 实现如例 9.29 所示，该分频器从 60MHz 经小数分频得到 50.4MHz 的时钟信号，再从 50.4MHz 分频得到 10kHz、20kHz、30kHz、…、

100kHz 共 10 个频率信号。

例 9.29 从 60MHz 经小数分频得到 50.4MHz,进而产生 10kHz、20kHz、30kHz、…、100kHz 共 10 个频率。

```verilog
module div_fraction(
    input rst,clk60m,                      //clk60m 为时钟源
    input[3:0] sel,                        //选择产生 10kHz、…、100kHz,共 10 个频率
    output reg[5:0] count,
    output reg del,
    output clk504m,
    output reg clkout);                    //clkout 为要产生的时钟
reg[12:0] cnt,origin;
always@(posedge clk60m, posedge rst)  begin
    if(!rst) begin   count = 0; del = 1'b0; end
    else   begin   count = count + 21;
      if(count > = 25)   begin   count = count − 25; del = 1'b0; end   //不删除脉冲
      else   del = 1'b1;   end              //删除 1 个脉冲
end
assign clk504m = (del == 1'b1) ? 1'b1 : clk60m;
always@(posedge clk504m, posedge rst) begin
    if(!rst) begin clkout <= 0;cnt <= origin; end
    else if(cnt == 4095) begin clkout <= ~clkout; cnt <= origin; end
    else   cnt <= cnt + 1;   end
always@( * )   begin
    case(sel)                              //预置分频
    4'd1 :origin < = 1576;                 //10kHz
    4'd2 :origin < = 2836;                 //20kHz
    4'd3 :origin < = 3256;
    4'd4 :origin < = 3466;
    4'd5 :origin < = 3592;
    4'd6 :origin < = 3676;
    4'd7 :origin < = 3736;
    4'd8 :origin < = 3781;
    4'd9 :origin < = 3816;                 //90kHz
    4'd10 :origin < = 3844;                //100kHz
    default:origin < = 4076;
    endcase   end
endmodule
```

例 9.29 的 Test Bench 测试代码如例 9.30 所示。

例 9.30 小数分频的 Test Bench 测试代码。

```verilog
module div_fraction_tb;
parameter PERIOD = 20;                     //定义时钟周期为 20ns
reg clk60m,rst;
reg[3:0] sel;
wire del;
wire[5:0] count;
wire clk504m,clkout;
initial begin clk60m = 0;
    forever begin #(PERIOD/2) clk60m = ~clk60m;   end end
initial begin
    rst < = 0;   sel < = 4'd10;
    repeat(2) @(posedge clk60m);
    rst < = 1;   end
```

```
div_fraction  i1( .rst(rst),.sel(sel),.del(del),.count(count),
         .clk60m(clk60m), .clk504m(clk504m), .clkout(clkout));
endmodule
```

在 ModelSim 中运行例 9.30,得到图 9.25 所示的测试波形图,验证了代码功能的正确。

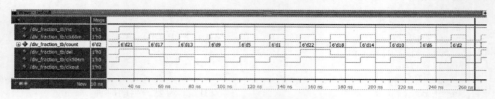

图 9.25　小数分频的测试波形图

习题 9

9-1　分别用结构描述和行为描述方式实现 JK 触发器,并进行综合。

9-2　描述图 9.26 所示的 8 位并行/串行转换电路。当 load 信号为 1 时,将并行输入的 8 位数据 d(7)～d(0)同步存储进入 8 位寄存器;当 load 信号变为 0 时,将 8 位寄存器的数据从 dout 端口同步串行(在 clk 的上升沿)输出,输出结束后,dout 端保持低电平直至下一次输出。

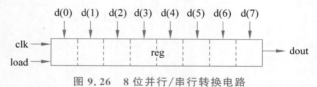

图 9.26　8 位并行/串行转换电路

9-3　设计一个 16 位移位相加乘法器。设计思路是:乘法通过逐项移位相加来实现,根据乘数的每一位是否为"1"进行计算,若为"1"则将被乘数移位相加。

9-4　编写除法器程序,实现两个 4 位无符号二进制数的除法操作。

9-5　编写一个 8 路彩灯控制程序,要求彩灯有以下 3 种演示花型。

(1) 8 路彩灯同时亮灭。

(2) 从左至右逐个亮(每次只有 1 路亮)。

(3) 8 路彩灯每次 4 路灯亮,4 路灯灭,且亮灭相间,交替亮灭。

9-6　用 Verilog HDL 设计数字跑表,计时精度为 10ms(百分秒),最大计时为 59 分 59.99 秒,跑表具有复位、暂停、百分秒计时等功能;当启动/暂停键为低电平时开始计时,为高电平时暂停,变低电平后在原来的数值基础上继续计数。

9-7　流水线设计技术为什么能提高数字系统的工作频率?

9-8　设计一个加法器,实现 $sum=a0+a1+a2+a3$,a0、a1、a2、a3 宽度都是 8 位。如果用下面两种方法实现,说明哪种方法更好一些。

(1) $sum=((a0+a1)+a2)+a3$

(2) $sum=(a0+a1)+(a2+a3)$

9-9　用流水线技术对 9-8 题中的 $sum=((a0+a1)+a2)+a3$ 的实现方式进行优化,对比最高工作频率。

第 10 章

Test Bench测试与时序检查

Verilog HDL 不仅提供了设计与综合的能力,也提供了对激励、响应和设计验证(verification)的建模能力。Verilog HDL 最初是专用于电路仿真(simulation)的语言,后来,Verilog HDL 综合器的出现才使它具有了设计综合的能力。

10.1 系统任务与系统函数

Verilog HDL 的系统任务和系统函数主要用于仿真。系统任务和系统函数均以符号"＄"开头,一般在 initial 或 always 过程块中对其进行调用;用户也可以通过编程语言接口(PLI)将自己定义的系统任务和系统函数加到系统中,用于仿真和调试。

根据功能,系统任务和系统函数可分为以下类别。

- 显示任务。

＄display	＄displayb	＄displayh	＄displayo
＄write	＄writeb	＄writeh	＄writeo
＄strobe	＄strobeb	＄strobeh	＄strobeo
＄monitor	＄monitorb	＄monitorh	＄monitoro
＄monitoron	＄monitoroff		

- 文件输入/输出任务。

＄fclose	＄fopen	＄ferror	＄fread
＄fgetc	＄fgets	＄ungetc	＄sformat
＄readmemh	＄readmemb	＄sdf_annotate	
＄fdisplay	＄fdisplayb	＄fdisplayh	＄fdisplayo
＄fwrite	＄fwriteb	＄fwriteh	＄fwriteo
＄fstrobe	＄fstrobeb	＄fstrobeh	＄fstrobeo
＄fmonitor	＄fmonitorb	＄fmonitorh	＄fmonitoro
＄swrite	＄swriteb	＄swriteh	＄swriteo
＄fscanf	＄sscanf	＄rewind	＄fseek
＄ftell	＄fflush	＄feof	

- 时间尺度任务。

＄timeformat	＄printtimescale

- 仿真控制任务。

＄finish	＄stop

- 时间函数。

$ realtime	$ stime	$ time

- 转换函数。

$ signed	$ unsigned

- 随机数与概率分布函数。

$ random	$ dist_chi_square	$ dist_erlang	$ dist_exponential
$ dist_normal	$ dist_poisson	$ dist_t	$ dist_uniform

注意：系统任务和系统函数在不同的 Verilog 仿真工具(如 ModelSim、VCS、Verilog-XL)上，其用法和功能可能存在差异，具体应查阅相关仿真器的使用手册。

10.2 显示类任务

显示类(输出控制类)系统任务包括 $ display、$ write、$ strobe、$ monitor。

10.2.1 $ display 与 $ write

$ display 和 $ write 都用于输出仿真结果，可以把变量和代码运行结果打印在 TCL 窗口上，供调试者知晓代码运行情况。两者功能类似，区别在于 $ display 在输出结束后能自动换行，而 $ write 不能自动换行。

$ display 和 $ write 的使用格式如下。

```
$ display ("格式控制符",输出变量名列表);
$ write ("格式控制符",输出变量名列表);
```

比如：

```
$ display( $ time,,,"a = % h b = % h c = % h",a,b,c);
```

上面的语句定义了信号显示的格式，即以十六进制格式显示信号 a、b、c 的值，两个相邻的逗号",,"表示加入一个空格。显示格式的控制符及其说明见表 10.1。

表 10.1 显示格式的控制符及其说明

格式控制符	说　明
%h 或 %H	以十六进制形式显示
%d 或 %D	以十进制形式显示
%o 或 %O	以八进制形式显示
%b 或 %B	以二进制形式显示
%c 或 %C	以 ASCII 码字符形式显示
%v 或 %V	显示 net 型变量的驱动强度

格式控制符	说　明
%m 或 %M	显示层次名
%s 或 %S	以字符串形式输出
%t 或 %T	以当前的时间格式显示

也可用 $ display 显示字符串,示例如下。

```
$ display("it's a example for display\n");
```

上面的语句表示直接输出引号中的字符串,其中,"\n"是转义字符,表示换行。

Verilog HDL 中常用的转义字符\n(换行)、\t(Tab 键)、\"(符号")等,其含义及用法已在 4.4.2 节中介绍(参见表 4.1)。

转义字符常用于定义仿真输出的格式,示例如下。

```
module dis;
initial begin
    $ display("\\\t\\\n\"\123");
end
endmodule
```

上面的代码执行后输出如下。

```
\    \
"S              //八进制数 123 对应的 ASCII 码字符为 S(大写)
```

在例 10.1 中,用 $ display 分别显示了多种进制数、ASCII 码、驱动强度、字符串等各种格式的内容,用 ModelSim 仿真,其 TCL 窗口输出信息见图 10.1。

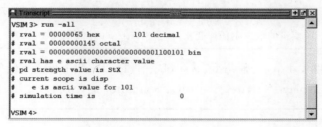

图 10.1　TCL 窗口输出信息

例 10.1　$ display 用法示例。

```
module disp;
reg [31:0] rval;
pulldown (pd);
initial begin
    rval = 101;
    $ display("rval =  % h hex % d decimal",rval,rval);
    $ display("rval =  % o octal\nrval =  % b bin",rval,rval);
    $ display("rval has % c ascii character value",rval);
    $ display("pd strength value is % v",pd);
    $ display("current scope is % m");
```

```
    $ display(" % s is ascii value for 101",101);
    $ display("simulation time is % t", $ time);
end
endmodule
```

10. 2. 2　$ strobe 与 $ monitor

$ strobe 与 $ monitor 都提供了监控和输出参数列表中字符或变量的值的功能。
$ strobe 与 $ monitor 的使用格式如下。

```
$ monitor("格式控制符",输出变量名列表);
$ strobe("格式控制符",输出变量名列表);
```

$ strobe 与 $ monitor 使用方法与 $ display 类似,上面的格式控制符、输出变量名列表与 $ display 与 $ write 中定义的完全相同,但打印信息的时间和 $ display 有所不同。

$ strobe 相当于选通监控器,它只有在模拟时间发生改变且所有事件都处理完毕后才将结果输出,更适合显示用非阻塞赋值的变量的值。

$ monitor 相当于持续监控器,一旦被调用,就相当于启动了一个实时监控器,输出变量列表中的任何变量发生变化,都会按照 $ monitor 语句中规定的格式将变量值输出一次。

示例如下。

```
$ monitor( $ time,"a = % b b = % h", a, b);
```

每次 a 或 b 信号的值发生变化都会激活上面的语句,并显示当前仿真时间、二进制格式的 a 信号和十六进制格式的 b 信号。

示例如下。

```
$ monitor( $ time,,,"a = % d b = % d c = % d",a,b,c);
//只要 a、b、c 三个变量的值发生任何变化,都会将 a、b、c 的值输出一次
```

例 10.2 是说明 $ display、$ write、$ strobe、$ monitor 四个显示类任务区别的示例。

例 10. 2　$ display、$ write、$ strobe、$ monitor 的区别。

```
module disp_tb;
integer i;
initial begin
    for(i = 1; i < 4; i = i + 1)begin
    $ display(" $ display output i = : % d", i);
    $ write(" $ write output i = : % d\n", i);
    $ strobe(" $ strobe output i = : % d", i);
    end
end
initial
    $ monitor(" $ monitor output i = : % d", i);
endmodule
```

例 10.2 执行后输出如下, $ display 和 $ write 执行显示操作各 3 次; $ strobe 退出循环后才会执行,故 $ strobe 显示的是 i=4,是循环结束时变量的值; $ monitor 为持续

监测任务,用于变量的持续监测,变量发生了变化,$monitor均会显示相应的信息。

```
$ display output i = :          1
$ write output i = :            1
$ display output i = :          2
$ write output i = :            2
$ display output i = :          3
$ write output i = :            3
$ strobe output i = :           4
$ monitor output i = :          4
```

10.3 文件操作类任务

Verilog HDL 提供的对文件进行操作的系统任务如下。
- 文件打开、关闭:$fopen,$fclose,$ferror。
- 文件写入:$fdisplay,$fwrite,$fstrobe,$fmonitor。
- 文件读取:$fgetc,$fgets,$fscanf,$fread。
- 文件读取加载至存储器:$readmemh,$readmemb。
- 字符串写入:$sformat,$swrite。
- 文件定位:$fseek,$ftell,$feof,$frewind。

使用文件操作任务对文件进行操作时,需根据文件性质和变量内容确定使用哪种系统任务,并保证参数及读/写变量类型与文件内容的一致性。

10.3.1 $fopen 与 $fclose

$fopen用于打开某个文件并准备写操作,其格式如下。

```
fd = $ fopen("file_name");
fd = $ fopen("file_name", mode);
```

file_name为打开文件的名字,fd为返回的32位文件描述符,文件成功打开时,fd为非零值;如果文件打开出错,fd为0值,此时,应用程序可以调用系统任务$ferror来确定发生错误的原因。

mode用于指定文件打开的方式,mode的类型及其含义见表10.2。

表 10.2 $fopen 文件打开的方式

mode 类型			含　　义
r	rb		以只读的方式打开
w	wb		清除文件内容并以只写的方式打开
a	ab		在文件末尾写数据
r+	r+b	rb+	以可读/写的方式打开文件
w+	w+b	wb+	读/写打开或建立一个文件,允许读/写
a+	a+b	ab+	读/写打开或建立一个文本文件,允许读,或在末尾追加信息

$fclose用于关闭文件,其格式如下。

```
$ fclose(fd);
```

上面的语句表示用系统任务 $fclose 关闭由 fd 指定的文件,同时隐式终结 $fmonitor、$fstrobe 等任务。fd 必须是 32 位的变量,之前应该定义成 integer 型或 reg 型,示例如下。

```
reg[31:0] fd;
integer fd;
```

以下是用 $fopen 打开文件的示例。

```
integer messages, broadcast, cpu_chann, alu_chann, mem_chann;
initial begin
cpu_chann = $fopen("cpu.dat");
    if (cpu_chann == 0) $finish;
alu_chann = $fopen("alu.dat");
    if (alu_chann == 0) $finish;
mem_chann = $fopen("mem.dat");
    if (mem_chann == 0) $finish;
messages = cpu_chann | alu_chann | mem_chann;
    broadcast = 1 | messages;
end
```

10.3.2 $fgetc 与 $fgets

系统函数 $fgetc、$fgets、$fscanf、$fread 用于将文件中的数据读入,以供仿真程序使用。

1. $fgetc

$fgetc 每次从文件读取 1 个字符(character),其使用格式如下。

```
c = $fgetc(fd)
```

上面的语句表示用 $fgetc 从 fd 指定的文件中读取 1 个字符(1 字节),每执行一次 $fgetc,就从文件中读取 1 个字符;若读取时发生错误或读取到文件结束,则将 c 设置为 EOF(−1)。

使用 $fgetc 读取字符,$fgetc 的返回值是 8 位,c 的值可能是 8'h00～8'hFF 的任何数值,而 EOF(−1)的 8 位补码也是 8'hFF,因此在读出正常数据 8'hFF 时会产生错判文件读取已结束的情况,故一般 c 的数据宽度应定义为大于 8 位,以便 EOF(−1)与字符代码 0xFF 区分。示例如下。

```
reg[15:0]  c;
c = $fgetc(fd)
```

将 c 定义为 16 位(只要大于 8 位即可),这样正常读取的数据只能是 16'h0000～16'h00FF,只有读取文件结束时,才会得到值 16'hFFFF(−1),此时就可以判断出文件结束了。

比如,在例 10.3 中采用 $fgetc 读取文件 tb.txt 的内容,用 ModelSim 仿真,其 TCL 窗口输出信息见图 10.2,tb.txt 文件的内容如图 10.2 所示。

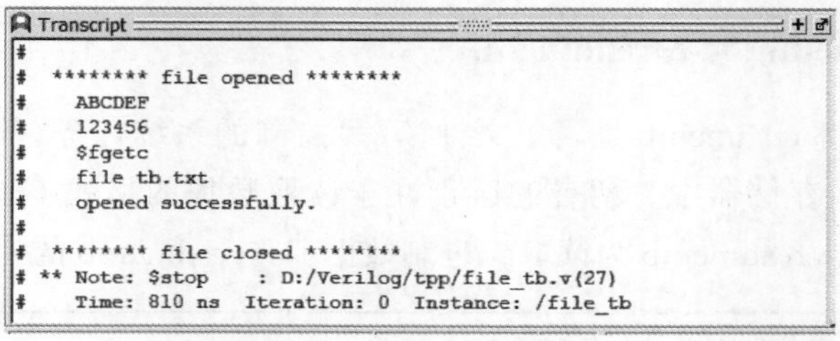

图 10.2　TCL 窗口输出信息

例 10.3　$fgetc 用法示例。

```verilog
`timescale 1ns/1ps
module file_tb( );
localparam FILE_TXT = "./tb.txt";
integer fd;
integer i;
reg[15:0] c;                        //将 c 定义为 16 位,以便判断文件结束
initial begin
   i = 0;
   fd = $fopen(FILE_TXT, "r");       //以只读方式打开文件
   if(fd == 0)  begin
      $display(" $open file failed");
      $stop;  end
   $display("\n ******** file opened ******** ");
   c = $fgetc(fd);
   i = i + 1;
   while ( $signed(c) != -1)         //判断文件是否已读取完毕
   begin                             //用 while 语句逐个读取字符
      $write(" %c", c);
      #10;
      c = $fgetc(fd);
      i = i + 1;
   end
   #10;
   $fclose(fd);
   $display("\n ******** file closed ******** ");
   #100;  $stop;
end
endmodule
```

2. $fgets

$fgets 是按行(line)读取文件,其使用方式如下。

```verilog
integer code = $fgets(str, fd);
```

上面的语句表示 $fgets 将 fd 指定的文件中的字符读入 str 变量中,直至变量 str 被填满,或者读到换行符并传输到 str,或者遇到文件结束条件。正常读取时返回值 code 表示当前行有多少个数据,如果返回值 code 为 0,表示文件读取结束或者读取错误。

$fgets 主要针对文本文件使用,对于读取二进制文件,虽然也可以使用,但不能表示明确的行的含义。

10.3.3　　$readmemh 与 $readmemb

$readmemh 与 $readmemb 是属于文件读/写控制的系统任务,其作用都是从外部文件中读取数据并放入存储器中。两者的区别在于读取数据的格式不同,$readmemh 为读取十六进制数据,而 $readmemb 为读取二进制数据。$readmemb 的使用方式如下。

```
(1) $readmemb("数据文件名",存储器名);
(2) $readmemb("数据文件名",存储器名,起始地址);
(3) $readmemb("数据文件名",存储器名,起始地址,结束地址);
```

其中,起始地址和结束地址均可以默认。默认起始地址从存储器的首地址开始,默认结束地址为存储到存储器的结束地址。

$readmemh 的使用格式与 $readmemb 相同。例 10.4 是使用 $readmemh 的示例。

例 10.4　　$readmemh 使用示例。

```
`timescale 10ns/1ns
module rm_tp;
reg[15:0] my_mem[0:5];                    /* 定义一个 16×6 的存储器 my_mem,存储器共 6 个单元,
每个单元宽度为 16 位,可存储 16 位二进制数(4 位十六进制数) */
reg[4:0] n;
initial
    begin
    $readmemh("myfile.txt",my_mem);        /* 将 myfile.txt 中的数据装载到存储器
    my_mem 中,默认起始地址从 0 开始,到存储器的结束地址结束 */
    for(n = 0;n <= 5;n = n + 1)
    $display("%h",my_mem[n]);
    end
endmodule
```

上例在仿真前,在当前工程目录下准备一个名为 myfile.txt 的文件,不妨将其内容填写如下。

```
0123 4567 89AB CDEF
```

用 ModelSim 仿真后的输出如下所示,说明 myfile.txt 中的数据已装载到存储器中。

```
0123
4567
89ab
cdef
xxxx
xxxx
```

10.4　控制和时间类任务

10.4.1　$finish 与 $stop

系统任务 $finish 与 $stop 用于控制仿真的执行过程,$finish 是结束本次仿真;$stop

是暂停(中断)当前的仿真,仿真暂停后通过仿真工具菜单或命令行还可以使仿真继续进行。
$finish 与 $stop 的使用格式如下。

```
$ stop;
$ stop(n);
$ finish;
$ finish(n);
```

n 是 $finish 和 $stop 的参数,n 的值可以是 0、1、2,分别表示如下含义。

- 0:不输出任何信息。
- 1:输出当前仿真时间和位置。
- 2:输出仿真时间和位置,以及其他一些运行统计数据。

如果不带参数,默认参数值为 1。

当仿真程序执行到 $stop 语句时,将暂停仿真,此时设计者可以输入命令,对仿真器进行交互控制;当仿真程序执行到 $finish 语句时,则结束此次仿真,返回主操作系统。例 10.5 是使用 $stop 的示例。

例 10.5　$stop 使用示例。

```
`timescale 1ns/1ns
module stop_tb();
reg ra;
initial begin
    ra = 0;
    #500   $ stop(0);                // $ stop(1); $ stop(2)
    end
always #20 ra = { $ random} % 2;
endmodule
```

例 10.5 中先用 $stop(0)语句,在 ModelSim 中用 run all 命令进行仿真,波形仿真在500ns 处暂停,同时 TCL 窗口中输出"Break in Module stop_tb at.../stop_tb.v line 6"字样;将例 10.5 中 $stop(0)语句参数改为 1,重新仿真,则波形同样在 500ns 处暂停,TCL窗口中的输出信息多了仿真时间;将 $stop( )语句参数改为 2,重新仿真,则 TCL 窗口中的输出增加了耗用的内存、占用处理器的时间等信息。

以上 TCL 窗口输出信息及输出波形见图 10.3。

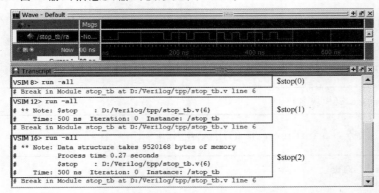

图 10.3　TCL 窗口输出信息及输出波形

10.4.2 $time、$stime 与 $realtime

$time、$stime 和 $realtime 都属于显示仿真时间标度的系统函数。这 3 个函数被调用时,均返回当前时刻距离仿真开始时刻的时间量值,不同之处如下。

- $time:返回一个 64 位整数型时间值。
- $stime:返回一个 32 位整数型时间值。
- $realtime:返回一个实数型时间值,可以是浮点数。

除非仿真时间很长,$time 与 $stime 的区别并不明显。通过例 10.6 可看出 $time 与 $realtime 的区别。

例 10.6 $time 与 $realtime 的区别。

```
`timescale 10ns/1ns
module ts_tp;
reg set;
parameter p = 1.55;
initial begin
    $monitor( $realtime,,"set = ",set);          //使用函数 $realtime
    #p  set = 0;
    #p  set = 1;
end
endmodule
```

例 10.6 用 ModelSim 仿真,其 TCL 窗口输出如下所示,时间显示为实数值。

```
0    set = x
1.6  set = 0
3.2  set = 1
```

如果将例中的 $realtime 改为 $time,则 TCL 窗口输出如下,时间显示为整数值。

```
0   set = x
2   set = 0
3   set = 1
```

10.4.3 $printtimescale 与 $timeformat

任务 $printtimescale 与 $timeformat 用于显示和设置时标信息。

1. $printtimescale

$printtimescale 用于显示指定模块的时间单位和精度。其使用格式如下。

```
$printtimescale(模块名);
```

例 10.7 任务 $printtimescale 的用法示例。

```
`timescale 1ns/1ps
module a_dat();
    b_dat   b1();
```

```
initial  $ printtimescale();          //无模块名表示显示调用此任务的模块的时标信息
initial  $ printtimescale(b1);
initial  $ printtimescale(b1.c1);
//查看特定模块的时标信息,要在任务参数中指定模块的层次结构信息
endmodule
// ---------------------------------
`timescale 10fs/1fs
module b_dat();
   c_dat   c1();
endmodule
// ---------------------------------
`timescale 10ns/1ns
module c_dat();
endmodule
```

运行例 10.7 的输出信息如下所示。

```
Time scale of (a_dat) is   1ns/1ps
Time scale of (a_dat.b1) is   10fs/1fs
Time scale of (a_dat.b1.c1) is   10ns/1ns
```

2. $ timeformat

$ timeformat 的用法如下。

```
$ timeformat(units, precision, suffix_string, min_width);
```

其中,units 是时间单位:0 表示秒(s),-3 表示毫秒(ms),-6 表示微秒(μs),-9 表示纳秒(ns),-12 表示皮秒(ps),-15 表示飞秒(fs),-10 表示以 100ps 为单位,以此类推,默认值为`timescale 所设置的仿真时间单位。

precision 是指小数点后保留的位数,默认值为 0。

suffix_string 是时间值后面的后缀字符串,默认值为空格。

min_width 是时间值与后缀字符串合起来的这部分字符串的最小长度,若字符串不足此长度,则在字符串之前补空格,默认值为 20。

$ timeformat 不会更改 `timescale 设置的时间单位与精度,它只是更改了 $ write、$ display、$ strobe、$ monitor、$ fwrite、$ fdisplay、$ fstrobe、$ fmonitor 任务在%t 格式下显示时间的方式。在一个 initial 块中,它会持续生效,直到执行了另一个 $ timeformat 任务。

示例如下。

```
`timescale 1ns/1ps
module time_tb / ** /;
initial  begin
   $ timeformat( - 9, 1, "ns", 10);
   #3.1415;
   $ display(" % t: $ timeformat test.", $ realtime);
end
endmodule
```

在上例中, $ timeformat 执行后,在 $ display 任务中以%t 格式显示时间,时间的单位是 10^{-9}s(ns),时间值保留到小数点后 1 位,时间值后面加上"ns"字符串,时间值和

"ns"合起来的字符串长度如果不足 10 个字符,则在前面补空格。

上例用 ModelSim 运行,其 TCL 窗口输出如下。

```
3.1ns: $ timeformat test.
```

10.4.4 $ signed 与 $ unsigned

可使用两个系统函数来控制表达式的符号: $ signed( )和 $ unsigned( )。

```
$ signed(c)                        //返回值有符号
$ unsigned(c)                      //返回值无符号
```

$ signed(c)将 c 转化为有符号数返回,不改变 c 的类型和内容。

$ unsigned(c)将 c 转化为无符号数返回,不改变 c 的类型和内容。

例 10.8 中对 $ signed 和 $ unsigned 函数的用法进行了比较,对各类数据的变换结果进行分析,有助于搞清楚这两个函数的用法。

例 10.8 $ signed 和 $ unsigned 函数的用法示例。

```verilog
module sign_tb / ** /;
reg signed[7:0] a,b;
reg[7:0] c,d;
wire signed[8:0] sum;
wire[7:0] rega, regb;
wire signed[7:0] regs;
assign rega = $ unsigned( - 10);
assign regb = $ unsigned( - 6'sd4);
assign regs = $ signed (6'b110011);
assign sum = a + b;
// -------------------------------------
initial begin
   a =  - 8'd1;
   b =   8'd20;
   c = 8'b1000_0001;
   d = 8'b0001_0010;
#10
   $ display("rega      = % b = % d",rega,rega);
   $ display("regb      = % b = % d",regb,regb);
   $ display("regs      = % b = % d",regs,regs);
#10
   $ display("signed a   = % b = % d",a,a);
   $ display("signed b   = % b = % d",b,b);
   $ display("a + b      = % b = % d",sum,sum);
#10
   $ display(" $ unsigned(a) = % b = % d", $ unsigned(a), $ unsigned(a));
   a = $ signed(c);
   b = $ signed(d);
#10
   $ display("a   = % b = % d",a,a);
   $ display("b   = % b = % d",b,b);
   $ display("a + b    = % b = % d",sum,sum);
end
endmodule
```

例 10.8 用 ModelSim 运行,其 TCL 窗口输出如下。

```
rega      = 11110110 = 246
regb      = 00111100 = 60
regs      = 11110011 = -13
signed a  = 11111111 =   -1
signed b  = 00010100    20
a + b     = 000010011 =   19
 $ unsigned(a) = 11111111 = 255
a   = 10000001 = -127
b   = 00010010 =   18
a + b   = 110010011 = -109
```

10.5 随机数及概率分布函数

10.5.1 $ random

$ random 是产生随机数的系统函数,每次调用该函数将返回一个 32 位的随机数(有符号整数)。其使用格式如下。

```
$ random < seed >;
```

其中,seed 为随机数种子,其数据类型可以是 reg 型、integer 型或 time 型。seed 值不同,产生的随机数也不同;seed 相同,产生的随机数也是一样的。

可以为 seed 赋初值,也可以缺省,seed 的默认值为 0。

注意:参数 seed 必须定义为变量,不能是常数。所有函数的种子参数均应以变量作为载体,否则函数不能正常运行。

$ random 用法示例如下。

```
integer seed = 1200;                //定义 seed 为 integer 型变量
initial begin
   forever @(posedge clk)
     rand = $ random(seed);
end
```

$ random 还有如下两种常用的使用方法。

```
//用法 1:产生(-b+1)~(b-1)的随机数
reg[15:0]  rand;
rand = $ random % b;
//用法 2:产生 0~b-1 的随机数
reg[15:0] rand;
rand = { $ random} % b;
//使用拼接操作符,拼接操作符的结果是无符号数,因此该用法的结果为无符号数
```

示例如下。

```
reg[23:0] rand1,rand2;
rand1 = $ random % 60;                    //产生一个 -59~59 的随机数
rand2 = { $ random} % 60;                 //产生一个 0~59 的随机数
```

例 10.9 是产生随机数的示例,分别用带 seed 参数和不带 seed 参数的方式产生随机数。

例 10.9 $ random 函数的使用示例。

```
`timescale 1ns/1ns
module random_gen;
reg[23:0] rand1;
reg[15:0] rand2;
reg clk;
integer seed = 21000;
parameter CY = 10;
initial $ monitor( $ time,,,"rand1 = % b rand2 = % b",rand1,rand2);
initial begin
   repeat(12) @(posedge clk)
   begin  rand1 <= $ random(seed);
          rand2 <= $ random % 100;       //每次产生一个 -99~99 的随机数
   end   end
initial begin clk = 0;                   //用 initial 过程产生时钟 clk
   forever # (CY/2) clk = ~clk;    end
endmodule
```

用 ModelSim 运行例 10.9,TCL 窗口输出如下,输出的是二进制格式,图 10.4 是其输出波形,rand1 和 rand2 的格式均设置为 Decimal(有符号十进制数)。

```
0     rand1 = xxxxxxxxxxxxxxxxxxxxxxxx    rand2 = xxxxxxxxxxxxxxxx
5     rand1 = 011101000001101010101100    rand2 = 1111111111100001
15    rand1 = 100111011110001001110001    rand2 = 1111111111010011
25    rand1 = 111100010101111001110111    rand2 = 0000000000011001
35    rand1 = 100110100100000100111101    rand2 = 1111111111101010
45    rand1 = 000000100010111000101010    rand2 = 1111111111011100
55    rand1 = 010011111110000100011000    rand2 = 1111111111000011
65    rand1 = 111100000001100011110011    rand2 = 0000000001001001
```

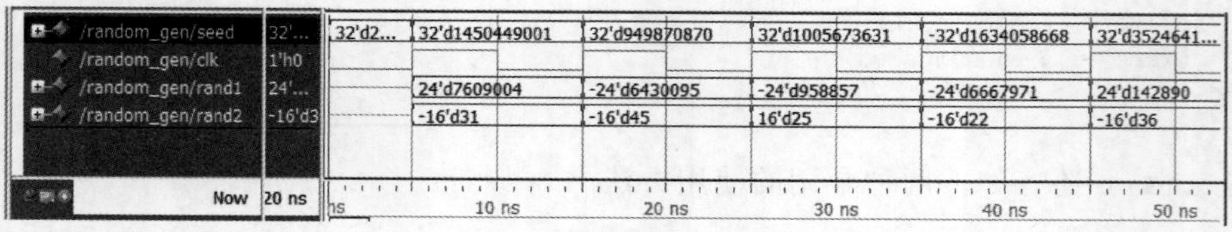

图 10.4　产生随机数

10.5.2　概率分布函数

Verilog HDL 提供了多个按一定概率分布产生数据的系统函数,其使用格式及说明见表 10.3。

表 10.3　概率分布的系统函数

概率分布类型	系统函数使用格式	说　　明
均匀分布	$ dist_uniform(seed，start，end)；	start 和 end 分别为数据的起始和结尾
正态分布	$ dist_normal(seed，mean，std_dev)；	mean 为期望值，std_dev 为标准方差
泊松分布	$ dist_poisson(seed，mean)；	mean 为期望值，等于标准差
指数分布	$ dist_exponential(seed，mean)；	mean 为单位时间内事件发生的次数

下面以正态分布为例进行介绍。

正态分布(Normal Distribution)：如果正态分布的数学期望为 μ，标准方差为 σ，则其概率密度函数可表示为

$$f(x) = \frac{1}{\sqrt{2\pi}\sigma}\exp\left(-\frac{(x-\mu)^2}{2\sigma^2}\right) \tag{10-1}$$

数学期望为 0、标准方差为 $1(\mu=0,\sigma=1)$ 的正态分布称为标准正态分布。

正态分布曲线呈钟形，两边低，中间高，左右对称，如图 10.5 所示。

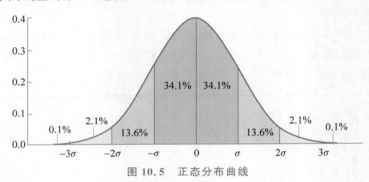

图 10.5　正态分布曲线

调用 $ dist_normal 系统函数产生标准正态分布($\mu=0,\sigma=1$)数据的代码如下。

```
`timescale 1ns/1ns
module dist_tb;
parameter p = 10;
reg  clk = 0;
always #p  clk = ～clk;
integer  seed_norm = 0;
reg[15:0]  data_norm;                         //标准正态分布数据
always@(posedge clk) begin
    data_norm <= $ dist_normal(seed_norm, 0, 1);    //标准正态分布
end
initial begin
    forever begin
    #1000 $ finish;  end
end
endmodule
```

10.6　Verilog 中的延时定义

Verilog HDL 中描述的延时可分为以下两类。

1. 分布延时

分布延时(distributed delay)是给电路中每个独立的元件(门元件、线网等)进行延时定义,示例如下。

```
module distrb(
    input   a, b, c, d,
    output  f);
wire  f1, f2;
nand #3 (f1, a, b);                          //与非门分布延时为3
nand #4 (f2, c, d);
assign #5 f = f1 ^ f2;                        //等价于 or #5 (f, f1, f2);
    //用连续赋值语句 assign 定义分布延时
endmodule
```

分布延时又可用两种方式定义:一种是门延时,在门例化时定义延时;另一种是赋值延时,在 assign 赋值语句中指定延时值。

2. 模块路径延时

模块路径延时(module path delay)描述事件从源端口(input 端口或 inout 端口)传输到目标端口(output 端口或 inout 端口)所需的时间。

模块路径延时需要用关键字 specify 来定义,示例如下。

```
module pathdey(
    output  f,
    input   a, b, c, d);
    specify
      (a => f) = 3.5;
      (b => f) = 3.5;
      (c => f) = 4.5;
      (d => f) = 4.5;
    endspecify
wire  f1, f2;
nand  (f1, a, b);
nand  (f2, c, d);
or    (f, f1, f2);
endmodule
```

10.6.1 门延时

门延时是从门输入端发生变化到门输出端发生变化的延迟时间,其表示方法如下。

```
# (delay)             //指定1项门延时
#  delay              //指定1项门延时,括号可省略
# (d1,d2)             //指定2项门延时
# (d1,d2,d3)          //指定3项门延时
```

可指定 0、1、2、3 项门延时。

- 最多可指定 3 项门延时,此时 d1 表示上升延时,d2 表示下降延时,d3 表示关断延时,即转换到高阻态 z 的延时。延时的单位由时标定义语句 `timescale 确定。
- 如果指定 2 项门延时,则 d1 表示上升延时,d2 表示下降延时,关断延时为这 2 个

延时值中较小的那个。

- 如果只指定 1 项延时，表示三种延时相同，此时 ♯ 号后面的括号可省略。
- 没有指定延时，默认延时为 0。

（1）上升延迟：当门的输入发生变化时，门的输出从 0，x，z 变为 1 所需要的转换时间，如图 10.6 所示。

（2）下降延迟：当门的输入发生变化时，门的输出从 1，x，z 变化为 0 所需要的转换时间，如图 10.7 所示。

（3）关断延迟：门的输出从 0，1，x 变化为高阻态 z 所需要的转换时间，如图 10.8 所示。

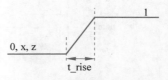

图 10.6　上升延迟示意图

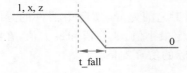

图 10.7　下降延迟示意图

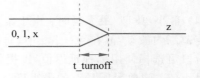

图 10.8　关断延迟示意图

以下是指定门延时的示例。

```
and  #(10) a1 (out, in1, in2);        //与门的上升延时、下降延时、关断延时均为 10
not  #(5) gate1(out,in);              //非门的三种延时均为 5
or  #5 gate3(out,a,b);               //或门的三种延时均为 5
and  #(10,12) a2 (out, in1, in2);
    //10,12 分别是与门的上升延时和下降延时，关断延时为 10
bufif0  #(10,12,11) b3 (out, in, ctrl);
    //bufif0 门的上升延时为 10，下降延时为 12，关断延时为 11
```

注意：在指定门延时时，需注意以下几点。

（1）多输入门（如与门）和多输出门（如非门）最多只能指定 2 个延时，因为输出不会是高阻态 z。

（2）上拉电阻和下拉电阻不会有任何的延迟，因为它表示的是一种硬件属性，其状态不会发生变化，且没有输出值。

（3）三态门和单向开关（MOS 管、CMOS 管）可以定义 3 个延时。

例 10.10 是具有三态输出的锁存器模块，采用门元件例化方式实现，各个门的延时做了标注，如要计算各输入端到输出端的传输延时，可采用累积的方式，并取决于其传输路径。该例的综合视图如图 10.9 所示。

例 10.10　采用门元件例化实现的锁存器模块。

```
module tri_latch(
    input clock, data, enable,
    output tri qout, nqout);
not #5 n1 (ndata, data);
nand #(3,5) n2 (wa, data, clock), n3 (wb, ndata, clock);
nand #(12,15) n4 (q, nq, wa), n5 (nq, q, wb);
bufif1 #(3,7,13) q_drive (qout, q, enable),
```

```
                         nq_drive (nqout, nq, enable);
    endmodule
```

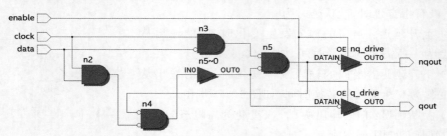

图 10.9　三态锁存器综合视图

（4）最小/典型/最大延时：由于集成电路制造工艺的差异，实际中器件的延时总会在一定范围内波动，故在 Verilog 中，对门延时可指定最小值、典型值和最大值，在编译或仿真阶段可选择使用哪种延迟值，以提供更贴合实际的仿真支持。

最小值：门单元所具有的最小延时。

典型值：门单元所具有的典型延时。

最大值：门单元所具有的最大延时。

以下是定义最小、典型、最大延时的示例。

```
and #(1:2:3)  (OUT1, IN1, IN2);
    //所有的延时类型: 最小延时 1, 典型延时 2, 最大延时 3
or  #(1:2:3, 3:4:5)  (OUT2, IN1, IN2);
    //上升延时:最小延时 1, 典型延时 2, 最大延时 3
    //下降延时:最小延时 3, 典型延时 4, 最大延时 5
    //关断延时:最小延时 min(1,3), 典型延时 min(2,4), 最大延时 min(3,5)
bufif0 #(1:2:3, 3:4:5, 2:3:4)  (OUT3, IN1, CTRL);
    //上升延时:最小延时 1, 典型延时 2, 最大延时 3
    //下降延时:最小延时 3, 典型延时 4, 最大延时 5
    //关断延时:最小延时 2, 典型延时 3, 最大延时 4
```

10.6.2　赋值延时

1. 赋值延时

assign 赋值延时是指赋值符号右端表达式的操作数值发生变化到等号左端发生相应变化的延时时间。如果没有指定赋值延时值，默认赋值延时为 0。

赋值延时有如下两种声明方式。

（1）普通赋值延时。例如：

```
wire sum,a, b;
assign #10  sum = a + b;
    //a + b计算结果延时10个时间单位后赋值给 sum,也称惯性延时
```

（2）隐式连续赋值延时。例如：

```
wire sum,a, b;
wire #10  sum = a + b;
    //隐式延时,声明一个 wire 型变量时对其进行包含一定延时的连续赋值
```

2. 线网延时

net 型变量声明时的延时与对其连续赋值的延时,其含义是不同的,例如:

```
wire #5  sum;                    //线网延时
assign  #10  sum = a + b;        //连续赋值延时
```

第 1 句定义的延时称为线网延时(net delay),第 2 句定义的是连续赋值延时。如果 a 或 b 的值发生变化,则需要延时 $10+5=15$ 个时间单位,sum 的值才会发生变化。

10.7 specify 块与路径延时

10.7.1 specify 块

模块路径延时需要用关键字 specify 和 endspecify 描述,这两个关键字之间组成 specify 块。specify 块是模块中独立的一部分,不能出现在其他语句块(如 initial、always 等)中,specify 块有一个专用的关键字 specparam 来定义参数,用法和 parameter 一样,不同点是两者的作用域不同:specparam 可以在 specify 块内,也可以在模块(module)内声明、使用;而 parameter 只能在模块(module)内、specify 块外部声明并使用。

下面是定义 specify 块的示例,用 specparam 语句定义延时参数。

```
module dff_path(
    input  d,
    input  clk,
    output reg  q);
specify
    specparam t_rise = 2 : 2.5 : 3;
    specparam t_fall = 2 : 2.6 : 3;
    specparam t_turnoff = 1.5 : 1.8 : 2.0;
    (clk => q) = (t_rise, t_fall, t_turnoff);
endspecify
always@(posedge clk)
    q <= d;
endmodule
```

可给任意路径指定 1 个、2 个、3 个(甚至 6 个或 12 个)延时参数,如果指定了 3 个延时,则分别是 t_rise(上升延时)、t_fall(下降延时)、t_turnoff(关断延时)。

比如:

```
specparam tPLH1 = 12, tPHL1 = 22, tPz1 = 34;
specparam tPLH2 = 12:14:30, tPHL2 = 16:22:40, tPz2 = 22:30:34;
(C => Q) = (tPLH1, tPHL1, tPz1);
(C => Q) = (tPLH2, tPHL2, tPz2);
```

如果只指定 1 个延时,则上升、下降、关断延时均为该值;如果指定 2 个延时值,则分别是上升延时和下降延时。

每种延时又可以指定为 3 个值。

min : typ : max	//最小值：典型值：最大值

下面是用 specify 块指定模块路径延时的示例。

```
specify
    specparam tRise_clk_q = 45:150:270, tFall_clk_q = 60:200:350;
    specparam tRise_Control = 35:40:45, tFall_control = 40:50:65;
    //模块路径延时定义
    (clk => q) = (tRise_clk_q, tFall_clk_q);
    (clr, pre * > q) = (tRise_control, tFall_control);
endspecify
```

10.7.2　模块路径延时

在 specify 块中描述的路径，称为模块路径（module path），模块路径将信号源（source）与信号目标（destination）配对，信号源可以是单向（input 端口）或双向（inout 端口）；信号目标也可以是单向（output 端口）或双向（inout 端口），模块路径可以连接向量和标量的任意组合。

模块路径可以被描述为简单路径、边缘敏感路径或状态相关路径。

1. 简单路径（simple path）

简单路径可用并行连接（parallel connections）或者全连接（full connection）来声明。

并行连接的声明方式为 source＝＞destination;。

每条路径语句都有一个源和一个目标，每一位都对应相连，如果是向量必须位数相同。示例如下。

```
(A => Q) = 10;
(B => Q) = (12);
```

全连接的声明方式为 source * ＞destination;。

位对位连接，如果源和目标是向量，则不必位数相同，类似于交叉相连。

图 10.10 说明了两个 4 位向量之间的并行连接与全连接的区别。

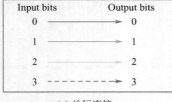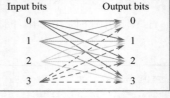

(a) 并行连接　　　　　　　　　　　　(b) 全连接

图 10.10　两个 4 位向量之间的并行连接与全连接

简单路径延时的示例如下。

```
(a, b * > q, qn) = 1;
    //等价于(a => q) = 1; (b => q) = 1; (a => qn) = 1; (b => qn) = 1;
```

再如：

```
(a, b, c *> q1, q2) = 10;
```

上面的语句等价于下面 6 条模块路径延时语句：

```
(a *> q1) = 10;
(b *> q1) = 10;
(c *> q1) = 10;
(a *> q2) = 10;
(b *> q2) = 10;
(c *> q2) = 10;
```

2. 边沿敏感路径(edge sensitive path)

边沿敏感路径是指源点使用边沿触发的路径,并使用 posedge/negedge 关键字作为触发条件,如果没有指明,则指任何变化都会触发终点的变化。

比如：

```
(posedge clock => (out + : in)) = (10, 8);
    //在 clock 的上升沿,从 clock 到 out 的模块路径,其上升延时是 10,下降延时是 8
    //数据路径从 in 到 out,即 out = in
```

再如：

```
(negedge clock[0] => ( out - : in )) = (10, 8);
    //在 clock[0]的下降沿,从 clock[0]到 out 的模块路径,上升延时是 10,下降延时是 8
    //从 in 到 out 的数据路径是取反传输,即 out = ~in
```

下面的示例是不包含 posedge/negedge 关键字的边沿敏感的路径定义。

```
(clock => ( out : in )) = (10, 8);
    //clock 的任何变化,从 clock 到 out 的模块路径,其上升延时是 10,下降延时是 8
```

3. 状态相关路径

状态相关路径(state-dependented path)是指源点指定条件状态的路径,用 if 语句(不带 else)指定,只有当指定的条件为真时,才为该路径指定延时。

下面的示例使用状态相关路径来描述 XOR 门的时序,其中前两条状态相关路径描述了当 XOR 门(x1)对输入取反时的输出上升和下降延时,后两条状态相关路径描述了当 XOR 门对输入缓冲时的上升和下降延时。

```
module XORgate(a, b, out);
input a, b;
output out;
xor x1 (out, a, b);
    specify
    specparam noninvrise = 1, noninvfall = 2;
    specparam invertrise = 3, invertfall = 4;
    if (a) (b => out) = (invertrise, invertfall);
```

```
    if (b) (a => out) = (invertrise, invertfall);
    if (~a)(b => out) = (noninvrise, noninvfall);
    if (~b)(a => out) = (noninvrise, noninvfall);
    endspecify
endmodule
```

10.7.3　路径延时和分布延时混合

若一个模块中既有路径延时,又有分布延时,则应使用每个路径的两个延时中较大的那个。

例如,在图 10.11 中,从 D 到 Q 的模块路径的延时是 22,但是沿着该模块路径上的分布延时加起来是 10+20=30,故应取分布延时的值,也就是说由 D 上的事件引发的 Q 上的事件将在 D 上的事件发生后延时 30 个时间单位。

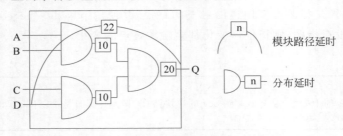

图 10.11　模块路径延时和分布延时的混合

注意:分布延时和模块路径延时比较:

- 分布延时:分布延时将延时分散在每个门单元上,但描述模块引脚到引脚的延时的能力较差,当设计规模大时,延时定义变得复杂。
- 模块路径延时:指定了引脚到引脚的延时,对于大规模电路更容易实现。
- 多数单元库中的延时信息,都以模块路径延时方式给出。

10.8　时序检查

时序检查(timing check)的目的是确定信号是否满足时序约束,时序检查只能在 specify 块中定义。故 specify、endspecify 块语句的作用体现在两方面:

- 定义模块路径延时;
- 用于时序检查(timing check)。

Verilog HDL 提供了一些系统任务(包括 $setup、$hold、$recovery、$removal、$width 和 $period),用于时序检查,这些系统任务只能在 specify 块中调用,利用这些系统任务对设计进行时序检查,看是否存在违反时序约束(violation)的地方,并加以修改。时序检查是数字设计中不可或缺的过程。

10.8.1　$setup 和 $hold

系统任务 $setup 用来检查设计中时序元件的建立时间约束条件;$hold 用来检查

保持时间约束条件。

　　建立时间和保持时间示意图如图 10.12 所示，在时序元件（如边沿触发器）中，建立时间是数据必须在有效时钟边沿之前准备好的最小时间；保持时间是数据在有效时钟边

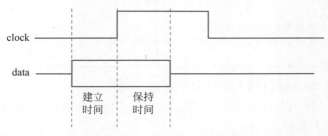

图 10.12　建立时间和保持时间示意图

沿之后保持不变的最小时间。

　　(1) ＄setup 的使用格式如下。

```
$ setup(data_event, ref_event, setup_limit);
```

- data_event：被检查的信号。
- ref_event：用于检查的参考信号，一般为时钟信号的跳变沿。
- setup_limit：设置的最小建立时间。

如果 T(ref_event-data_event)＜setup_limit，则会报告存在违反时序约束。比如：

```
specify
    $ setup(data, posedge clock, 3);
    //clock 是参考信号,data 是被检查的信号
    //如果 T(posedge_clock - data) < 3,则报告违反时序约束
endspecify
```

　　再如：

```
module DFF(Q, CLK, DAT);
input CLK;
input [7:0] DAT;
output [7:0] Q;
always @(posedge CLK)
    Q = DAT;
    specify
    $ setup(DAT, posedge CLK, 10);
    endspecify
endmodule
```

　　(2) ＄hold 的使用格式如下。

```
$ hold(ref_event, data_event, hold_limit);
```

- data_event：被检查的信号；
- ref_event：用于检查的参考信号，一般为时钟信号的跳变沿；

• hold_limit：设置的最小保持时间。

如果 T(data_event-ref_event)＜hold_limit，则会报告存在违反时序约束。示例如下。

```
specify
    $ hold(posedge clock, data, 5);
    //clock 是参考信号,data 是被检查的信号
    //如果 T(data - posedge_clock) < 5,则报告违反时序约束
endspecify
```

注意，＄setup 和 ＄hold 输入信号的位置是不同的。

（3）＄setuphold 的使用格式：Verilog 还提供了同时检查建立时间和保持时间的系统任务 ＄setuphold，其格式如下。

```
$ setuphold(ref_event, data_event, setup_limit, hold_limit);
```

10.8.2　＄width 和 ＄period

系统任务 ＄width 和 ＄period 分别用于对脉冲宽度和脉冲周期进行时序检查，如图 10.13 所示。

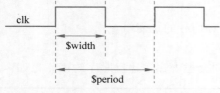

图 10.13　＄width 和 ＄period 示意图

＄width 的用法如下：

```
$ width(ref_event, time_limit);
```

• ref_event：边沿触发事件；
• time_limit：脉冲的最小宽度。

＄width 检查边沿触发事件 ref_event 到下一个反向跳变沿之间的时间，以判断脉冲宽度是否满足最小宽度要求，如果两个反向跳变沿之间的时间小于 time_limit，则报告存在违反时序约束。

＄period 的用法如下：

```
$ period(ref_event, time_limit);
```

＄period 检查边沿触发事件 ref_event 到下一个同向跳变沿之间的时间，用于时钟周期的检查，如果两个同向跳边沿之间的时间小于 time_limit，则报告存在违反时序约束。

检查信号 clk 宽度和周期的 specify 块描述如下：

```
specify
    $ width(posedge clk, 6);
    //clk 信号的正跳变与下一个反向(负跳变)跳变沿间的时间 <6,则报告违反时序约束
    $ period(posedge clk, 20);
    //clk 的正跳变作为 ref_event,其与下一个正跳变间的时间 <20,则报告违反时序约束
endspecify
```

10.9　Test Bench 测试

测试平台(Test Bench 或 Test Fixture)为测试或仿真 Verilog HDL 模块构建了一个虚拟平台,给被测模块施加激励信号,通过观察被测模块的输出响应,可以判断其逻辑功能和时序关系正确与否。

10.9.1　Test Bench

图 10.14 是 Test Bench 测试的示意图,激励模块(stimulus)类似于一个测试向量发生器(test vector generator),向待测模块(Design Under Test,DUT)施加激励信号,输出检测器(output checker)检测输出响应,将待测模块在激励向量作用下产生的输出按规定的格式和方式(波形、文本或者 VCD 文件)进行展示,供用户检查验证。

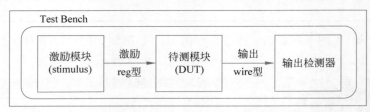

图 10.14　Test Bench 测试示意图

🐦 **注意**：激励模块具有如下特点。

- 激励模块只有模块名字,没有端口列表;输入信号(激励信号)定义为 reg 型,以保持信号值;待测模块在激励信号的作用下产生输出,输出信号定义为 wire 型。
- 可用 initial、always 过程定义激励信号,在过程中用 if-else、for、forever、while、repeat、wait、disable、force、release 和 fork-join 等语句产生信号。
- 使用系统任务和系统函数(如 \$monitor)来检测输出响应,实时打印输入/输出信号值,以便于检查,\$monitor 等系统函数要在 initial 过程中使用。

10.9.2　产生激励信号

例 10.11 展示了产生激励信号和复位信号的示例,用 initial 语句产生异步复位信号和同步复位信号,再产生输入信号。

例 10.11　产生复位信号和激励信号的示例。

```
`timescale 1ns/1ns
module stimu_gen;
reg rst_n1,rst_n2;
reg  clk = 0;                    //clk 赋初值
reg a,b;
initial begin                   //产生异步复位信号
        rst_n1 = 1;
   #65;  rst_n1 = 0;
   #50;  rst_n1 = 1;
   end
```

```
initial  begin  rst_n2 = 1;
                                      //产生同步复位信号
    @(negedge clk)  rst_n2 = 0;
    repeat(5) @(posedge clk);         //持续5个时钟周期
    @(posedge clk)  rst_n2 = 1;
    end
always
    begin  #10 clk = ~clk;  end       //产生时钟信号
initial
begin    a = 0;b = 0;                  //激励波形描述
    #150 a = 1;b = 0;
    #80 b = 1;
    #80 a = 0;
    #90 $ stop;
end
initial $ monitor( $ time,,,"rst_n1 = % b rst_n2 = % b",rst_n1,rst_n2);   //显示
initial $ monitor( $ time,,,"a = % d b = % d",a,b);
endmodule
```

在 ModelSim 中用 run 400ns 命令运行例 10.11,得到如图 10.15 所示的复位信号和激励信号波形图。

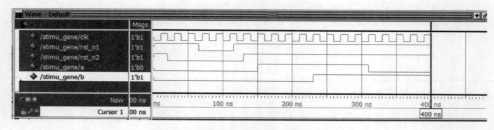

图 10.15　复位信号和激励信号波形图

10.9.3　产生时钟信号

例 10.12 中用多种方法产生时钟信号,其中 clk1 用 always 过程实现,clk2 用 initial 过程实现,且只产生一段波形,clk3 用 initial 和 forever 过程实现,clk4 用 initial 和 forever 过程产生占空比非 50% 的时钟信号。

例 10.12　产生时钟信号。

```
`timescale 1ns/1ns
module clk_gene;
parameter CYCLE = 20;
reg  clk1,clk2,clk3,clk4;
initial   {clk1,clk2} = 2'b01;         //赋初值
always # (CYCLE/2) clk1 = ~clk1;       //用 always 过程产生时钟 clk1
initial repeat(12) # (CYCLE/2) clk2 = ~clk2;   //控制只产生一段时钟
initial begin clk3 = 0;                //用 initial 过程产生时钟 clk3
    forever # (CYCLE/2) clk3 = ~clk3;
    end
initial  begin  clk4 = 0;
    forever begin                      //用 initial 过程产生占空比非 50% 的时钟 clk4
    # (CYCLE/4)    clk4 = 0;
    # (3 * CYCLE/4) clk4 = 1;
    end end
```

```
initial $ monitor( $ time,,,"clk1 = % b clk2 = % b clk3 = % b clk4 = % b",
                          clk1,clk2,clk3,clk4);
endmodule
```

在 ModelSim 中用 run 200ns 命令运行例 10.12,得到如图 10.16 所示的时钟信号波形图。

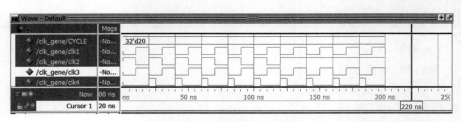

图 10.16　时钟信号波形图

10.9.4　读写文件

仿真时经常需要从文件中读取测试信息,并将仿真结果写入文件供其他程序读取分析。

1. 从文件中读取数据

从文件中读取数据,如例 10.13 所示。

例 10.13　从文件中读取数据。

```
`timescale 1ns/100ps
module read2mem;
reg clk = 0;
reg[11:0] din;
integer ad;
parameter PEROD = 20;
parameter NUM = 6;
reg[11:0] memo[0:NUM - 1];                 //存储器
always begin # (PEROD/2) clk =  ~clk; end
initial begin
    $ readmemh("D:/Verilog/tpp/hex.dat", memo);
    //将文件中的数据读至存储器,文件路径中用反斜杠"/"。
    //如果不指定路径,则文件应和 Test Bench 文件在同一目录
    ad = 0;
    repeat(NUM) begin                      //重复读取存储器中的数据
    @(posedge clk) begin
      din = memo[ad];
      $ display(" % h", memo[ad]);
      ad = ad + 1;   end
end  end
endmodule
```

本例在仿真前,先在当前工程目录下准备一个名为 hex.dat 的文件,其内容不妨填写如下:

```
0af x01 bec 109   5   6
```

在 ModelSim 中输入指令 run 200ns 运行例 10.13,其输出如下,说明 hex.dat 中的
数据已装载到存储器中。

```
0af
x01
bec
109
005
006
```

2. 将数据写入文件

产生随机数,将数据写入文件,如例 10.14 所示。

例 10.14 产生随机数并将其写入文件。

```
`timescale 1ns/100ps
module wri2mem;
reg clk = 0;
parameter PEROD = 20;
integer fd;
reg[7:0] rand;
always begin #(PEROD/2) clk = ~clk; end
initial    $monitor("%t rand = %d", $time, rand);
initial begin
    repeat(10) @(posedge clk)
    begin    rand <= {$random} % 200;                //每次产生一个 0~199 的随机数
    end   end
initial begin
    fd = $fopen("D:/Verilog/tpp/wr.dat");             //打开文件
    if(!fd) begin
      $display("can't open file");                    //fd 为 0 表示打开文件失败
      $finish;
end   end
always @(posedge clk)
    $fdisplay(fd, "%d", rand);
endmodule
```

写入文件首先要用系统任务 $fopen 打开文件,如果文件不存在,则自动创建该文件,$fopen 打开文件的同时会清空文件,并返回一个句柄 fd,fd 为 0 表示打开文件失败。

打开文件之后便可用句柄 fd 和 $fdisplay 系统任务向文件中写入数据。

例 10.14 用 ModelSim 运行,输入 run 200ns 指令后的输出如图 10.17 所示,用文本编辑器打开文件 wr.dat,其内容如下,说明产生的随机数已存入该文件中。

```
x
148
97
57
187
157
157
125
82
161
```

🐞**注意**:每调用一次 $fdisplay,都会在数据后插入一个换行符。

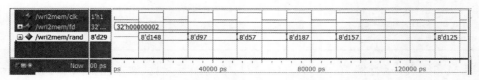

图 10.17 产生随机数并写入文件仿真输出

10.9.5 显示结果

可以使用系统任务 $display 和 $monitor 来显示输出响应,示例如下。

```
initial begin
    $timeformat( - 9, 1, "ns", 12);
    $display(" Time clk  clr  qout  carry" );
    $monitor("%t  %b  %b  %d  %b",
           $time, clk, clr, qout, carry);
end
```

$display 会将双引号间的文本输出显示,$monitor 的输出为事件驱动型,如上例中 $time 变量用于触发信号列表的显示,%t 表示 $time 以时间格式输出,%b 表示以二进制格式显示,%d 表示以十进制格式显示。

10.10 测试示例

1. 乘法器测试

例 10.15 是 8 位乘法器的 Test Bench 测试示例。

例 10.15 8 位乘法器的 Test Bench 测试示例。

```
`timescale 1ns/100ps
module mult8_tb();
parameter WIDTH = 8;
reg [WIDTH:1] a = 0;                         //输入信号
reg [WIDTH:1] b = 0;
wire [WIDTH * 2:1]  out;                     //输出信号
parameter p = 20;
integer i,j;
mult8 # (.SIZE(WIDTH)) i1(.opa(a), .opb(b), .resul(out));
         //例化待测模块
initial   $monitor( $time,,,"a * b   = %b = %d",out,out);
initial begin
    for(i = 0;i < 6;i = i + 1)
    # p  a = { $random} % 255;               //每次产生一个 0~255 的随机数
    # 300 $stop;
    end
initial begin
    for(j = 0;j < 6;j = i + 1)
    # (p * 2)  b = { $random} % 255;         //每次产生一个 0~255 的随机数
    # 300 $stop;
    end
endmodule
//-------------------------------------------------
module mult8 # (parameter SIZE = 8)          //8 位乘法器
    (input[SIZE:1] opa,opb,                   //操作数
```

```
     output[2 * SIZE:1] resul);                    //结果
assign resul = opa * opb;
endmodule
```

用 ModelSim 运行例 10.15,其 TCL 窗口输出如下,测试波形图如图 10.18 所示。

```
0     a * b   = 0000000000000000 =       0
40    a * b   = 0010011000010000 = 9744
60    a * b   = 0000111100011000 = 3864
80    a * b   = 0001010110101000 = 5544
100   a * b   = 0001101010111000 = 6840
120   a * b   = 0001111100111000 = 7992
```

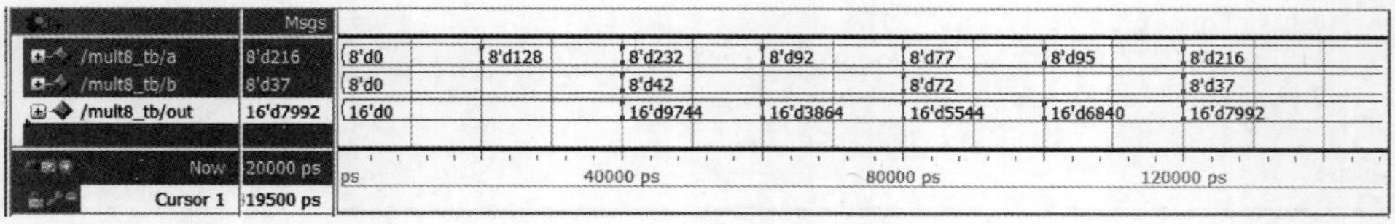

	Msgs							
▣-◆ /mult8_tb/a	8'd216	8'd0	8'd128	8'd232	8'd92	8'd77	8'd95	8'd216
▣-◆ /mult8_tb/b	8'd37	8'd0		8'd42	8'd92	8'd72		8'd37
⊞-◆ /mult8_tb/out	16'd7992	16'd0		16'd9744	16'd3864	16'd5544	16'd6840	16'd7992
◈ ◈ ◈ Now	20000 ps	ps	40000 ps		80000 ps		120000 ps	
◈ ✎▫ Cursor 1	19500 ps							

图 10.18   8 位乘法器的测试波形图

2. 数据选择器测试

2 选 1 MUX 的 Test Bench 源代码如例 10.16 所示,调用门级原语实现,图 10.19 展示了其门级原理图。

例 10.16   2 选 1 MUX 的 Test Bench 源代码。

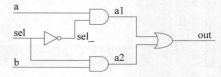

图 10.19   2 选 1 MUX 门级原理图

```
`timescale 1ns/1ns
module mux21_tb;
reg a,b,sel;
wire out;
mux2_1 m1(out,a,b,sel);                    //调用待测试模块
initial begin   a = 1'b0;b = 1'b0;sel = 1'b0;
    #30 b = 1'b1;
    #10 sel = 1'b1;
    #10 a = 1'b1;
    #20 b = 1'b0;
    #10 sel = 1'b0;
    #30 $ stop;   end
initial $ monitor( $ time,,,"a = % b b = % b sel = % b out = % b",a,b,sel,out);
endmodule
//-----------------------------------
module mux2_1(out,a,b,sel);                //待测的 2 选 1 MUX 模块
input a,b,sel; output out;
not #(1.4,1.3) (sel_,sel);                 //#(1.4,1.3)为门延时
and #(1.7,1.6) (a1,a,sel_);
and #(1.7,1.6) (a2,b,sel);
or #(1.5,1.4) (out,a1,a2);
endmodule
```

例 10.16 的测试波形图如图 10.20 所示,从图中可以看出,输入 a、b、sel 的值变了,out 经过相应的门延时后才改变。

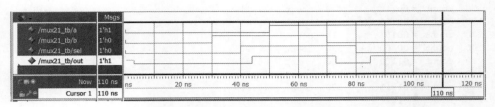

图 10.20　2 选 1 MUX 的测试波形图

3. 格雷码计数器测试

5 位格雷码计数器的 Test Bench 测试代码如例 10.17 所示。

例 10.17　5 位格雷码计数器的 Test Bench 测试代码。

```
`timescale 1ns/1ns
module gray_count_tb;
parameter WIDTH = 5;
parameter PERIOD = 20;                    //定义时钟周期为20ns
reg clk, rst;
wire[WIDTH - 1 : 0] count;
wire count_done;
initial begin clk = 0;
    forever begin #(PERIOD/2) clk = ~clk;    end end
initial begin
    rst <= 0;                              //复位信号
    repeat(2) @(posedge clk);
    rst <= 1;    end
gray_count #(.WIDTH(WIDTH)) i1( .rst(rst),
        .clk(clk), .count(count), .count_done(count_done));
initial    $monitor($time,,,"count = %b", count);
endmodule
//--------- 待测的 5 位格雷码计数器模块 ---------------
module gray_count
  #(parameter WIDTH = 5)
  (input clk, rst,
    output[WIDTH - 1 : 0] count,
    output count_done);
reg [WIDTH - 1 : 0] bin_cnt = 0;
reg [WIDTH - 1 : 0] gray_cnt;
always@(posedge clk) begin
    if(!rst) begin bin_cnt <= 0; gray_cnt <= 0; end
    else begin bin_cnt <= bin_cnt + 1;
    gray_cnt <= bin_cnt ^ bin_cnt >>> 1;        //二进制转格雷码
end   end
assign count = gray_cnt;
assign count_done = (gray_cnt == 0) ? 1 : 0;
endmodule
```

在 ModelSim 中用 run 1000ns 命令运行例 10.17,得到图 10.21 所示的测试波形图,
TCL 窗口输出如下。

```
0      count = xxxxx        370    count = 11000
10     count = 00000        390    count = 11001
70     count = 00001        410    count = 11011
90     count = 00011        430    count = 11010
110    count = 00010        450    count = 11110
```

130	count = 00110	470	count = 11111
150	count = 00111	490	count = 11101
170	count = 00101	510	count = 11100
190	count = 00100	530	count = 10100
210	count = 01100	550	count = 10101
230	count = 01101	570	count = 10111
250	count = 01111	590	count = 10110
270	count = 01110	610	count = 10010
290	count = 01010	630	count = 10011
310	count = 01011	650	count = 10001
330	count = 01001	670	count = 10000
350	count = 01000	690	count = 00000

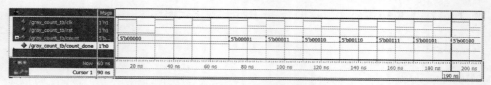

图 10.21　5 位格雷码计数器的测试波形图

10.11　ModelSim SE 使用指南

本节以 8 位二进制加法器为例来说明 ModelSim SE 的用法。ModelSim 是 Mentor Graphics 的 Verilog/VHDL 混合仿真器,属于编译型仿真器(进行仿真前须对 HDL 代码进行编译)。ModelSim 分几种不同的版本:SE、PE 和 OEM,其中,集成在 Xilinx、Altera 以及 Lattice 等 FPGA 厂商工具中的均是其 OEM 版本,比如,为 Xilinx 提供的版本为 ModelSim XE,为 Altera 提供的 OEM 版本是 ModelSim-Altera。ModelSim SE 版本为更为全面的版本,支持 PC、UNIX、Linux 等平台。用 ModelSim SE 进行测试的步骤如表 10.4 所示,包括每个步骤对应的命令行模式、图形界面菜单和工具栏按钮。

表 10.4　ModelSim SE 测试的步骤与对应的命令和菜单

步　　骤	命令行模式	图形界面菜单	工具栏按钮
步骤 1: 新建工程项目, 添加测试文件	vlib < library_name > vmap work < library_name >	① File→New→Project ② 输入库名称 ③ 添加设计文件到工程	无
步骤 2: 编译	vlog file1.v file2.v … (Verilog) vcom file1. vhd file2. vhd … (VHDL)	Compile→Compile All	编译按钮
步骤 3: 加载设计到仿真器	vsim < top > 或 vsim < opt_name >	① Simulate→Start Simulation ② 单击选择设计顶层模块 ③ 单击 OK 按钮	仿真按钮
步骤 4: 开始仿真	run step	Simulate→Run	Run,Run continue, Run -all

步　　骤	命令行模式	图形界面菜单	工具栏按钮
步骤 5： 调试	常用的调试命令： bp　　　　describe drivers　　examine force　　　log show	无	无

8 位二进制加法器模块和 Test Bench 测试代码如例 10.18 所示。

例 10.18　8 位二进制加法器模块和 Test Bench 测试代码。

```verilog
`timescale 1ns/1ns
module add8_tp;                                             //测试模块无端口列表
reg[7:0] a,b;                                               //输入激励信号定义为 reg 型
reg cin;
wire[7:0] sum;                                              //输出信号定义为 wire 型
wire cout;
parameter DELY = 100;
add8 u1(.a(a),.b(b),.cin(cin),.sum(sum),.cout(cout));       //待测试模块
initial begin                                              //激励波形设定
        a = 8'd0;b = 8'd0;cin = 1'b0;
#DELY   a = 8'd100;b = 8'd200;cin = 1'b1;
#DELY   a = 8'd200;b = 8'd88;
#DELY   a = 8'd210;b = 8'd18;cin = 1'b0;
#DELY   a = 8'd12;b = 8'd12;
#DELY   a = 8'd100;b = 8'd154;
#DELY   a = 8'd255;b = 8'd255;cin = 1'b1;
#DELY   $ stop;   end
initial $ monitor($ time,,,"%d+ %d+ %b={ %b, %d}",a,b,cin,cout,sum);    //输出格式定义
endmodule
//------------ 待测的 8 位加法器模块 -------------
module add8                                                //DUT 模块
    (input[7:0] a,b, input cin,
    output[7:0] sum, output cout);
assign {cout,sum} = a + b + cin;
endmodule
```

10.11.1　图形用户界面进行功能仿真

通过 ModelSim SE 的图形用户界面(Graphical User Interface,GUI)仿真,用户不需要记忆命令语句,所有流程均可通过图形交互界面完成。

启动 ModelSim SE 软件,进入如图 10.22 所示的工作界面。

选择 File→Change Directory,在弹出的 Choose directory 对话框中转换工作目录路径,本例设为 C:/Verilog/addtp,单击"确定"按钮完成工作目录的转换。

(1) 新建测试工程项目,添加测试文件:新建一个工程文件(Project File),选择 File→New→Project,弹出如图 10.23 所示的对话框,在对话框中输入新建工程文件的名称(本例为 addtp)及所在的文件夹,单击 OK 按钮完成新工程项目的创建。此时会弹出如图 10.24 所示的对话框,提示添加文件到当前项目,如果仿真文件已存在,则选择 Add Existing File 选项,将已存在的文件加入当前工程,如图 10.25 所示;如果测试文件不存

图 10.22　ModelSim SE 的启动界面和工作界面

在,则选择 Create New File 选项,新建一个测试文件,如图 10.26 所示,在对话框中填写文件名为 add8_tp,选择文件的类型(Add file as type)为 Verilog,单击 OK 按钮,此时,Project 页面中会出现 add8_tp. v 的图标,双击图标,在右边的空白处填写文件的内容,输入例 10.18 的代码,如图 10.27 所示。

图 10.23　新建工程项目

图 10.24　添加测试文件

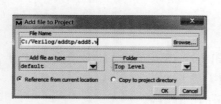

图 10.25　将已存在的文件添加至工程中

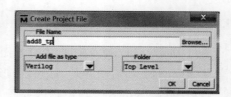

图 10.26　新建测试文件

(2) 编译测试文件和设计文件到 work 工作库:ModelSim SE 是编译型仿真器,所以在测试前必须对 HDL 源代码和库文件进行编译,并加载到 work 工作库。

在 Project 页面中选中 add8_tp. v 图标,右击,在出现的菜单中选择 Compile→Compile All,ModelSim SE 软件会对 add8_tp. 和 add8. v 文件进行编译,同时在命令窗口中会报告编译信息。如果编译通过,则会在 add8_tp. v 图标旁显示√,否则显示×,并在命令行中出现错误信息提示,双击错误信息可自动定位到 HDL 源代码中的错误出处,对

图 10.27　编译激励代码

其修改，重新编译，直到通过为止。

（3）加载设计：编译完成后，选择 Library 标签页，如图 10.28 所示，会发现在 work 工作库中出现了 add8 和 add8_tp 的图标，这是刚才编译的结果。

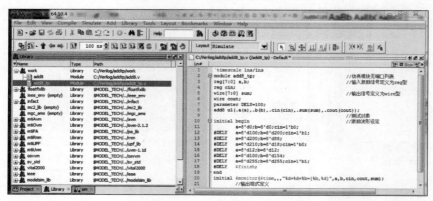

图 10.28　编译文件到 work 工作库

在 work 工作库中选中 add8_tp 图标，双击，完成装载；也可以选择 simulate→start simulation，或者选中 add8_tp 图标，右击，在出现的菜单中选择 Simulate，完成激励模块的装载，当工作区中出现 Sim 页面时，说明装载成功。

（4）加载信号到 Wave 窗口中：设计加载成功后，ModelSim SE 会进入如图 10.29 所示的界面，有对象窗口（Objects）、波形窗口（Wave）等（如果 Wave 窗口没有打开，可选择 View→Wave 打开 Wave 窗口；同样，选择 View→Objects，可打开 Objects 窗口）。

将 Objects 窗口中出现的信号用鼠标左键拖到 Wave 窗口中（不想观察的信号则不需要拖）；如果要观察全部信号，可以在 Sim 页中选中 count_tp 图标，右击，在出现的菜单中选择 Add Wave，可将 Objects 窗口中信号全部加载到 Wave 窗口中。

对拖进来的信号的属性可做必要的设置，如将信号 a、b、sum 选为 Unsigned（无符号十进制数），方便观察。

（5）查看波形图或者和文本输出：在图 10.30 中选择 Simulate→Run→Run All，或

图 10.29　将 Objects 窗口中信号加载到 Wave 窗口

者单击调试工具栏中的 ⊞ 按钮,启动仿真。如果要单步执行则单击 ⊞ 按钮(或者选择
Simulate→Run→Run→Next)。仿真后的输出波形图如图 10.30 所示(图中 a、b、sum 均
为无符号十进制数显示),命令行窗口(Transcript)中也会显示文本方式的结果,从结果可以
分析得出,8 位二进制加法器的设计功能是正确的,同时可看出刚才的仿真为功能仿真。

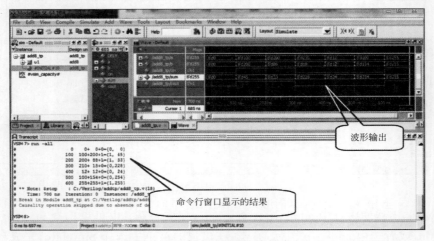

图 10.30　查看功能仿真波形图和文本输出(ModelSim SE)

如想退出仿真,只需在主窗口中选择 Simulate→End Simulation 即可。

10.11.2　命令行方式进行功能仿真

ModelSim SE 还可以通过命令行的方式进行仿真,该方式将所有的仿真命令都用
Tcl 命令实现,把这些命令写入 ∗.do 文件形成一个宏脚本,在 ModelSim SE 中执行此脚
本,就可按照批处理的方式执行一次仿真,大大提高了仿真的效率。当对仿真较熟练时,
建议采用此种方式。

(1) 转换工作目录:启动 ModelSim SE,在其命令行窗口中输入下面的命令并按
Enter 键,将 ModelSim 的工作目录转换到设计文件所在的目录,cd 是转换目录的命令。

```
cd   C:/Verilog/addtp
```

（2）采取与前面同样的步骤,建立仿真工程项目（Project File）,建立并添加激励文件（add8_tp. v）和设计文件（add8. v）。

（3）编译激励文件和设计文件到工作库：输入下面的命令并按 Enter 键,把测试文件（add8_tp. v）和设计文件（add8. v）编译到 work 库中,vlog 是对 Verilog 源文件进行编译的命令。

```
vlog – work work add8_tp.v add8.v
```

如果把 add8. v 的代码包含在 add8_tp. v 中（当前文件夹下只有 add8_tp. v 一个文件存在）,则只需输入下面的命令并按 Enter 键即可：

```
vlog – work work add8_tp.v
```

（4）加载设计：加载设计需要执行下面的命令并按 Enter 键,其中 vsim 是加载仿真设计的命令,"-t ps"表示仿真的时间分辨率,work. add8_tp 是仿真对象。

```
vsim – t ps work.add8_tp
```

（5）开始仿真：add wave 是将要观察的信号添加到仿真波形中：

```
add wave a
add wave b
```

如果添加所有的信号到波形图中观察,可输入如下命令：

```
add wave *
```

启动仿真用 run 命令,后面的 1000ns 是仿真的时间长度：

```
run 1000ns
```

（6）用批处理方式仿真：还可以把上面用到的命令集合到. do 文件中,可以在 ModelSim SE 中选择 File→New→Source→Do 生成文件,也可以用其他文本编辑器编辑生成文件,本例中生成的. do 文件命名为 addtp_com. do,存盘放置在设计文件所在的目录下,然后在 ModelSim SE 命令行中输入

```
do C:/verilog/addtp/addtp_com.do
```

就可以用批处理的方式完成一次仿真,其执行的结果如图 10.31 所示,同时会在波形窗口中显示输出波形,与采用图形界面仿真方式并无区别。

本例中 addtp_com. do 文件的内容如下所示：

```
cd   C:/Verilog/addtp
```

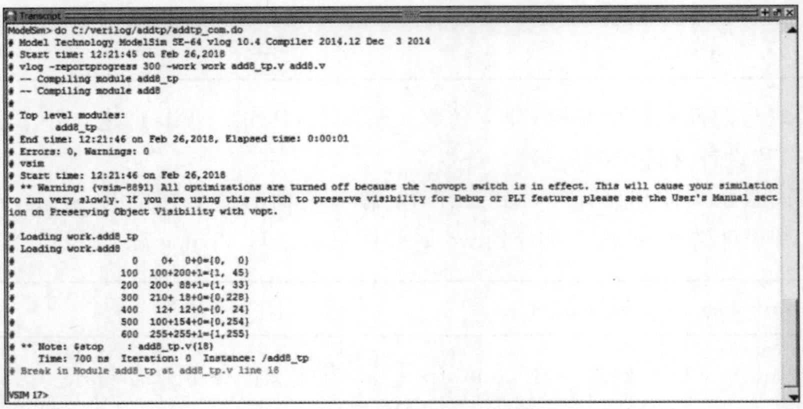

图 10.31　用批处理的方式完成一次仿真

```
vlog - work work add8_tp.v add8.v
vsim - t ps work.add8_tp
add wave *
run 1000ns
```

10.11.3　时序仿真

前面做的是功能仿真,如果要进行时序仿真,必须先对设计指定芯片并编译生成网表文件和时延文件,再调用 ModelSim 进行时序仿真。以下是 Vivado 与 ModelSim SE 配合完成时序仿真的过程。

(1) 启动 Vivado,单击 Create Project,启动工程向导,创建一个新工程,将其命名为 add8_tb,保存于 D:/exam/add8_tb 文件夹中。

(2) 利用 Add source 添加源设计文件,输入例 10.18 的加法器源代码,并保存为 add8.v 文件;加法器测试代码保存为 add8_tb.v 文件。

(3) 指定 ModelSim SE 安装路径和器件编译库:在 Vivado 主界面执行 Tools 中的 Compile Simulation Libraries...命令,在弹出的如图 10.32 所示的对话框中设置器件库编译参数,仿真工具(Simulator)选为 ModelSim Simulator,语言(Language)、库 (Library)、器件家族(Family)都为默认设置 All;Simulator executable path 栏设置 ModelSim SE 执行文件的路径,此处填写 C:/modeltech64_10.5/win64;Compiled library location 栏设置编译器件库的路径(编译库存放位置,一般放置到 ModelSim 安装目录下,需自己新建文件夹并命名),本例在 ModelSim SE 安装目录下新建一个 vivado2018.2_lib 文件夹,并将其路径指定给 Compiled library location 栏,如图 10.33 所示。

(4) 单击图 10.32 中的 Compile 按钮,完成对器件库的编译(由于前面 Family 设置为 All,故编译时间会比较长)。

(5) 上面关联了 Vivado 和 ModelSim SE,还需要在当前工程中针对仿真做一些设置。选择 Tools→Settings,在弹出的 Settings 对话框中,选择 Project Settings 中的 Simulation 页面(如图 10.34 所示),在页面中设置目标仿真工具 Target simulator 为 ModelSim Simulator、仿真语言为 Mixed(或者选 Verilog 或 VHDL);Compiled library location 栏设置编译器件库的路径为 C:/modeltech64_10.5/vivado2018.2_lib,其他选项

按默认设置,如图 10.34 所示。

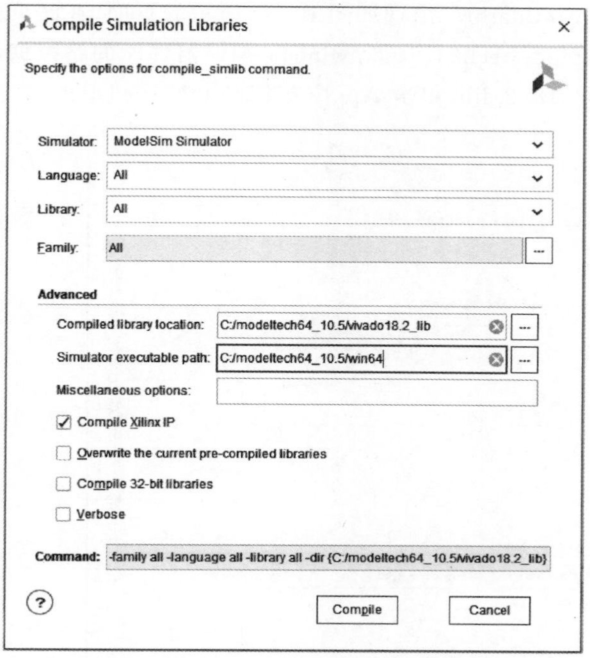

图 10.32 设置编译仿真库对话框

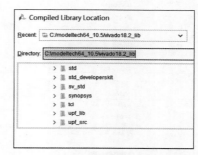

图 10.33 在 ModelSim 安装路径下新建 vivado2018.2_lib 文件夹

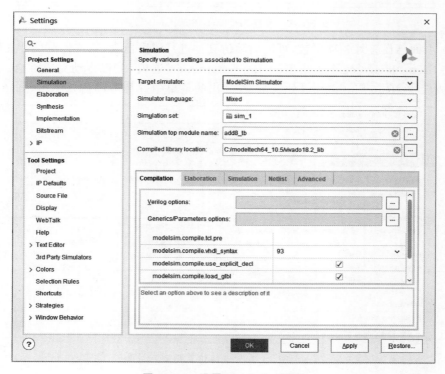

图 10.34 设置 Simulation 页面

设置完成后,单击 Apply 按钮和 OK 按钮退出。

(6) 在图 10.34 中单击 3rd Party Simulators,出现如图 10.35 所示的页面,在此页面中设置 ModelSim SE 安装路径为 C:/modeltech64_10.5/win64;编译器件库的路径默认设置为 C:/modeltech64_10.5/vivado2018.2_lib,单击 Apply 按钮和 OK 按钮退出。

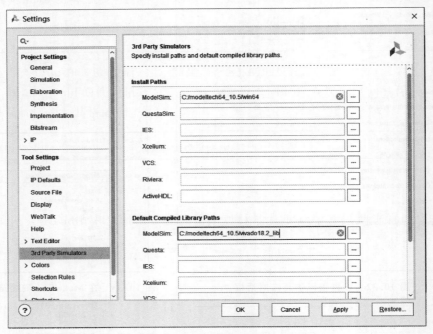

图 10.35　设置 3rd Party Simulators 页面

(7) 上面已设置好各项参数,可以启动仿真。进行时序仿真,需首先对设计文件进行编译,在 Flow Navigator 中单击 Run Implementation 选项,工程自动完成综合、实现过程。完成后,在 Run Simulation 处右击,在弹出的菜单中选相应的仿真类型,如图 10.36

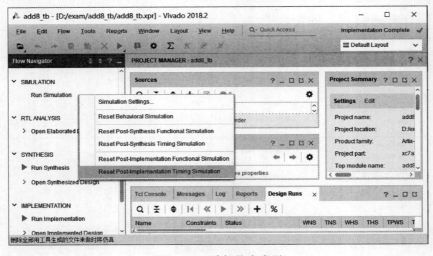

图 10.36　选择仿真类型

所示,本例中选择 Reset Post_Implementation Timing Simulation 选项,启动实现后时序仿真,Vivado 自动打开 ModelSim SE 软件对当前工程进行时序仿真,本例的时序仿真波形图如图 10.37 所示。

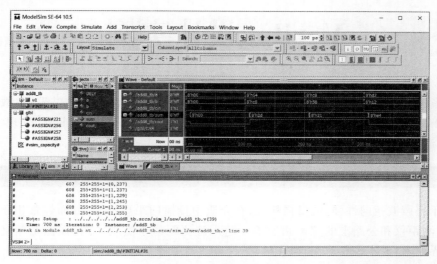

图 10.37 时序仿真波形图

习题 10

10-1 系统任务 $strobe 和 $monitor 有何区别?

10-2 可否用 $display 系统任务来显示非阻塞赋值的变量输出值? 为什么?

10-3 时序检查和时序仿真两个概念有何区别?

10-4 什么是仿真? 仿真一般分为哪几种?

10-5 编写一个时钟波形产生器,产生正脉冲宽度为 15ns、负脉冲宽度为 10ns 的时钟波形,分别用 always 语句和 initial 语句完成本设计。

10-6 编写一个模 10 计数器程序(含异步复位端),编写 Test Bench 测试程序对其进行仿真。

10-7 编写奇偶检测电路,输入码字位宽为 3,编写 Test Bench 测试程序对奇偶检测电路进行仿真。

10-8 如果不用 initial 语句,能否描述生成时钟信号?

10-9 编写一个 4 位的比较器,并对其进行测试。

10-10 采用例化 Verilog 门元件的方式描述图 10.38 所示的电路。

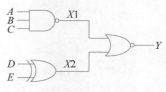

图 10.38 由门元件构成的电路

标注各个门的延时如下:

(a) 与非门(NAND)的上升延时为 10ns。

(b) 或非门(NOR)的上升延时为 12ns,下降延时为 11ns。

(c) 异或门(XOR)的上升延时为 14ns,下降延时为 15ns。

第11章

Verilog设计实例

本章通过超声波测距、脉宽调制(PWM)、步进电动机驱动、FIR 滤波器、整数开方运算、Cordic 计算、频率测量、UART 异步串口通信、蓝牙通信等设计实例,呈现 Verilog HDL 在运算和数字信号处理领域的应用。

11.1 超声波测距

由于超声波指向性强,能量损耗慢,在介质中传播的距离较远,因而经常用于距离的测量,如测距仪和公路上的超声测速等。超声波测距易于实现,并且在测量精度方面能达到业界要求,成本也相对便宜,在机器人、自动驾驶等方面得到了广泛的应用。

1. 超声波测速原理

超声波发射器向某一方向发射超声波,在发射时刻的同时开始计时,超声波在空气中传播,途中碰到障碍物返回,超声波接收器收到反射波就立即停止计时,传播时间共计为 t (单位为 s),声波在空气中的传播速度为 340m/s,易得到发射点距障碍物的距离(S)为

$$S = 340 \times t/2 = 170t\,(\mathrm{m}) \tag{11-1}$$

超声波测距的原理就是利用声波在空气传播的稳定不变的特性以及发射和接收回波的时间差来实现测距。

2. HC-SR04 超声波测距模块

图 11.1 是 HC-SR 超声波测距模块实物图(正、反面),其接口共有 4 个引脚:电源(+5V)、触发信号输入(Trig)、回响信号输出(Echo)、地线(GND)。

HC-SR04 超声波模块可提供 2~400cm 的非接触式测距功能,测距精度可达 3mm,其电气参数如表 11.1 所示。

图 11.1　HC-SR 超声波测距模块实物图

表 11.1　HC-SR04 超声波测距模块电气参数

电 气 参 数	HC-SR04 超声波测距模块
工作电压/工作电流	DC 5V/15mA
工作频率	40Hz
最远射程/最近射程	4m/2cm
测量角度	15
输入触发信号	$10\mu s$ 的高电平信号
输出回响信号	输出 TTL 电平信号

HC-SR04 超声波模块工作时序如图 11.2 所示。从图中可看出 HC-SR 超声波模块的工作过程如下：初始化时将 Trig 和 Echo 端口都置低，再向 Trig 端发送至少 $10\mu s$ 的高电平脉冲，模块自动向外发送 8 个 40kHz 的方波，然后进入等待，捕捉 Echo 端输出上升沿，捕捉到上升沿的同时，打开定时器开始计时，再次等待捕捉 Echo 的下降沿，当捕捉到下降沿，读出计时器的时间，此为超声波在空气中传播的时间，按照式(11-1)即可计算出距离。

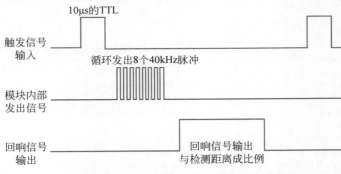

图 11.2　HC-SR04 超声波测距模块工作时序图

3. 超声波测距顶层设计

超声波测距是通过测量时间差来实现测距，FPGA 通过检测超声波测距的 Echo 端口电平变化控制计时的开始和停止。即当检测到 Echo 信号上升沿时开始计时，检测到 Echo 信号下降沿时停止计时。顶层模块源代码如例 11.1 所示。

例 11.1　超声波测距顶层模块源代码。

```verilog
`timescale 1ns/1ps
module ultrasound(
    input sys_clk,                              //100MHz 时钟
    input wire sys_rst,
    input echo,                                 //回响信号,高电平持续时间为 t,距离 = 340 * t/2
    output reg [3:0] seg_cs,                    //数码管位选信号
    output wire [6:0] seg,                      //数码管段选信号
    output wire trig);                          //发送一个持续时间超过 10μs 的高电平
reg [23:0] count;
reg [23:0] distance;
wire  [15:0] data_bin;                          //数据缓存
reg echo_reg1,echo_reg2;
wire [1:0] state;
wire[15:0] dec_data_tmp;                         //用于存储 4 位十进制数
assign   data_bin = 17 * distance/10000;
assign   state = {echo_reg2,echo_reg1};
always@(posedge sys_clk, negedge sys_rst)  begin
   if(~sys_rst)  begin
     echo_reg1 <= 0; echo_reg2 <= 0; count <= 0;  distance <= 0;  end
   else  begin
     echo_reg1 <= echo;                         //当前脉冲
     echo_reg2 <= echo_reg1;                    //后一个脉冲
   case(state)
   2'b01: begin   count = count + 1;    end
   2'b11: begin   count = count + 1;    end
   2'b10: begin   distance = count;     end
   2'b00: begin   count = 0;    end
   endcase
```

```
end   end
sig_gen u1(
    .clk(sys_clk),
    .rst(sys_rst),
    .trig(trig));
bin2bcd
    #(.W(16))                          //二进制数转换为相应的十进制数
u2(.bin(data_bin),
    .bcd(dec_data_tmp));
//--------- 数码管显示结果 ---------------------
reg [3:0] dec_tmp;
seg4_7 u3(                             //数码管译码,seg4_7 源代码见例 8.4
    .hex(dec_tmp),
    .a_to_g(seg));
wire clkcsc;
clk_div  #(5000)  u4(                  //产生 5kHz 数码管位选时钟
    .clk(sys_clk),                     //clk_div 源代码见例 7.12
    .clr(sys_rst),
    .clk_out(clkcsc));
always@(posedge clkcsc, negedge sys_rst)  begin
    if(~sys_rst)  begin seg_cs <= 4'b0100; dec_tmp <= 4'hf;   end
    else  begin   seg_cs[3:0] = {seg_cs[2:0],seg_cs[3]};
    if(seg_cs == 4'b0001)  begin  dec_tmp <= dec_data_tmp[3:0]; end
    else if(seg_cs == 4'b0010)  begin  dec_tmp <= dec_data_tmp[7:4];   end
    else if(seg_cs == 4'b0100)  begin  dec_tmp <= dec_data_tmp[11:8]; end
    else   dec_tmp <= dec_data_tmp[15:12];
end   end
endmodule
```

sig_gen 模块用于产生控制信号,其源代码如例 11.2 所示,该模块产生一个持续 $10\mu s$ 以上的高电平(本例高电平持续时间为 $20\mu s$);为防止发射信号对回响信号产生影响,通常两次测量间隔控制在 60ms 以上,本例的测量间隔设置为 100ms。

例 11.2 超声波控制信号产生子模块。

```
module sig_gen(
    input   clk, rst,
    output wire   trig);
parameter[11:0]  PWM_N = 2000;         //高电平持续 20μs
parameter[23:0]  CLK_N = 10_000_000;   //两次测量间隔100ms
reg [23:0] count;
always@(posedge clk, negedge rst)  begin
    if(~rst)   begin count = 0;end
    else if(count == CLK_N)   count <= 0;
    else   count <= count + 1;
end
assign trig = ((count >= 100)&&(count <= 100 + PWM_N)) ? 1 : 0;
endmodule
```

4. 二进制数转 8421BCD 码

例 11.1 中的 bin2bcd 是二进制数转 8421BCD 码的子模块,此处采用 Double-Dabble 算法(Double-Dabble Binary-to-BCD Conversion Algorithm),或者称为移位加 3 算法 (Shift and Add 3 Algorithm)实现此转换。

Double-Dabble 算法通过左移和加 3 两种操作实现二进制数转 8421BCD 码的转换, 在每一次左移之后都判断,BCD 码(…,千,百,十,个)各位是否大于 4,如果任何一位大于 4,则对其加 3,之后继续左移,直到移位次数等于二进制数的位数,停止移位,此时得到的 BCD 码便是转换后的结果。

表 11.2 是用 Double-Dabble 算法将二进制数 1110 1101 转换为 BCD 码(结果为 237)的过程展示,该过程可以总结如下:从 MSB 开始,每次左移 1 位;每次移位后,如果 BCD 码(…,千,百,十,个)各位大于 4,则该位加 3(最后 1 次移位后不加 3),当移位次数等于二进制数位数时,停止移位,得到最终的 BCD 码转换结果。

表 11.2　Double-Dabble 算法实现二进制数转 8421BCD 码过程

步骤	百位　十位　个位	二进制数	操 作 说 明
0	0000 0000 0000	1110 1101	初始化,左移次数 $i=0$,二进制数位宽为 W
1	0000 0000 0001	110 1101	第 1 次左移,$i=1$
2	0000 0000 0011	10 1101	第 2 次左移,$i=2$
3	0000 0000 0111	0 1101	第 3 次左移,$i=3$
	0000 0000 1010		个位+0011(7>4)
4	0000 0001 0100	1101	第 4 次左移,$i=4$
5	0000 0010 1001	101	第 5 次左移,$i=5$
	0000 0010 1100		个位+0011(9>4)
6	0000 0101 1001	01	第 6 次左移,$i=6$
	0000 1000 1100		十位+0011(5>4);个位+0011(9>4)
7	0001 0001 1000	1	第 7 次左移,$i=7$
	0001 0001 1011		个位+0011(8>4)
8	0010 0011 0111		第 8 次左移,$i=8=$W,移位次数等于二进制位数,停止
	2　　3　　7		最终 BCD 码转换结果

例 11.3 是用 Double-Dabble 算法实现二进制数到 BCD 码转换的源代码,采用了双重循环的组合逻辑实现该转换,其 RTL 综合视图如图 11.3 所示。可以看出,主要是由比较器、加法器等组合逻辑模块来实现的,其组合逻辑的延迟链较长,而且随着输入的二进制数位宽的增大,延迟也将增大。因此,如果该算法应用于运行速度较高的系统,需进行时序仿真,以验证是否满足时序要求。该算法的优点是简单可靠,耗用的 FPGA 逻辑资源较少,当输入的二进制数的位宽为 20 位时,只需耗用 200 多个 LE 单元就可实现。

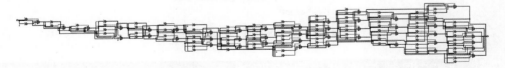

图 11.3　Double-Dabble 算法实现二进制数转 8421BCD 码 RTL 综合视图

例 11.3　用 Double-Dabble 算法实现二进制数转 8421BCD 码。

```
`timescale 1ns/1ps
module bin2bcd
  #(parameter   W = 20)              //输入二进制数位宽
   (input[W-1:0]  bin,               //输入的二进制数
    output reg[W+(W-4)/3:0]  bcd);   //输出的 8421BCD 码{…,千,百,十,个}
integer i,j;
//-------------------------------------------------
```

```
always @(bin)
begin
   for(i = 0; i <= W + (W - 4)/3; i = i + 1)
      bcd[i] = 0;
      bcd[W - 1:0] = bin;                           //初始化
   for(i = 0; i <= W - 4; i = i + 1)
    for(j = 0; j <= i/3; j = j + 1)
      if(bcd[W - i + 4 * j - : 4] > 4)              //if > 4
      bcd[W - i + 4 * j - : 4] = bcd[W - i + 4 * j - : 4] + 4'd3;   //加 3
end
endmodule
```

5. 下载验证

本例的引脚约束文件.xdc的内容如下：

```
# ///////////////////////////系统时钟和复位///////////////////////////////
set_property - dict {PACKAGE_PIN P17 IOSTANDARD LVCMOS33} [get_ports sys_clk]
set_property - dict {PACKAGE_PIN P15 IOSTANDARD LVCMOS33} [get_ports sys_rst]
# ///////////////////////////数码管位选和段选信号//////////////////////////
set_property - dict {PACKAGE_PIN G1 IOSTANDARD LVCMOS33} [get_ports {seg_cs[3]}]
set_property - dict {PACKAGE_PIN F1 IOSTANDARD LVCMOS33} [get_ports {seg_cs[2]}]
set_property - dict {PACKAGE_PIN E1 IOSTANDARD LVCMOS33} [get_ports {seg_cs[1]}]
set_property - dict {PACKAGE_PIN G6 IOSTANDARD LVCMOS33} [get_ports {seg_cs[0]}]
set_property - dict {PACKAGE_PIN D4 IOSTANDARD LVCMOS33} [get_ports {seg[6]}]
set_property - dict {PACKAGE_PIN E3 IOSTANDARD LVCMOS33} [get_ports {seg[5]}]
set_property - dict {PACKAGE_PIN D3 IOSTANDARD LVCMOS33} [get_ports {seg[4]}]
set_property - dict {PACKAGE_PIN F4 IOSTANDARD LVCMOS33} [get_ports {seg[3]}]
set_property - dict {PACKAGE_PIN F3 IOSTANDARD LVCMOS33} [get_ports {seg[2]}]
set_property - dict {PACKAGE_PIN E2 IOSTANDARD LVCMOS33} [get_ports {seg[1]}]
set_property - dict {PACKAGE_PIN D2 IOSTANDARD LVCMOS33} [get_ports {seg[0]}]
# ////////////////////////////超声波模块的 Trig 和 Echo 端口//////////////////////
set_property - dict {PACKAGE_PIN G17 IOSTANDARD LVCMOS33} [get_ports echo]
set_property - dict {PACKAGE_PIN J13 IOSTANDARD LVCMOS33} [get_ports trig]
```

超声波测距的实际显示效果如图 11.4 所示,用 4 个数码管显示距离,单位是毫米(mm)。

图 11.4　超声波测距的实际显示效果

11.2　脉宽调制与步进电动机驱动

脉冲宽度调制(Pulse Width Modulation,PWM)是一种模拟控制方式,根据载荷的变化调制晶体管基极或 MOS 管栅极的偏置,从而改变晶体管或 MOS 管的导通时间,也可以理解为通过调节占空比调节信号、能量的变化。脉宽调制广泛应用于调光电路、无级调速、电动机驱动、逆变电路、蜂鸣器驱动等。本节将给出 PWM 信号的实现方法及采用 PWM 信号驱动蜂鸣器、驱动步进电动机的实例。

11.2.1　PWM 信号

脉冲宽度调制信号是一连串频率固定的脉冲信号,每个脉冲的宽度都可能不同。这种数字信号在通过一个简单的低通滤波器后,转化为模拟电压信号,电压的大小与一定区间内的平均脉冲宽度成正比。图 11.5 是 PWM 信号波形,图中占空比(duty cycle,dc)即为脉冲宽度和脉冲周期之比,即 $dc = \tau_{on}/(\tau_{on} + \tau_{off})$。

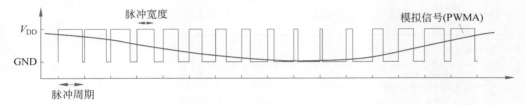

图 11.5　PWM 信号波形

低通滤波器 3dB 频率要比 PWM 信号频率低一个数量级,这样,PWM 频率上的信号能量才能从输入信号中过滤出来。比如要得到一个最高频率为 5kHz 的音频信号,PWM 信号的频率应为 50kHz 或更高。通常,考虑到模拟信号的保真度,PWM 信号的频率越高越好。图 11.6 是 PWM 信号低通滤波后输出模拟电压(PWMA)的过程示意图,可以看到,滤波器输出模拟电压(PWMA)信号幅度与 V_{DD} 的比值等于 PWM 信号的占空比。

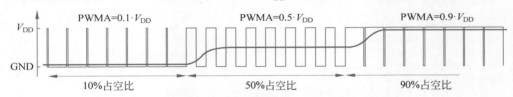

图 11.6　PWM 信号低通滤波后输出模拟电压

例 11.4 给出产生 PWM 波形的 Verilog 源代码。

例 11.4　产生 PWM 波形的 Verilog 源代码。

```
module pwm_gene(
    input clk,rst,
    input sound_up,sound_down,
    input fre_up,fre_down,
    input[31:0] clk_n,                //控制 PWM 的频率
    input[31:0] pwm_n,                //控制占空比
    output reg pwm_out);
reg [31:0] count;
always@(posedge clk)
begin
    if(~rst||sound_up||sound_down||fre_up||fre_down)
    begin pwm_out <= 1; count = 0;end
    else begin
    if(pwm_n == 0)   pwm_out <= 1'b0;
    else if (pwm_n == clk_n) pwm_out <= 1'b1;
    else begin
    if (count < pwm_n)   begin pwm_out <= 1'b1;count = count + 1; end
    else if(count == pwm_n)   begin pwm_out <= 1'b0;count = count + 1; end
    else if (count == clk_n)   begin pwm_out <= 1'b1;count <= 0; end
    else   count <= count + 1;
```

```
end   end   end
endmodule
```

11.2.2 用 PWM 驱动蜂鸣器

例 11.5 是用 PWM 信号驱动蜂鸣器的 Verilog 顶层设计,可控制蜂鸣器的音调(频率)和音量大小。

例 11.5 PWM 信号驱动蜂鸣器的 Verilog 顶层设计源代码。

```verilog
`timescale 1ns/1ps
module pwm_sound(
    input sys_clk,                                //100MHz 时钟
    input wire sys_rst,
    input wire sound_up,                          //控制音量增大
    input wire sound_down,                        //控制音量变小
    input wire fre_up,                            //控制 PWM 频率升高
    input wire fre_down,                          //控制 PWM 频率降低
    input[7:0] sw,
    output reg[15:0] led = 'b0000_0000_0000_0001, //标志音量大小
    output reg [7:0] seg_cs = 8'b0000_0001,
    output wire [6:0] seg1,                        //用于数码管显示
    output wire [6:0] seg2,
    output wire pwm_out);
wire clkcsc, clk_button;
reg[4:0] sound = 'd2;                             //位宽为 5,0~31,共 32 个等级
reg[15:0] frequence = 'd1;                        //单位为 Hz
wire[31:0] n_fre;                                 //控制频率的计数
wire[31:0] n_sound;                               //控制占空比的计数
reg[3:0] dec_tmp1,dec_tmp2;
wire[15:0] dec_data1,dec_data2;
    //用于存储 4 位十进制数,每 4 个二进制位表示一个十进制位
clk_div  #(10)  u1(                              //产生 10Hz 按键检测时钟
    .clk(sys_clk),                               //clk_div 源代码见例 7.12
    .clr(sys_rst),
    .clk_out(clk_button));
clk_div  #(5000)  u2(                            //产生 5kHz 数码管位选时钟
    .clk(sys_clk),
    .clr(sys_rst),
    .clk_out(clkcsc));
//------------------------------------------------
always @(posedge clk_button)   begin
    if(sound_up) begin
    if(sound < 5'd31)   sound = sound + 1;
    if(sound % 2 == 0) led <= (led << 1) + 1;end
    if (sound_down) begin
    if(sound >= 4'h1)   sound = sound - 1;
    if(sound % 2 == 1)   led <= led >> 1;end
end
assign n_sound = 3125000 * sound/frequence;      //占空比 0:0.1:1 下的应该计数的值
assign n_fre = 100_000_000/frequence;            //对应 PWM 频率下的系统时钟应该计数的值
always @(posedge clk_button)   begin
    if(fre_up) begin
    if((frequence + sw)< 8000)   frequence <= frequence + sw;
    else frequence <= 8000; end
    if(fre_down)   begin
    if(frequence >= (1 + sw))   frequence <= frequence - sw;
    else frequence <= 1;   end
```

```
end
bin2bcd                                          //二进制数转换为相应的十进制数
    #(.W(16))                                    //bin2bcd 源代码见例 11.3
u3(.bin(frequence),
    .bcd(dec_data1));
bin2bcd    #(.W(16))                             //二进制数转换为相应的十进制数
u4(.bin(sound),
    .bcd(dec_data2));
pwm_gene u7(                                      //PWM 信号产生
    .clk(sys_clk),
    .rst(sys_rst),
    .sound_up(sound_up),
    .sound_down(sound_down),
    .fre_up(fre_up),
    .fre_down(fre_down),
    .clk_n(n_fre),                               //PWM 的频率
    .pwm_n(n_sound),                             //调整占空比
    .pwm_out(pwm_out));
// ------------ 数码管显示 --------------------------
always@(posedge clkcsc, negedge sys_rst)  begin
    if(~sys_rst)  begin seg_cs <= 8'b01000000; dec_tmp2 <= 4'hf;   end
    else  begin  seg_cs[7:0] = {seg_cs[6:0],seg_cs[7]};
    case (seg_cs)
    8'b00000001: begin dec_tmp1 <= dec_data1[3:0];    end
    8'b00000010: begin dec_tmp1 <= dec_data1[7:4];    end
    8'b00000100: begin dec_tmp1 <= dec_data1[11:8]; end
    8'b00001000: begin dec_tmp1 <= dec_data1[15:12];end
    8'b00010000: begin dec_tmp2 <= dec_data2[3:0];    end
    8'b00100000: begin dec_tmp2 <= dec_data2[7:4];    end
    8'b01000000: begin dec_tmp2 <= sw[3:0];    end
    8'b10000000: begin dec_tmp2 <= sw[7:4];    end
    endcase
end   end
seg4_7 u5(                                        //数码管译码,seg4_7 源代码见例 8.4
    .hex(dec_tmp1),
    .a_to_g(seg1));
seg4_7 u6(
    .hex(dec_tmp2),
    .a_to_g(seg2));
endmodule
```

上面代码中的 bin2bcd 子模块用于将二进制数转换为十进制数,其源码如例 11.3 所示,本例中实现的是 16 位二进制数转换为对应的十进制数。

引脚约束文件.xdc 的内容如下所示:

```
#///////////////////////////系统时钟和复位/////////////////////////////////
set_property - dict {PACKAGE_PIN P17 IOSTANDARD LVCMOS33} [get_ports sys_clk ]
set_property - dict {PACKAGE_PIN P15 IOSTANDARD LVCMOS33} [get_ports sys_rst  ]
#///////////////////////////4 个按键/////////////////////////////////////
set_property - dict {PACKAGE_PIN R11 IOSTANDARD LVCMOS33} [get_ports sound_up]
set_property - dict {PACKAGE_PIN R17 IOSTANDARD LVCMOS33} [get_ports fre_down]
set_property - dict {PACKAGE_PIN V1  IOSTANDARD LVCMOS33} [get_ports sound_down]
set_property - dict {PACKAGE_PIN U4  IOSTANDARD LVCMOS33} [get_ports fre_up]
#////////////////////////////拨码开关 sw0～sw7////////////////////////////
set_property - dict {PACKAGE_PIN P5 IOSTANDARD LVCMOS33} [get_ports {sw[7]}]
set_property - dict {PACKAGE_PIN P4 IOSTANDARD LVCMOS33} [get_ports {sw[6]}]
set_property - dict {PACKAGE_PIN P3 IOSTANDARD LVCMOS33} [get_ports {sw[5]}]
set_property - dict {PACKAGE_PIN P2 IOSTANDARD LVCMOS33} [get_ports {sw[4]}]
```

```
set_property - dict {PACKAGE_PIN R2 IOSTANDARD LVCMOS33} [get_ports {sw[3]}]
set_property - dict {PACKAGE_PIN M4 IOSTANDARD LVCMOS33} [get_ports {sw[2]}]
set_property - dict {PACKAGE_PIN N4 IOSTANDARD LVCMOS33} [get_ports {sw[1]}]
set_property - dict {PACKAGE_PIN R1 IOSTANDARD LVCMOS33} [get_ports {sw[0]}]
# ///////////////////////////////LED0~LED15///////////////////////////////////
set_property - dict {PACKAGE_PIN F6 IOSTANDARD LVCMOS33} [get_ports {led[15]}]
set_property - dict {PACKAGE_PIN G4 IOSTANDARD LVCMOS33} [get_ports {led[14]}]
set_property - dict {PACKAGE_PIN G3 IOSTANDARD LVCMOS33} [get_ports {led[13]}]
set_property - dict {PACKAGE_PIN J4 IOSTANDARD LVCMOS33} [get_ports {led[12]}]
set_property - dict {PACKAGE_PIN H4 IOSTANDARD LVCMOS33} [get_ports {led[11]}]
set_property - dict {PACKAGE_PIN J3 IOSTANDARD LVCMOS33} [get_ports {led[10]}]
set_property - dict {PACKAGE_PIN J2 IOSTANDARD LVCMOS33} [get_ports {led[9]}]
set_property - dict {PACKAGE_PIN K2 IOSTANDARD LVCMOS33} [get_ports {led[8]}]
set_property - dict {PACKAGE_PIN K1 IOSTANDARD LVCMOS33} [get_ports {led[7]}]
set_property - dict {PACKAGE_PIN H6 IOSTANDARD LVCMOS33} [get_ports {led[6]}]
set_property - dict {PACKAGE_PIN H5 IOSTANDARD LVCMOS33} [get_ports {led[5]}]
set_property - dict {PACKAGE_PIN J5 IOSTANDARD LVCMOS33} [get_ports {led[4]}]
set_property - dict {PACKAGE_PIN K6 IOSTANDARD LVCMOS33} [get_ports {led[3]}]
set_property - dict {PACKAGE_PIN L1 IOSTANDARD LVCMOS33} [get_ports {led[2]}]
set_property - dict {PACKAGE_PIN M1 IOSTANDARD LVCMOS33} [get_ports {led[1]}]
set_property - dict {PACKAGE_PIN K3 IOSTANDARD LVCMOS33} [get_ports {led[0]}]
# //////////////////////////8个数码管位选信号/////////////////////////////////////
set_property - dict {PACKAGE_PIN G2 IOSTANDARD LVCMOS33} [get_ports {seg_cs[7]}]
set_property - dict {PACKAGE_PIN C2 IOSTANDARD LVCMOS33} [get_ports {seg_cs[6]}]
set_property - dict {PACKAGE_PIN C1 IOSTANDARD LVCMOS33} [get_ports {seg_cs[5]}]
set_property - dict {PACKAGE_PIN H1 IOSTANDARD LVCMOS33} [get_ports {seg_cs[4]}]
set_property - dict {PACKAGE_PIN G1 IOSTANDARD LVCMOS33} [get_ports {seg_cs[3]}]
set_property - dict {PACKAGE_PIN F1 IOSTANDARD LVCMOS33} [get_ports {seg_cs[2]}]
set_property - dict {PACKAGE_PIN E1 IOSTANDARD LVCMOS33} [get_ports {seg_cs[1]}]
set_property - dict {PACKAGE_PIN G6 IOSTANDARD LVCMOS33} [get_ports {seg_cs[0]}]
# /////////////////////////数码管段选信号///////////////////////////////////////////
set_property - dict {PACKAGE_PIN B4 IOSTANDARD LVCMOS33} [get_ports {seg2[6]}]
set_property - dict {PACKAGE_PIN A4 IOSTANDARD LVCMOS33} [get_ports {seg2[5]}]
set_property - dict {PACKAGE_PIN A3 IOSTANDARD LVCMOS33} [get_ports {seg2[4]}]
set_property - dict {PACKAGE_PIN B1 IOSTANDARD LVCMOS33} [get_ports {seg2[3]}]
set_property - dict {PACKAGE_PIN A1 IOSTANDARD LVCMOS33} [get_ports {seg2[2]}]
set_property - dict {PACKAGE_PIN B3 IOSTANDARD LVCMOS33} [get_ports {seg2[1]}]
set_property - dict {PACKAGE_PIN B2 IOSTANDARD LVCMOS33} [get_ports {seg2[0]}]
set_property - dict {PACKAGE_PIN D4 IOSTANDARD LVCMOS33} [get_ports {seg1[6]}]
set_property - dict {PACKAGE_PIN E3 IOSTANDARD LVCMOS33} [get_ports {seg1[5]}]
set_property - dict {PACKAGE_PIN D3 IOSTANDARD LVCMOS33} [get_ports {seg1[4]}]
set_property - dict {PACKAGE_PIN F4 IOSTANDARD LVCMOS33} [get_ports {seg1[3]}]
set_property - dict {PACKAGE_PIN F3 IOSTANDARD LVCMOS33} [get_ports {seg1[2]}]
set_property - dict {PACKAGE_PIN E2 IOSTANDARD LVCMOS33} [get_ports {seg1[1]}]
set_property - dict {PACKAGE_PIN D2 IOSTANDARD LVCMOS33} [get_ports {seg1[0]}]
set_property - dict {PACKAGE_PIN G17 IOSTANDARD LVCMOS33} [get_ports pwm_out]
```

图 11.7　PWM 蜂鸣器实物图

PWM 蜂鸣器的实物图如图 11.7 所示,外接一个蜂鸣器。本实例使用 100MHz 系统时钟,分别使用 EGO1 平台上的左、右键控制 PWM 信号的占空比,使用上、下键控制信号的频率。用 8 个拨码开关控制频率调节步进大小,并将其值以十六进制显示在数码管的高 2 位;设计了 32 级占空比可调,占空比等级数以十进制形式显示于两个数码管;右边的 4 个数码管以十进制形式显示当前频率值,单位为 Hz;当调高信号频率时,扬声器的音调随之升高;当调高占空比时,音量随之变大。

11.2.3 用PWM驱动步进电动机

1. 步进电动机

步进电动机是将电脉冲信号转变为角位移或线位移的开环控制电动机,是现代数字程序控制系统中的主要执行部件,应用广泛。在非超载的情况下,电动机的转速、停止的位置只取决于脉冲信号的频率和脉冲数,而不受负载变化的影响,当步进驱动器接收到脉冲信号,它就驱动步进电动机按设定的方向转动一个固定的角度,称为"步距角",它的旋转是以固定的角度一步一步运行的。可以通过控制脉冲个数控制角位移量,从而达到准确定位的目的;同时,可以通过控制脉冲频率控制电动机转动的速度和加速度,从而达到调速的目的。本节将以17HS8401NTB型2相4线步进电动机为例(其外形如图11.8所示),介绍用PWM信号驱动步进电动机的方法。

该步进电动机的步进角为1.8°,也就是说运转一圈需要200个脉冲。要想使步进电动机运转,必须有配套的步进电动机驱动器,本例使用普菲德TB6600型驱动器(其外形如图11.9所示),该驱动器有6组输入输出,其端口及功能如表11.3所示。

图 11.8 17HS8401NTB 型步进电动机

图 11.9 TB6600 型驱动器

表 11.3 TB6600 型驱动输入输出功能表

序号	端 口	功 能
1	ENA+/ENA−	控制电动机是否处于锁定状态。低电平为锁定状态
2	DIR+/DIR−	控制电动机转动方向
3	PUL+/PUL−	PWM 信号输入
4	A+/A−	电动机 A 相输入线
5	B+/B−	电动机 B 相输入线
6	VCC/GND	供电电压(9~42V)
7	SW6~1	细分数设置。细分数越大,电动机速度越慢。角速度 $\omega=kf/m$,k 为常数

将步进电动机、驱动器和EGO1开发板进行连接,本例的实物连接如图11.10所示,用例11.4产生的PWM信号驱动,调高信号频率时,电动机转速随之变快。需要注意的是,调节占空比并不影响电动机转速。

2. 变速启停步进电动机控制

实际应用中,常常需要控制步进电动机的运转角度(等价于运转步数),例11.6是变速启停

图 11.10 步进电动机硬件电路连接图

步进电动机控制源码,为了防止电动机启动和突然停止过程中惯性导致的电动机失步,进而导致角度控制产生误差,本例中除预留控制电动机运转步数的接口,还在电动机启停时加入加速和减速的过程。

例 11.6　变速启停步进电动机 Verilog 顶层源代码。

```
`timescale 1ns/1ps
/ * 默认电动机驱动细分数为 32,电动机每转一圈需要 6400 个 step,最高信号频率为 32kHz * /
module pwm_motor(
    input sys_clk,                  //100MHz 输入时钟
    input wire sys_rst,
    input wire [1:0] sw,
    output reg [3:0] seg_cs,
    output wire [6:0] seg1,         //数码管显示
    output wire pul,                //输出电动机转动信号
    output ena,                     //电动机锁定信号,高电平取消锁定,引线不接时默认锁定
    output dir);                    //控制电动机旋转方向,高电平时顺时针旋转,低电平时逆时针旋转
assign dir = sw[1];
assign ena = sw[0];
parameter STEP = 6400 * 40;
motor_pwm_gene # (STEP) u1(
    .clk(sys_clk),
    .rst(sys_rst),
    .signal(pul));
wire [15:0] data_bin;               //数据缓存
wire [15:0] dec_data;               //用于存储 4 位十进制数,每 4 个二进制位表示 1 个十进制位
parameter FREQ = 32000;             //单位 Hz
assign data_bin = FREQ/10;          //显示输出 PWM 频率
bin2bcd
    #(.W(40))                       //二进制数转换为相应的十进制数,源代码见例 11.3
u2(.bin(data_bin),
    .bcd(dec_data));
// ------------ 数码管显示 ----------------------------
wire clkcsc;
reg[3:0] dec_tmp;
clk_div  # (5000)  u3(              //产生 5kHz 数码管位选时钟
    .clk(sys_clk),                  //clk_div 源代码见例 7.12
    .clr(sys_rst),
    .clk_out(clkcsc));
always@ (posedge clkcsc, negedge sys_rst)   begin
    if(~sys_rst)   begin seg_cs <= 4'b0100; dec_tmp <= dec_data[3:0];   end
    else   begin   seg_cs[3:0] = {seg_cs[2:0],seg_cs[3]};
    if (seg_cs == 4'b0001)   begin dec_tmp <= dec_data[3:0]; end
    else if(seg_cs == 4'b0010) begin dec_tmp <= dec_data[7:4]; end
    else if(seg_cs == 4'b0100) begin dec_tmp <= dec_data[11:8]; end
    else   dec_tmp <= dec_data[15:12];
end   end
seg4_7 u4(                          //数码管译码,seg4_7 源代码见例 8.4
    .hex(dec_tmp),
    .a_to_g(seg1));
endmodule
```

motor_pwm_gene 子模块源码如例 11.7 所示。

例 11.7　变速启停 PWM 信号产生模块源代码。

```
`timescale 1ns/1ps
module   motor_pwm_gene(
```

```
      input clk,rst,
      output reg signal);
wire[31:0 ] pwm_n,clk_n;
parameter [27:0] STEP = 2000;                    //控制步进电动机的步数,每步需要一个脉冲信号
reg [27:0] step_tmp;
reg [15:0] fre_tmp;                              / * 控制电动机运转信号频率(频率越大,速度越快,
              经实际测试,在 32 细分情况下,频率在 32kHz 内均可稳定工作 * /
integer i;
reg [31:0] count;
reg [2:0] state;
always@( * )  begin
      case(state)
      0:begin step_tmp < = 6400 * 1;fre_tmp < = 500;end       //加减速控制
      1:begin step_tmp < = 6400 * 2;fre_tmp < = 2000; end
      2:begin step_tmp < = 6400 * 5;fre_tmp < = 20000; end
      3:begin step_tmp < = STEP - 6400 * 16;fre_tmp < = 32000;end
      4:begin step_tmp < = 6400 * 5;fre_tmp < = 15000; end
      5:begin step_tmp < = 6400 * 2;fre_tmp < = 4000; end
      6:begin step_tmp < = 6400 * 1;fre_tmp < = 1000; end
      7:begin step_tmp < = 0;   end
      endcase
end
assign clk_n = 100_000000/fre_tmp;
assign pwm_n = clk_n >> 1;
always@(posedge clk, negedge rst)   begin
      if(~rst)   begin count = 0;i = 0; state < = 0;end
      else   begin
      if(i < step_tmp)   begin signal = ((count > = 100)&&(count < = 100 + pwm_n))?1:0;
      if(count == clk_n)   begin count < = 0;i < = i + 1; end
      else   count < = count + 1;   end
      else begin if(state!= 7) begin state < = state + 1; i < = 0; end
end   end   end
endmodule
```

引脚约束文件. xdc 的内容如下:

```
# //////////////////////////系统时钟和复位//////////////////////////////
set_property - dict {PACKAGE_PIN P17 IOSTANDARD LVCMOS33} [get_ports sys_clk ]
set_property - dict {PACKAGE_PIN P15 IOSTANDARD LVCMOS33} [get_ports sys_rst   ]
# //////////////////////////拨码开关 sw1~sw0////////////////////////////
set_property - dict {PACKAGE_PIN N4 IOSTANDARD LVCMOS33} [get_ports {sw[1]}]
set_property - dict {PACKAGE_PIN R1 IOSTANDARD LVCMOS33} [get_ports {sw[0]}]
# //////////////////////////4 个数码管位选信号//////////////////////////
set_property - dict {PACKAGE_PIN G1 IOSTANDARD LVCMOS33} [get_ports {seg_cs[3]}]
set_property - dict {PACKAGE_PIN F1 IOSTANDARD LVCMOS33} [get_ports {seg_cs[2]}]
set_property - dict {PACKAGE_PIN E1 IOSTANDARD LVCMOS33} [get_ports {seg_cs[1]}]
set_property - dict {PACKAGE_PIN G6 IOSTANDARD LVCMOS33} [get_ports {seg_cs[0]}]
# //////////////////////////数码管段选信号//////////////////////////////
set_property - dict {PACKAGE_PIN D4 IOSTANDARD LVCMOS33} [get_ports {seg1[6]}]
set_property - dict {PACKAGE_PIN E3 IOSTANDARD LVCMOS33} [get_ports {seg1[5]}]
set_property - dict {PACKAGE_PIN D3 IOSTANDARD LVCMOS33} [get_ports {seg1[4]}]
set_property - dict {PACKAGE_PIN F4 IOSTANDARD LVCMOS33} [get_ports {seg1[3]}]
set_property - dict {PACKAGE_PIN F3 IOSTANDARD LVCMOS33} [get_ports {seg1[2]}]
set_property - dict {PACKAGE_PIN E2 IOSTANDARD LVCMOS33} [get_ports {seg1[1]}]
set_property - dict {PACKAGE_PIN D2 IOSTANDARD LVCMOS33} [get_ports {seg1[0]}]
# //////////////////////////步进电动机驱动信号//////////////////////////
set_property - dict {PACKAGE_PIN B16 IOSTANDARD LVCMOS33} [get_ports ena]
set_property - dict {PACKAGE_PIN A13 IOSTANDARD LVCMOS33} [get_ports pul]
set_property - dict {PACKAGE_PIN A15 IOSTANDARD LVCMOS33} [get_ports dir]
```

首先应使 SW17(sys_rst)按键为低,系统复位并赋初值,然后置 SW7 为 1。因此,SW0 按键(ena)为低时,电动机启动运转,并历经低速、加速和减速等过程;SW1 按键(dir)控制电动机运转的方向。

11.3 整数开方运算

本节采用逐次逼近算法实现整数开方运算电路。

假设被开方数 data 为 W 位,则其开方的结果 qout 位宽是 W/2 位,设置一个试验值 qtp 从最高位到最低位依次置1,先将试验值 qtp 最高位置1,用乘法器平方后与被开方数 data 比较,小于 data 则保留当前的1,大于 data 则最高位置0,次高位再置1;然后按照从高往低的顺序,依次将每一位置1,将试验值平方后与输入数据比较,若试验值的平方大于输入值($qtp^2 >$ data),则此位为0,反之($qtp^2 \leq$ data),此位为1;以此迭代到最后一位。

可见,如果被开方数是 W 位,那么需要 W/2 次迭代(W/2 个时钟周期)得到结果。

1. 设计实现

按上述逐次逼近算法实现的整数开方运算源代码如例 11.8 所示。

例 11.8 整数开方运算源代码。

```
module sqrt
  #(parameter  DW = 16,
  parameter  QW = DW/2,
  parameter  RW = QW + 1)
  (input clk, clr,
  input en,                        //输入使能
  input wire[DW - 1:0]  data,      //输入数据
  output reg[QW - 1:0]  qout,      //平方根结果
  output reg[RW - 1:0]  rem,       //余数
  output reg  done);
//----- 流水线操作,输出数据的位宽决定了流水线的级数,级数 = QW------
reg[DW - 1:0] din[QW:1];           //保存依次输入的被开方数据
reg[QW - 1:0] qtp[QW:1];           //保存每一级流水线的试验值
reg[QW - 1:0] qst[QW:1];           //由试验值与真实值的比较结果确定的最终值
reg flag [QW:1];                   //表示此时寄存器 D 中对应位置的数据是否有效
//-------------------------------------------------------------
always@(posedge clk, negedge clr)  begin
    if(!clr)
    {din[QW], qtp[QW], qst[QW], flag[QW]} <= 0;
    else if(en)  begin                //输入使能为 1
    din[QW] <= data;                  //被开方数据
    qtp[QW] <= {1'b1,{(QW - 1){1'b0}}};  //设置试验值,先将最高位设为 1
    qst[QW] <= 0;                     //实际计算结果
    flag[QW] <= 1; end
    else  {din[QW], qtp[QW], qst[QW], flag[QW]} <= 0;
end
//------------- 迭代计算过程,流水线操作 --------------
generate
    genvar i;                         //i = 3,2,1
    for(i = QW - 1;i > = 1;i = i - 1)
    begin: U
    always@(posedge clk, negedge clr) begin
    if(!clr)
        {din[i], qtp[i], qst[i], flag[i]} <= 0;
        //将数据读入并设置数据有效,开始比较数据
```

```
        else if(flag[i+1]) begin
        //确定最高位是否应该为 1 以及将次高位的赋值为 1,准备开始下一次比较
        if(qtp[i+1] * qtp[i+1] > din[i+1]) begin
        //根据根的试验值最高位置为 1 后的平方值与真实值的大小比较结果
        qtp[i] <= {qst[i+1][QW-1:i],1'b1,{{i-1}{1'b0}}};
        //如果试验值的平方过大,那么就将最高位置为 0,次高位置 1
        qst[i] <= qst[i+1]; end
        else  begin
        qtp[i] <= {qtp[i+1][QW-1:i],1'b1,{{i-1}{1'b0}}};
        //并将数据从位置 i+1 移至下一个位置 i,而 i+1 的位置用于接收下一个输入的数据
        qst[i] <= qtp[i+1];end
        din[i] <= din[i+1];
        flag[i] <= 1; end
        else  {din[i], qtp[i], qst[i], flag[i]} <= 0;
    end  end
endgenerate
//--------- 计算余数与最终平方根 --------------------
always@(posedge clk, negedge clr) begin
    if(!clr)  {done, qout, rem} <= 0;
    else if(flag[1])  begin
    if(qtp[1] * qtp[1] > din[1])  begin
    qout <= qst[1]; rem <= din[1] - qst[1] * qst[1]; done <= 1;   end
    else  begin   qout <= {qst[1][QW-1:1],qtp[1][0]};
    rem <= din[1]-{qst[1][QW-1:1], qtp[1][0]} * {qst[1][QW-1:1],qtp[1][0]};
    done <= 1; end   end
    else {done, qout, rem} <= 0;
end
endmodule
```

2. 仿真验证

例 11.9 是对开方运算的 Test Bench 测试代码。

例 11.9 开方运算的 Test Bench 测试代码。

```
`timescale 1ns/1ns
module sqrt_tb;
parameter DW = 16;
parameter QW = DW /2;
parameter RW = QW + 1;
reg clk, clr, en;
reg[DW-1:0] data;
wire   done;
wire[QW-1:0] qout;
wire[RW-1:0] rem;
sqrt  #(.DW(DW), .QW(QW), .RW(RW))
u1(.clk(clk),
   .clr(clr),
   .en(en),
   .data(data),
   .done(done),
   .qout(qout),
   .rem(rem));
initial begin   clk <= 0;
    forever  #5  clk = ~clk; end              //产生 clk 时钟信号
initial begin
    {clr,en, data} <= 0;
    #20;  clr <= 1;
    repeat(5) @(posedge clk)
    begin   en <= 1;
```

```
        data <= { $ random} % {DW{1'b1}};                    //产生随机数
        end
        #30; {en, data}<= 0;
        #30;
        repeat(5) @(posedge clk)
        begin   en <= 1;
        data <= { $ random} % {DW{1'b1}};                    //产生随机数
        end
        #30;   {en, data}<= 0;
        #300;  $ stop;
    end
    endmodule
```

将上例在 ModelSim 中运行,得到如图 11.11 所示的测试波形图,从图中可看出,当 en 为 1 时,输入十进制数 18233,当输出使能 done 为 1 时,得到平方根结果为 135,余数为 8,经验算功能正确。

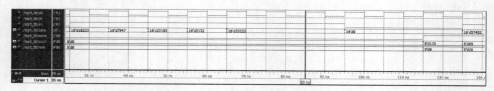

图 11.11   开方运算的测试波形图

3. 下载与验证

整数开方运算顶层源代码如例 11.10 所示,例中用 bin2bcd 子模块将二进制结果转换为相应的十进制数,并用 seg4_7 子模块将开方结果以十进制形式显示在数码管上。

例 11.10   整数开方运算顶层源代码。

```
`timescale 1ns/1ps
module sqrt_top(
    input sys_clk, sys_rst,
    input en,                          //使能信号
    input wire [7:0] sw,               //输入 8 位数据
    output reg [1:0] seg_cs = 2'b01,
    output wire [6:0] seg1,            //数码管 7 段
    output wire   done);
parameter DW = 8;
parameter QW = DW /2;
parameter RW = QW + 1;
wire [DW/2-1 :0] qout;
sqrt   #(.DW(DW), .QW(QW), .RW(RW))
  u1(.clk(sys_clk),
    .clr(sys_rst),
    .en(en),
    .data(sw),
    .done(done),
    .qout(qout),
    .rem(   ));
wire[7:0] dec_data;
bin2bcd   #(.W(8)                      //二进制结果转换为相应的十进制数
    u2(.bin(qout),                     //bin2bcd源代码见例 11.3
    .bcd(dec_data));
//------------ 数码管显示平方根值 ----------------------------
wire clkcsc;
```

```
reg[3:0] dec_tmp;
clk_div  #(5000) u3(               //产生 5kHz 数码管位选时钟
   .clk(sys_clk),                  //clk_div 源代码见例 7.12
   .clr(sys_rst),
   .clk_out(clkcsc));
always@(posedge clkcsc, negedge sys_rst)  begin
   if(~sys_rst)  begin seg_cs <= 2'b01; dec_tmp <= dec_data[3:0];   end
   else   begin   seg_cs[1:0] = {seg_cs[0],seg_cs[1]};
   if (seg_cs == 2'b01)   begin dec_tmp <= dec_data[3:0]; end
   else   dec_tmp <= dec_data[7:4];
end   end
seg4_7 u4(                          //数码管译码,seg4_7 源代码见例 8.4
   .hex(dec_tmp),
   .a_to_g(seg1));
endmodule
```

引脚约束文件 .xdc 的内容如下:

```
#////////////////////////系统时钟和复位////////////////////////////
set_property – dict {PACKAGE_PIN P17 IOSTANDARD LVCMOS33} [get_ports sys_clk]
set_property – dict {PACKAGE_PIN P15 IOSTANDARD LVCMOS33} [get_ports sys_rst]
#////////////////////////拨码开关 sw0～sw7////////////////////////////
set_property – dict {PACKAGE_PIN P5 IOSTANDARD LVCMOS33} [get_ports {sw[7]}]
set_property – dict {PACKAGE_PIN P4 IOSTANDARD LVCMOS33} [get_ports {sw[6]}]
set_property – dict {PACKAGE_PIN P3 IOSTANDARD LVCMOS33} [get_ports {sw[5]}]
set_property – dict {PACKAGE_PIN P2 IOSTANDARD LVCMOS33} [get_ports {sw[4]}]
set_property – dict {PACKAGE_PIN R2 IOSTANDARD LVCMOS33} [get_ports {sw[3]}]
set_property – dict {PACKAGE_PIN M4 IOSTANDARD LVCMOS33} [get_ports {sw[2]}]
set_property – dict {PACKAGE_PIN N4 IOSTANDARD LVCMOS33} [get_ports {sw[1]}]
set_property – dict {PACKAGE_PIN R1 IOSTANDARD LVCMOS33} [get_ports {sw[0]}]
set_property – dict {PACKAGE_PIN T5 IOSTANDARD LVCMOS33} [get_ports en]
#////////////////////////LED////////////////////////////////////
set_property – dict {PACKAGE_PIN K3 IOSTANDARD LVCMOS33} [get_ports done]
#////////////////////////数码管位选信号////////////////////////////
set_property – dict {PACKAGE_PIN E1 IOSTANDARD LVCMOS33} [get_ports {seg_cs[1]}]
set_property – dict {PACKAGE_PIN G6 IOSTANDARD LVCMOS33} [get_ports {seg_cs[0]}]
#////////////////////////数码管段选信号////////////////////////////
set_property – dict {PACKAGE_PIN D4 IOSTANDARD LVCMOS33} [get_ports {seg1[6]}]
set_property – dict {PACKAGE_PIN E3 IOSTANDARD LVCMOS33} [get_ports {seg1[5]}]
set_property – dict {PACKAGE_PIN D3 IOSTANDARD LVCMOS33} [get_ports {seg1[4]}]
set_property – dict {PACKAGE_PIN F4 IOSTANDARD LVCMOS33} [get_ports {seg1[3]}]
set_property – dict {PACKAGE_PIN F3 IOSTANDARD LVCMOS33} [get_ports {seg1[2]}]
set_property – dict {PACKAGE_PIN E2 IOSTANDARD LVCMOS33} [get_ports {seg1[1]}]
set_property – dict {PACKAGE_PIN D2 IOSTANDARD LVCMOS33} [get_ports {seg1[0]}]
```

将本例下载至 EGO1 目标板,用 8 位拨码开关(sw7～sw0)输入待开方的整数(0～255),DIP 开关最右侧作为输入使能(为 1,输入有效),开方的结果用两个数码管显示(只有整数部分,小数部分舍弃)。

11.4 频率测量

本节采用边沿检测法实现对正弦波、三角波、方波等信号频率的测量,并将频率值显示在字符型液晶模块 LCD1602 上,每秒更新一次。

等精度测量是通过测量固定的基准时间内的信号周期数,从而测量频率,对于频率范围跨度较大的信号而言,测量效率将大打折扣。本例采用的脉冲边沿检测方法通过不断检测信号的上升沿或者下降沿,并通过测量相邻两次边沿检测的时间达到频率测量的目的,故其效率较高。本节将给出用边沿检测法测频的方法,提出兼顾测量精度和效率的改进方法,并实现该方法。

1. 边沿检测频率计的原理

通过检测待测周期信号的电平,当低于电平阈值时,记录电平值为0,反之记为1。当信号电平由0变为1时开始计时,当信号电平再次由0变为1时停止计时,并记录期间的时钟个数为n,参考时钟频率为f_0,得到信号频率f为

$$f = f_0/n \tag{11-2}$$

边沿检测法最少只需一个信号周期就可测得信号频率,效率很高。

2. 边沿检测频率计的误差分析与改进

由边沿检测法的测量原理可知,测量误差主要来源参考时钟频率f_0和测量个数n,下面分别对这两个量进行分析,并给出提高测量精度的方案。

(1)参考时钟频率:对于任意信号频率f,在测量周期内,计数结果$n=f_0/f$。显然,时钟频率越大,计数数值越大,越有利于频率测量。EGO1目标板系统时钟为100MHz,但可以通过锁相环IP核产生最高800MHz的参考时钟。

(2)测量个数n:对于任意信号频率f和参考时钟f_0,可以计算出理论的计数结果$n_0=f_0/f$。由于n_0很多情况下不是整数,实际测量结果n为

$$n = [n_0] \tag{11-3}$$

或

$$n = [n_0] + 1 \tag{11-4}$$

这样就带来了误差。在待测频率较小时,即n远大于1时,有

$$n \approx [n_0] \approx [n_0] + 1 \tag{11-5}$$

此时并不会影响测量精度,但当信号频率较大时,频率误差将相当可观。表11.4给出了参考频率为500MHz、不同信号频率下的频率测量值和误差,验证了以上结论。

表11.4 不同频率信号的频率测量误差(参考频率为500MHz)

序号	信号频率 f/Hz	计数理论值 n_0	实际计数值1([n_0])	测量结果1	误差1 /Hz	实际计数值2([n_0]+1)	测量结果2	误差2 /Hz
1	0.03	167E+10	16666666666	0.03	0	16666666667	0.03	0
2	3	167E+08	166666666	3000000012	0	166666667	3	0
3	300	167E+06	1666666	300.00012	0.00012	1666667	299.99994	0.00006
4	30k	167E+04	16666	30001.20005	1.20005	16667	29999.4	0.6
5	3M	167E+02	166	3012048.193	12048.193	167	2994012	5988
6	300M	167E+00	1	500000000	200000000	2	25000000000	25000000000

边沿检测法测量频率只需要一个信号周期就可以测得信号频率,效率高,但也导致高频测量时误差较大。可设置一个移位寄存器,测量时估计被测频率,若频率较高,则利用移位寄存器内的计数值平均,达到测量多个周期的目的,这样既提高了测量精度,也保证了测量效率。

3. 边沿检测频率计的实现

本例用 IP 核产生 500MHz 的参考时钟,对被测频率划分为 1MHz 以上、1kHz 到 1MHz、1kHz 以下 3 个频段。程序中设置了 16 个寄存器,对于 1MHz 以上频段,采用 16 次平均;对于 1kHz 到 1MHz 频段,采用 4 次平均;对于 1kHz 以下频段则直接测量。例 11.11 是频率计的顶层 Verilog 源代码,主要由两部分组成: 频率计和字符液晶驱动器。

例 11.11 频率计的顶层 Verilog 源代码。

```verilog
`timescale 1ns/1ps
module fre_meter(
    input sys_clk, sys_rst,
    input sig_in,                                       //待测信号
    output sig_gen,                                     //产生待测信号
    output reg lcd_rs, lcd_rw,                          //液晶端口信号
    output lcd_en,                                      //液晶使能信号 500Hz @LCD
    output bla, blk,
    output reg[7:0] lcd_data,
    output locked);                                     //PLL 锁相环锁定指示
//------------------------------------------------
wire [1:0] state;
reg[41:0] count = 0,n,n1,n2,n3,n4,n5,n6,n7,n8,n9,n10,
          n11,n12,n13,n14,n15,n16;                      //16 个寄存器,实现 16 次平均计数
reg sig_reg1, sig_reg2;
parameter REF = 500_000_000;                            //参考频率值
assign state = {sig_reg2, sig_reg1};
always@(posedge clk500m) begin
    if(~sys_rst) count <= 0;
    else begin
    sig_reg1 <= sig_in;                                 //当前采样
    sig_reg2 <= sig_reg1;                               //前一个采样
    if(state == 1) begin n1 <= count + 1; count <= 0;
    n2 <= n1; n3 <= n2; n4 <= n3; n5 <= n4; n6 <= n5; n7 <= n6;
    n8 <= n7; n9 <= n8; n10 <= n9; n11 <= n10; n12 <= n11;
    n13 <= n12; n14 <= n13; n15 <= n14; n16 <= n15; end
    else count <= count + 1;
end end
//------------------------------------------------
wire clk1hz;
clk_div #(1) u1(                                        //产生 1Hz 时钟信号
    .clk(sys_clk),
    .clr(sys_rst),
    .clk_out(clk1hz));
//------------------------------------------------
reg [3:0] unit_data;
reg [53:0] mea_tmp1;
always@(posedge clk1hz) begin
    if(((n1 + n2 + n3 + n4)>> 2)<= REF/1000_000)
    begin n <= n1 + n2 + n3 + n4 + n5 + n6 + n7 + n8 + n9 + n10 + n11 + n12 + n13 + n14 + n15 + n16;
    //右移 4 位恢复为准确值,再扩大 128 倍(左移 7 位)
    mea_tmp1 <= (REF << 4)/n/1000; unit_data <= 'hc;end //单位为 MHz
    else if(((n1 + n2 + n3 + n4)>> 2)<= REF/1_000)
    begin n <= n1 + n2 + n3 + n4 + n5 + n6 + n7 + n8;
        mea_tmp1 <= (REF << 3)/n; unit_data <= 'hb;end  //单位为 kHz
    else if(n1 <= REF)
    begin n <= n1 + n2 + n3 + n4; mea_tmp1 <= (1000 * (REF << 2))/n;
        unit_data <= 'ha;end                            //单位为 Hz
```

```
        else begin n<=n1; mea_tmp1<=(1000*REF)/n; unit_data<='ha; end
    end
    //------------------------------------
    wire[27:0] dec_data;
    bin2bcd #(.W(40))                           //二进制结果转换为相应的十进制数
        u2(.bin(mea_tmp1),                      //bin2bcd源代码见例11.3
           .bcd(dec_data));
    //---- 例化锁相环产生时钟频率500MHz -----------
    wire clk500m;
    clk_500m u3(                                //用IP核产生500MHz参考时钟
        .clk_out1(clk500m),
        .locked(locked),
        .clk_in1(sys_clk));
    //------------------------------------
    parameter[3:0]  state_set = 0,              //用状态机实现液晶屏的控制和读写
                    state_clr = 1,
                    state_cntrl = 2,
                    state_mode = 3,
                    state_wr1 = 4,
                    state_wr2 = 5,
                    state_wr3 = 6,
                    state_wr4 = 7,
                    state_wr5 = 8,
                    state_wr6 = 9,
                    state_wr7 = 10,
                    state_wr8 = 11,
                    state_wr9 = 12,
                    state_wr10 = 13,
                    state_return = 14;
    reg[3:0] pr_state, nx_state;
    //---- 液晶屏显示数据,二进制码→ASCII码 -----------
    wire[7:0] lcd_asc1, lcd_asc2, lcd_asc3,
              lcd_asc4, lcd_asc5, lcd_asc6, lcd_asc7;
    assign lcd_asc1 = bin_to_asc(dec_data[3:0]),     //函数例化,二进制码→ASCII码
           lcd_asc2 = bin_to_asc(dec_data[7:4]),
           lcd_asc3 = bin_to_asc(dec_data[11:8]),
           lcd_asc4 = bin_to_asc(dec_data[15:12]),
           lcd_asc5 = bin_to_asc(dec_data[19:16]),
           lcd_asc6 = bin_to_asc(dec_data[23:20]),
           lcd_asc7 = bin_to_asc(unit_data);
    //---- 液晶屏LCD1602时序驱动 --------------------
    assign blk = 1'b0, bla = 1'b1;              //液晶和背景点亮
    //---- 产生液晶屏使能信号(500Hz) ----------------
    clk_div #(500) u4(                          //产生500Hz时钟
        .clk(sys_clk),                          //clk_div源代码见例7.12
        .clr(sys_rst),
        .clk_out(lcd_en));
    //------ 液晶初始化 -----------------------------
    always @(posedge lcd_en)
        begin pr_state <= nx_state; end
    always @(*) begin
        case (pr_state)
        state_set : begin
                lcd_rs <= 1'b0;
                lcd_rw <= 1'b0;
                lcd_data <= 8'h38;
                nx_state <= state_clr; end
        state_clr : begin
                lcd_rs <= 1'b0;
```

```
                lcd_rw <= 1'b0;
                lcd_data <= 8'h01;
                nx_state <= state_cntrl; end
        state_cntrl : begin
                lcd_rs <= 1'b0;
                lcd_rw <= 1'b0;
                lcd_data <= 8'h0c;
                nx_state <= state_mode; end
        state_mode : begin
                lcd_rs <= 1'b0;
                lcd_rw <= 1'b0;
                lcd_data <= 8'h06;
                nx_state <= state_wr1; end
//---- 向液晶写数据: ------------------------------
        state_wr1 : begin
                lcd_rs <= 1'b1;
                lcd_rw <= 1'b0;
                lcd_data <= lcd_asc6;
                nx_state <= state_wr2; end
        state_wr2 : begin
                lcd_rs <= 1'b1;
                lcd_rw <= 1'b0;
                lcd_data <= lcd_asc5;
                nx_state <= state_wr3; end
        state_wr3 : begin
                lcd_rs <= 1'b1;
                lcd_rw <= 1'b0;
                lcd_data <= lcd_asc4;
                nx_state <= state_wr4; end
        state_wr4 : begin
                lcd_rs <= 1'b1;
                lcd_rw <= 1'b0;
                lcd_data <= 8'h2e;
                nx_state <= state_wr5; end
        state_wr5 : begin
                lcd_rs <= 1'b1;
                lcd_rw <= 1'b0;
                lcd_data <= lcd_asc3;
                nx_state <= state_wr6; end
        state_wr6 : begin
                lcd_rs <= 1'b1;
                lcd_rw <= 1'b0;
                lcd_data <= lcd_asc2;
                nx_state <= state_wr7; end
        state_wr7 : begin
                lcd_rs <= 1'b1;
                lcd_rw <= 1'b0;
                lcd_data <= lcd_asc1;
                nx_state <= state_wr8; end
        state_wr8 : begin
                lcd_rs <= 1'b1;
                lcd_rw <= 1'b0;
                lcd_data <= lcd_asc7;              //显示单位"k","M"或者"空格"
                nx_state <= state_wr9; end
        state_wr9 : begin
                lcd_rs <= 1'b1;
                lcd_rw <= 1'b0;
                lcd_data <= 8'h48;                 //显示"H"
                nx_state <= state_wr10; end
```

```
    state_wr10 : begin
            lcd_rs <= 1'b1;
            lcd_rw <= 1'b0;
            lcd_data <= 8'h7a;                       //显示"z"
            nx_state <= state_return; end
    state_return : begin
            lcd_rs <= 1'b0;
            lcd_rw <= 1'b0;
            lcd_data <= 8'h80;
            nx_state <= state_wr1; end
    endcase
    end
//------ 用函数实现二进制码到 ASCII 码的转换功能 ------------
function[7:0] bin_to_asc;
input[3:0] num;
begin
  case(num)
    4'h0:bin_to_asc = 8'h30;                         //"0"
    4'h1:bin_to_asc = 8'h31;                         //"1"
    4'h2:bin_to_asc = 8'h32;                         //"2"
    4'h3:bin_to_asc = 8'h33;                         //"3"
    4'h4:bin_to_asc = 8'h34;                         //"4"
    4'h5:bin_to_asc = 8'h35;                         //"5"
    4'h6:bin_to_asc = 8'h36;                         //"6"
    4'h7:bin_to_asc = 8'h37;                         //"7"
    4'h8:bin_to_asc = 8'h38;                         //"8"
    4'h9:bin_to_asc = 8'h39;                         //"9"
    4'ha:bin_to_asc = 8'h20;                         //"空格"
    4'hb:bin_to_asc = 8'h4b;                         //"k"
    4'hc:bin_to_asc = 8'h4d;                         //"M"
    default: bin_to_asc = 8'h20;                     //"空格"
    endcase
end
endfunction
//---- 产生待测信号: ------------------------
clk_div # (12500000) u5(                             //产生 12.5MHz 测试信号
    .clk(sys_clk),
    .clr(sys_rst),
    .clk_out(sig_gen));
endmodule
```

上例中的 bin_to_asc 函数实现二进制码到 ASCII 码的转换功能。500MHz 参考时钟(clk500m)采用 IP 核 Clocking Wizard 产生,其定制过程如下。

4. IP 核 Clocking Wizard 的定制

(1) 在 Vivado 主界面,单击 Flow Navigator 中的 IP Catalog,在 IP Catalog 标签页的 Search 处输入 clock,寻找并选中 Clocking Wizard 核。

(2) 双击 Clocking Wizard 核,弹出配置窗口,配置窗口中的 Clocking Options 标签页如图 11.12 所示,在该标签页中输入 Component Name(部件名)为 clk_500m,Primitive 项选择 PLL(用锁相环实现该时钟);设置输入时钟的频率为 100.000MHz。

Jitter Optimization(抖动优化)选项选择 Balanced。

Source(时钟源)选择 Global buffer(全局缓冲器)。其他选项按默认设置。

(3) 设置 Output Clocks 标签页:在该页面主要设置输出频率,如图 11.13 所示,

Requested(需求频率)设置为 500.000MHz,Actual(实际输出频率)显示为 500.000MHz。
Duty Cycle(占空比)为 50%。

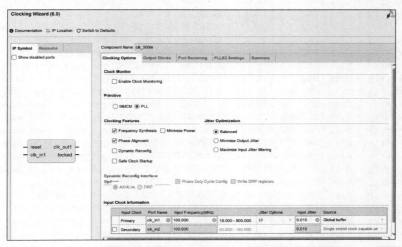

图 11.12　设置 Clocking Options 标签页

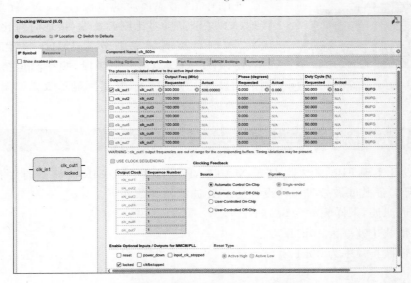

图 11.13　设置 Output Clocks 标签页

不勾选 reset、locked 端口,模块只有一个输入频率端口(clk_in1)和一个输出频率端口(clk_out1)。

(4) 其他标签页各选项按默认设置。设置完成后,单击 OK 按钮,弹出 Generate Output Products 窗口,选择 Out for context per IP,单击 Generate 按钮,完成后再单击 OK 按钮。

(5) 在定制生成 IP 核后,在 Sources 窗口下方会出现 IP Sources 标签,单击该标签,找到刚生成的名为 clk_500m 的 IP 核,展开 Instantiation Template,找到 clk_500m.veo 文件,参考该文件中的例化代码,在顶层代码中调用该 IP 核。

5. 引脚约束与下载验证

将 LCD1602 字符型液晶模块连接至目标板的扩展接口上,引脚约束如下:

```
# ////////////////////////////////时钟与复位///////////////////////////////////
set_property - dict {PACKAGE_PIN P17 IOSTANDARD LVCMOS33} [get_ports sys_clk]
set_property - dict {PACKAGE_PIN P15 IOSTANDARD LVCMOS33} [get_ports sys_rst]
# /////////////////////////////////LCD1602液晶模块接口//////////////////////////
set_property - dict {PACKAGE_PIN G17 IOSTANDARD LVCMOS33} [get_ports lcd_rs]
set_property - dict {PACKAGE_PIN J13 IOSTANDARD LVCMOS33} [get_ports lcd_rw]
set_property - dict {PACKAGE_PIN D17 IOSTANDARD LVCMOS33} [get_ports lcd_en]
set_property - dict {PACKAGE_PIN G14 IOSTAB LVCMOS33} [get_ports {lcd_data[0]}]
set_property - dict {PACKAGE_PIN F16 IOSTANDARD LVCMOS33} [get_ports {lcd_data[1]}]
set_property - dict {PACKAGE_PIN G16 IOSTANDARD LVCMOS33} [get_ports {lcd_data[2]}]
set_property - dict {PACKAGE_PIN C15 IOSTANDARD LVCMOS33} [get_ports {lcd_data[3]}]
set_property - dict {PACKAGE_PIN E16 IOSTANDARD LVCMOS33} [get_ports {lcd_data[4]}]
set_property - dict {PACKAGE_PIN A11 IOSTANDARD LVCMOS33} [get_ports {lcd_data[5]}]
set_property - dict {PACKAGE_PIN C14 IOSTANDARD LVCMOS33} [get_ports {lcd_data[6]}]
set_property - dict {PACKAGE_PIN B14 IOSTANDARD LVCMOS33} [get_ports {lcd_data[7]}]
set_property - dict {PACKAGE_PIN F14 IOSTANDARD LVCMOS33} [get_ports bla]
set_property - dict {PACKAGE_PIN A18 IOSTANDARD LVCMOS33} [get_ports blk]
set_property - dict {PACKAGE_PIN B16 IOSTANDARD LVCMOS33} [get_ports sig_in]
set_property - dict {PACKAGE_PIN B17 IOSTANDARD LVCMOS33} [get_ports sig_gen]
set_property - dict {PACKAGE_PIN K3 IOSTANDARD LVCMOS33} [get_ports locked]
```

图 11.14　频率计的下载与验证

LCD1602 液晶模块的电源接 3.3V,背光偏压 V0 接地(V0 是液晶屏对比度调整端,接地时对比度达到最大）。本例对被测频率划分为 1MHz 以上、1kHz 到 1MHz 以及 1kHz 以下 3 个频段,频率测量结果以十进制形式显示在液晶屏上,其实际显示效果如图 11.14 所示,经验证测试精度较高。

11.5　FIR 滤波器

本节设计实现 FIR 滤波器,基于 MATLAB 设计并仿真 FIR 滤波器的性能,下载至 FPGA 实际验证其滤波效果。将设计的 FIR 滤波器参数如下。

- 低通滤波,采样频率为 500kHz。
- 通带截止频率为 10kHz。
- 阻带截止频率为 30kHz。

11.5.1　FIR 滤波器的参数设计

在信号处理领域中,对于信号处理的实时性、快速性的要求越来越高。而在许多信息处理过程中,如对信号的过滤、检测、预测等,都要广泛地用到滤波器。数字滤波器具有稳定性高、精度高、设计灵活、实现方便等优点,避免了模拟滤波器所无法克服的电压漂移、温度漂移和难以去噪等问题,其中 FIR 滤波器能在设计任意幅频特性的同时保证严格的线性相位特性,在语音处理、数据传输中被广泛采用。

1. FIR 滤波器

FIR(Finite Impulse Response)滤波器即有限冲激响应滤波器,又称为非递归型滤波器,它可以在保证任意幅频特性的同时具有严格的线性相频特性,同时其单位采样响应是有限长的,因而滤波器是稳定的系统。FIR 滤波器在通信、图像处理、模式识别等领域都有着广泛的应用。本例主要从 FIR 滤波器的原理、MATLAB 仿真及硬件实现三方面介绍。

数字滤波器的基本构成如图 11.15 所示，首先通过模数转换（Analog Digital Converter，ADC）将模拟信号通过采样转换为数字信号，然后通过数字滤波器完成信号处理，最后再通过数模转换（Digital Analog Converter，DAC）将滤波后的数字信号转换为模拟信号输出。

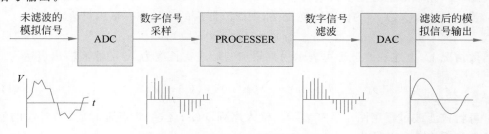

图 11.15　数字滤波器的基本构成

假设低频传输信号 $x_S(t) = \sin(2\pi f_0 t)$（$f_0 = 5\text{kHz}$）受到高频噪声信号 $x_N(t) = \sin(2\pi f_1 t)$（$f_1 = 20\text{kHz}$）干扰，如图 11.16 所示为叠加噪声前后信号时域图。

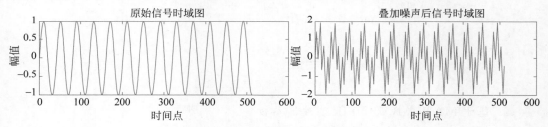

图 11.16　叠加噪声前后信号时域图

原始信号的傅里叶变换为 $X_S(f)$，噪声信号的傅里叶变换为 $X_N(f)$，则含噪信号的傅里叶变换可表示为

$$X(f) = X_S(f) + X_N(f) \tag{11-6}$$

如图 11.17 所示为含噪声信号频谱图，分析频谱图可知，要想滤除高频干扰信号，只需要将该频谱与一个低通频谱相乘即可。

假设该低通频谱为 $X_L(f)$，其理想低通滤波器频谱图如图 11.18 所示。

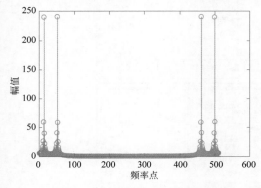

图 11.17　含噪声信号频谱图

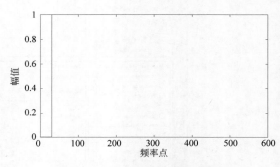

图 11.18　理想低通滤波器频谱图

经过低通滤波后的输出信号频谱为

$$X_{\text{out}}(f) = X(f)X_{\text{L}}(f) \tag{11-7}$$

通过以上分析可知,从频域的角度来说,只需要将信号与滤波器在频域内相乘即可完成滤波。但由于实际系统是基于时域实现的,所以还需要进一步转换到时域,在时域完成滤波。频域乘积对应于时域的卷积,而卷积的实质即为一系列的乘累加操作。

若 $x_{\text{L}}(t)$ 为 $X_{\text{L}}(f)$ 的傅里叶逆变换,则滤波器后的信号在时域内可表示为

$$x_{\text{out}}(t) = x(t) \otimes x_{\text{L}}(t) \tag{11-8}$$

在离散情况下,上述滤波过程可表示为乘累加的形式。长度为 N 的滤波输出表达为

$$x_{\text{out}}(n) = \sum_{k=0}^{N-1} x(n)x_{\text{L}}(k-n) \tag{11-9}$$

可将该滤波过程用图 11.19 表示。输入序列 $x(n)$ 经过 N 点延时后,与对应的滤波器系数相乘再求和并输出。

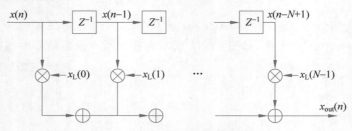

图 11.19　FIR 滤波过程示意图

2. 基于 MATLAB 设计 FIR 滤波器参数

由上述内容可知,设计 FIR 滤波器的关键在于得出符合预期要求的滤波器系数。这里用 MATLAB 工具箱求解 FIR 滤波器系数。

运行 MATLAB 软件,在命令行窗口输入 fdatool 命令,打开滤波器设计工具,图 11.20

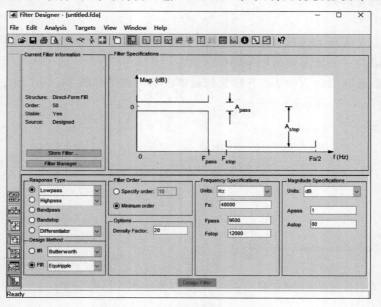

图 11.20　滤波器设计工具箱界面

所示为滤波器设计工具箱界面,在 Response Type 栏内选择滤波器的种类,有低通、高通、带通、带阻等。在 Design Method 栏内选择 FIR 方法,常见的有窗函数法、最小均方误差法、等波纹法等,默认为等波纹法。当选择窗函数法时,可进一步选择汉明窗、凯泽窗等类型。在 Filter Order 中可以设置滤波器的阶数,有两种方法:Specify order 为个人自定义阶数;当选择 Minimum order 时,软件会根据用户设置的其他参数,自动生成最小的阶数要求。Options 栏的 Density Factor 是指频率网密度,一般该参数值越高,滤波器越接近理想状态,滤波器复杂度也越高,通常取默认值。Frequency Specifications 栏用于设置采样频率 Fs、通带截止频率 Fpass 及阻带截止频率等。Magnitude Specifications 栏用于设置通带增益 Apass(通常采用默认值 1dB),Astop 是指阻带衰减,可根据需要设置。

当设置好参数后,单击 Design Filter 按钮即可完成滤波器设计。该滤波器频率响应会在 Magnitude Response 区域中显示,如图 11.21 所示。

此时,从菜单栏中选择 File→Export,弹出如图 11.22 所示的 Export 对话框,自定义系数名称后,单击 Export 按钮,将系数导出至 MATLAB 软件工作区。

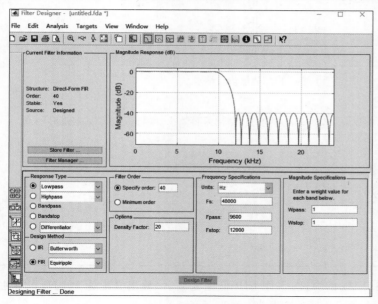

图 11.21 滤波器设计参数及其频率响应曲线

图 11.22 Export 对话框

3. FIR 滤波器效果仿真实验

本例以低通滤波器为例,通过设计 FIR 滤波器,验证其滤波效果。

滤波器参数为采样频率为 500kHz,通带截止频率为 10kHz,阻带截止频率为 30kHz,具体参数如图 11.23 所示。

如例 11.12 所示,编写 MATLAB 代码,使用该滤波器从矩形波中滤出基波分量,验证其滤波效果。

例 11.12 FIR 滤波器滤波效果仿真代码。

```
N = 512;fs = 500e3;f1 = 10e3;
t = 0:1/fs:(N-1)/fs;
```

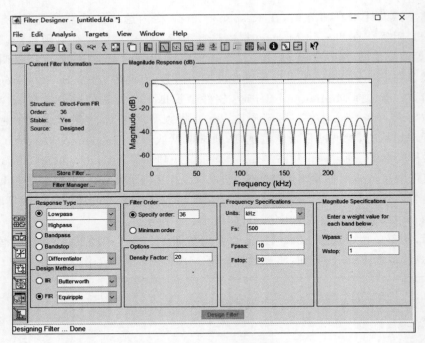

图 11.23 FIR 低通滤波器参数

```
in = square(2 * pi * f1 * t)/2 + 0.5;
% 此处将浮点型滤波器参数放大 2^16 倍,并取整,滤波后再缩小,以与后续 FPGA 实现时一致
Num2 = floor(Num1 * 65536);
out = conv(in, Num2)/65536;
figure;
subplot(2,1,1);
plot(in);
xlabel('滤波前');
subplot(2,1,2);
plot(out);
xlabel('滤波后');
```

信号输入是频率为 10kHz 的方波,采用 FIR 低通滤波后,输出波形为 10kHz 的正弦波,滤波效果较好。滤波前后的波形比对如图 11.24 所示。

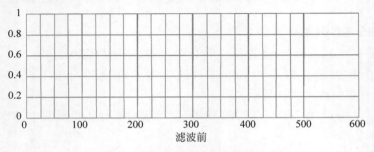

图 11.24 滤波前后的波形比对

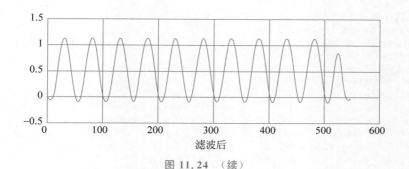

图 11.24 （续）

11.5.2 FIR 滤波器的实现

1. AD/DA 模块

如图 11.25 所示为所用的 AD/DA 模块，型号为 AN108。该模块的数模转换电路由
AD9708 高速 DA 芯片、7 阶巴特沃斯低通滤波器、幅度
调节电路和信号输出接口组成。AD9708 是 8 位，
125MSPS 的 DA 转换芯片，内置 1.2V 参考电压；7 阶
巴特沃斯低通滤波器的带宽为 40MHz；信号输出范围
为 $-5\sim5\text{V}(10V_{\text{p-p}})$。

图 11.25　AD/DA 模块

该模块的模数转换电路由 AD 芯片 AD9280、衰减电
路和信号输入接口组成。AD9280 是 8 位，最大采样率为 32MSPS 的 AD 芯片。信号输入范
围为 $-5\sim5\text{V}(10V_{\text{p-p}})$。信号在进入 AD 芯片前，使用衰减电路将信号幅度降为 $0\sim2\text{V}$。

2. FIR 滤波器的 Verilog 实现

将 MATLAB 中求得的 FIR 滤波器系数放大 65536(2^{16})倍后保存在数组中，由于该
系数具有对称性，故而只需要存储一半的数据（代码中的变量名为 coef）。

例 11.13 是 FIR 滤波器的 Verilog 实现源代码。

例 11.13　FIR 滤波器的 Verilog 实现源代码。

```
`timescale 1ns/1ps
module myfir(
    input clk,rst,
    input wire signed [8:0] datain,
    output wire signed [8:0] dataout);
wire signed [47:0] datatmp;
parameter n = 37;
integer i;
//---------------------------------------------
reg signed [15:0] coef [18:0];                    //(n+1)/2
initial begin
    coef[0]<= -16'd1225;     coef[1]<= -16'd471;
    coef[2]<= -16'd492;      coef[3]<= -16'd454;
    coef[4]<= -16'd343;      coef[5]<= -16'd151;
    coef[6]<= 16'd128;       coef[7]<= 16'd495;
    coef[8]<= 16'd944;       coef[9]<= 16'd1462;
    coef[10]<= 16'd2032;     coef[11]<= 16'd2631;
    coef[12]<= 16'd3232;     coef[13]<= 16'd3807;
    coef[14]<= 16'd4326;     coef[15]<= 16'd4762;
    coef[16]<= 16'd5093;     coef[17]<= 16'd5298;
```

```
        coef[18]< = 16'd5368;   end
reg signed [8:0] delay [n-1:0];
wire signed [31:0] tap [n-1:0];
//-----------------------------------------
assign tap[0] = delay[0] * coef[0],    tap[1] = delay[1] * coef[1],
    tap[2] = delay[2] * coef[2],       tap[3] = delay[3] * coef[3],
    tap[4] = delay[4] * coef[4],       tap[5] = delay[5] * coef[5],
    tap[6] = delay[6] * coef[6],       tap[7] = delay[7] * coef[7],
    tap[8] = delay[8] * coef[8],       tap[9] = delay[9] * coef[9],
    tap[10] = delay[10] * coef[10],    tap[11] = delay[11] * coef[11],
    tap[12] = delay[12] * coef[12],    tap[13] = delay[13] * coef[13],
    tap[14] = delay[14] * coef[14],    tap[15] = delay[15] * coef[15],
    tap[16] = delay[16] * coef[16],    tap[17] = delay[17] * coef[17],
    tap[18] = delay[18] * coef[18],    tap[19] = delay[19] * coef[17],
    tap[20] = delay[20] * coef[16],    tap[21] = delay[21] * coef[15],
    tap[22] = delay[22] * coef[14],    tap[23] = delay[23] * coef[13],
    tap[24] = delay[24] * coef[12],    tap[25] = delay[25] * coef[11],
    tap[26] = delay[26] * coef[10],    tap[27] = delay[27] * coef[9],
    tap[28] = delay[28] * coef[8],     tap[29] = delay[29] * coef[7],
    tap[30] = delay[30] * coef[6],     tap[31] = delay[31] * coef[5],
    tap[32] = delay[32] * coef[4],     tap[33] = delay[33] * coef[3],
    tap[34] = delay[34] * coef[2],     tap[35] = delay[35] * coef[1],
    tap[36] = delay[36] * coef[0];
assign datatmp =  tap[0] + tap[1] + tap[2] + tap[3] + tap[4] + tap[5] +
    tap[6] + tap[7] + tap[8] + tap[9] + tap[10] + tap[11] + tap[12] +
    tap[13] + tap[14] + tap[15] + tap[16] + tap[17] + tap[18] +
    tap[19] + tap[20] + tap[21] + tap[22] + tap[23] + tap[24] +
    tap[25] + tap[26] + tap[27] + tap[28] + tap[29] + tap[30] +
    tap[31] + tap[32] + tap[33] + tap[34] + tap[35] + tap[36];
assign dataout = datatmp >>> 17;
//-----------------------------------------
always@(posedge clk, negedge rst)   begin
    if(~rst) begin
    for(i = 0;i < = 36;i = i + 1)                //for 语句
    delay[i]< = 8'd0; end
    else begin   delay[36]< = datain;
    for(i = 0;i < = 35;i = i + 1)                //for 语句
    delay[i]< = delay[i + 1]; end
end
endmodule
```

3. FIR 滤波器顶层设计

FIR 滤波器顶层源代码如例 11.14 所示,调用 clk_div 模块产生数码管片选时钟 (5kHz)、AD/DA 模块时钟(500kHz)以及按键检测时钟(5Hz);用 myfir 模块实现信号滤波。

例 11.14　FIR 滤波器的顶层源代码。

```
module fir_top(
    input sys_clk,
    input sys_rst,
    input wire[7:0] ad_data,                    //AD 模块输入
    output wire[7:0] da_data,                    //输出到 DA 模块
    output wire da_clk,ad_clk);                  //AD,DA 模块时钟
wire signed[8:0] firin, firout;
assign ad_clk = da_clk;
assign firin = $ signed({1'b0,ad_data});         //输入转换为有符号数
assign da_data = $ unsigned(firout);             //输出转换为无符号数
//-------------------------------------------------------------
```

```
clk_div   #(500000) u1(        //产生 AD,DA 模块时钟 500kHz 信号
    .clk(sys_clk),             //clk_div 源代码见例 7.12
    .clr(1),
    .clk_out(da_clk));
myfir #(37) u2(
    .clk(da_clk),
    .rst(sys_rst),
    .datain(firin),
    .dataout(firout));
endmodule
```

　　基于目标板进行下载和验证,查看其实际滤波效果,如果是定性测量,可以输入 10kHz 的方波信号,经 FIR 滤波器在输出端得到 10kHz 的正弦波,从方波中滤掉奇数次谐波,只保留基波信号;如果要定量测得滤波器性能指标,则应采用更为具体的测量方法。

11.6　Cordic 算法及实现

　　三角函数的计算,在计算机普及之前,一般通过查找三角函数表来计算任意角度的三角函数值。计算机普及后,计算机可以利用级数展开(如泰勒级数)来逼近三角函数,只要项数取得足够多就能以任意精度来逼近函数值。这些方法本质上都是用多项式函数来近似计算三角函数,计算过程中必然涉及大量的浮点运算。在缺乏硬件乘法器的简单设备上(如没有浮点运算单元的单片机),用这些方法来计算三角函数会非常麻烦。为了解决此问题,J. Volder 于 1959 年提出了一种快速算法,称为 Cordic(Coordinate Rotation Digital Computer)算法,即坐标旋转数字计算方法,该方法只利用移位、加、减运算,就能得出常用三角函数(如 sin、cos、sinh、cosh)值。本节基于 FPGA 实现 Cordic 算法,将复杂的三角函数运算转化成普通的加、减、乘法实现,其中乘法运算可以用移位运算代替。

11.6.1　Cordic 算法

　　如图 11.26 所示,假设在直角坐标系中有一个点 $P_1(x_1, y_1)$,将 P_1 点绕原点旋转 θ 角后得到点 $P_2(x_2, y_2)$。

　　于是可以得到 P_1 和 P_2 的关系:

$$\begin{cases} x_2 = x_1\cos\theta - y_1\sin\theta = \cos\theta(x_1 - y_1\tan\theta) \\ y_2 = y_1\cos\theta - x_1\sin\theta = \cos\theta(y_1 - x_1\tan\theta) \end{cases} \tag{11-10}$$

转化为矩阵形式为

$$\begin{bmatrix} x_2 \\ y_2 \end{bmatrix} = \cos\theta \begin{bmatrix} 1 & -\tan\theta \\ \tan\theta & 1 \end{bmatrix} \begin{bmatrix} x_1 \\ y_1 \end{bmatrix} \tag{11-11}$$

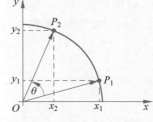

图 11.26　Cordic 算法原理

　　根据以上公式,当已知点 P_1 的坐标,并已知该点旋转的角度 θ,则可以根据上述公式求得目标点 P_2 的坐标。为了兼顾顺时针旋转的情形,可以设置一个标志,记为 flag,其值为 1,表示逆时针旋转,其值为 -1 时,表示顺时针旋转。以上矩阵改写为

$$\begin{bmatrix} x_2 \\ y_2 \end{bmatrix} = \cos\theta \begin{bmatrix} 1 & -\text{flag} \cdot \tan\theta \\ \text{flag} \cdot \tan\theta & 1 \end{bmatrix} \begin{bmatrix} x_1 \\ y_1 \end{bmatrix} \tag{11-12}$$

　　容易归纳出以下通项公式:

$$\begin{bmatrix} x_{n+1} \\ y_{n+1} \end{bmatrix} = \cos\theta_n \begin{bmatrix} 1 & -\mathrm{flag}_n\tan\theta_n \\ \mathrm{flag}_n \cdot \tan\theta_n & 1 \end{bmatrix} \begin{bmatrix} x_n \\ y_n \end{bmatrix} \tag{11-13}$$

为了简化计算过程,可以令旋转的初始位置为 $0°$,旋转半径为 1,则 x_n 和 y_n 的值即为旋转后余弦值和正弦值。并规定每次旋转的角度为特定值,即

$$\begin{cases} x_0 = 1 \\ y_0 = 0 \\ \tan\theta_n = \dfrac{1}{2^n} \end{cases} \tag{11-14}$$

通过迭代可以得出

$$\begin{aligned} \begin{bmatrix} x_{n+1} \\ y_{n+1} \end{bmatrix} &= \cos\theta_n \begin{bmatrix} 1 & -\mathrm{flag}_n\tan\theta_n \\ \mathrm{flag}_n\tan\theta_n & 1 \end{bmatrix} \begin{bmatrix} x_n \\ y_n \end{bmatrix} \\ &= \cos\theta_n \begin{bmatrix} 1 & -\mathrm{flag}_n\tan\theta_n \\ \mathrm{flag}_n\tan\theta_n & 1 \end{bmatrix} \cos\theta_{n-1} \begin{bmatrix} 1 & -\mathrm{flag}_{n-1}\tan\theta_{n-1} \\ \mathrm{flag}_{n-1}\tan\theta_{n-1} & 1 \end{bmatrix} \begin{bmatrix} x_{n-1} \\ y_{n-1} \end{bmatrix} \\ &= \cos\theta_n \begin{bmatrix} 1 & -\mathrm{flag}_n\tan\theta_n \\ \mathrm{flag}_n\tan\theta_n & 1 \end{bmatrix} \cdots \begin{bmatrix} 1 \\ 0 \end{bmatrix} \\ &= \prod_{i=0}^{n}\cos\theta_i \prod_{i=0}^{n} \begin{bmatrix} 1 & -\mathrm{flag}_i\tan\theta_i \\ \mathrm{flag}_i\tan\theta_i & 1 \end{bmatrix} \begin{bmatrix} 1 \\ 0 \end{bmatrix} \xrightarrow{\ \ 令 K = \prod\limits_{i=0}^{n}\cos\theta_i\ \ } \\ &= \prod_{i=0}^{n} \begin{bmatrix} 1 & -\mathrm{flag}_i/2^i \\ \mathrm{flag}_i/2^i & 1 \end{bmatrix} \begin{bmatrix} K \\ 0 \end{bmatrix} \end{aligned} \tag{11-15}$$

分析以上推导过程,可知只要在 FPGA 中存储适当数量的角度值,即可以通过反复迭代完成正余弦函数计算。从公式中可以看出,计算结果的精度受 K 的值以及迭代次数的影响,下面分析计算精度与迭代次数之间的关系。

可以证明,K 的值随着 n 的变大逐渐收敛。图 11.27 为 K 值随迭代次数的收敛情况,从中可以看出,迭代 10 次即有很好的收敛效果,K 值收敛于 0.607252935。

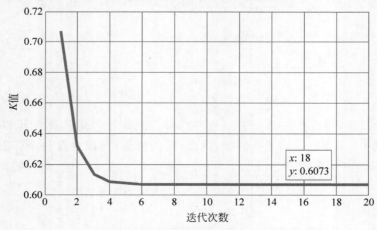

图 11.27　K 值随着迭代次数的变化曲线

使用 MATLAB 软件模拟使用 Cordic 算法完成的角度逼近情况,如图 11.28 所示。从图中可以看出,当迭代次数超过 15 次时,该算法可以很好地逼近待求角度。

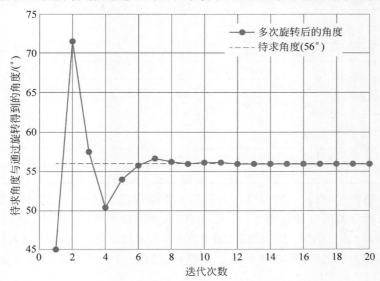

图 11.28　使用 Cordic 算法实现角度逼近

综上可知,当迭代次数超过 15 次时,计算的精度基本可以得到满足。

11.6.2　Cordic 算法的实现

在 Cordic 算法的 Verilog 实现过程中,着重解决如下的问题。

(1)输入角度象限的划分:三角函数值都可以转化到 $0°\sim90°$ 内计算,所以考虑对输入的角度进行预处理,进行初步的范围划分,分为 4 个象限,如表 11.5 所示,然后再将其转化到 $0°\sim90°$ 内进行计算。

表 11.5　角度范围划分

划 分 象 限	象　　限	划 分 象 限	象　　限
00	第 1 象限	10	第 3 象限
01	第 2 象限	11	第 4 象限

(2)由于 FPGA 综合时只能对定点数进行计算,所以要进行数值的扩大,从而导致结果也扩大。因此要进行后处理,乘以相应的因子,使数值变为原始的结果。

本例采用 8 位拨码开关作为角度值输入,则角度的输入范围为 $0°\sim255°$。使用数码管作为输出显示,由于计算结果有正负,故用一位数码管作为正负标志,A 表示结果为正,F 表示结果为负,为了使计算结果能精确到 0.00001,采用 20 次迭代。

首先根据以下计算公式,使用 MATLAB 软件计算出 20 个特定角度值并放大 2^{32} 倍,如表 11.6 所示。

$$\theta_n = \arctan \frac{1}{2^n} \tag{11-16}$$

表 11.6　20 个特定旋转角

n	角度值/(°)	n	角度值/(°)
0	45	10	0.055952892
1	26.56505118	11	0.027976453
2	14.03624347	12	0.013988227
3	7.125016349	13	0.006994114
4	3.576334375	14	0.003497057
5	1.789910608	15	0.001748528
6	0.89517371	16	0.000874264
7	0.447614171	17	0.000437132
8	0.2238105	18	0.000218566
9	0.111905677	19	0.000109283

(3) 实际编程时,当输入的角度转换到第一象限后较小时(小于 5°)或者较大时(大于 85°)计算结果都会溢出。通过 MATLAB 仿真,发现当待测角度较小时,旋转过程中会出现负角情况,即计算出的 y_n 值为负,针对此问题,可通过在计算过程中加入判定语句,调整计算过程解决此问题,代码如下所示。同样地,当角度较大时,x_n 也会出现类似情况,也需调整。

```
if ((phase_tmp[DW - 1] == 0&&phase_tmp <= phase_reg)||phase_tmp[DW - 1] == 1)
    //小角度<5°,容易旋转至第 4 象限,即 y 为负数
    begin
    if(phase_tmp[DW - 1] == 1) x <= x + ((~y + 1)>> i); else x <= x - (y >> i);
```

(4) 图 11.29 为待测角为 0° 时的角度旋转过程。放大最后的迭代结果细节发现,该迭代曲线以小于 0° 的方式趋近 0°。即表示,最终还是以负值作为近似 0°,从而导致计算结果出错。同样的问题也会出现在 90°、180° 等位置。

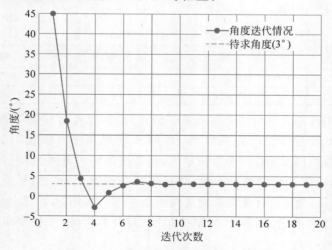

图 11.29　待测角为 0° 时的角度迭代情况

由于计算 0° 的三角函数值与其从正值趋近还是负值趋近无关,故采用如下的代码直接将负数变为正数解决上面的问题。

```
else if (i == 'd20) begin
if(y[DW - 1] == 1) y = ~y + 1;                    //计算完成时值依然为负数的,调整为正数
if(x[DW - 1] == 1) x = ~x + 1;
```

（5）至此完成了 Cordic 算法编程实现,其 Verilog 源代码如例 11.15 所示。

例 11.15 实现 Cordic 算法的 Verilog 源代码。

```
module cordic(
    input clk,
    input reset,
    input[7:0] phase,                             //输入角度数
    input sinorcos,
    output[DW - 1 + 20:0] out_data,               //防止溢出, + 20 位
    output reg[1:0] symbol);                       //正负标记,0 表示正,1 表示负
parameter DW = 48;
parameter K = 40'h009B74EDA8;                     //K = 0.607253 * 2^32,40'h9B74EDA8,
integer i = 0;
reg [1:0]quadrant;
reg signed [DW - 1:0] x, y;
reg[DW - 1:0] sin, cos;
reg[DW - 1:0] phase_reg;                          //0°~90°
wire[DW - 1:0] phase_regtmp;                       //待计算的角度
assign phase_regtmp = phase << 32;
reg signed [DW - 1:0] phase_tmp;                  //存储当前的角度
reg [39:0] rot [19:0];
initial begin
    rot[0] = 40'h2D00000000;
    rot[1] = 40'h1A90A731A6;
    rot[2] = 40'h0E0947407D;
    rot[3] = 40'h072001124A;
    rot[4] = 40'h03938AA64C;
    rot[5] = 40'h01CA3794E5;
    rot[6] = 40'h00E52A1AB2;
    rot[7] = 40'h007296D7A1;
    rot[8] = 40'h00394BA51C;
    rot[9] = 40'h001CA5D9B7;
    rot[10] = 40'h000E52EDC1;
    rot[11] = 40'h00072976FD;
    rot[12] = 40'h000394BB82;
    rot[13] = 40'h0001CA5DC2;
    rot[14] = 40'h0000E52EE1;
    rot[15] = 40'h0000729770;
    rot[16] = 40'h0000394BB8;
    rot[17] = 40'h00001CA5DC;
    rot[18] = 40'h00000E52EE;
    rot[19] = 40'h0000072977;
end
always@(posedge clk, negedge reset)    begin
    if(~reset) begin x <= K;   y <= 40'b0; phase_tmp = 0;
    if(phase_regtmp < 44'h05A00000000) begin           //< 90°
      phase_reg <= phase_regtmp;   quadrant <= 2'b00;    end
    else if(phase_regtmp < 44'h0B4_0000_0000) begin    //< 180°
       phase_reg <= phase_regtmp - 44'h05A00000000;
       quadrant <= 2'b01;    end
    else if(phase_regtmp < 44'h10E00000000)begin       //< 270°
      phase_reg <= phase_regtmp - 44'h0B400000000;
      quadrant <= 2'b10;    end
```

```
         else begin                                    //< 360°
            phase_reg <= phase_regtmp − 44'h10E00000000;
            quadrant <= 2'b11;   end   end
         else begin
         if(i <'d20) begin
         if((phase_tmp[DW − 1] == 0&&phase_tmp <= phase_reg)||phase_tmp[DW − 1] == 1)
         //小角度,小于5°,容易旋转至第4象限,即y为负数
         begin
         if(phase_tmp[DW − 1] == 1) x <= x + ((~y + 1) >> i);
         else x <= x − (y >> i);   y <= y + (x >> i);
              phase_tmp <= phase_tmp + rot[i];   i <= i + 1;   end
         else begin   x <= x + (y >> i);
         if(phase_tmp > 44'h05A00000000) y <= y + ((~x + 1) >> i);
         //大角度,大于85°,容易旋转到第2象限,即x为负数
         else y <= y − (x >> i);   phase_tmp <= phase_tmp − rot[i]; i <= i + 1;   end
         end
         else if(i == 'd20)begin
         if(y[DW − 1] == 1) y = ~y + 1;                   //计算完成时值依然为负数的,调整为整数
         if(x[DW − 1] == 1) x = ~x + 1;
         case(quadrant)
         2'b00: begin   cos <= x;   sin <= y;   symbol <= 2'b00; end
         //角度值在第1象限,sin(X) = sin(A),cos(X) = cos(A)
         2'b01: begin
         //角度值在第2象限,sin(X) = sin(A + 90) = cosA,cos(X) = cos(A + 90) = − sinA
            cos <= y;                                   // − sin
            sin <= x;                                   //cos
            symbol <= 2'b10; end
         2'b10: begin
         //角度值在第3象限,sin(X) = sin(A + 180) = − sinA,cos(X) = cos(A + 180) = − cosA
            cos <= x;                                   // − cos
            sin <= y;                                   // − sin
            symbol <= 2'b11; end
         2'b11: begin
         //角度值在第4象限,sin(X) = sin(A + 270) = − cosA,cos(X) = cos(A + 270) = sinA
            cos <= y;                                   //sin
            sin <= x;                                   // − cos
            symbol <= 2'b01; end
         endcase
         i <= i + 1;   end
         else begin   phase_tmp <= 0; x <= K; y <= 40'b0; i <= 0; end
   end   end
   assign out_data = ((sinorcos?sin:cos) * 15625) >> 26;
      //防止溢出,提前做了部分运算 * 1000000 >> 32
   endmodule
```

(6) 在实现Cordic算法的基础上,增加数码管显示等模块构成顶层设计,如例11.16所示。

例11.16 Cordic设计顶层源代码。

```
`timescale 1ns/1ps
module cordic_top(
    input sys_clk, sys_rst,
    input sinorcos,
    input wire [7:0] phase,
    output wire [6:0] seg1,                    //用于数码管显示低位
    output wire [6:0] seg2,                    //用于数码管显示高位
    output reg [1:0] dp,                       //小数点显示
    output reg [7:0] seg_cs = ~8'b11011111);
```

```verilog
wire [1:0] symbol;
wire [39:0] data_tmp;
reg [3:0] dec_tmp1,dec_tmp2;
wire [31:0] dec_data;
cordic u1(
    .clk(sys_clk),
    .reset(sys_rst),
    .phase(phase),
    .out_data(data_tmp),
    .sinorcos(sinorcos),
    .symbol(symbol));
bin2bcd  #(.W(40))                           //二进制结果转换为相应的十进制数
    u2(.bin(data_tmp),                       //bin2bcd 源代码见例 11.3
    .bcd(dec_data));
// ------------ 数码管显示平方根值 --------------------------
wire clkcsc;
clk_div  #(5000)  u3(                        //产生 5kHz 数码管位选时钟
    .clk(sys_clk),                           //clk_div 源代码见例 7.12
    .clr(sys_rst),
    .clk_out(clkcsc));
always@(posedge clkcsc)  begin
    seg_cs[7:0] = {seg_cs[6:0],seg_cs[7]};
    case (seg_cs)
    8'b00000001: begin dec_tmp1 <= dec_data[3:0];dp <= 2'b00;    end
    8'b00000010: begin dec_tmp1 <= dec_data[7:4];dp <= 2'b00;    end
    8'b00000100: begin dec_tmp1 <= dec_data[11:8];dp <= 2'b00; end
    8'b00001000: begin dec_tmp1 <= dec_data[15:12];dp <= 2'b00;end
    8'b00010000: begin dec_tmp2 <= dec_data[19:16];dp <= 2'b00;end
    8'b00100000: begin dec_tmp2 <= dec_data[23:20];dp <= 2'b00;end
    8'b01000000: begin dec_tmp2 <= dec_data[27:24];dp <= 2'b10;end
    8'b10000000: begin dp <= 2'b00;
    if(sinorcos) begin
    if(symbol[0]) dec_tmp2 <= 'hf;   else dec_tmp2 <= 'ha; end
    else begin   if (symbol[1]) dec_tmp2 <= 'hf;   else dec_tmp2 <= 'ha;end
    end   endcase
end
seg4_7 u4(                                   //数码管译码,seg4_7 源代码见例 8.4
    .hex(dec_tmp1),
    .a_to_g(seg1));
seg4_7 u5(                                   //数码管译码
    .hex(dec_tmp2),
    .a_to_g(seg2));
endmodule
```

(7) 本例的引脚约束如下：

```
#/////////////////////////系统时钟和复位/////////////////////////////////
set_property - dict {PACKAGE_PIN P17 IOSTANDARD LVCMOS33} [get_ports sys_clk]
set_property - dict {PACKAGE_PIN P15 IOSTANDARD LVCMOS33} [get_ports sys_rst]
set_property - dict {PACKAGE_PIN R15 IOSTANDARD LVCMOS33} [get_ports sinorcos]
#//////////////////////////拨码开关 sw0~sw7/////////////////////////////////
set_property - dict {PACKAGE_PIN P5 IOSTANDARD LVCMOS33} [get_ports {phase[7]}]
set_property - dict {PACKAGE_PIN P4 IOSTANDARD LVCMOS33} [get_ports {phase[6]}]
set_property - dict {PACKAGE_PIN P3 IOSTANDARD LVCMOS33} [get_ports {phase[5]}]
set_property - dict {PACKAGE_PIN P2 IOSTANDARD LVCMOS33} [get_ports {phase[4]}]
set_property - dict {PACKAGE_PIN R2 IOSTANDARD LVCMOS33} [get_ports {phase[3]}]
set_property - dict {PACKAGE_PIN M4 IOSTANDARD LVCMOS33} [get_ports {phase[2]}]
set_property - dict {PACKAGE_PIN N4 IOSTANDARD LVCMOS33} [get_ports {phase[1]}]
set_property - dict {PACKAGE_PIN R1 IOSTANDARD LVCMOS33} [get_ports {phase[0]}]
```

```
#///////////////////////////8个数码管位选信号///////////////////////////
set_property - dict {PACKAGE_PIN G2 IOSTANDARD LVCMOS33} [get_ports {seg_cs[7]}]
set_property - dict {PACKAGE_PIN C2 IOSTANDARD LVCMOS33} [get_ports {seg_cs[6]}]
set_property - dict {PACKAGE_PIN C1 IOSTANDARD LVCMOS33} [get_ports {seg_cs[5]}]
set_property - dict {PACKAGE_PIN H1 IOSTANDARD LVCMOS33} [get_ports {seg_cs[4]}]
set_property - dict {PACKAGE_PIN G1 IOSTANDARD LVCMOS33} [get_ports {seg_cs[3]}]
set_property - dict {PACKAGE_PIN F1 IOSTANDARD LVCMOS33} [get_ports {seg_cs[2]}]
set_property - dict {PACKAGE_PIN E1 IOSTANDARD LVCMOS33} [get_ports {seg_cs[1]}]
set_property - dict {PACKAGE_PIN G6 IOSTANDARD LVCMOS33} [get_ports {seg_cs[0]}]
#///////////////////////////数码管段选信号///////////////////////////
set_property - dict {PACKAGE_PIN B4 IOSTANDARD LVCMOS33} [get_ports {seg2[6]}]
set_property - dict {PACKAGE_PIN A4 IOSTANDARD LVCMOS33} [get_ports {seg2[5]}]
set_property - dict {PACKAGE_PIN A3 IOSTANDARD LVCMOS33} [get_ports {seg2[4]}]
set_property - dict {PACKAGE_PIN B1 IOSTANDARD LVCMOS33} [get_ports {seg2[3]}]
set_property - dict {PACKAGE_PIN A1 IOSTANDARD LVCMOS33} [get_ports {seg2[2]}]
set_property - dict {PACKAGE_PIN B3 IOSTANDARD LVCMOS33} [get_ports {seg2[1]}]
set_property - dict {PACKAGE_PIN B2 IOSTANDARD LVCMOS33} [get_ports {seg2[0]}]
set_property - dict {PACKAGE_PIN D5 IOSTANDARD LVCMOS33} [get_ports {dp[1]}]
set_property - dict {PACKAGE_PIN D4 IOSTANDARD LVCMOS33} [get_ports {seg1[6]}]
set_property - dict {PACKAGE_PIN E3 IOSTANDARD LVCMOS33} [get_ports {seg1[5]}]
set_property - dict {PACKAGE_PIN D3 IOSTANDARD LVCMOS33} [get_ports {seg1[4]}]
set_property - dict {PACKAGE_PIN F4 IOSTANDARD LVCMOS33} [get_ports {seg1[3]}]
set_property - dict {PACKAGE_PIN F3 IOSTANDARD LVCMOS33} [get_ports {seg1[2]}]
set_property - dict {PACKAGE_PIN E2 IOSTANDARD LVCMOS33} [get_ports {seg1[1]}]
set_property - dict {PACKAGE_PIN D2 IOSTANDARD LVCMOS33} [get_ports {seg1[0]}]
set_property - dict {PACKAGE_PIN H2 IOSTANDARD LVCMOS33} [get_ports {dp[0]}]
```

图11.30　Cordic算法演示

(8) 将本例综合并下载,观察实际效果。

将本例下载至目标板,效果如图11.30所示,角度值由8个拨码开关输入,按下RESET按键显示其cos值,按下S2键可切换显示其sin值;用8个数码管显示结果,其中,第1个数码管显示正负(A表示正,F表示负),后面7个数码管显示数值结果。

如图11.30所示,输入角度值为111100,即60°,其cos值显示为正的0.500001,精度可达到10^{-5},如需进一步提高精度,可修改迭代次数实现。

11.7　UART 异步串口通信

UART(Universal Asynchronous Receiver Transmitter)即通用异步收发器,是一种异步通信协议,只需要两条信号线(发送信号txd和接收信号rxd),即可实现全双工通信。实现UART通信的接口规范和总线标准包括RS232、RS449、RS423、RS422和RS485等,这些接口标准规定了通信口的电气特性、传输速率、连接特性和接口的机械特性,可在物理层面实现异步串口通信。

1. UART 传输协议

UART是异步通信方式,发送方和接收方分别有各自独立的时钟,传输的速率由双方约定,使用起止式异步协议。起止式异步协议的特点是一个字符一个字符地进行传输,字符之间没有固定的时间间隔要求,每个字符都以起始位开始,以停止位结束。其帧格式如图11.31所示,每个字符的前面都有一个起始位(低电平),字符本身由5~8位数据位组成,接着是1位校验位(也可以没有校验位),最后是1位(或1.5位、2位)停止位,停止位后面是不定长度的空闲位。停止位和空闲位都规定为高电平,这样就保证了起始位开始处一定有一个下降沿。从图 11.31 可看出,这种格式是靠起始位和停止位来实现字符的界定或同步的,故称为起止式协议。

图 11.31　基本 UART 的帧格式

(1) UART 数据发送:数据的发送实际上就是按照图 13.31 所示的格式将寄存器中的并行数据转换为串行数据,为其加上起始位和停止位,以一定的传输速率进行传输。传输速率可以有多种选择,如 9600b/s、14400b/s、19200b/s、38400b/s 等,在本节的实例中,选择的传输速率为 9600b/s。

(2) 数据接收:接收的首要任务是能够正确检测到数据的起始位,起始位是一位 0,因为空闲位都为高电平,所以当接收信号突然变为低电平时,告诉接收端将有数据传送。一个字符接收完毕后,对数据进行校验(若数据包含奇偶校验位),最后检测停止位,以确认数据接收完毕。

数据传输开始后,接收端不断检测传输线,看是否有起始位到来。当收到一系列的 1 之后,检测到一个下降沿,说明起始位出现。但是,由于传输中有可能会产生毛刺,接收端极有可能将毛刺误认为起始位,所以要对检测到的下降沿进行判别。一般采用如下方法:取接收端的时钟频率是发送频率的 16 倍频,当检测到一个下降沿后,在接下来的 16 个周期内检测数据线上 0 的个数,若 0 的个数超过一定个数(如 8 个或 10 个,根据实际情况设置),则认为起始位到来了;否则认为起始位没有到来,继续检测传输线,等待起始位。

在检测到起始位后,还要确定起始位的中间点位置,由于检测起始位采取 16 倍频,因此计数器计到 8 的时刻即是起始位的中间点位置,在随后的数据位接收中,应恰好在每一位的中间点采样,这样可提高接收的可靠性。接收数据位时可采取与发送数据相同的时钟频率,如果是 8 位数据位、1 位停止位,则需要采样 9 次。UART 接收示意图如图 11.32 所示。最后,接收端将停止位去掉,如果需要,还应进行串并转换,完成一个字符的接收。

图 11.32　UART 接收示意图

由上述工作过程可以看到,异步通信是按字符传输的,每传输一个字符,就用起始位来通知收方,以此来重新核对收发双方的同步。若接收设备和发送设备两者的时钟频率略有偏差,也不会因偏差的累积而导致错位,加之字符之间的空闲位也为这种偏差提供了一种缓冲,所以异步串行通信的可靠性较高。但由于要在每个字符的前后加上起始位和停止位这样一些附加位,使得传输效率变低,只有约 80%。因此,起止协议一般用在数据传输速率较低(一般低于 113.2kb/s)的场合。在高速传送时,一般要采用同步协议。

2. UART 传输实验

本节案例实现 UART 传输回环,分别编写顶层模块 uart_top(见例 11.17)、发送模块 uart_tx(见例 11.18)、接收模块 uart_rx(见例 11.19),以及时钟产生模块 clk_div;接收模块 uart_rx 将收到的数据解析出 8 位的数据,再传送给 uart_tx 发出,形成回环。

本例中 UART 一帧数据中没有校验位,传输速率(波特率)采用 9600b/s。

例 11.17　UART 顶层模块。

```verilog
`timescale 1ns/1ps
module uart_top(
    input   clk,
    input   rxd,
    output txd);
wire clk_9600;
wire rx_ack;
wire[7:0] data;
uart_tx   i1(
    .clk(clk_9600),
    .txd(txd),
    .rst(1),
    .dat_out(data),
    .rx_ack(rx_ack));
uart_rx   i2(
    .clk(clk_9600),
    .rxd(rxd),
    .dat_in(data),
    .rx_ack(rx_ack));
clk_div  #(9600)  i3(          //产生 9600Hz 波特率时钟
    .clk(clk),                 //clk_div 源代码见例 7.12
    .clr(1),
    .clk_out(clk_9600));
endmodule
```

本例中波特率设置为 9600b/s,改变此参数即可以改变串口波特率,clk_div 分频子模块用于产生波特率时钟。

例 11.18　uart_tx 发送模块。

```verilog
module uart_tx(
    input clk,rst,rx_ack,
    input [7:0] dat_out,
    output  reg txd);
localparam   IDLE = 0,
        SEND_START = 1,
        SEND_DATA = 2,
        SEND_END = 3;
reg[3:0] cs,ns;
reg[4:0] count;
reg[7:0] dat_tmp;
always @(posedge clk)  begin  cs <= ns;  end
always @( * )  begin
    ns = cs;
    case(cs)
    IDLE:if(rx_ack)  ns = SEND_START;
```

```
   SEND_START:ns = SEND_DATA;
   SEND_DATA:if(count == 7)  ns =  SEND_END;
   SEND_END:if(rx_ack)  ns = SEND_START;
   default: ns =  IDLE;
   endcase
end
always @(posedge clk)  begin
   if(cs == SEND_DATA) count <= count + 1;
   else if(cs == IDLE|cs == SEND_END) count <= 0;  end
always @(posedge clk)  begin
   if(cs == SEND_START) dat_tmp <= dat_out;
   else if(cs == SEND_DATA) dat_tmp[6:0]<= dat_tmp[7:1];  end
always @(posedge clk)  begin
   if(cs == SEND_START) txd <= 0;
   else if(cs == SEND_DATA) txd <= dat_tmp[0];
   else if(cs == SEND_END) txd <= 1;  end
endmodule
```

例 11.19 uart_rx 接收模块。

```
module uart_rx(
   input clk,rxd,
   output rx_ack,
   output  reg[7:0] dat_in);
localparam IDLE = 0,
          RECEIVE = 1,
          RECEIVE_END = 2;
reg[3:0] cs,ns;
reg[4:0] count;
always @(posedge clk)  begin  cs <= ns;  end
always @( * )  begin
   ns = cs;
   case(cs)
   IDLE:if(!rxd)  ns = RECEIVE;
   RECEIVE:if(count == 7)  ns = RECEIVE_END;
   RECEIVE_END:ns =  IDLE;
   default:ns =  IDLE;
   endcase  end
always @(posedge clk)  begin
   if(cs == RECEIVE) count <= count + 1;
   else if(cs == IDLE|cs == RECEIVE_END) count <= 0;  end
always @(posedge clk)  begin
   if(cs == RECEIVE)  begin dat_in[6:0]<= dat_in[7:1]; dat_in[7] <= rxd; end  end
assign  rx_ack = (cs == RECEIVE_END) ? 1:0;
endmodule
```

本例的引脚约束如下：

```
# //////////////////////////系统时钟//////////////////////////////
set_property - dict {PACKAGE_PIN P17 IOSTANDARD LVCMOS33} [get_ports clk]
# //////////////////////////UART 串口//////////////////////////////
set_property - dict {PACKAGE_PIN N5 IOSTANDARD LVCMOS33} [get_ports rxd]
set_property - dict {PACKAGE_PIN T4 IOSTANDARD LVCMOS33} [get_ports txd]
```

将本例综合并下载至 EGO1 开发板，观察实际效果。

在 PC 上运行串口调试软件,速率设置为 9600b/s,使用 COM6 串口,数据位为 8 位,停止位为 1 位,无校验位。在发送窗口中,发送 ASCII 字符,在计算机上可以看到接收与发送的字符相同,说明串口接收成功,如图 11.33 所示。

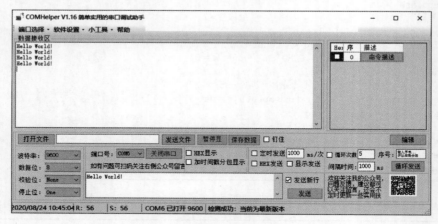

图 11.33　PC 与 EGO1 通过 UART 串口进行通信

11.8　蓝牙通信

蓝牙(Bluetooth)是使用范围最广泛的短距离无线通信标准之一。EGO1 实验板搭载的蓝牙模块是基于 TI 公司 CC2541 芯片的蓝牙 4.0 模块,具有 256Kb 配置空间,遵循 V4.0 BLE 蓝牙规范。

本例利用板卡上的蓝牙模块与外界支持蓝牙 4.0 标准的设备(如手机)进行交互,使支持蓝牙 4.0 的手机与板卡上的蓝牙模块建立连接,并且通过手机 APP 发送命令,与板卡的蓝牙模块实现无线通信。该板卡蓝牙模块出厂默认配置为通过串口协议与 FPGA 进行通信,因此用户无须研究蓝牙相关协议与标准,只需按照 UART 串口协议来处理发送与接收的数据即可。以下为本例的实现过程。

(1) 建立工程,名字不妨命名为 BT。

(2) 添加源文件:其中,UART 串口模块(uart_rx、uart_tx)都无须改动,沿用 11.7 节的模块代码;编写顶层 bt_top 模块,该模块提供了数据通路 rxd、txd,蓝牙配置端口等,如例 11.20 所示。

例 11.20　蓝牙顶层模块。

```verilog
`timescale 1ns/1ps
module bt_top(
    input clk,rxd,
    output txd,
    output bt_master_slave,
    output bt_sw_hw,bt_sw,
    output bt_rst_n,
    input [5:0] sw_pin);
wire clk_9600,rx_ack;
wire[7:0] data;
uart_tx i1(
```

```
   .clk(clk_9600),
   .txd(txd),
   .rst(1),
   .dat_out(data),
   .rx_ack(rx_ack));
uart_rx i2(
   .clk(clk_9600),
   .rxd(rxd),
   .dat_in(data),
   .rx_ack(rx_ack));
clk_div  #(9600)  i3(            //产生 9600Hz 波特率时钟
   .clk(clk),                    //clk_div 源代码见例 7.12
   .clr(1),
   .clk_out(clk_9600));
assign bt_master_slave = sw_pin[0];
assign bt_sw_hw = sw_pin[1];
assign bt_rst_n = sw_pin[2];
assign bt_sw = sw_pin[3];
assign bt_pw_on = sw_pin[4];
endmodule
```

其中,uart_tx 子模块源代码参见例 11.18;uart_rx 子模块源代码见例 11.19。

本例的引脚约束如下:

```
#////////////////////////////系统时钟////////////////////////////////
set_property – dict {PACKAGE_PIN P17 IOSTANDARD LVCMOS33} [get_ports clk]
#////////////////////////////蓝牙////////////////////////////////////
set_property – dict {PACKAGE_PIN L3 IOSTANDARD LVCMOS33} [get_ports rxd]
set_property – dict {PACKAGE_PIN N2 IOSTANDARD LVCMOS33} [get_ports txd]
set_property – dict {PACKAGE_PIN D18 IOSTANDARD LVCMOS33} [get_ports bt_pw_on]
set_property – dict {PACKAGE_PIN M2  IOSTANDARD LVCMOS33} [get_ports bt_rst_n]
set_property – dict {PACKAGE_PIN H15 IOSTANDARD LVCMOS33} [get_ports bt_sw_hw]
set_property – dict {PACKAGE_PIN C16 IOSTANDARD LVCMOS33} [get_ports bt_master_slave]
set_property – dict {PACKAGE_PIN E18 IOSTANDARD LVCMOS33} [get_ports bt_sw]
#//////////////////////////////拨码开关 sw0～sw7///////////////////////////
set_property – dict {PACKAGE_PIN R1 IOSTANDARD LVCMOS33} [get_ports {sw_pin[0]}]
set_property – dict {PACKAGE_PIN N4 IOSTANDARD LVCMOS33} [get_ports {sw_pin[1]}]
set_property – dict {PACKAGE_PIN M4 IOSTANDARD LVCMOS33} [get_ports {sw_pin[2]}]
set_property – dict {PACKAGE_PIN R2 IOSTANDARD LVCMOS33} [get_ports {sw_pin[3]}]
set_property – dict {PACKAGE_PIN P2 IOSTANDARD LVCMOS33} [get_ports {sw_pin[4]}]
set_property – dict {PACKAGE_PIN P3 IOSTANDARD LVCMOS33} [get_ports {sw_pin[5]}]
```

(3) 对本例进行综合,并下载到 EGO1 中。配置 EGO1 蓝牙模块为从模式,根据蓝牙配置,将拨码开关设置成 sw1 为低,sw0、sw2、sw3、sw4 为高,此时,D17 蓝色灯闪烁较慢,说明 EGO1 蓝牙已配置为从模式。

打开手机蓝牙 APP,输入数字,验证试验结果:在手机蓝牙 APP 上输入数字,对应 ASCII 码对照表,若返回值一致,说明蓝牙接收成功。

11.9 用 XADC 实现模数转换

Xilinx 的 7 系列 FPGA 芯片内集成了两个 12 位位宽、采样率为 1MSPS 的高精度 ADC 转换器,可最多采集 17 路模拟输入,无须外挂 ADC 芯片。

11.9.1　7系列FPGA片内集成ADC概述

1. XADC的结构

XADC包含两个通道的模拟差分输入,每个通道的采样率都为1MSPS(Mega Sample Per Second),其结构框图如图11.34所示。

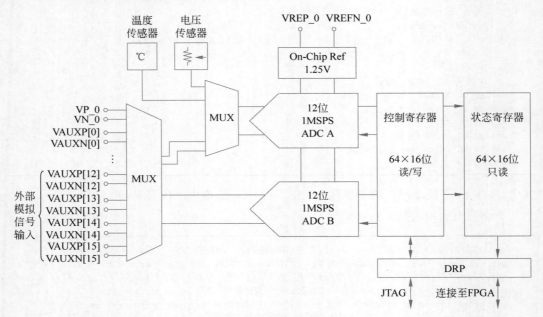

图 11.34　XADC 结构框图

从图11.34可看出,XADC模块有一个专用的支持差分输入的模拟通道输入引脚(VP/VN),以及16路数字/模拟混合引脚VAUXP/VAUXN[15:0]的模拟差分输入,因此XADC最多可采集17路外部模拟信号。

XADC的输出通过JTAG口可直接被FPGA开发工具读取并实时监测,借助Xilinx CORE Generator还可以生成XADC的IP核,加载至FPGA逻辑代码中,随时供用户读取FPGA的温度、电压等信息。

XADC模块也包括一定数量的片上传感器来测量片上的供电电压和芯片温度,这些测量转换数据存储在状态寄存器(Status Register)内,可由FPGA内部的动态配置端口(Dynamic Reconfiguration Port,DRP)的16位同步读写端口访问。ADC转换数据也可由JTAG TAP访问,该端口是FPGA的JTAG结构的专用接口。

2. XADC的引脚

图11.35为XADC的引脚,实际设计时可根据需要选择必要的输入输出引脚,表11.7为XADC各引脚功能。

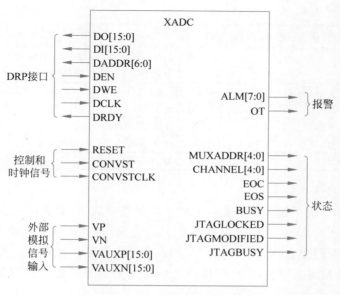

图 11.35 XADC 引脚示意图

表 11.7 XADC 各引脚功能

序号	引　　脚	输入/输出	功　　能
1	DO[15:0]	输出	DRP 输出总线
2	DI[15:0]	输入	DRP 输入总线
3	DADDR[6:0]	输入	DRP 地址总线
4	DEN	输入	DRP 使能信号,高电平有效
5	DWE	输入	DRP 写使能信号,高电平有效
6	DCLK	输入	DRP 时钟
7	DRDY	输出	DRP 数据就绪信号,高电平有效
8	RESET	输入	XADC 控制逻辑的异步复位信号
9	CONVST	输入	当采用事件驱动模式时转换开始的信号,上升沿触发
10	CONVSTCLK	输入	事件驱动模式下的时钟信号
11	VP,VN	输入	一个专用的模拟输入对,提供差分模拟输入。当使用 XADC 特性而不是使用 VP 和 VN 专用的外部通道进行设计时,应该同时将 VP 和 VN 连接到模拟地面
12	VAUXP[15:0], VAUXN[15:0]	输入	16 个辅助模拟输入对。除了专用的差分模拟输入,XADC 还可以通过将数字 I/O 配置为模拟输入来访问 16 个差分模拟输入
13	ALM[7:0]	输出	全部为高电平有效,其中,0:温度传感器报警,1:VCCINT 传感器报警,2:VCCAUX 传感器报警,3:VCCBRAM 传感器报警,4~6,未使用,7:标记任何报警的发生
14	OT	输出	高电平有效,超高温报警输出
15	MUXADDR[4:0]	输出	这些输出用于外部多路复用器模式。它们以要转换的序列指示下一个通道的地址,为外部多路复用器提供通道地址
16	CHANNEL[4:0]	输出	频道选择输出。当前 ADC 转换的 ADC 输入 MUX 通道选择在 ADC 转换结束时放在这些输出上
17	EOC	输出	转换结束信号,高电平有效

续表

序号	引 脚	输入/输出	功 能
18	EOS	输出	序列结束信号。当自动通道序列中最后一个通道的测量数据写入状态寄存器时,该信号转换为高电平
19	BUSY	输出	ADC 忙信号。这个信号在 ADC 转换过程中或传感器校准期间变为高电平
20	JTAGLOCKED	输出	JTAG 端口锁定,高电平有效
21	JTAGMODIFIED	输出	标志 JTAG 正在写入 DRP,高电平有效
22	JTAGBUSY		JTAG 忙,高电平有效

3. XADC 的转换公式

XADC 的标称模拟输入范围是 $0\sim1V$。在单极模式下,差分模拟输入(VP 和 VN)的输入范围为 $0\sim1.0V$。在此模式下,VP 上的电压(相对于 VN 测量)必须始终为正。例如,可将 VN 引脚接地,VP 接入 $0\sim1V$ 的模拟输入即可。在双极模式下,所有输入电压必须相对于模拟地端为正,差分模拟输入(VP-VN)的最大输入范围为 $\pm0.5V$。在这种情况下,共模或参考电压不应超过 $0.5V$。

XADC 总是产生 16 位的转换结果。如果是 12 位数据,则对应 16 位状态寄存器中的高 12 位,未使用的 4 个低位可用于最小化量化效果,或通过平均和滤波提高分辨率。

将常用的 AD 转换公式列举如下:

$$\text{Temp} = \frac{12 \text{ 位 ADC 编码} \times 503.975}{4096} - 273.15 = \frac{16 \text{ 位 ADC 编码} \times 503.975}{65536} - 273.15(℃)$$

$$(11\text{-}17)$$

$$\text{VCCINT、VCCAUX 和 VCCBRAM} = \frac{12 \text{ 位 ADC 编码}}{4096} \times 3 = \frac{16 \text{ 位 ADC 编码}}{65536} \times 3(\text{V})$$

$$(11\text{-}18)$$

$$\text{VAUXP}[15:0] - \text{VAUXN}[15:0] = \frac{12 \text{ 位 ADC 编码}}{4096} = \frac{16 \text{ 位 ADC 编码}}{65536}(\text{V}) \qquad (11\text{-}19)$$

11.9.2 XADC 的使用

本例采集 6 路模拟信号,分别是片上温度传感器、片上电压传感器(VCCINT)和 4 路外部模拟电压输入,通过 EGO1 自带的电位器(W1)向 FPGA 提供 4 路外部模拟电压输入(也可将其接入其他 $0\sim1V$ 的模拟输入信号),输入的模拟电压随电位器的旋转在 $0\sim$ $1V$ 变化。6 路信号通过 3 位拨码开关选择,并将采集结果实时用数码管显示出来。

本例需要用到 IP 核 XADC Wizard,首先需定制该 IP 核。

1. IP 核 XADC Wizard 的定制

(1)启动 Vivado 软件,在 IP Catalog 中搜索并打开 IP 核 XADC Wizard,如图 11.36 所示。

(2)进入 IP 核 XADC Wizard 的定制页面,首先是 Basic 设置页面,如图 11.37 所示。在该页面中设置 Component Name(部件名)为 xadc_0;Interface Options(接口类型)选择 DRP,Timing Mode(定时模式)选择 Continuous Mode(持续采样模式),Startup Channel Selection 选择 Channel Sequencer。其他选项按默认设置。

图 11.36 搜索并打开 XADC Wizard

图 11.37 Basic 设置页面

（3）在如图 11.38 所示的 ADC Setup 设置页面中，设置 Sequencer Mode 为 Continuous，

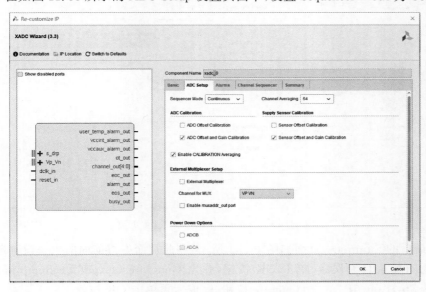

图 11.38 ADC Setup 设置页面

Channel Averaging(通道平均)为64,其他选项如ADC校准、电压传感器校准、外部多路复用器设置等按默认设置。

(4)在如图11.39所示的Alarms设置页面中列举了各项报警指标,通常无须更改,采取默认即可。

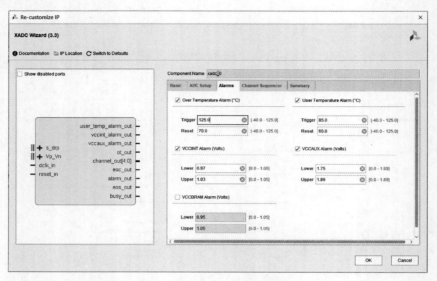

图11.39　Alarms设置页面

(5)Channel Sequencer设置页面如图11.40所示,在其中选择要采集的通道,勾选TEMPERATURE、VCCINT、vauxp0/vauxn0、vauxp1/vauxn1等通道。

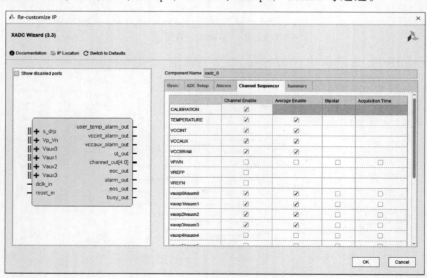

图11.40　Channel Sequencer设置页面

(6)最后的Summary页面如图11.41所示,在此页面中对前面的主要设置选项做了汇总,核对有关信息无误后,单击OK按钮,弹出Generate Output Products窗口,选择Out for context per IP,单击Generate按钮,完成后再单击OK按钮。

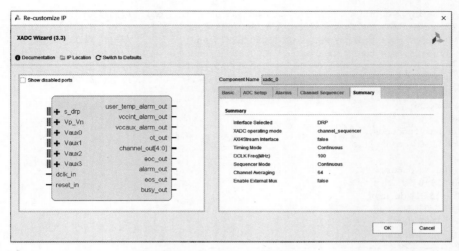

图 11.41 Summary 页面

（7）在定制生成 IP 核后，在 Sources 窗口下方出现 IP Sources 标签，单击该标签，找到刚生成的名为 xadc_0 的 IP 核，展开 Instantiation Template，找到 xadc_0.veo 文件，打开该文件，将有关实例化的代码复制到顶层文件中，调用该 IP 核。

2. 信号采集与显示顶层源代码

例 11.21 XADC 应用顶层源代码。

```verilog
`timescale 1ns/1ps
module my_adc(
    input sys_clk,                                      //DRP 输入时钟
    input sys_rst,
    input [2:0] sw,                                     //通路选择开关
    input wire vauxp0, vauxn0, vauxp1, vauxn1,
    input wire vauxp2, vauxn2, vauxp3, vauxn3,
    input vp, vn,
    output wire [7:0] alm,                              //告警信号
    output wire [6:0] seg1, seg2,
    output reg [7:0] seg_cs,
    output reg [1:0] dp,
    output wire user_temp_alarm_out,                   //通用 io
    output wire vccint_alarm_out,
    output wire vccaux_alarm_out,
    output wire [4:0] channel,                          //2 位数码管显示
    output wire ot,
    output wire xadc_eoc,
    output wire xadc_eos);
reg [15:0] mea_temp, mea_vccint;
reg [15:0] mea_vccaux, mea_vccbram;
reg [15:0] mea_aux0, mea_aux1;
reg [15:0] mea_aux2, mea_aux3;
reg [15:0] mea_tmp1, mea_tmp2;
reg [3:0] mea_seq;
wire [19:0] dec_data_tmp1, dec_data_tmp2;
    //用于存储 4 位十进制数，每 4 个二进制位表示 1 个十进制位
always@(posedge clk1Hz)  begin
    mea_seq = sw + 1;
    case(mea_seq)
```

```
        1:begin   mea_tmp1 <= mea_temp * 503980/65536 - 273150;end      //温度 01
        2:begin   mea_tmp1 <= mea_vccint * 3000/65536;end               //片上电压 02
        3:begin   mea_tmp1 <= mea_aux0 * 1000/65535;end                 //电位器 03
        4:begin   mea_tmp1 <= mea_aux1 * 1000/65535;end                 //电位器 04
        5:begin   mea_tmp1 <= mea_aux2 * 1000/65535; end                //电位器 05
        6:begin   mea_tmp1 <= mea_aux3 * 1000/65535; end                //电位器 06
        default:begin   mea_tmp1 <= 'h56ce;   end
        endcase
    end
    wire busy, eoc, eos;
    wire [5:0] channel;
    wire drdy;
    reg [6:0] daddr;
    reg [15:0] di_drp;
    wire[15:0] do_drp;
    reg [1:0] den_reg;
    reg [1:0] dwe_reg;
    reg [7:0] state;
    // ----------------------------------
    parameter INIT_READ = 8'h00,
        READ_READY = 8'h01,
        WRITE_READY = 8'h03,
        REDA_REG00 = 8'h04,
        REG00_READY = 8'h05,
        READ_REG01 = 8'h06,
        REG01_READY = 8'h07,
        READ_REG02 = 8'h08,
        REG02_READY = 8'h09,
        READ_REG06 = 8'h0a,
        REG06_READY = 8'h0b,
        READ_REG10 = 8'h0c,
        REG10_READY = 8'h0d,
        READ_REG11 = 8'h0e,
        REG11_READY = 8'h0f,
        READ_REG12 = 8'h10,
        REG12_READY = 8'h11,
        READ_REG13 = 8'h12,
        REG13_READY = 8'h13;
    always @(posedge sys_clk)
        if(~sys_rst) begin
        state <= INIT_READ; den_reg <= 2'h0;
        dwe_reg <= 2'h0; di_drp <= 16'h0000; end
        else   case(state)
        INIT_READ : begin
         daddr = 7'h40;                                                 //配置寄存器
         den_reg = 2'h2;
         if(busy == 0 ) state <= READ_READY; end
        READ_READY:
         if(drdy == 1) begin di_drp = do_drp & 16'h03_FF;
         daddr = 7'h40; den_reg = 2'h2; dwe_reg = 2'h2;
         state = WRITE_READY; end
         else begin
         den_reg = {1'b0,den_reg[1]};
         dwe_reg = {1'b0,dwe_reg[1]}; state = state; end
        WRITE_READY:
         if(drdy == 1) begin state = REDA_REG00; end
         else begin   den_reg = { 1'b0,den_reg[1]};
         dwe_reg = { 1'b0,dwe_reg[1]}; state = state; end
        REDA_REG00 : begin daddr = 7'h00; den_reg = 2'h2;
         if (eos == 1) state <= REG00_READY; end
```

```verilog
    REG00_READY:
      if(drdy == 1) begin   mea_temp = do_drp; state <= READ_REG01; end
      else begin   den_reg = {1'b0,den_reg[1]};
      dwe_reg = {1'b0,dwe_reg[1]}; state = state;end
    READ_REG01 : begin   daddr = 7'h01; den_reg = 2'h2;
      state <= REG01_READY; end
    REG01_READY :
      if(drdy == 1) begin   mea_vccint = do_drp; state <= READ_REG02; end
      else begin   den_reg = { 1'b0, den_reg[1]};
      dwe_reg = { 1'b0, dwe_reg[1]}; state = state; end
    READ_REG02 : begin   daddr = 7'h02;
      den_reg = 2'h2; state <= REG02_READY; end
    REG02_READY :
      if(drdy == 1) begin   mea_vccaux = do_drp;
      state <= READ_REG06; end
      else begin den_reg = { 1'b0, den_reg[1]};
      dwe_reg = { 1'b0, dwe_reg[1]}; state = state; end
    READ_REG06 : begin   daddr = 7'h06;
      den_reg = 2'h2; state <= REG06_READY; end
    REG06_READY:
      if(drdy == 1) begin   mea_vccbram = do_drp;
      state <= READ_REG10; end
      else begin den_reg = { 1'b0, den_reg[1]};
      dwe_reg = { 1'b0, dwe_reg[1]}; state = state; end
    READ_REG10 : begin daddr = 7'h10;
      den_reg = 2'h2; state <= REG10_READY; end
    REG10_READY:
      if(drdy == 1) begin   mea_aux0 = do_drp;
      state <= READ_REG11; end
      else begin   den_reg = { 1'b0, den_reg[1]};
      dwe_reg = { 1'b0, dwe_reg[1]}; state = state; end
    READ_REG11 : begin
      daddr = 7'h11; den_reg = 2'h2; state <= REG11_READY; end
    REG11_READY :
      if(drdy == 1) begin   mea_aux1 = do_drp; state <= READ_REG12; end
      else begin   den_reg = { 1'b0, den_reg[1]};
      dwe_reg = { 1'b0, dwe_reg[1]}; state = state; end
    READ_REG12 : begin   daddr = 7'h12;
      den_reg = 2'h2;   state <= REG12_READY; end
    REG12_READY:
      if(drdy == 1) begin
      mea_aux2 = do_drp; state <= READ_REG13; end
      else begin   den_reg = {1'b0,den_reg[1]};
      dwe_reg = {1'b0,dwe_reg[1]}; state = state; end
    READ_REG13 : begin
      daddr = 7'h13;   den_reg = 2'h2; state <= REG13_READY; end
    REG13_READY:
      if(drdy == 1) begin
      mea_aux3 = do_drp; state <= REDA_REG00; daddr = 7'h00; end
      else begin
      den_reg = {1'b0,den_reg[1]}; dwe_reg = {1'b0,dwe_reg[1]};
      state = state; end
  endcase
  bin2bcd  #(.W(40))                       //二进制结果转换为相应的十进制数
    u1(.bin(mea_tmp1),                     //bin2bcd源代码见例 11.3
    .bcd(dec_data_tmp1));
  //----------- 数码管显示 --------------------------
  wire clkcsc,clk1Hz;
  reg [3:0] dec_tmp1,dec_tmp2;
  clk_div  #(5000)  u2(                   //产生 5kHz 数码管位选时钟
```

```
        .clk(sys_clk),                           //clk_div 源代码见例 7.12
        .clr(sys_rst),
        .clk_out(clkcsc));
    clk_div  #(5) u3(                            //产生 5Hz 时钟信号
        .clk(sys_clk),
        .clr(sys_rst),
        .clk_out(clk1Hz));
    always@(posedge clkcsc, negedge sys_rst)   begin
        if(~sys_rst)   begin seg_cs <= ~8'b11011111; dec_tmp2 <= 4'hf; end
        else   begin   seg_cs[7:0] = {seg_cs[6:0],seg_cs[7]};
        case(seg_cs)
        ~8'b11111110:begin dec_tmp1 <= dec_data_tmp1[3:0];dp <= 2'b00;end
        ~8'b11111101:begin dec_tmp1 <= dec_data_tmp1[7:4]; dp <= 2'b00;end
        ~8'b11111011:begin dec_tmp1 <= dec_data_tmp1[11:8];dp <= 2'b00;end
        ~8'b11110111:begin dec_tmp1 <= dec_data_tmp1[15:12];dp <= 2'b01;end
        ~8'b11101111:begin dec_tmp2 <= dec_data_tmp1[19:16]; dp <= 2'b00;end
        ~8'b11011111:begin dec_tmp2 = 0; dp <= 2'b00;end
        ~8'b10111111:begin dec_tmp2 <= 4'h0; dp <= 2'b00;end
        ~8'b01111111:begin dec_tmp2 <= mea_seq-1;dp <= 2'b00;end
        endcase
    end   end
    seg4_7 u4(                                   //数码管译码,seg4_7 源代码见例 8.4
        .hex(dec_tmp1),
        .a_to_g(seg1));
    seg4_7 u5(
        .hex(dec_tmp2),
        .a_to_g(seg2));
    //---------------------------------
    xadc_0 u6(
        .di_in(di_drp),
        .daddr_in(daddr),
        .den_in(den_reg[0]),
        .dwe_in(dwe_reg[0]),
        .drdy_out(drdy),
        .do_out(do_drp),
        .dclk_in(sys_clk),
        .reset_in(~sys_rst),
        .vp_in(vp),
        .vn_in(vn),
        .vauxp0(vauxp0),
        .vauxn0(vauxn0),
        .vauxp1(vauxp1),
        .vauxn1(vauxn1),
        .vauxp2(vauxp2),
        .vauxn2(vauxn2),
        .vauxp3(vauxp3),
        .vauxn3(vauxn3),
        .user_temp_alarm_out(user_temp_alarm_out),
        .vccint_alarm_out(vccint_alarm_out),
        .vccaux_alarm_out(vccaux_alarm_out),
        .ot_out(ot),
        .channel_out(channel),
        .eoc_out(eoc),
        .alarm_out(alm),
        .eos_out(eos),
        .busy_out(busy));
    assign xadc_eoc = eoc;
    assign xadc_eos = eos;
    endmodule
```

3. 引脚约束与下载

引脚约束如下(数码管位选信号、段选信号的锁定与例 11.5 相同,此处略):

```
#////////////////////////////////系统时钟和复位////////////////////////////////
set_property - dict {PACKAGE_PIN P17 IOSTANDARD LVCMOS33} [get_ports sys_clk ]
set_property - dict {PACKAGE_PIN P15 IOSTANDARD LVCMOS33} [get_ports sys_rst  ]
#////////////////////////////////LED0~LED15////////////////////////////////
set_property - dict {PACKAGE_PIN F6 IOSTANDARD LVCMOS33} [get_ports {alm[7]}]
set_property - dict {PACKAGE_PIN G4 IOSTANDARD LVCMOS33} [get_ports {alm[6]}]
set_property - dict {PACKAGE_PIN G3 IOSTANDARD LVCMOS33} [get_ports {alm[5]}]
set_property - dict {PACKAGE_PIN J4 IOSTANDARD LVCMOS33} [get_ports {alm[4]}]
set_property - dict {PACKAGE_PIN H4 IOSTANDARD LVCMOS33} [get_ports {alm[3]}]
set_property - dict {PACKAGE_PIN J3 IOSTANDARD LVCMOS33} [get_ports {alm[2]}]
set_property - dict {PACKAGE_PIN J2 IOSTANDARD LVCMOS33} [get_ports {alm[1]}]
set_property - dict {PACKAGE_PIN K2 IOSTANDARD LVCMOS33} [get_ports {alm[0]}]
set_property - dict {PACKAGE_PIN K1 IOSTANDARD LVCMOS33} [get_ports user_temp_alarm_out]
set_property - dict {PACKAGE_PIN H6 IOSTANDARD LVCMOS33} [get_ports vccaux_alarm_out]
set_property - dict {PACKAGE_PIN H5 IOSTANDARD LVCMOS33} [get_ports vccint_alarm_out]
set_property - dict {PACKAGE_PIN J5 IOSTANDARD LVCMOS33} [get_ports {channel[4]}]
set_property - dict {PACKAGE_PIN K6 IOSTANDARD LVCMOS33} [get_ports {channel[3]}]
set_property - dict {PACKAGE_PIN L1 IOSTANDARD LVCMOS33} [get_ports {channel[2]}]
set_property - dict {PACKAGE_PIN M1 IOSTANDARD LVCMOS33} [get_ports {channel[1]}]
set_property - dict {PACKAGE_PIN K3 IOSTANDARD LVCMOS33} [get_ports {channel[0]}]
set_property - dict {PACKAGE_PIN H17 IOSTANDARD LVCMOS33} [get_ports xadc_eoc]
set_property - dict {PACKAGE_PIN G17 IOSTANDARD LVCMOS33} [get_ports xadc_eos]
set_property - dict {PACKAGE_PIN J13 IOSTANDARD LVCMOS33} [get_ports ot]
#////////////////////////////////拨码开关////////////////////////////////
set_property - dict {PACKAGE_PIN M4 IOSTANDARD LVCMOS33} [get_ports {sw[2]}]
set_property - dict {PACKAGE_PIN N4 IOSTANDARD LVCMOS33} [get_ports {sw[1]}]
set_property - dict {PACKAGE_PIN R1 IOSTANDARD LVCMOS33} [get_ports {sw[0]}]
set_property IOSTANDARD LVCMOS33 [get_ports vauxn0]
set_property IOSTANDARD LVCMOS33 [get_ports vauxp0]
set_property IOSTANDARD LVCMOS33 [get_ports vauxn1]
set_property IOSTANDARD LVCMOS33 [get_ports vauxp1]
set_property IOSTANDARD LVCMOS33 [get_ports vauxn2]
set_property IOSTANDARD LVCMOS33 [get_ports vauxp2]
set_property IOSTANDARD LVCMOS33 [get_ports vauxn3]
set_property IOSTANDARD LVCMOS33 [get_ports vauxp3]
```

对本例进行综合,并下载至 EGO1 目标板。本例采集片上温度传感器、片上电压传感器(VCCINT)和 4 路外部模拟电压输入,6 路信号通过 3 位拨码开关选择,并将采集的数据用数码管显示出来。数码管最左一位表示采集通道,第 0 通道是片上温度传感器,右边 5 个数码管显示数据,如图 11.42 所示,显示当前片上温度为 33.116℃。

第 1 通道是片上电压传感器数据,第 2~5 通道是外

图 11.42 采集并显示片上温度

部模拟电压,旋转 EGO1 自带的电位器(W1)可看到采集的电压数据在 0~1V 变化。

习题 11

11-1 设计一个基于直接数字式频率合成器(DDS)结构的数字相移信号发生器。

11-2 用 Verilog 设计并实现一个 11 阶固定系数的 FIR 滤波器,滤波器的参数指标

可自定义。

11-3　用 Verilog 设计并实现一个 32 点的 FFT 运算模块。

11-4　某通信接收机的同步信号为巴克码 1110010。设计一个检测器,其输入为串行码 x,当检测到巴克码时,输出检测结果 $y=1$。

11-5　用 FPGA 实现步进电动机的驱动和细分控制,首先实现用 FPGA 对步进电动机转角进行细分控制;然后实现对步进电动机的匀加速和匀减速控制。

11-6　用 FPGA 控制数字摄像头,使其输出 480×272 分辨率的视频,FPGA 采集视频数据后放入外部 SDRAM 芯片中缓存,输出至 TFT 液晶屏实时显示,试选择一款摄像头,用 Verilog 完成上述功能。

11-7　设计模拟乒乓球游戏:

(a) 每局比赛开始之前,裁判按动每局开始发球开关,决定由其中一方首先发球,乒乓球光点即出现在发球者一方的球拍上,电路处于待发球状态。

(b) A 方与 B 方各持一个按钮开关,作为击球用的球拍,有若干光点作为乒乓球运动的轨迹。球拍按钮开关在球的一个来回中,只有第一次按动才起作用,若再次按动或持续按下不松开,将无作用。在击球时,只有在球的光点移至击球者一方的位置时,第一次按动击球按钮,击球才有效。击球无效时,电路处于待发球状态,裁判可判由哪方发球。

以上两个设计要求可由一人完成。另外,可设计自动判发球、自动判球记分电路,可由另一人完成。自动判发球、自动判球记分电路的设计要求如下:

(1) 自动判球几分。只要一方失球,对方记分牌上则自动加 1 分,在比分未达到 20∶20 之前,当一方记分达到 21 分时,即告胜利,该局比赛结束;若比分达到 20∶20 以后,只有一方净胜 2 分时,方告胜利。

(2) 自动判发球。每球比赛结束,机器自动置电路于下一球的待发球状态。每方连续发球 5 次后,自动交换发球。当比分达到 20∶20 以后,将每次轮换发球,直至比赛结束。

11-8　设计保密数字电子锁。要求:

(a) 电子锁开锁密码为 8 位二进制码,用开关输入开锁密码。

(b) 开锁密码是有序的,若不按顺序输入密码,即发出报警信号。

(c) 设计报警电路,用灯光或音响报警。

Verilog HDL关键字

以下是 Verilog-1995(IEEE 1364—1995)标准中的关键字(Keywords),以及 Verilog-2001 标准、Verilog-2005 标准中新增的关键字,不可用作标识符。

Verilog-1995	medium	tranif1
always	module	tri
and	nand	tri0
assign	negedge	tri1
begin	nmos	triand
buf	nor	trior
bufif0	not	trireg
bufif1	notif0	vectored
case	notif1	wait
casex	or	wand
casez	output	weak0
cmos	parameter	weak1
deassign	pmos	while
default	posedge	wire
defparam	primitive	wor
disable	pull0	xnor
edge	pull1	xor
else	pullup	
end	pulldown	**Verilog-2001**
endcase	rcmos	automatic
endmodule	real	cell
endfunction	realtime	config
endprimitive	reg	design
endspecify	release	endconfig
endtable	repeat	endgenerate
endtask	rnmos	generate
event	rpmos	genvar
for	rtran	incdir
force	rtranif0	include

forever	rtranif1	instance
fork	scalared	liblist
function	small	library
highz0	specify	localparam
highz1	specparam	noshowcancelled
if	strong0	pulsestyle_onevent
ifnone	strong1	pulsestyle_ondetect
initial	supply0	showcancelled
inout	supply1	signed
input	table	unsigned
integer	task	use
join	time	
large	tran	**Verilog-2005**
macromodule	tranif0	uwire

参 考 文 献

［1］ IEEE Computer Society. IEEE Standard Verilog Hardware Description Language. IEEE Std 1364-2001［S］. The Institute of Electrical and Electronics Engineers，Inc，2001.

［2］ IEEE Computer Society. IEEE Standard Verilog Hardware Description Language. IEEE Std 1364-2005［S］. Design Automation Standards Committee of the IEEE Computer Society，Inc，2006.

［3］ Tumbush G. Signed Arithmetic in Verilog 2001-Opportunities and Hazards［C］. The proceedings of DVCon，2005.

［4］ Roth C H，Jr.，John L K，Lee B K. Digital Systems Design Using Verilog［M］. Boston：Cengage Learning，2016.

［5］ Pedroni V A. Circuit Design and Simulation with VHDL（second edition）［M］. Cambridge：The MIT Press. 2010.